风积沙采沙迹地治理与恢复

汪　季　陈士超　高　永　原伟杰　主编

科　学　出　版　社

北　京

内 容 简 介

本书以风积沙采沙迹地治理与植被恢复为主题，在对风积沙采沙迹地土壤质量进行评价的基础上，提出了采沙迹地土壤复配改良技术方案，以及植被营建的水、肥、生长调节剂调控措施。本书是作者对多年来风积沙采沙迹地土壤改良与植被恢复研究成果的系统总结，为风积沙采沙迹地植被重建提供了行之有效的理论支撑，对风沙区生态环境保护与建设具有重要的指导意义。

本书适合从事风积沙采沙迹地治理与恢复、风沙土改良利用、环境保护、林业、荒漠化防治、土壤等行业或专业的科技工作者及从事相关领域工作的人员阅读，也可作为高等院校相关专业的教学参考书。

图书在版编目(CIP)数据

风积沙采沙迹地治理与恢复 / 汪季等主编. —北京：科学出版社，2019.3

ISBN 978-7-03-060657-0

Ⅰ. ①风… Ⅱ. ①汪… Ⅲ. ①风沙地貌-植被-重建-研究 Ⅳ. ①Q948. 15

中国版本图书馆CIP数据核字(2019)第037490号

责任编辑：张会格 陈 新 / 责任校对：郑金红

责任印制：吴兆东 / 封面设计：刘新新

科学出版社出版

北京东黄城根北街16号

邮政编码：100717

http://www.sciencep.com

北京虎彩文化传播有限公司印刷

科学出版社发行 各地新华书店经销

*

2019年3月第 一 版 开本：720×1000 1/16

2019年3月第一次印刷 印张：18 3/4

字数：376 000

定价：150.00元

(如有印装质量问题，我社负责调换)

《风积沙采沙迹地治理与恢复》编委会

主　编

汪　季　陈士超　高　永　原伟杰

副主编

虞　毅　党晓宏　蒙仲举　王　猛　刘宗奇　张晓伟

参编人员（按姓名汉语拼音排序）

陈士超　陈晓娜　党晓宏　高　永　贾　旭

李　鹏　刘美英　刘宗奇　蒙仲举　潘　霞

汪　季　王　猛　王　香　王则宇　肖　芳

虞　毅　原伟杰　张晓娜　张晓伟

前　言

随着科学技术的发展，人口与资源矛盾的日益突出，近年来，许多国家把资源开发、经济发展的目光投向了沙漠。在沙产业理论的启示下，对风积沙的资源化开发和利用也逐渐为人类所重视。人类除每年都将大量河沙、风积沙应用于传统的建筑原料、填料以外，在许多工业产品的研究开发领域，风积沙的资源化、产业化利用正在逐步兴起。越来越多的沙产业理论的实践者从沙漠本身蕴藏的巨大“砂”资源角度开展了新能源、新材料的研发和应用工作，以沙漠中的原沙为原料，通过技术创新，变沙源为资源，化害为利，尝试用沙子做基质、填充、建筑、环保、防护等对人类有益的材料和砂产品，并逐步在工业、农业、建筑、生态等领域进行推广使用。但是，无视环境恶化后果的采沙活动也带来了一系列生态环境问题。

风积沙土是熟化程度低、持水能力差、肥力极为贫瘠的土壤。风积沙资源丰富的沙区，多是风大、沙多、降水不足、蒸发强烈、植被稀疏、水土流失严重的生态环境脆弱地区和经济欠发达的贫困地区。缺乏统筹管理的就近取材式无序采沙活动剥离了沙漠、沙地的表土和仅有的植被，形成了多个零散、不规则的采沙坑，使性状更差的“冷沙”或母质裸露于地表，在沙区不良气象条件的影响下，加剧了土壤的风蚀、水蚀，影响了水分的自然循环和再分配，严重破坏了沙区自然景观，使本已十分脆弱的沙区生态环境更加恶化。如果不对采沙迹地进行及时合理的治理与恢复，将带来与生态环境恶化紧密相关的人地矛盾加剧、产业结构失调、危害生产生活安全、贫困加剧等社会问题，使当地人民陷入开发与环境恶化导致贫困的恶性循环中。

对在生产建设中受到破坏的土地资源进行修复是一项利国利民的系统工程，是国土整治和环境保护工作的重要组成部分，一直是国内外研究关注的焦点问题。通过合理的整治与修复，最大限度地使失去生产能力和生态功能的采沙迹地得到恢复与利用，实现生态系统新的平衡，因地制宜地发展农、林、牧、副、渔业生产，是改善沙区生态环境，防止环境污染，合理利用土地，提高土地生产力，优化产业结构，扩大就业，保证人民群众正常生产、生活和生命财产安全的有效途径，对实现区域经济、环境和社会的协调持续发展具有重要的意义。

本书以毛乌素沙地西南缘鄂尔多斯乌审旗境内的采沙迹地治理与恢复为主题，围绕采沙迹地风沙土复配改良及植被营建的水、肥、生长调节剂调控等主要问题编写了共 11 章内容。第 1 章介绍了风积沙资源化利用概况，提出了风积沙采沙迹地的概念，阐述了目前采沙活动存在的主要问题，以及由此引发的生态环境和社会影响，同时指出了风积沙资源化开采利用为采沙迹地治理带来的有利条件和机遇。第 2 章介绍了在对采沙迹地进行治理和植被恢复的研究工作中，所采取的主要技术措施的系列试验设计，包括土壤复配改良采沙迹地风沙土质地、持水保肥性能试验设计，采沙迹地植被建植的水、肥、植物生长调节剂调控技术系列试验设计。第 3 章对采沙迹地土壤质量进行了全面评价，通过查找影响采沙迹地植被建植的主要土壤限制因素，进而提出采沙迹地治理与恢复工作的主要任务。第 4 章介绍了采沙迹地土壤复配改良技术，阐述了利用采沙迹地下覆黄土、砒砂岩与采沙迹地风沙土复配改良土壤的机制，提出了促进采沙迹地植被建植进程的适宜复配土配比。第 5 章介绍了采沙迹地植被营建水分调控技术，阐述了降水量对采沙迹地植物生长发育的影响，利用农林生产常用的保水剂调控采沙迹地植物生长的技术措施。第 6 章介绍了采沙迹地植被营建施肥调控技术，阐述了增施氮肥、平衡施肥对采沙迹地植物生长发育的影响，提出了促进采沙迹地植被建植的肥料施用量和平衡施肥配方。第 7 章介绍了采沙迹地植被营建的生长调节剂调控技术，阐述了农林用新型植物生长调节剂 PP_{333} 对采沙迹地植物生长发育的影响，提出了有利于增大植物冠幅，从而促进采沙迹地地表防护能力的 PP_{333} 施用浓度。第 8 章、第 9 章、第 10 章分别介绍了复配土与模拟降水、复配土与增施氮肥、复配土与施用 PP_{333} 二因素互作对采沙迹地植物生长发育的调控作用，分别提出了有利于采沙迹地植物生长发育的二因素组合处理。第 11 章介绍了复配土、降水量、增施氮肥、植物生长调节剂 PP_{333} 四因素组合对采沙迹地植物生长的综合调控作用，提出了四因素综合调控的优化处理组合。

本书由国家林业局（现国家林业和草原局）林业公益性行业科研专项“风积沙产业化利用及其迹地植被营建技术研究（201204205）”资助出版。参与编写本书的所有成员进行了大量的数据分析与资料整理工作，贡献了辛勤劳动与智慧。本书参编成员有内蒙古农业大学、国际竹藤中心、鄂尔多斯市乌审旗国有无定河林场等单位的近 20 人。第 1 章由陈士超完成；第 2 章由高永、虞毅、陈士超、王猛、刘宗奇完成；第 3 章由高永、陈士超、党晓宏、王猛完成；第 4 章由汪季、蒙仲举、原伟杰、王猛、刘宗奇、王香、张晓娜、贾旭、陈晓娜、王则宇、张晓伟完成；第 5 章由蒙仲举、党晓宏、原伟杰、王猛、刘宗奇、肖芳、张晓伟完成；第 6 章由汪季、刘美英、党晓宏、王香、李鹏、张晓伟完成；第 7 章由虞毅、党晓宏、王猛、刘宗奇、潘霞、张晓伟完成；第 8～11 章由陈士超完成。全书由陈士超、刘宗奇、王香统稿。本书在编写过程中参考和引用了国内外有关文献，在此一并表示感谢。

由于编者学术水平有限，书中不足之处恐难避免，敬请读者批评指正。

作　者

2017 年 5 月于呼和浩特

目　录

第1章 研 究 背 景

1.1 风积沙及其采沙迹地的概念

1.1.1 风积沙及其资源化利用概况

风积沙是被风吹、积淀的沙层，多见于沙漠、戈壁。沙漠是干旱气候的产物，风成沙是沙漠环境的标志性沉积。风积沙地的形成除需要具备沙物质条件外，还与风、水、温度等气候条件及人类的不合理耕垦等诸多因素有关。根据其形成的气象、气候、地质等条件，不同沙漠、沙地风积沙的成分、理化性质存在着一定差异。一般粒径主要分布在0.074～0.250mm，含量可达90%以上；大于0.250mm的颗粒极少，仅为0.1%左右；而小于0.074mm的颗粒一般也不足9%。主要矿物成分有石英石、长石、方解石、云母等；由于其形成的地质、来源等条件不同，还可能含有磁铁矿、褐铁矿、赤铁矿、磷灰石、闪石类，有的还含有一定量的铷、镓、锶等稀有金属。大量研究表明，土壤机械组成粗，持水保肥性能差，有机质、氮、磷、钾等养分贫瘠是风积沙地的共同特征。

随着科学技术的发展，人口与资源的矛盾日益突出。近年来，许多国家把资源开发、经济发展的目光投向了沙漠。1984年，钱学森院士提出了“沙产业”的概念，并认为发展知识和技术密集型的沙产业将会在21世纪资源环境问题日益凸显的时代成为促进沙漠化地区发展的一次巨大产业革命。从沙产业概念提出到现在的30余年里，许多国内外专家、学者日益重视沙产业的理论研究和实践工作，进行了许多有益探索，提出了一些有意义的观点，使沙产业的理论和实践都有了长足的发展。

伴随科技的进步和资源的日益稀缺，在沙产业理论的启示下，近年来，对风积沙的资源化开发和利用也逐渐为人类所重视。在许多国家传统防沙治沙的同时，越来越多的沙产业理论的实践者从沙漠本身蕴藏的巨大“砂”资源角度开展了新能源、新材料的研发和应用工作，以沙漠中的原沙为原料，通过技术创新，变沙源为资源，化害为利，尝试用沙子做基质、填充、建筑、环保、防护等对人类有益的材料和砂产品，并逐步在工业、农业、建筑、生态等领域进行推广使用。

人类除每年都将大量河沙、风积沙应用于传统的建筑原料、填料以外，目前在许多工业产品的研究开发领域，风积沙资源化、产业化利用正在逐步兴起，相关报道日益增多。在风积沙资源丰富且砂石料运距较远的地区，利用风积沙固化技术修建路基，将风积沙作为隔断层解决盐渍化等问题，大大降低了工程造价，并解决了沙漠地区公路建设筑路材料匮乏的难题。宁夏大荣实业集团有限公司、内蒙古蒙西高新技术集团有限公司、内蒙古乌兰察布中联水泥有限公司分别利用风积沙代替黏土配料，与电石工业废渣、粉煤灰、煤矸石等配合生产水泥，不但其产品的各项指标均符合标准，而且许多指标优于传统生产方式，同时有效降低了污染物排放量和原料、能耗等生产成本，内蒙古乌兰察布中联水泥有限公司单条生产线年采沙量就达 22 万 t。内蒙古鄂尔多斯市东乔高科建筑材料有限责任公司生产证实，利用风积沙代替石英砂生产微晶玻璃，其产品质量稳定，性能优越，各项指标符合国家标准，并可大幅度降低生产成本。近 10 年来，利用风积沙、粉煤灰、煤矸石等为原料烧结而成的陶砾，已经被广泛应用于花卉栽培、园林绿化。2013 年，甘肃荣鑫达新能源科技开发有限公司将风积沙作为造纸合成助剂的 10 万 t/年风积沙造纸建设项目获批并投入建设；2014 年，内蒙古风积沙造纸科技有限公司 20 万 t/年合成纸项目投产。北京仁创科技集团有限公司以沙漠风积沙为原料，通过自主创新的微颗粒全包覆技术、沙粒界面改性技术、免烧结成型技术，将“沙”转变为“砂”，其生产的系列产品已被成功应用于生态建材、污染治理、精密铸造、石油开采、沙漠种植等领域。其研制的“耐高温覆膜砂”，被广泛应用于国产化汽车发动机关键铸件；新型透水建材砂基透水砖解决了传统透水砖“透水与保水”“透水与强度”相矛盾的难题，被成功运用于中南海办公区、2008 年奥运工程、国庆 60 周年长安街改造工程、上海世博会中国国家馆、天津生态城等重点工程；砂基雨水收集系统、砂基过滤膜解决了透水与过滤净化及雨水储存保鲜的难题，被应用于水窖、水井、水库、水体净化、农田水利的建设工程；选择性孚盛砂“透油不透水”，作为新型压裂支撑剂被应用于石油、天然气开采；透气防渗砂“透气不透水”，被应用于制造生态花盆、蔬菜栽植，并将进一步应用于沙漠种植、盐碱地改造等农林领域；硅砂生态建材保温、防火、抗震，已被推广应用于建筑墙体保温、混凝土建构、生态家具等。近几年报道称，从风积沙中分选出的硅砂与长石精矿，可广泛用作陶瓷、玻璃、冶金、电子、航空航天、医药、化工等的工业原料，风积沙中含有的稀有贵金属部分已具备工业化开采和利用价值。2010 年，华原风积沙开发有限公司在内蒙古乌审旗苏里格经济开发区开始建设 40 万 t 风积沙工业选矿生产线、10 万 t 玻璃制品生产线项目。按照设计，从风积沙中分选出的硅砂与长石精矿，可作为 2000 多种无机硅产品和 5000 多种有机硅产品的工业原料，被广泛用于玻璃、陶瓷、冶金、电子、医药和化工等领域。

应风积沙资源化、产业化利用逐步深入和推广的形势要求，硅砂资源利用国家重点实验室(内蒙古风积沙资源利用研究中心)于 2011 年在内蒙古自治区呼和浩特市成立，为沙漠风积沙资源化、产业化、综合利用奠定了深入研究的基础，并促进了重点实验室已有的多项沙漠硅砂资源化成果转化和推广。这将大大拓宽沙漠风积沙的工业化利用途径与渠道，展示出了风积沙广阔的应用与开发前景。

1.1.2 风积沙采沙迹地的概念

迹地，是广泛用于林业、采矿、建筑等行业的名词，亦常用于土地复垦生态建设过程中。在林业上，是指森林经采伐、火烧后尚未更新恢复的土地，根据成因常被称为采伐迹地、火烧迹地等；在采矿业上，将因采矿、掘石、挖土活动受到破坏后尚未更新恢复的土地，统称为采矿迹地；在建筑业上，将施工过程中因砍伐、破坏地表植被而尚未恢复更新的土地统称为施工迹地。如此看来，迹地泛指经人类生产建设活动和自然灾害破坏后尚未恢复更新的土地。

“采沙迹地”一词，根据现有文献报道，只有崔丽娟等于2013年在对采沙后形成的湿地生态的恢复研究中使用过，他们将采沙后形成的湿地称为采沙迹地型湿地。从立地条件上来看，这里所研究的采沙迹地型湿地中的“采沙迹地”是指对河道、河床、漫滩等水成沙采掘后形成的尚未恢复更新的土地。

本研究的“采沙迹地”与上述报道有所不同，主要是指因人类生产建设活动需要，对风成沙漠、沙地中的风成沙采掘后形成的尚未恢复更新的土地，即风积沙采沙迹地。但不论是采伐迹地、火烧迹地、采矿迹地、施工迹地，还是在对水成沙采掘后形成的采沙迹地，抑或是对风成沙采掘后形成的风积沙采沙迹地，无疑都是在人类生产建设活动或自然灾害的影响下，使原生地表植被、土壤等发生破坏性改变。为了避免因地表长期裸露造成水土流失而导致的土地退化、生态环境恶化问题，对迹地要因地制宜地进行更新复垦，以尽快恢复植被或加以保护性利用。

1.2 采沙活动存在的主要问题和环境影响

1.2.1 采沙活动对沙区生态环境的影响

1.2.1.1 无序开采，迹地零散，难以统筹复垦治理

随着风积沙资源化、产业化利用规模的不断扩大，风积沙开采规模也在扩大。这里值得指出的是，由于风积沙资源化利用刚刚起步，更多的人只认识到风积沙资源丰富，政府缺乏对采沙行为的管理，在生产建设中为了缩短运距、降低运输成本，目前对于风积沙的开采多是无视环境恶化后果和采沙迹地恢复利用的无序状态。例如，在沙漠公路、铁路建设中，多采用沿路就近采沙的方式，沿线形成了多个采沙坑，严重破坏了道路建设沿线的原生植被，使沿线沙丘活化，风蚀加剧，在严重的风蚀作用下，采沙坑不断扩大，导致流沙上路，给公路管护、交通和生产安全及沿线生态环境带来巨大威胁。在日常生产建设中，也多是就近取材，乱采滥挖，在一定的区域范围内往往形成多个零散、不规则的采沙坑。不同采沙

坑受不同水文、气象、气候、土壤母质等条件的约束，难以采取相对一致的恢复和管护措施进行治理，这给采沙迹地的统筹复垦治理带来极大困难，若采取不同手段分别治理，往往成本高昂，并且难以奏效。即使有的项目有固定的采沙源地，但在一定程度上也缺乏对于源地选址、气象和气候条件、开采方式的考虑与论证，采沙中和采沙后会带来扬尘、扬沙、植被破坏、土壤侵蚀加剧等生态环境恶化问题，以及后期治理困难等问题。

1.2.1.2 剥离表土，植被丧失，迹地土壤性状恶化

有研究表明，固定及半固定风沙土表层在植被的改良与防护作用下有不同程度的熟化、机械组成细粒化，0～90cm 土层内有机质、氮、磷、钾等养分含量有随土层加深而逐渐减少的趋势，即使是流动风沙土，其表层地温条件也明显优于深层。采沙剥离了理化性状相对较好的表土，使生长在其上的植被尽毁，而性状较差的“冷沙”裸露于地表；或者采沙剥离使母质裸露于地表，由于母质结构致密、硬度大、通气透水性能十分差、养分贫瘠，因此植物很难在此扎根和生长。所以，形成的采沙迹地表层不论是“冷沙”还是母质，仅从土壤性状本身来看，都将加大迹地复垦治理的难度。

1.2.1.3 水土流失，环境恶化，迹地土壤侵蚀加剧

无序乱采滥挖、剥离表土、破坏植被，在沙区不良气象条件的影响下，加剧了土壤的风蚀，伴随采沙过程及采沙后产生的大量扬尘、扬沙，使大气环境质量下降。同时，由于表土剥离、植被丧失，水分的自然循环和再分配受到了严重影响，水分下渗减弱，地表径流增强，随着径流的增加，其搬运能力增强，径流挟带大量泥沙，不但加剧了土壤的水力侵蚀，挟带泥沙的径流汇入河流、湖泊等地表水体，还会影响地表水体水质。如果结构致密的母质裸露于地表，径流将会进一步增强，水力侵蚀将更加严重。

1.2.1.4 危害生产生活安全，加剧地区贫困，制约沙区可持续发展

采沙使土壤和植被破坏后，会导致沙丘活化、风蚀加剧，在严重的风蚀作用下，沙尘、沙暴增多，大气能见度下降，道路沿线流沙上路，给道路管护、交通和生产生活安全带来巨大威胁。风积沙资源丰富的沙区，多是风大、沙多、降水不足、蒸发强烈、植被稀疏、水土流失严重的生态环境脆弱地区和经济欠发达的地区。随着风积沙开采规模的不断扩大，形成大片采沙迹地，如果不对迹地进行及时合理的恢复与治理，将带来更严重的水土流失、土地资源浪费、动植物区系改变等一系列环境恶化、生态破坏问题，以及与此紧密相关的人地矛盾加剧、生物资源匮乏、产业结构失调、危害生产生活安全、贫困加剧等社会问题，这将使

当地人民陷入开发与环境恶化导致贫困的恶性循环中，制约当地的可持续发展。

1.2.2 风积沙资源化利用为采沙迹地治理带来的有利条件和机遇

对风积沙的盲目利用和无序开采，加剧了当地生态环境恶化，导致了更严重的水土流失、水质恶化、大气污染、动植物区系改变等问题。但如果对采沙用沙进行合理规划，变无序为有序，依托采沙工业恢复、开发、利用采沙迹地，将为当地生态环境建设、发展工农业生产带来有利条件和机遇。

1.2.2.1 有序采沙为采沙迹地统筹复垦治理提供了有利条件

根据一定时期的用砂需求，结合风积沙运输条件、成本，以及当地地形、地貌、水文、气象等自然要素特征，集中、合理划定采沙源地，采取有序、集中、连片的采沙方式，可在很大程度上降低采沙给当地生态环境和社会带来的负面影响；由于采沙集中、连片进行，在采沙后形成具有相似立地条件的采沙迹地，在迹地复垦治理上可以采取相对一致的措施、手段和模式；将采沙规划与迹地复垦设计相结合，可以实现在采沙中整地，最终形成集中、连片、平坦，并具备道路等基本设施条件的采沙迹地，这为采沙迹地的集中统筹复垦与治理带来了诸多有利条件。

1.2.2.2 为采沙迹地复垦治理提供了土壤改良条件，进而为迹地利用提供了可能

大量地质研究文献表明，我国大多沙地(沙漠)在历史上都曾是水草丰美的地区，由于地质时期的地质构造断裂、陷落和气候变化等原因，就地起沙或外部沙源堆积成了结构松散、沙物质深厚的沉积层。也有的地质构造发生断裂、陷落后，经过长期的河、湖相变化，沉积了以沙为主要组成物质的河湖相冲积沉积物，地质构造抬升后，经风、水等营力的侵蚀、分选和堆积，上层堆积了大量沙物质。也有以沙为主要组成物质的古土壤层，由于人类长期不合理的耕垦和干燥的气候，土地不断向沙化发展。但不论任何因地质构造变化形成的沙漠和沙地，在后期都经历了受风、水等自然原因和不合理耕垦等人为原因影响的发展过程。在长期的自然和人为因素的影响下，沙漠腹地的沙物质被不断搬运、堆积再分配，从而导致沙漠不断扩展，并在与地形、地貌、植被等因素的共同作用下，形成了不同形状和覆沙厚度的沙丘、披沙山体、平缓沙地等不同沙漠景观。因此，沙漠腹地沙物质沉积深厚，而沙漠边缘和部分丘间低地一般是在原来地形相对较高的母质上沉积形成年轻的薄覆沙土体。这说明，许多沙漠、沙地地下往往蕴藏着丰富的地下水资源，同时存在结构、性状不同于风积沙土的古土壤层。例如，地处陕西、内蒙古、宁夏交界的毛乌素沙地，属鄂尔多斯高原向陕北黄土高原过渡的地带，是在黄土母质上发育的较为年轻的覆沙地，其内黄土、砒砂岩和风沙土广泛分布，

土地沙漠化和水土流失并称“两害”，严重制约着区域可持续发展。研究表明，毛乌素沙地下覆黄土和砒砂岩，其结构致密、颗粒微细，具有胶结程度高，通气、透水性差，植物难以扎根生长的特点，在陕西和鄂尔多斯当地俗称“黄胶泥”与“红胶泥”。而风积沙土因颗粒大、机械组成粗、结构松散、有机质含量贫乏而漏水漏肥，因水、肥贫乏，植物也难以正常生长。所以利用两者在物理性状上的互补性进行复配成土，为改土造林提供了理论可能。风积沙开采后，薄覆沙土体土壤母质暴露于地表，这为获取黄土和砒砂岩母质作为采沙迹地风沙土改良基质提供了生产实践的可能；同时，采沙后移除或剥离了沙丘，地下水位变浅，这为在迹地恢复与治理过程中发展灌溉条件提供了可能。而这两者为改良迹地土壤理化性状和水分条件，进而对迹地进行合理复垦利用提供了基本条件。

1.2.2.3　依托采沙工业发展工业化治沙，创新、丰富了治沙的手段与方法

风积沙产业化开采、利用后，消耗了地表流动性风积沙，在局部地区出露的结构性状致密的母质就可以作为改良风沙土的基质。所以，以风积沙的产业化利用推动工业治沙，依托工业采沙兼顾整地，既可以节约大量土地整理资金，又可以通过采沙置换平整土地，改造困难立地，提高土地生产力，增加农林牧业土地资源。与传统治沙技术相比，基于风积沙产业化利用的工业化治沙改变了传统的治沙理念，消耗了地表流动性风积沙，可在更大程度上消除地表流动性沙害的威胁，并且更有利于迹地的恢复与利用，使采沙用沙与迹地恢复利用有机结合，工业用沙与农林业开发及生态环境建设有机结合，从而形成工业—农林业—生态建设结合互补、产业结构协调、良性循环的发展链条，对实现经济效益和生态效益、社会效益的协调统一具有重要意义。所以，其最大特点就在于风积沙资源化开发、产业化利用、采沙迹地的可持续性防治。

综上所述，在以往无视环境恶化后果和采沙迹地恢复利用的无序采沙状态下，由于形成的迹地零散、土壤性状恶化、土壤侵蚀加剧，立地条件各异，很难采取一致的统筹恢复方式进行复垦治理。而伴随风积沙资源化利用规模的不断扩大，产生的采沙迹地规模不断扩张，不论采沙迹地表层是“冷沙”还是母质，如果不进行人为干预，在短期内植被很难自然恢复。相反，在合理规划、集中有序采沙的条件下，充分把握和利用工业采沙为迹地复垦治理带来了机遇及有利条件，这将大大节约迹地复垦治理的成本，提高迹地复垦的成效。

1.3　采沙迹地治理与恢复的意义

前文已述，本研究的“采沙迹地”是指因人类生产建设活动需要，对风成沙漠、沙地中的风成沙采掘后形成的尚未恢复更新的土地。对采沙迹地进行治理与

恢复，实质就是针对生产建设采沙用沙而形成采沙迹地进行复垦的问题。

土地复垦是指对生产建设活动和自然灾害损毁土地采取整治措施，使其恢复到可供利用状态的活动。即通过合理的整治改造，最大限度地使因生产建设活动和自然灾害而失去生产能力与生态功能的土地资源得到恢复及利用，因地制宜地发展农、林、牧、副、渔业生产。概括来讲，土地复垦的最终目的就是恢复土地的生产力，实现生态系统新的平衡。

资源短缺、生态破坏、人地矛盾加剧是制约世界各国经济社会发展的重要难题。自然灾害和忽视环境资源的大规模开发建设活动是造成资源短缺、生态破坏、人地矛盾加剧的两大原因。围绕因生产建设而受到破坏的土地进行的复垦研究一直是国内外研究关注的焦点问题。我国是世界上自然灾害较为严重的国家之一，近20年来，我国经济一直处于高速发展时期，大规模的开发建设活动蓬勃发展。根据《全国土地整治规划(2011～2015年)》，我国因生产建设和自然灾害而损毁的土地约746.7万hm^2，待复垦的土地面积约442.3万hm^2。由于土地资源禀赋条件相对较差，对可持续利用提出了更高要求。国务院早在1988年就颁布了《中华人民共和国土地复垦规定》，并实行“谁破坏、谁复垦”的原则，但由于历史的积累和复垦技术的落后，被破坏的土地仅有极少部分被复垦，被复垦的这部分土地，也很难恢复地力。为此，国务院于2011年颁布《土地复垦条例》，国土资源部继而在2012年颁布《土地复垦条例实施办法》，对土地复垦做出更为严格的规定。《全国土地整治规划(2011～2015年)》也提出了在“十二五”期间“推进损毁土地复垦，生产建设活动新损毁土地全面复垦，自然灾害损毁土地及时复垦，历史遗留损毁土地复垦率达到35%以上”，损毁土地复垦补充耕地28.30万hm^2，努力做到“快还旧账、不欠新账”的土地复垦目标，并且“按照‘谁损毁、谁复垦’的原则，坚持土地复垦和生产建设相结合”“注重生态环境保护，做到土地复垦与生态恢复、景观建设和经济社会可持续发展相结合”，促进土地合理利用和生态环境改善。

土地是人类赖以生存的最重要的自然资源，如何利用有限的土地资源生产人类需求日益增长的必需品，是世人普遍关注的问题。“十分珍惜、合理利用土地和切实保护耕地”是我国的基本国策。我国是一个农业大国，人口多耕地少。根据《全国土地整治规划(2011～2015年)》，2010年我国人均耕地面积约0.1hm^2，不及世界平均水平的40%。土地复垦补充耕地潜力约为360万hm^2，主要分布在山西、内蒙古等资源开发集中和生态环境脆弱的地区。我国地形气候条件复杂，土地资源利用限制条件多，因污染、水土流失、沙化等因素的影响，土地生态环境退化严重，随着经济快速发展和人口持续增长，土地需求刚性上升与供给刚性制约的矛盾日益加剧。随着采矿、掘土、挖沙规模的不断扩张，将有更多的土地被破坏，如果不对受到破坏的土地及时复垦，人地矛盾势必呈现更加紧张的态势，同时其对生态环境，以及人类生产生活的负面影响将进一步加剧。加强土地复垦、增加后备土地资源、恢复生态环境，实现“三效益”协调统一持续发展，已成为当务之急。

采沙迹地复垦治理，是集荒漠化防治、土地复垦于一体，将二者有机结合，目标方向一致的生态环境建设工作。荒漠化防治学科著名学者高永和姚云峰于1999年提出，21世纪的荒漠化防治研究工作趋势是：在研究思路上越来越重视多学科交叉；在策略方面，走环境保护与发展相结合，治理与利用荒漠化土地相结合，以发展带动环境保护的道路，将沙害之源的沙子作为宝贵资源开发利用为试验研究的趋势之一；在防治技术上，更加注重以生物技术为主，机械措施为辅，强调荒漠化地区的可持续发展，与沙区实际相结合，建设一批环境治理与经济建设协调发展、高质量、高效益、各具特色的示范典型，实现经济效益和生态效益、社会效益的协调统一。我国《土地复垦条例》和《土地复垦条例实施办法》规定，土地复垦应当综合考虑复垦后土地利用的社会效益、经济效益和生态效益，复垦的土地应当优先用于农业。从土地复垦的工艺流程上来看，要使其恢复到可供利用的状态，一般要经过地貌重塑、土壤重构和植被恢复3个步骤。而土壤是植物根系生长发育的基质，是植物所需水分和养分的源泉，土壤性状的优劣是影响和制约土地退化治理、生态环境修复、水土保持与农业可持续发展的关键所在。因此，土壤改良是荒漠化防治、农林土地复垦工作的重要组成部分，其核心就是针对土壤的不良理化性状，采取相应措施，改善土壤质地和结构，提高土壤肥力，为植物的生长发育，以及优质高产提供必需的土壤环境和养分。

随着我国治沙技术和土地复垦技术的发展，为了补充耕地后备资源，需要在充分利用沙区光能、热能等有利条件的基础上，提高沙地生产能力，大力发展沙产业。近年来，我国许多沙区群众自发开展了改良风沙土造田工作，在利用生物措施进行沙区生态建设时，风沙土改良也逐渐受到重视。但在风沙土改良工作上尚缺乏系统的理论指导和提高实效的方法，在如采沙迹地这样的困难立地条件下开展农、林业水肥调控的工作刚刚起步，风沙土机械性状不良、持水保肥性能差仍然是制约沙区生态建设和农业生产的瓶颈问题。所以开展风沙土改良研究，探索植物生长发育对不同改良调控措施的响应机制，既是沙区生态环境建设的需要，也是沙区农林生产的现实需求。

综上所述，土地复垦是一项利国利民的系统工程，是国土整治和环境保护工作的重要组成部分；是合理利用土地，提高土地生产力，解决工矿等生产建设用地与农、林、牧、渔用地矛盾，优化产业结构，扩大就业，改善生态环境，防止环境污染，保证人民群众正常生产、生活和生命财产安全，恢复生态平衡的有效途径。围绕风积沙资源化开采与利用、采沙迹地治理与恢复而进行的采沙模式管理、风沙土改良技术、持水保肥技术、植被发育调控技术的研究与探索，是采沙迹地复垦工作的核心，对实现沙区经济、环境和社会的协调持续发展具有重要的意义。

1.4 研究区概况

1.4.1 地理位置

研究区位于内蒙古、陕西、宁夏三省(自治区)交界的毛乌素沙地。毛乌素沙地位于鄂尔多斯高原东南部，是鄂尔多斯高原向陕北黄土高原过渡的地带，地理坐标范围为37°30′N～39°20′N、107°20′E～111°30′E。试验样地位于毛乌素沙地西南缘的纳林河林场地片上，行政地域隶属于内蒙古鄂尔多斯市乌审旗。乌审旗位于鄂尔多斯市西南部，内蒙古自治区最南端，地理坐标为37°38′54″N～39°23′50″N、108°17′36″E～109°42′22″E，东、南分别与陕西、宁夏二省(自治区)相接，西邻鄂托克旗与鄂托克前旗，北连杭锦旗与伊金霍洛旗。研究区为典型风沙区，广布风沙土，试验样地为因采沙形成的1年以上的采沙迹地，地形相对平坦，0～200cm土层绝大部分为机械组成较粗的风沙土，个别地片有下覆黄土露出。

1.4.2 地形与地貌

乌审旗的地貌类型属于鄂尔多斯高原向陕北黄土高原过渡的洼地，地形总体自西北向东南倾斜，绝大部分海拔在1300～1400m，波状起伏，高处多为剥蚀残丘，低处积水形成内陆湖淖。由于与黄土高原北部相接，因此分布有黄土梁峁。梁地、滩地、沙地相间，彼此镶嵌，风成沙丘和丘间低地是地貌类型主体，下垫面松散，沙丘高度一般在5～10m，风积沙地覆盖于各类地貌单元之上。

1.4.3 水文与气候

乌审旗地处北温带大陆性季风气候区边缘，温带大陆性季风气候典型，冬季寒冷干燥，夏季炎热、降雨集中、日照强烈，春秋风大沙多，昼夜温差大、冷热剧变、四季分明，蒸发强烈是其气候普遍特征。冬季受蒙古-西伯利亚冷气团影响，盛行西北季风，气候干燥寒冷；夏季受印度-缅甸暖气团影响，形成东南季风。年均温为6～9℃，1月最冷，均温在−10℃左右，极端最低温度为−28～−30℃；7月最热，均温为20～24℃，极端最高温度为43～45℃；≥10℃有效积温为2800～3000℃。日照资源丰富，全年日照2800～3000h，总辐射量608kJ/cm^{2}以上，无霜期113～156d。年降水量250～400mm，年变率大，年蒸发量2200～2600mm，降水年内分布极其不均，多集中于7～9月，占全年降水量的70%以上，且多暴雨，冬春降水甚少。年均风速3.5m/s，历年最大风速25m/s，冬春大风频繁，风速8m/s以上大风日数在24d左右。

乌审旗境内有永久性河流无定河、纳林河和海流图河，大小湖泊 50 余个，地表水资源总量约 35 268.78 万 m^3/年，但河流水体多洪峰高、泥沙含量大，湖泊水体多矿化度较高，因此不宜灌溉。地下水资源丰富，埋深较浅，滩地、丘间低地地下水埋深一般仅为 0.5～2.5m，在丰水年份或丰水期，浅层地下水溢出地表，往往形成大小不等的湖淖。

1.4.4 土壤与植被

与其地貌类型相对应，乌审旗的土壤类型主要有梁地上发育的栗钙土，滩地、丘间低地发育的草甸土、盐渍土或沼泽潜育土，以及在各类土壤上因风积而发育的年轻风沙土。据历史资料可知，乌审旗曾经水草繁茂，但历史上长期战乱、不合理耕垦和超载放牧破坏，土地严重退化，使得固定、半固定、流动沙丘和盐渍化的滩地成为优势的景观，且以风沙土分布最为广泛。

从植被地带上来看，研究区虽然位于草原地带，但受自然和人为土地退化的影响，地带性植被破坏殆尽，多被后来发育的隐域性植被代替。与地形、地貌及土壤分异相适应，植被类型主要有发育在栗钙土和淡栗钙土梁地上的典型草原与灌丛群落，如柠条锦鸡儿(*Caragana korshinskii*)灌丛、本氏针茅(*Stipa bungeana*)群落；发育在固定沙地上的灌丛群落，如柠条锦鸡儿灌丛、沙地柏(*Juniperus sabina*)灌丛、草麻黄(*Ephedra sinica*)群落；发育在半流动和半固定沙地上的油蒿(*Artemisia ordosica*)群落和籽蒿(*Artemisia sphaerocephala*)群落；发育在流动沙地上的沙地先锋植物群落，如沙米(*Agriphyllum squarrosum*)、沙芦草(*Agropyron mongolicum*)、沙竹(*Psammochloa villosa*)等；发育在丘间低地和河岸的柳湾林，如沙柳(*Salix psammophila*)、中国沙棘(*Hippophae rhamnoides* subsp. *sinensis*)、乌柳(*Salix cheilophila*)等；发育在滩地、湖淖的湿生草甸、沼泽植被和水生植物群落。沙生植被是本区主要的植被类型。

参 考 文 献

卞正富. 2005. 我国煤矿区土地复垦与生态重建研究. 资源·产业, 7(2): 18-24.

陈士超, 左合君, 胡春元, 王懿霞, 乔保军. 2009. 神东矿区活鸡兔采煤塌陷区土壤肥力特征研究. 内蒙古农业大学学报(自然科学版), 30(2): 115-120.

春喜, 陈发虎, 范育新, 夏敦胜, 赵晖. 2009. 乌兰布和沙漠腹地古湖存在的沙嘴证据及环境意义. 地理学报, 64(3): 339-348.

春喜, 陈发虎, 范育新, 夏敦胜, 赵辉. 2007. 乌兰布和沙漠的形成与环境变化. 中国沙漠, 27(6): 927-931.

崔丽娟, 李伟, 赵欣胜, 朱利, 张曼胤, 王义飞. 2013. 采砂迹地型湿地恢复过程中优势种群生态位研究. 生态科学, 32(1): 73-77.

崔丽娟, 朱利, 李伟, 张曼胤, 赵欣胜, 王义飞. 2012. 北京西卓家营采砂迹地型湿地植被优势种种间关系. 湿地科学, 10(4): 417-422.

丁国栋, 蔡京艳, 王贤, 董智, 范建友, 陈平平. 2004. 浑善达克沙地沙漠化成因、过程及其防治对策研究. 北京林业大学学报, 26(4): 15-19.

董雯, 赵景波. 2006. 毛乌素沙地的形成与治理. 贵州师范大学学报(自然科学版), 24(4): 42-46.

杜忠潮, 宁建宏, 惠镇江. 2006. 长城沿线毛乌素沙地形成、扩展及其荒漠化效应. 水土保持研究, 13(3): 226-232.

高海波. 2013. 乌审旗地下水开发利用项目风险管理研究. 北京: 中国科学院大学硕士学位论文.

高永, 姚云峰. 1999. 水土保持与荒漠化防治专业21世纪发展趋势. 中国林业教育,(S1): 68-69.

顾小华. 2006. 毛乌素沙地草地资源评价及可持续利用对策——以乌审旗为例. 北京: 北京林业大学硕士学位论文.

胡耀军. 2011. 鄂尔多斯市沙产业发展研究. 呼和浩特: 内蒙古大学硕士学位论文.

胡永宁. 2012. 毛乌素沙地乌审旗境内NDVI与环境因子的尺度响应. 呼和浩特: 内蒙古农业大学博士学位论文.

黄奇. 2014. 乌审旗区域植被碳储量估算. 呼和浩特: 内蒙古大学硕士学位论文.

季方, 樊自立, 赵贵海. 1995. 新疆两大沙漠风沙土土壤理化特性对比分析. 干旱区研究, 12(1): 19-25.

贾文涛. 2012. 土地整治有了新目标——《全国土地整治规划(2011～2015年)》解读. 中国土地,(4): 12-14.

李家龙. 1985. 快速测算松树叶面积的方法. 林业科技通讯, (10): 3, 9.

李淑华, 陈翠玲. 2009. 科尔沁沙地的形成与演化研究综述. 内蒙古民族大学学报, 15(6): 42-43.

李伟, 崔丽娟, 赵欣胜, 张曼胤, 王义飞, 赵玉辉, 张岩, 李胜男. 2010. 采砂迹地型湿地恢复过程中植物群落分布与土壤环境因子的关系. 生态环境学报, 19(10): 2325-2331.

李翔宇. 2003. 利用风积沙烧结法生产微晶玻璃. 呼和浩特: 2003年内蒙古自治区自然科学学术年会优秀论文集: 430-432.

李智佩, 岳乐平, 薛祥煦, 王岷, 杨利荣, 聂浩刚, 陈超. 2006. 毛乌素沙地东南部边缘不同地质成因类型土地沙漠化粒度特征及其地质意义. 沉积学报, 24(2): 267-275.

林超峰, 陈占全, 薛泉宏, 来航线, 陈来生, 张登山. 2007. 青海三江源地区风沙土养分及微生物区系. 应用生态学报, 18(1): 101-106.

穆桂金. 1994. 塔克拉玛干沙漠的形成时代及发展过程. 干旱区地理, 17(3): 1-9.

那波, 刘扬, 梁强, 贾树海. 2006. 辽宁省彰武地区不同利用方式风沙土的养分特征. 中国农学通报, 22(3): 245-248.

钱林, 杨万芳. 2007. 用风积沙代替黏土配料生产优质水泥熟料. 乌鲁木齐: 2007年水泥技术交流大会暨第九届全国水泥技术交流大会论文集: 159-163.
裘善文. 1989. 试论科尔沁沙地的形成与演变. 地理科学, 9(4): 317-328.
施勇, 白净. 2011. 科学用砂治沙——看仁创科技集团如何创新驱动发展砂产业. 中国科技产业, (10): 72-74.
石瑞香, 杨小唤, 张红旗, 王立新. 2012. 伊犁谷地灰钙土和风沙土剖面特性及生态建设意义. 资源科学, 34(1): 195-201.
史正涛, 宋友桂, 安芷生. 2006. 天山黄土记录的古尔班通古特沙漠形成演化. 中国沙漠, 26(5): 675-679.
孙毅, 丁国栋, 吴斌, 郭建斌, 刘艳辉. 2007. 呼伦贝尔沙地沙化成因及防治研究. 水土保持研究, 14(6): 122-124.
唐进年, 苏志珠, 丁峰, 廖空太, 俄有浩, 翟新伟, 王继和, 易志宇, 刘虎俊, 张锦春. 2010. 库姆塔格沙漠的形成时代与演化. 干旱区地理, 33(3): 325-333.
王健, 武飞, 高永, 贺晓, 张勇, 严喜斌, 方彪. 2006. 风沙土机械组成、容重和孔隙度对采煤塌陷的响应. 内蒙古农业大学学报(自然科学版), 27(4): 37-41.
王涛. 1990. 巴丹吉林沙漠形成演变的若干问题. 中国沙漠, 10(1): 29-40.
王永东, 张宏武, 徐新文, 李生宇, 李应罡, 孙树国. 2009. 风沙土水分入渗与再分布过程中湿润锋运移试验研究. 干旱区资源与环境, 23(8): 190-194.
乌兰图雅, 雷军, 玉山. 2002. 科尔沁沙地风沙环境形成与演变研究进展. 干旱区资源与环境, 16(1): 28-31.
乌云娜. 2014. 内蒙古乌审旗森林资源调查研究. 呼和浩特: 内蒙古农业大学硕士学位论文.
吴正. 1981. 塔克拉玛干沙漠成因的探讨. 地理学报, 3(3): 280-291.
闫国财, 朱革利, 蔡小刚. 2007. 风积沙固化材料筑路技术效益分析与应用前景展望. 北京建筑工程学院学报, 23(2): 36-39.
杨东, 方小敏, 董光荣, 彭子成, 李吉均. 2006. 早更新世以来腾格里沙漠形成与演化的风成沉积证据. 海洋地质与第四纪地质, 26(1): 93-100.
杨泽荣. 2010. 内蒙古年鉴. 北京: 方志出版社: 658.
佚名. 2012. 国土资源部关于发布实施《全国土地整治规划(2011～2015 年)》的通知. 国土资源通讯, (13): 25-35.
佚名. 2013. 武威市首个风积沙造纸项目获批. 中国包装, (7): 84.
张国盛, 王林和, 董智, 李玉灵. 1999. 毛乌素沙区风沙土机械组成及含水率的季节变化. 中国沙漠, 19(2): 145-150.
张洪江. 2000. 土壤侵蚀原理. 北京: 中国林业出版社: 16, 36-37, 66-69.
张靖, 牛建明, 同丽嘎, 张雪峰. 2013. 多水平/尺度的驱动力变化与沙漠化之间的关系——以内蒙古乌审旗为例. 中国沙漠, 33(6): 1643-1653.

张君. 2008. 蒙西集团发展循环经济变废为宝——对利用风积沙、粉煤灰、煤矸石等废弃物进行再生产的调查. 内蒙古金融研究, (2): 11-13.

张淑英, 徐新文, 文启凯, 陈冰. 2005. 塔里木沙漠公路沿线不同立地类型风沙土的理化性质研究. 干旱区地理, 28(5): 627-631.

赵欣胜, 崔丽娟, 李伟, 张曼胤, 王义飞, 李胜男. 2011. 北京市延庆采砂迹地型湿地植被群落分类与演替分析. 生态科学, 30(5): 518-524.

朱秉启, 于静洁, 秦晓光, 刘子亭, 熊黑钢. 2013. 新疆地区沙漠形成与演化的古环境证据. 地理学报, 68(5): 661-679.

朱福印. 2002. 利用电石工业废渣和风积沙生产生态水泥. 水泥, (9): 12-13.

Paramasivam S and Alva A K. 1997. Leaching of nitrogen forms from controlled released fertilizers. Commum. Soil SCI. Plant Anal., 28(17): 1663-1674.

Tsoar H, Pye K. 1987. Dust transport and the question of desert loess formation. Sedimentology, 34(1): 139-153.

Wu B, Ci L J. 2002. Landscape change and desertification development in the MuUs Sandland, Northern China. Journal of Arid Environments, 50(3): 429-444.

第2章 试 验 设 计

2.1 研究目的与主要研究内容

如第 1 章所述，采沙后形成的采沙迹地土壤性状恶化，植被尽毁，土壤风蚀、水蚀加剧，加剧了区域生态环境恶化。如果不对采沙迹地进行人为干预，植被很难在短期内恢复。

植物内在生理生化机制发生的改变是外界因素发生改变后综合作用的结果，并最终体现在植物外在的生长状况上。相反，植物内在的生理机制变化和外在生长发育状况也体现着植物生存环境的变化。不良的环境因素导致植物生理生化机制和外在生长发育状况不良，不利于植被恢复，当对不良的环境条件进行改善后，植物内在的生理生化机制和外在生长发育状况好转，则有利于植被恢复，促进植被建植进程加快。通过采取不同技术措施改变植物生长发育的环境因子，监测植物在不同环境条件下的内在生理生化机制和外在生长发育变化并对其进行综合评价，用以反映植物生长发育环境条件的优劣，进而筛选有利于植物生长发育的人为干预技术和措施，这是贯穿本研究的基本原理。

本研究针对集中连片采沙后形成的困难立地——采沙迹地治理植被恢复开展试验研究，在对采沙迹地土壤立地质量和地力进行综合诊断与评价的基础上，找出迹地植被恢复的限制因子，而后通过土壤复配、施肥等土壤改良技术，灌溉保水技术，植物生长调节剂调节植物生长发育技术，以及多因素组合调控植物发育等一系列人为干预技术措施进行试验研究，揭示不同人为干预措施对土壤和植物生长发育的作用规律，提出加快采沙迹地植被恢复的人为调控方案，为采沙迹地复垦植被恢复、沙区农林业生产提供有益指导。主要研究内容：采沙迹地土壤立地质量评价；采沙迹地风沙土与迹地下覆黄土、砒砂岩复配改良迹地土壤及其机制；促进迹地植物生长发育的水分调控、施肥调控、植物生长调节剂调控作用与机制；筛选促进植物生长发育和水、肥、植物生长调节剂有效性发挥的各因子最优水平、多因子组合调控的最佳处理组合。

2.2 供 试 材 料

复配土材料：试验研究用风沙土和黄土、砒砂岩分别为毛乌素沙地采沙迹地的风沙土与采沙后裸露的下覆黄土、砒砂岩。

植物生长调节剂：本研究所用植物生长调节剂为多效唑(PP_{333})可湿性粉剂，购自四川国光农化股份有限公司。

保水剂：唐山博亚科技工业开发有限责任公司生产的农林保水剂——高分子聚丙烯酸钠，白色晶体颗粒。

肥料：各种化学性肥料均购于乌审旗兴远农资有限责任公司；羊厩肥取自当地的牧场，养分含量如表2.1所示。

表2.1　供试土壤及添加物料的主要养分含量

肥料名称	有机质/(g/kg)	全氮/(g/kg)	全磷/(g/kg)	全钾/(g/kg)	速效氮/(mg/kg)	速效磷/(mg/kg)	速效钾/(mg/kg)
羊厩肥	305.45	22.34	7.45	7.12	389.1	564.7	3274.6

土柱容器：土壤持水性试验及肥料淋溶试验用土柱容器在北京定制，高65cm，内径8cm，材料为有机玻璃，每个容器底盖均匀布置5个直径为3mm的渗水孔，底盖可拆卸，中间用橡胶圈密封，内底铺设200目石英砂网。

花盆：温室栽植试验用花盆规格为高26cm、上口径24cm、下底径20cm。

苗木：温室盆栽用羊柴(*Hedysarum laeve*)、榆叶梅(*Amygdalus triloba*)、欧李(*Cerasus humilis*)、樟子松(*Pinus sylvestris* var. *mongolica*)幼苗均由鄂尔多斯市乌审旗纳林河林场提供，精选生长发育状况相对一致的一年生实生苗；大田平衡施肥试验植物为在采沙迹地生长5年以上的侧柏(*Platycladus orientalis*)、圆柏(*Juniperus chinensis*)和油松(*Pinus tabuliformis*)。

2.3　试验设计方案

除做特殊说明外，本章涉及的复配土均以风沙土与黄土复配成土试验设计为例进行说明，风沙土与砒砂岩复配成土试验设计除将黄土替换为砒砂岩外，其余操作相同。

2.3.1　采沙迹地土壤质量分析与评价方法

(1)采沙迹地风沙土取样

在选取的采沙迹地试验样地上，按照“S”形布点法布设采样点，在采样点上人工开挖剖面，剖面深100cm，每个剖面按土层深度分为0～20cm、20～40cm、40～60cm、60～80cm、80～100cm，自下而上用环刀取样，重复5次。将采集好的土样装入密封袋，立即带回实验室，在阴凉处自然风干、除杂后，称取相同质量同一层次的土样进行充分混匀。根据指标分析要求分别做过筛、磨碎等进一步处理后，分析采沙迹地风沙土机械组成，测定土壤容重、pH、有机质、全氮、全磷、全钾、速效氮、速效磷、速效钾。

(2) 采沙迹地下覆黄土取样

随机选取 3 处采沙迹地下覆黄土出露处，使用直径 5cm 的手持土钻分别采集 0～50cm、50～100cm、100～150cm、150～200cm 土样，均匀混合后用四分法获得一个 0～200cm 垂直方向上的土壤混合样品，重复 5 次。将样品带回实验室分别做机械组成、pH、有机质、全氮、全磷、全钾、速效氮、速效磷、速效钾测试分析。采样过程中，同时开挖 50cm 深剖面，用环刀分别采集 0～25cm、25～50cm 土层样品，用以进行土壤容重测试。

(3) 指标测试、分析方法

机械组成：激光粒度仪 (Mastersizer 3000 型，Malvern 公司生产) 分析法。采用仪器自带软件以美制土壤粒级分类标准输出土壤机械组成数据，而后对照美制土壤质地分类标准划分土壤质地。

容重：环刀法。pH：pH 酸度计电位法。有机质：重铬酸钾氧化—外加热法。全氮：半微量凯氏定氮法。全磷：NaOH 熔融—钼锑抗比色法。全钾：NaOH 熔融火焰光度法。速效氮：碱解扩散法。速效磷：0.5mol/L $NaHCO_3$ 浸提—钼锑抗比色法。速效钾：1.0mol/L NH_4Ac 浸提—火焰光度法。将采沙迹地土壤各项化学性状指标测试结果与我国《全国第二次土壤普查暂行技术规程》中土壤养分含量六级制分级标准进行对比，对土壤各项化学性养分状况进行评价。

2.3.2　复配土物理性状及持水保肥性能试验设计

(1) 供试复配土及其配比

将采沙迹地风沙土及其下覆黄土自然风干，磨碎直径 0.5cm 以上的土块，过筛、除杂。再将黄土分别以占复配土体积百分比 0%、20%、40%、60%、80%、100%与风沙土充分混匀，形成供试复配土。

(2) 土柱装填

参照 Paramasivam (1997) 的方法将不同配比供试复配土分别装入土柱容器内，边装填边称量填入的干土重。装填过程中，每装填 5cm 土层过量喷洒一次蒸馏水 (所有土柱喷洒水量一致)，以使其自然沉降。为了均匀布水，防止股状流和优先流的产生，以及在加水时扰动土层，在每次喷洒蒸馏水时都在表层临时铺设一层玻璃纤维网。如此逐层装填，直至装填土柱达 50cm 高。每个配比复配土装填 60 个土柱，共装填 360 个。将装填好的所有土柱均分为两组 (其中一组作为对照，一组做施肥处理。除施肥外，对照组与处理组的管理条件均保持一致) 依次置于温室内预制的钢架上，底部悬空，每 3d 过量喷洒一次蒸馏水 (每次喷洒蒸馏水时均在表层临时铺设一层玻璃纤维网，所有土柱喷洒水量一致)，以使其充分自然沉降，当土柱沉降不足 50cm 高时，随时继续装填相应配比复配土 (仍然要称量填入的干土重）。直至喷洒 15 次水后，所有土柱沉降基本稳定，停止洒水。继续静置 20d 后，在其中一组土柱表层按氮素与复配土（干土）质量比为 1.5g/kg 施入研成粉末状的氮肥[$CO(NH_2)_2$]，及时在土柱表层覆盖约 3cm 厚试验用风沙土，以防氮肥挥发。

（3）土柱淋溶

施肥后，继续每 3d 过量喷洒一次蒸馏水淋溶（所有土柱管理条件仍保持一致，每次淋溶时仍在表层临时铺设一层玻璃纤维网），共淋溶 4 次。淋溶水量控制方法：土柱最后一次沉降洒水后，静置 48h，待土柱内水分稳定，底部没有水分渗出，依次称重对照组并记录；静置 20d 结束后，再次称重对照组并记录；两次重量之差即为 20d 蒸发损失的水量，从中找出最大水分损失量。为了确保每次淋溶水均能过量，在最大水分损失量的基础上再加 300mL 蒸馏水作为每次淋溶水量。

（4）取样

最后一次淋溶结束后，静置 48h，待土柱内水分稳定，底部没有水分渗出。打开土柱底盖，分别自下而上每 10cm 土层用环刀取样。对照组和施肥组每个配比复配土重复 3 次，以后每 3d 取样 1 次，直至第 27 天取完 360 个土柱。其中施肥组用于测试氮素含量和复配土机械组成，对照组用于测试氮素含量、复配土含水率、容重、毛管孔隙度。

（5）复配土容重、毛管孔隙度、含水率测试

具体取样及测试步骤：垂直打入环刀至土壤与环刀下沿齐平，在环刀上垫一层滤纸，盖好下盖，挖出环刀，将土壤削至与环刀上沿齐平，垫好滤纸，盖好上盖，迅速称重得自然土重和环刀重（S_1）。将环刀样品带回实验室，取掉上盖，保留滤纸，将环刀直立放置于平盘容器中，向平盘容器中加入蒸馏水，使水面高度一直保持 2～3mm，约 2h，至上层滤纸一湿取出环刀，用滤纸吸干环刀外多余水分，盖好上盖立即称重得浸水后的土重和环刀重（S_2）。再将带土环刀置于烘箱内烘干至恒重，称重得干土重和环刀重（S_3）。分别按式（2.1）、式（2.2）、式（2.3）计算复配土含水率（W）、容重（ρ）、毛管孔隙度（P）。

$$W=(S_1-S_3)/(S_3-S_0)\times 100\% \tag{2.1}$$

$$\rho=(S_3-S_0)/V \tag{2.2}$$

$$P=(S_2-S_3)/V\times 100\% \tag{2.3}$$

式中，W 为复配土含水率（%）；S_1 为自然土重和环刀重（g）；S_3 为干土重和环刀重（g）；S_0 为环刀重（g）；ρ 为复配土容重（g/cm^3）；V 为环刀容积（cm^3）；P 为复配土毛管孔隙度（%）；S_2 为浸水后的土重和环刀重（g）。

（6）复配土机械组成及质地测试

在上述取样的同时，各取适量复配土，经风干处理后，进行测试、分析。方

法同 2.3.1 中采沙迹地土壤机械组成及质地测试、分析方法。

(7) 复配土保肥性能测试

在进行上述取样的同时，各取适量复配土，将样品密封，带回实验室风干、预处理后测试全氮含量。方法同 2.3.1 中采沙迹地土壤全氮测试方法。用施肥处理组与对照组氮素含量的差值衡量复配土的保肥性能。

2.3.3 栽植羊柴幼苗试验设计

本研究不同处理下盆栽羊柴幼苗试验均在温室内进行，以严格控制外界水分对试验产生干扰。同时，按照同样的设计方法在大田进行榆叶梅、欧李小区栽植试验，以与温室栽植试验进行观察对比。

(1) 因素和水平

复配土配比：按黄土分别占复配土体积百分比为 0%、25%、50%、75%、100% 的梯度配制复配土，处理号分别记作 T_0、T_{25}、T_{50}、T_{75}、T_{100}。

PP_{333} 浓度水平：按等浓度梯度将 PP_{333} 设置为 0mg/L、50mg/L、100mg/L、150mg/L 4 个水平，处理号分别记作 P_0、P_{50}、P_{100}、P_{150}。

施加氮肥水平：按单位土地面积施肥量，将施加氮肥[$CO(NH_2)_2$]水平等梯度设置为 0kg/hm^2、120kg/hm^2、240kg/hm^2、360kg/hm^2，处理号分别记作 N_0、N_{120}、N_{240}、N_{360}。盆栽试验施肥量按盆栽容器上口面积和单位面积施肥水平推求。

模拟降水水平：根据研究区近 30 年*4～9 月的平均降水量，同时考虑年际降水变率，分别将模拟日降水量设置为近 30 年 4～9 月日平均降水量的 50%(0.84mm)、75%(1.26mm)、100%(1.68mm)、125%(2.10mm)、150%(2.52mm)，处理号分别记作 S_{50}、S_{75}、S_{100}、S_{125}、S_{150}。盆栽试验接纳降水面积按盆栽容器(花盆)上口面积计算，按 7d 的降雨间隔进行灌溉模拟，最终推求出各降水水平处理的每次灌水量分别为 265mL、398mL、531mL、663mL、797mL。

(2) 单因素试验设计

单因素配土试验设计：按上述复配土配比水平配制复配土。将羊柴按 2 株/盆栽植于预装不同配比复配土的试验花盆中，5 个处理，5 次重复，共 25 盆。以黄土占复配土体积为 0%的处理(即 T_0 处理，纯风沙土)作为对照(CK)。栽植后当天充分灌溉，正常管理至充分缓苗后，按近 30 年 4～9 月平均降水水平每 7d 灌溉一次。

单因素模拟降水量试验设计：以采沙迹地风沙土为栽培基质，将羊柴按 2 株/盆栽植于预装栽培基质的试验花盆中，栽植后当天充分灌溉，正常管理至充分缓苗后，分别按上述推求的灌水量(265mL、398mL、531mL、663mL、797mL)每 7d 灌溉一次。5 个处理，5 次重复，共 25 盆。以研究区近 30 年 4～9 月日平均降水量的 100%，每 7d 灌溉一次处理(即 S_{100} 处理)作为对照(CK)。

---

* “近 30 年”系指“1985～2014 年”，除参考文献以外，后文同

单因素施加化学性氮肥试验设计：以采沙迹地风沙土为栽培基质，将羊柴按 2 株/盆栽植于预装栽培基质的试验花盆中，栽植后当天充分灌溉，正常管理至充分缓苗且根部愈伤后，按不同施肥水平追施氮肥[$CO(NH_2)_2$]。施肥方法：在花盆表土划出深 3～4cm 的网状沟，将氮肥均匀撒入沟内，及时覆土，施肥后及时充分灌溉 1 次，以后按近 30 年 4～9 月平均降水水平每 7d 灌溉一次。4 个处理，5 次重复，共 20 盆。以氮肥[$CO(NH_2)_2$]水平为 0kg/hm^2 处理（即 N_0 处理，不施氮肥）作为对照（CK）。

单因素施加植物生长调节剂（PP_{333}）试验设计：以采沙迹地风沙土为栽培基质。分别利用不同浓度水平的 PP_{333} 溶液对羊柴幼苗浸根 2h，根部浸入溶液的长度约 8cm，取出后沥干溶液。将浸根处理后的羊柴按 2 株/盆栽植于预装栽培基质的试验花盆中，栽植后当天充分灌溉，正常管理至充分缓苗后，按近 30 年 4～9 月平均降水水平每 7d 灌溉一次。4 个处理，5 次重复，共 20 盆。以 PP_{333} 浓度为 0mg/L 处理（即 P_0 处理）作为对照（CK）。

（3）二因素交互试验设计

复配土与 PP_{333} 交互试验设计：分别利用不同浓度水平的 PP_{333} 溶液对羊柴幼苗浸根 2h，根部浸入溶液的长度约 8cm，取出后沥干溶液，按正交设计对应栽植于预装不同配比复配土的试验花盆中，每盆栽植 2 株，16 个处理，5 次重复，共 80 盆。栽植后当天充分灌溉，充分缓苗后按近 30 年 4～9 月平均降水水平每 7d 灌溉一次。试验设计及处理见表 2.2。

表 2.2　复配土×PP_{333} $L_{16}(4^2)$试验设计表

处理号	A. 黄土比例/%	B. PP_{333} 浓度/(mg/L)
处理 1	T_0(0)	P_0(0)
处理 2	T_0(0)	P_{50}(50)
处理 3	T_0(0)	P_{100}(100)
处理 4	T_0(0)	P_{150}(150)
处理 5	T_{25}(25)	P_0(0)
处理 6	T_{25}(25)	P_{50}(50)
处理 7	T_{25}(25)	P_{100}(100)
处理 8	T_{25}(25)	P_{150}(150)
处理 9	T_{50}(50)	P_0(0)
处理 10	T_{50}(50)	P_{50}(50)
处理 11	T_{50}(50)	P_{100}(100)
处理 12	T_{50}(50)	P_{150}(150)
处理 13	T_{75}(75)	P_0(0)
处理 14	T_{75}(75)	P_{50}(50)
处理 15	T_{75}(75)	P_{100}(100)
处理 16	T_{75}(75)	P_{150}(150)

复配土与施加氮肥交互试验设计：将羊柴幼苗栽植于预装不同配比复配土的试验花盆中，每盆栽植 2 株，栽植后充分灌溉，待完全缓苗且根部愈伤后，按正交设计对应不同施肥水平追施氮肥[$CO(NH_2)_2$]。施肥方法：在花盆表土划出深 3～4cm 的网状沟，将氮肥均匀撒入沟内，及时覆土，施肥后及时充分灌溉 1 次，以后按近 30 年 4～9 月平均降水水平每 7d 灌溉一次。16 个处理，5 次重复，共 80 盆。试验设计及处理见表 2.3。

表 2.3　复配土×氮肥 $L_{16}(4^2)$ 试验设计表

处理号	A. 黄土比例/%	C. 氮肥水平/(kg/hm²)
处理 1	T_0(0)	N_0(0)
处理 2	T_0(0)	N_{120}(120)
处理 3	T_0(0)	N_{240}(240)
处理 4	T_0(0)	N_{360}(360)
处理 5	T_{25}(25)	N_0(0)
处理 6	T_{25}(25)	N_{120}(120)
处理 7	T_{25}(25)	N_{240}(240)
处理 8	T_{25}(25)	N_{360}(360)
处理 9	T_{50}(50)	N_0(0)
处理 10	T_{50}(50)	N_{120}(120)
处理 11	T_{50}(50)	N_{240}(240)
处理 12	T_{50}(50)	N_{360}(360)
处理 13	T_{75}(75)	N_0(0)
处理 14	T_{75}(75)	N_{120}(120)
处理 15	T_{75}(75)	N_{240}(240)
处理 16	T_{75}(75)	N_{360}(360)

复配土与模拟降水交互试验设计：将羊柴幼苗栽植于预装不同配比复配土的试验花盆中，每盆栽植 2 株，栽植后充分灌溉，待完全缓苗后，按正交设计对应不同模拟降水水平每 7d 灌溉 1 次。16 个处理，5 次重复，共 80 盆。试验设计及处理见表 2.4。

表 2.4　复配土×降水 $L_{16}(4^2)$ 试验设计表

处理号	A. 黄土比例/%	D. 模拟降水量/%
处理 1	T_0(0)	S_{50}(50)
处理 2	T_0(0)	S_{75}(75)
处理 3	T_0(0)	S_{100}(100)
处理 4	T_0(0)	S_{125}(125)
处理 5	T_{25}(25)	S_{50}(50)
处理 6	T_{25}(25)	S_{75}(75)

续表

处理号	A. 黄土比例/%	D. 模拟降水量/%
处理 7	T_{25}(25)	S_{100}(100)
处理 8	T_{25}(25)	S_{125}(125)
处理 9	T_{50}(50)	S_{50}(50)
处理 10	T_{50}(50)	S_{75}(75)
处理 11	T_{50}(50)	S_{100}(100)
处理 12	T_{50}(50)	S_{125}(125)
处理 13	T_{75}(75)	S_{50}(50)
处理 14	T_{75}(75)	S_{75}(75)
处理 15	T_{75}(75)	S_{100}(100)
处理 16	T_{75}(75)	S_{125}(125)

(4)四因素正交试验设计

分别利用不同浓度水平的 PP_{333} 溶液对羊柴幼苗浸根 2h，根部浸入溶液的长度约 8cm，取出后沥干溶液，按四因素四水平正交设计对应植入预装不同配比复配土的试验花盆中，每盆栽植 2 株，栽植后充分灌溉，待完全缓苗且根部愈伤后，按四因素四水平正交设计对应不同施肥水平追施氮肥[$CO(NH_2)_2$]。施肥后及时充分灌溉 1 次，以后按四因素四水平正交设计对应不同模拟降水水平每 7d 灌溉 1 次。16 个处理，5 次重复，共 80 盆。试验设计及处理见表 2.5。

表 2.5 复配土×PP_{333}×氮肥×降水 $L_{16}(4^4)$试验设计表

处理号	A. 黄土比例/%	B. PP_{333}浓度/(mg/L)	C. 氮肥水平/(kg/hm^2)	D. 模拟降水量/%
处理 1	T_0(0)	P_0(0)	N_0(0)	S_{50}(50)
处理 2	T_0(0)	P_{50}(50)	N_{120}(120)	S_{75}(75)
处理 3	T_0(0)	P_{100}(100)	N_{240}(240)	S_{100}(100)
处理 4	T_0(0)	P_{150}(150)	N_{360}(360)	S_{125}(125)
处理 5	T_{25}(25)	P_0(0)	N_{120}(120)	S_{100}(100)
处理 6	T_{25}(25)	P_{50}(50)	N_0(0)	S_{125}(125)
处理 7	T_{25}(25)	P_{100}(100)	N_{360}(360)	S_{50}(50)
处理 8	T_{25}(25)	P_{150}(150)	N_{240}(240)	S_{75}(75)
处理 9	T_{50}(50)	P_0(0)	N_{240}(240)	S_{125}(125)
处理 10	T_{50}(50)	P_{50}(50)	N_{360}(360)	S_{100}(100)
处理 11	T_{50}(50)	P_{100}(100)	N_0(0)	S_{75}(75)
处理 12	T_{50}(50)	P_{150}(150)	N_{120}(120)	S_{50}(50)
处理 13	T_{75}(75)	P_0(0)	N_{360}(360)	S_{75}(75)
处理 14	T_{75}(75)	P_{50}(50)	N_{240}(240)	S_{50}(50)
处理 15	T_{75}(75)	P_{100}(100)	N_{120}(120)	S_{125}(125)
处理 16	T_{75}(75)	P_{150}(150)	N_0(0)	S_{100}(100)

(5)植物对不同处理响应的光合及抗逆生理指标测试

光合指标测试：苗木栽植管护 95d 后，选择晴天 9:30，自然光照下，分组采用 Li-6400XL 测量羊柴叶片净光合速率(P_n)、蒸腾速率(T_r)、气孔导度(G_s)、胞间 CO_2 浓度(C_i)，每个处理选择 5 株幼苗进行测量。同时利用游标卡尺测量被测叶片的叶长、叶宽，采用经验公式“叶面积=2/3 叶长×叶宽”求得叶面积。利用净光合速率(P_n)除以蒸腾速率(T_r)求得水分利用效率(water use efficiency，WUE)。

叶绿素荧光参数测试：在测量光合指标的同时，分组采用 PAM2500 叶绿素荧光仪测量羊柴叶片非光化学猝灭系数(qN)、光化学猝灭系数(qP)、光合电子传递速率(photosynthetic electron transport rate，ETR)、PSⅡ最大光化学效率(F_v/F_m)，每个处理选择 5 株幼苗进行测量。实际光化学量子效率(ΦPSⅡ)参照 Ogweno 等(2008)的方法进行计算，计算公式如下：

$$\Phi PS\,II = (F_{m'} - F_s) / F_{m'} \tag{2.4}$$

式中，$F_{m'}$为光适应下最大荧光值，F_s为稳态荧光值。

生理指标测试：按照各指标测试样品采集要求，采集不同处理下发育良好的羊柴叶片，立即做样品固定、保鲜等处理后，带回实验室并尽快做测试分析。分别测试抗氧化酶活性指标、应激性生理指标、叶绿素含量指标。其中过氧化物酶(peroxidase，POD)活性测试用愈创木酚显色法；超氧化物歧化酶(superoxide dismutase，SOD)活性测试用氮蓝四唑(nitro-blue tetrazolium，NBT)法；过氧化氢酶(catalase，CAT)活性测试用紫外吸收法；游离脯氨酸(proline，Pro)含量测试用磺基水杨酸提取法；丙二醛(malondialdehyde，MDA)含量测试用硫代巴比妥酸(thiobarbituric acid，TBA)比色法；相对电导率(relative conductivity，REC)测试用电导法；叶绿素 a(Chl a)含量、叶绿素 b(Chl b)含量、总叶绿素(Chl t)含量测试均用分光光度法，叶绿素 a 含量/叶绿素 b 含量(Chl a/Chl b)直接用测得的叶绿素 a(Chl a)含量、叶绿素 b(Chl b)含量求得。

试验设置每 7d 为一个灌溉周期，光合指标、叶绿素荧光参数分别在灌溉后第 3 天、第 5 天各测试 1 次，将两次测试平均值作为指标最终值。生理指标测试植物样品分别在灌溉后第 3 天、第 5 天采集，将两次测试平均值作为指标最终值。

2.3.4 保水剂保水樟子松幼苗栽植试验设计

为了防止外界水分干扰，本试验在温室内进行。

(1)基质及其装填

土壤基质为采沙迹地风沙土与腐熟羊厩肥按 5∶1 体积比组成的均匀混合物，每盆 7.5kg。按保水剂占基质质量比分别为 0%、0.1%、0.2%、0.3%、0.4%与基质混合均匀(处理号分别记作Z_0、Z_1、Z_2、Z_3、Z_4)，分别装入花盆中。每个处理12个重复，共60盆。

(2)幼苗栽植及指标测试

每盆栽植樟子松幼苗3株。为防止保水剂见光分解，栽植后表层覆5cm左右厚的风沙土。充分灌水以使保水剂充分吸水，正常管护以保证幼苗成活。栽植管护30d后，连续2d充分灌溉，使盆内土壤饱和吸水，而后开始采取自然干旱方式对幼苗进行干旱胁迫。胁迫试验期间每隔7d测定一次土壤含水率(方法同2.3.2中土壤含水率测试)、樟子松光合指标(方法同2.3.3中羊柴光合指标测试)和叶片相对含水量，每隔14d测定一次樟子松叶绿素荧光参数、抗氧化酶活性指标和应激性生理指标(方法同2.3.3中羊柴叶绿素荧光参数及生理指标测试)。

叶面积参照李家龙(1985)的方法计算，计算公式如下：

$$A = 2L(1+\pi/n)(nV/\pi L)^{1/2} \tag{2.5}$$

式中，A为针叶面积(cm^2)；L为针叶长度(cm)；n为针叶的根数；V为针叶体积(cm^3)。

针叶体积的测定方法：将已经测定过光合指标的松针束沿叶鞘基部取下，一般取3束。将取下的松针束绑紧后放进盛水的量筒中(量筒规格为10mL，精度为0.01mL)，用排水法测量。

叶片相对含水量(relative water content，RWC)的测定：采用烘干法进行测定。具体步骤为于晴天8:00取样，每次取样部位尽量一致，将取得的新鲜针叶擦净、称取鲜重后浸没于蒸馏水中，暗置24h后取出，用滤纸吸干针叶上的水称取饱和重后，在105℃下杀青15min，然后在鼓风干燥箱中于90℃条件下烘干，待冷却至室温后称取干重，3次重复。计算公式如下：

$$\text{叶片相对含水量}=(W_1-W_0)/(W_2-W_0)\times 100\% \tag{2.6}$$

式中，W_1为鲜重(g)；W_0为干重(g)；W_2为吸水后饱和重(g)。

2.3.5 采沙迹地平衡施肥试验设计

(1)肥料配方

在采沙迹地3年以上林龄的侧柏、圆柏和油松林地中，划分出施肥试验区。选用腐熟羊厩肥、磷酸二铵、尿素、过磷酸钙、氯化钾5种肥料进行配方平衡施肥。每个试验区分别设置以下7个施肥处理，见表2.6。

表 2.6　各处理所用肥料及用量

处理	肥料种类及施肥量(施肥量均为每棵树的用量)
处理 1(Tr1)	尿素 200g(折合氮素 92g)
处理 2(Tr2)	磷酸二铵 500g(折合氮素 90g，五氧化二磷 23g)
处理 3(Tr3)	羊厩肥 2kg
处理 4(Tr4)	尿素 100g(折合氮素 46g)，过磷酸钙 200g，氯化钾 50g
处理 5(Tr5)	尿素 200g(折合氮素 92g)，过磷酸钙 250g，氯化钾 50g
处理 6(Tr6)	羊厩肥 2kg，尿素 100g(折合氮素 46g)，过磷酸钙 200g，氯化钾 50g
CK	不施肥

(2) 施肥方法

用洛阳铲在树坑的每个角上对点打孔，孔深约 60cm，施入化学肥料。有机肥采用放射状开沟法埋入土壤，沟深约 40cm。秋季和次年春季各施肥一次，施肥后不灌溉，依靠降水补给。

(3) 林木生长量观测

胸径：用游标卡尺对每株树的胸径(距地面 0.8m 处)进行测量，并在第一次观测时于观测部位做明显标记，以保证以后观测同一部位。之后分别在第 2 年和第 3 年 10 月左右树木停止生长后分别进行胸径测量。

新梢生长量的测定：观测胸径的同时进行新梢生长量的测量。

2.4　数 据 处 理

采用 Excel 2003、Sigmaplot 12.0 软件进行数据整理、计算分析、绘制图表，由 GS+9.0 和 Surfer 11.0 进行克里格(Kriging)插值分析并生成插值图。用 SAS 9.0 软件对数据进行单因素方差分析(one-way ANOVA)、双因素方差分析(two-way ANOVA)、相关分析、典型相关分析(canonical correlation analysis，CCorA)。利用隶属函数法、TOPSIS 法(technique for order preference by similarity to ideal solution)和主成分分析法对不同处理下植物的各项生理生化指标进行综合评价。

(1) 典型相关分析

从总体上把握两组指标变量之间的相关关系，分别在两组变量中提取若干个有代表性的两个综合变量 W_1 和 V_1(分别为两个变量组中各指标的线性组合)，利用 W_1 和 V_1 之间的相关关系来反映两组指标之间的整体相关性，分别筛选出一组变量中对另一组变量作用较大的指标。

(2) 隶属函数法

将利用典型相关分析筛选出相互之间作用较大的指标(或全部指标)的隶属函数值求和后再求平均值，对最终的均值进行排序，序号越小说明其所对应的措施

(或处理)越有效；相反则越差。各指标隶属函数值 $X(\mathrm{U})$ 按以下公式计算。

若指标与植物生长呈正相关，则

$$X(\mathrm{U})=(X-X_{\min})/(X_{\max}-X_{\min}) \tag{2.7}$$

若指标与植物生长呈负相关，则

$$X(\mathrm{U})=1-(X-X_{\min})/(X_{\max}-X_{\min}) \tag{2.8}$$

式中，X 为指标的实测值；$X_{\max}$ 与 $X_{\min}$ 分别为测定值的最大值和最小值。

(3) TOPSIS 法

将 N 个影响评价的指标构造出 N 维空间，针对各项指标从所有待评价对象中选出该指标在 N 维空间中描绘出的最优点和最差点。依次求出各个待评价对象坐标点分别到最优点和最差点的距离 D_{add} 与 D_{minus}，并运用公式 $C_i=D_{\mathrm{minus}}/(D_{\mathrm{add}}+D_{\mathrm{minus}})$ 求得评价参考值 C_i，C_i 值越大说明其所对应的措施(或处理)越有效；相反则越差。

(4) 主成分分析法

将多个变量通过线性变换，重新组合成一组新的互相无关的综合指标来代替原来的指标，以选出较少个数重要变量的一种多元统计分析方法。具体做法：选取第一个线性组合(F_1)的方差来表达，称 F_1 为第一主成分；如果 F_1 不足以代表原来 P 个指标的信息，再考虑选取第二个线性组合 F_2，则称 F_2 为第二主成分；依此类推，构造出第三个、第四个、……、第 P 个主成分。

参考文献

胡良平. 2010. SAS 统计分析教程. 北京: 电子工业出版社.

李合生. 2000. 植物生理生化实验原理和技术. 北京: 高等教育出版社.

潘向艳. 2006. 杂交鹅掌楸不同无性系对淹水胁迫的反应. 南京: 南京林业大学硕士学位论文.

王猛, 汪季, 蒙仲举, 柴享贤, 吕世杰, 王德慧, 乌云嘎. 2016. 巴丹吉林沙漠东缘天然梭梭种群空间分布异质性. 生态学报, 36(13): 1-9.

张志良. 1990. 植物生理学试验指导. 北京: 高等教育出版社.

赵彦锋, 孙志英, 陈杰. 2010. Kriging 插值和序贯高斯条件模拟算法的对比分析. 地球信息科学学报, 12(6): 767-776.

朱崇辉, 刘俊民, 王增红. 2005. 粗粒土的颗粒级配对渗透系数的影响规律研究. 人民黄河, 27(12): 79-81.

Gifford G F, Hawkins R H. 1978. Hydrologic impact of grazing on infiltration: a critical review. Water Resources Research, 14(2): 305-313.

Ogweno J O, Song X S, Shi K, Hu W H, Mao W H, Zhou Y H, Yu J Q, Nogués S. 2008. Brassinosteroids alleviate heat-induced inhibition of photosynthesis by increasing carboxylation efficiency and enhancing antioxidant systems in *Lycopersicon esculentum*. Plant Growth Regulation, 27(1): 49-57.

第3章　采沙迹地土壤质量分析与评价

土壤是植物生长发育固持的介质和养分源泉，其质量优劣是影响植物生长发育的最重要因素。土壤结构质地、酸碱性、持水与供水性能、各种养分含量状况是土壤环境的重要组成因子，对植物的生长发育均有着不同程度的影响。土壤质量分析与评价是土壤各因子改良研究的前提和基础。

3.1　采沙迹地风沙土性状

3.1.1　质地性状

如表 3.1 所示，根据美制土壤粒级分类标准，采沙迹地 0～100cm 土层有89.69%以上的颗粒为沙粒，粉粒和黏粒含量极低。根据美制土壤质地划分标准，采沙迹地 0～100cm 土层均为沙土。0～20cm 土层粉粒和黏粒含量较 20cm 以下土层稍高，其可能原因是：在采沙后，风力作用使异地的粉粒和黏粒在采沙迹地表层暂时沉积，但这种作用往往是暂时且不稳定的，在地表缺乏必要的防护时，在风力的分选作用下，也可以使表层沉积的粉粒和黏粒再次被吹走。总之，机械组成砂粒含量多、粉粒和黏粒含量少、容重大是采沙迹地 0～100cm 土层土壤质地的普遍特征。由于土壤机械组成粗，沙粒含量高，物理性黏粒少，土壤胶体含量少，土粒比表面积小，土壤很难形成团粒结构和有效的毛管孔隙，导致土壤吸持能力差，极易漏水漏肥，从而不利于植物生长和植被恢复。

表 3.1　采沙迹地风沙土机械组成和质地

土层深度/cm	容重/(g/cm^3)	各粒级的百分含量/%			
		沙粒(2～0.05mm)	粉粒(0.05～0. 002mm)	黏粒(<0.002mm)	质地
0～20	1.57	89.69	7.44	2.87	沙土
20～40	1.61	90.52	7.13	2.35	沙土
40～60	1.63	91.32	6.85	1.83	沙土
60～80	1.59	90.86	7.05	2.09	沙土
80～100	1.62	92.53	6.54	0.93	沙土

3.1.2　化学性状

土壤 pH、有机质、氮、磷、钾均是土壤重要的化学肥力因子。氮、磷、钾是植物生长发育的基本营养元素，对植物的生长发育起着关键作用；土壤 pH 和有机质是衡量土壤环境质量的重要指标，是影响土壤养分释放和植物吸收养分的重要因素，对土壤物理、化学和生物性状有着深刻的影响。这些因素综合起来一般被用于反映土壤化学性状的优劣。

3.1.2.1　pH 和有机质

如表 3.2 所示，采沙迹地 0～100cm 深风沙土的 pH 为 8.53～8.60，均呈碱性，pH 普遍偏高，且不同土层深度变化不大，这主要与研究区地带性土壤及地下水和气候因素的长期影响有关。

表 3.2　采沙迹地风沙土 pH 和有机质含量测试结果

土层深度/cm	pH	有机质/(g/kg)
0～20	8.58	5.75
20～40	8.60	4.27
40～60	8.55	7.86
60～80	8.56	5.97
80～100	8.53	3.52

土壤酸碱度对土壤微生物的活性、矿物质和有机质分解、土壤胶体带电性等都会产生影响，进而影响土壤肥力的发展。通常，土壤氮素在 pH 为 6～8 时有效性较高，土壤磷素在 pH 为 6.5～7.5 时有效性较高。土壤过酸或过碱都会使土壤中离子的平衡受到影响，使土壤中 H^+和 Na^+增多，改变土壤胶体的带电性，难以形成良好的土壤结构。适宜土壤微生物生存的土壤一般是 pH 为 6.5～7.5 的中性土壤，过酸或过碱都会对微生物的活性产生抑制，从而影响土壤养分的转化和供应。由此可见，采沙迹地风沙土 pH 偏高，不利于土壤肥力的发展和植物的生长发育。

土壤有机质是土壤矿质养分和有机养分的重要源泉，也是土壤微生物生存活动的能量源泉，所以土壤有机质对土壤物理、化学和生物性状有着深刻的影响。适宜的有机质含量，能营造适宜的土壤松紧度，增强土壤的吸热能力，促进土壤良好结构的形成和土壤微生物的活动，从而提高土壤的持水保肥能力，减少养分的流失，提高肥料利用率，促进植物的生长发育。

如表 3.2 所示，采沙迹地 0～100cm 深风沙土的有机质含量为 3.52～7.86g/kg，除 40～60cm 层次有机质含量处于土壤养分含量分级标准的五级水平(缺)以外，其他层次均处于六级水平(极缺)。由此可见，采沙迹地风沙土有机质含量水平极其低下，不利于土壤肥力的发展和植物的生长发育。土壤有机质一般来源于动植物和微生物残体，以及动植物和微生物的排泄物与分泌物，由于采沙彻底剥离了表层土壤和原有的稀疏植被，破坏了生物生存环境，迫使动物和微生物转移，这将使原本有机质含量水平就十分低下的采沙迹地无法得到有机质的补充和累积。另外，土壤有机质含量与沙粒含量之间存在一定程度的负相关关系，而与粉粒、黏粒含量呈正相关。颗粒组成较细的土体因通透性差，有机质与颗粒结合后较难被微生物分解。相反，沙粒因颗粒大、正电荷少，与有机质结合的机会也较少，即使与有机质结合，由于通透性强，也能被微生物轻易分解，这也是造成土壤有机质缺乏的原因。

3.1.2.2　氮素含量

如表 3.3 所示，采沙迹地 0～100cm 深风沙土的全氮含量为 0.18～0.35g/kg，0～100cm 各层土壤全氮含量均处于土壤养分含量分级标准的六级水平（极缺）。0～100cm 深土壤速效氮含量为 28.25～37.67mg/kg；20～40cm、40～60cm、60～80cm 三个层次土壤速效氮含量均处于土壤养分含量分级标准的六级水平（极缺）；0～20cm 和 80～100cm 两个层次速效氮含量处于五级水平（缺），并且十分接近五级水平的下限（六级水平上限）。由此可见，采沙迹地风沙土全氮和速效氮含量水平都极其低下。

表 3.3　采沙迹地风沙土氮素含量测试结果

土层深度/cm	全氮/(g/kg)	速效氮/(mg/kg)
0～20	0.27	32.02
20～40	0.18	28.25
40～60	0.35	28.25
60～80	0.28	28.25
80～100	0.18	37.67

氮素是一切生命体必需的大量营养元素，是蛋白质的基本成分，也是土壤肥力的重要物质基础之一。土壤中有机态氮与无机态氮的总和称为土壤全氮，其含量反映土壤氮素的总贮量和供氮潜力。自然界中的固氮作用有大气高能固氮和生物固氮两种方式，通过大气高能固氮作用形成的氮化物很少，而通过生物固氮作用形成的氮化物占 90%以上。研究区土壤环境不利于生物生存，生物固氮作用微弱，所以由生物固氮积累的氮素也很少，这是导致土壤全氮含量水平极其低下的主要原因。土壤氮素主要来源于土壤有机质，两者含量呈正相关，采沙迹地土壤有机质含量低，全氮含量自然也就低。

速效氮是可供植物近期吸收利用的氮素，其含量反映土壤的近期氮素供应能力。土壤中的绝大部分氮素是以有机态存在的，绝大部分有机态氮要经过土壤微生物的矿化作用转化为无机态氮才能供植物吸收利用。由于采沙迹地土壤有机质含量少，微生物生存所需的能源物质缺乏，同时土壤物理性状不良、pH 高，因此土壤微生物少，且活性受到抑制，所以速效氮也极其缺乏。

3.1.2.3　磷素含量

如表 3.4 所示，采沙迹地 0～100cm 深风沙土的全磷含量为 0.17～0.32g/kg，0～20cm、20～40cm 两个土层全磷含量处于土壤养分含量分级标准的六级水平（极缺），40～60cm、60～80cm、80～100cm 三个土层全磷含量处于五级水平（缺）。0～100cm 深土壤速效磷含量为 0.65～5.90mg/kg，40～60cm 层次土壤速效磷含量处于土壤养分含量分级标准的四级水平（稍缺），并且十分接近四级水平的下限（五级水平上限），而其他层次速效磷含量均处于六级水平（极缺）。由此可见，采沙迹地风沙土全磷和速效磷含量水平也都极其低下。

表 3.4　采沙迹地风沙土磷素含量测试结果

土层深度/cm	全磷/(g/kg)	速效磷/(mg/kg)
0～20	0.17	0.65
20～40	0.18	1.35
40～60	0.27	5.90
60～80	0.30	1.80
80～100	0.32	1.60

磷素是植物生长发育所必需的大量营养元素之一，不仅是植物体多种重要化合物的组分，而且广泛参与各种重要的代谢活动。土壤磷素是影响土壤肥力的重要因子之一。土壤全磷是指土壤中各种形态磷素的总和，包括有机磷和无机磷两大类。磷是一种沉积性的矿物，所以土壤全磷含量的高低，受土壤母质、成土作用的影响很大。

土壤中的速效磷是指能被当季作物吸收利用的磷，包括全部水溶性磷、部分吸附态磷及有机态磷，有的土壤中还包括某些沉淀态磷。土壤中的磷素大部分是以迟效性状态存在的，而能被植物吸收利用的土壤速效磷往往只占土壤全磷含量的极小部分，两者在更多时候并不相关，全磷含量高并不意味着磷素供应充足，而全磷含量低可能意味着磷素供应不足，因此土壤全磷含量并不能作为土壤磷素供应的指标，而速效磷含量才是衡量土壤磷素供应状况的科学指标。

土壤磷素的有效性受土壤酸碱度的影响很大，土壤 pH 为 6.5～7.5 时，土壤磷素具有较高的有效性。酸性土壤中由于存在大量游离氧化铁，很大一部分磷酸铁被氧化铁薄膜包裹成为闭蓄态磷，导致磷的有效性大大降低；石灰性土壤中游离碳酸钙含量越高，就越容易与磷结合形成不易水解的磷酸钙盐，从而导致磷的有效性也降低。研究区地带性土壤属于栗钙土，pH 在 8.5 以上，十分不利于磷的有效性发挥，这是导致土壤速效磷缺乏的主要原因。从磷素自身属性上来看，磷是一种沉积性矿物，磷化合物在土壤中往往很难溶解，可溶性的磷进入土壤后也很容易被固定为不溶性的磷化合物，从而导致其很难被植物吸收利用。另外，在土壤中施入生理酸性肥料，植物在生长过程中根系分泌的低分子有机酸等物质，都能在一定程度上促进磷酸盐的溶解和释放，使非有效态磷向速效磷转化，从而提高土壤磷素的有效性。

3.1.2.4 钾素含量

如表 3.5 所示，采沙迹地 0～100cm 深风沙土的全钾含量为 23.78～29.72g/kg；20～40cm、40～60cm 两个层次土壤全钾含量处于土壤养分含量分级标准的二级水平(稍丰)，并且接近二级水平的上限(一级水平下限)；而其他层次全钾含量均处于一级水平(丰)。0～100cm 深土壤速效钾含量为 59.24～77.01mg/kg，0～100cm 各层土壤速效钾含量均处于土壤养分含量分级标准的四级水平(稍缺)。

表 3.5　采沙迹地风沙土钾素含量测试结果

土层深度/cm	全钾/(g/kg)	速效钾/(mg/kg)
0～20	28.62	71.09
20～40	24.55	77.01
40～60	23.78	65.17
60～80	25.81	59.24
80～100	29.72	59.24

钾素是植物生长发育必需的大量营养元素，也是影响土壤肥力的重要因子之一。与氮、磷不同，钾不是植物体内有机化合物的组分，而是呈离子状态溶于植物的汁液，通过改变细胞液浓度调节细胞渗透压，从而有效利用水分，促进光合物质积累，同时，通过调节细胞液浓度和渗透压，提高植物抵御干旱、低温、高盐等逆境的能力。

土壤全钾为土壤中各种形态钾素的总和。根据钾素存在的状态和对植物有效性的不同，可将土壤中的钾分为无效态钾(矿物钾)、缓效性钾(非交换性钾)、速效性钾(交换性钾、水溶性钾)3 种形态。原生矿物结构组成中存在的钾，只有在矿物分解之后才可能被植物吸收利用，而交换性钾和水溶性钾是可直接被植物吸收利用的，所以，当季植物的钾营养水平主要取决于土壤速效钾的含量，土壤速效钾含量是衡量土壤钾素供应状况的主要直接指标。交换性钾与水溶性钾处于动态平衡，当溶液中的钾离子与土壤中其他交换性阳离子的比值降低时，交换性钾离子便立即转入土壤溶液中，此平衡可瞬时完成。非交换性钾虽然很难被植物直接吸收利用，但它与交换性钾处于动态平衡，当土壤中的速效性钾含量降低后，非交换性钾可以缓慢地释放以补充速效性钾；相反，当土壤中的钾离子饱和度较大时，部分速效钾会转化为缓效性钾。

由以上分析可知，采沙迹地风沙土全钾含量十分丰富，而速效钾含量稍有缺乏，但缓效性钾与速效性钾之间存在着平衡转化关系，在植物与土壤的相互作用下，能在一定程度上实现速效钾的补充。

3.2　采沙迹地下覆黄土和砒砂岩性状

研究区地处鄂尔多斯高原与黄土高原过渡地带，黄土和砒砂岩也是研究区广泛分布的土壤类型。在长期的自然和人为因素的影响下，风沙土不断地被搬运、堆积、再分配，多以不同厚度覆盖于黄土和砒砂岩之上，在原有黄土丘陵、高平原等地形的基础上形成不同形状和覆沙厚度的沙丘、披沙山体、平缓沙地。采沙剥离地表一定厚度的风积沙后，局地薄覆沙土体下层黄土和砒砂岩便出露于地表。

经测定、分析，采沙迹地下覆黄土容重为 1.45g/cm^3，沙粒(2～0.05mm)百分含量为 25.54%，粉粒(0.05～0.002mm)百分含量为 59.23%，黏粒(＜0.002mm)百分含量为 15.23%，土壤质地为粉壤土。砒砂岩容重为 1.49g/cm^3，沙粒(2～0.05mm)百分含量为 17.89%，粉粒(0.05～0.002mm)百分含量为 65.46%，黏粒(＜0.002mm)百分含量为 16.64%，土壤质地同样为粉壤土(表 3.6)。与采沙迹地风沙土相比，两种母质土壤容重、沙粒含量远远低于风沙土，而粉粒和黏粒含量远远高于风沙土。

表 3.6　采沙迹地下覆母质机械组成和质地

母质	容重/(g/cm^3)	各粒径级的百分含量/%			
		沙粒(2～0.05mm)	粉粒(0.05～0.002mm)	黏粒(＜0.002mm)	质地
黄土	1.45	25.54	59.23	15.23	粉壤土
砒砂岩	1.49	17.89	65.46	16.64	粉壤土

如表 3.7 所示，采沙迹地下覆黄土 pH 为 8.55，呈碱性反应。土壤有机质、全氮、全磷、全钾含量分别为 3.76g/kg、0.19g/kg、0.30g/kg 和 28.86g/kg，速效氮、速效磷、速效钾含量分别为 20.03mg/kg、1.12mg/kg、57.37mg/kg。采沙迹地下覆砒砂岩 pH 为 8.40，呈碱性反应。土壤有机质、全氮、全磷、全钾含量分别为 3.64g/kg、0.22g/kg、0.31g/kg 和 30.23g/kg，速效氮、速效磷、速效钾含量分别为 22.14mg/kg、1.34mg/kg、64.21mg/kg。总体来看，采沙迹地下覆两种母质土壤各项化学性养分含量均与采沙迹地风沙土大致相当，有机质、速效氮、速效磷、速效钾含量整体上略低于风沙土，这主要是因为采沙迹地下覆母质长期埋藏于较深的风沙土层之下，结构致密，基本不受动物、植物、微生物影响，同时土壤 pH 较高，所以化

学性养分的有效性都十分低。

表 3.7　采沙迹地下覆母质各元素含量测试结果

母质	pH	有机质 /(mg/kg)	全氮 /(mg/kg)	速效氮 /(mg/kg)	全磷 /(mg/kg)	速效磷 /(mg/kg)	全钾 /(mg/kg)	速效钾 /(mg/kg)
黄土	8.55	3.76	0.19	20.03	0.30	1.12	28.86	57.37
砒砂岩	8.40	3.64	0.22	22.14	0.31	1.34	30.23	64.21

3.3　采沙迹地土壤修复的目的与任务

通过以上对采沙迹地风沙土理化性状的分析与评价可知：机械组成粗、质地差、物理性状不良，pH 高，氮、磷有效养分贫乏是采沙迹地风沙土的普遍特征。采沙迹地 0～100cm 深的风沙土颗粒有 89.69%以上是沙粒，而粒径小于 0.05mm 的粉粒和黏粒含量极低，土壤质地为沙土。由于土壤机械组成粗，物理性黏粒少，持水保肥能力差，加之当地处于风沙区，环境条件严苛，采沙又彻底移除了原有表土和植被，因此植物在形成的新的更困难的立地下难以定居和生存。采沙迹地 0～100cm 深土壤的 pH 在 8.53 及以上，呈碱性，不利于土壤肥力的发挥和发展。土壤有机质、氮、磷养分含量极其匮乏，难以满足植物正常生长发育的需求，但钾素含量比较丰富。

采沙迹地下覆黄土和砒砂岩母质土壤质地为粉壤土，其容重低于采沙迹地风沙土，沙粒含量远远低于采沙迹地风沙土，而粉粒和黏粒含量远远高于采沙迹地风沙土。pH，全氮、全磷、全钾含量与采沙迹地风沙土大致相同，但有效性十分差。

综上所述，由于研究区降水缺乏，风大沙多，采沙迹地风沙土质地性状极其不良，易漏水漏肥，土壤水分是植被恢复的主要限制因子，其次是贫乏的土壤养分含量及其养分供应能力。在利用植物措施治理采沙迹地进行迹地植被重建时，必须对土壤进行改良，一是改良土壤不良的物理性状，改善土壤的持水保肥性能；二是适量施入生理酸性氮、磷肥料，尤其需要大量补充氮肥，以改善土壤碱性环境和营养供给水平。而在这二者中，又应以改良土壤物理性状为前提和重点，在为植物生长发育营造良好的土壤物理性状、提高土壤持水保肥和水肥供应性能的基础上适量施肥，这样才能达到促进植物生长发育、节约肥料、防止产生因肥料渗漏和流失带来的负面环境效应的综合效果。采沙迹地下覆黄土和砒砂岩颗粒组成细，长期暴露极易受到风蚀、水蚀，发生水土流失。通过对采沙迹地风沙土和迹地下覆两种母质的物理性状进行对比分析可知，二者在机械组成、质地性状上存在较大的互补性，尝试将二者以不同比例复配，一方面可为改良采沙迹地风沙土不良的物理性状带来可能，另一方面可为采沙迹地固沙、防止出露迹地下覆母质土壤发生侵蚀带来有利条件。

参 考 文 献

韩兴国, 李凌浩, 黄建辉. 1999. 生物地球化学概论. 北京: 高等教育出版社: 197-244.

黄昌永. 2000. 土壤学. 北京: 中国农业出版社.

李志辉, 漆良华, 柏方敏, 陈晓萍, 何友军. 2004. 马尾松飞播林土壤肥力研究. 中南林学院学报, 24(5): 32-35.

刘畅, 云丽丽, 葛成明. 2005. 辽东山区不同森林类型土壤改良效益分析. 防护林科技, (1): 21-22.

刘义, 关继义, 葛建平. 2002. 不同森林类型土壤肥力的差异分析. 东北林业大学学报, 30(3): 76-78.

孙向阳, 陈金林, 崔晓阳. 2005. 土壤学. 北京: 中国林业出版社: 115-120, 248-259, 283-299.

肖海涛, 孙吕林, 陈国德, 姜国华. 2005. 平原高沙土有机质积累试验研究. 水土保持研究, 12(5): 159-161.

闫德仁, 王晶莹. 1996. 落叶松人工林土壤养分含量变化的研究. 内蒙古林业科技, (34): 99-102.

游秀花, 蒋尔可. 2005. 不同森林类型土壤化学性质的比较研究. 江西农业大学学报, 27(3): 357-360.

于君宝, 刘景双, 王金达, 齐晓宁, 王洋. 2003. 典型黑土 pH 值变化对营养元素有效态含量的影响研究. 土壤通报, 34(5): 404-408.

第4章　采沙迹地土壤复配改良技术

4.1　风沙土改良及复配成土研究现状

土壤是植物生长的载体，是植物根系伸展、固持的介质，是植物生长发育所需的水分和养分库，土壤性状的优劣对植物的生长和发育具有重大影响。在长期自然因素、人为耕垦，以及工业时代生产的影响下，越来越多的土壤遭到污染和破坏，功能质量下降。要使其恢复功能，提高土地生产力，促进土壤的高效、持续利用，达到人类期望的生产、利用目标，必须对土壤进行改良，提高土壤质量。

根据土地利用目标的不同，广义土壤改良的研究内容十分广泛，但以土地农林利用和植被恢复为目标的改良土壤理化性状与养分供应水平研究是土壤改良研究的核心。土壤生物、水分、养分等各种要素的存在状况共同构成了土壤环境，构成土壤环境的各种要素进行着一系列生物的、化学的和物理的转化作用，并综合起来对植物的生长发育产生影响。因此，土壤改良研究要求将构成土壤环境的各个要素与植物生长发育相联系，运用生态学、农业工程学、土壤学、植物营养学、生物学、栽培学、农田水利学等学科的理论，分析对植物生长发育产生不良影响的土壤肥力障碍的发生和发展原因，通过有效的技术措施消除或降低这些障碍产生的不利影响。

国内外土壤改良的历史悠久，因土壤的立地、植被建植目标的不同，各国采用的改良手段和方法也丰富多样。从改良土壤类型上来看，目前，大部分文献报道都集中于盐渍化土壤、酸性土壤、污染土壤、采矿破坏土壤及中低产田的改造研究上；从改良机制和方法上来看，有物理改良法、化学改良法和生物改良法；从研究内容上来看，有退化土壤的退化机制研究、改良基质及改良剂的研究、改良土壤的性状变化及植物效应研究等。以人畜粪便、草木灰作为土壤改良剂进行施肥改良土壤由来已久，工业合成化肥的大量生产和施用也是近百年来各国增加土壤养分普遍采用的办法，但有关土壤改良剂的专门研究始于19世纪末，研究较多的有沸石、粉煤灰、脱硫石膏等工业副产物，各类污泥、腐泥、腐殖酸，根瘤菌等微生物改良剂，绿肥、聚丙烯酰胺、各类保水剂等，但很多改良剂存在改良效果不全面或有不同程度的负面影响等问题。

风沙土是我国北方分布面广量大的一类土壤。其普遍特性是风蚀、堆积频繁，土壤基质活动性大；含水量低，保水能力差；养分含量低，土壤贫瘠；土质疏松，透气性强，长期以来，多被视为低产土壤而被弃置。随着人地矛盾逐渐加剧，在治沙技术和手段取得长足进步的基础上，人们对开发治理风沙土的要求与日俱增，近年来关于风沙土改良利用的相关报道日益增多，改良方法及应用的改良基质也多种多样。根据其易风蚀、机械组成粗、持水能力差、养分含量低等特点，改良主要集中于提高其粉粒和黏粒含量、提高保水性能、增加养分的研究上。例如，冯起于 1998 年对黄淮海平原风沙土多措施改良后的土壤性状变化分析表明：经改良后的风沙土平均粒径变小，分选性变差，土壤质地由沙土变为壤质沙土，抗风蚀颗粒显著增加；持水保水性能明显提高，毛管结构和孔隙性状均良性化。陈伏生等(2003)选用泥炭和风化煤作为风沙土改良剂，分析其在不同土壤水分条件下对土壤的改良效果，结果表明：在风沙土中施入 8%泥炭后，土壤容重、总孔隙度、pH、全氮含量、碱解氮含量、速效磷含量、速效钾含量明显改善；植物水分利用效率、高生长和生物量明显优于对照。李占宏等(2011)以粉煤灰作为改良剂，当粉煤灰添加率为 30%时，可有效改良土壤物理性状，土壤质地具有壤土的特点，其含水率较沙土有明显提高，渗透性不断升高，有效水分滞留时间增加。王志等(2006)对毛乌素沙地南缘半流动沙地、新垫土改良地和改良后种植 4 年的麻黄地土壤的理化性质进行了对比研究，结果表明：风沙土垫土改良后，土壤细粒增加，持水性能提高，0～20cm 土层明显细粒化，土壤有机质、全氮、速效氮平均含量明显高于半流动沙地；改良后种植 4 年麻黄促进了土壤进一步发育，20～40cm 层次土壤粉沙含量比新垫土改良地高 7 倍以上，全氮、速效氮、有机质平均含量分别比半流动沙地高 3.25 倍、2.71 倍、4.21 倍，30～40cm 土层全氮和有机质含量显著高于其他土层。马云艳等(2009)通过在风沙土中添加不同比例的泥炭、腐泥及其混合物，对比试验前后各个处理风沙土的理化性质变化，结果表明在风沙土中施入 8%～12%的泥炭或者 32%的腐泥或者二者混合添加，都可明显改善土壤容重和 pH，增加土壤养分含量和物理性黏粒含量。华正伟(2012)以城市污泥作为改良剂，研究了不同污泥配比对风沙土改良及杨树生长的影响，结果表明：随着施用城市污泥剂量的增加，杨树株高、胸径、叶面积和成活率均有所提高；幼苗 Chl a、Chl b、Chl t 含量及 Chl a/Chl b 的值随污泥配比量的增加均呈升高的趋势；施用污泥改良后，杨树幼苗净光合速率整体呈上升趋势；随污泥配比提高，土壤容重逐渐下降，土壤孔隙度逐渐提高，有机质、全磷、全钾、速效氮、速效磷含量明显提高；提出当污泥和风沙土配比为 1∶1 时，对杨树生长的促进效果最佳，对风沙土理化性状的改良作用也最显著。

有关配土种植研究在蔬菜栽培上的报道较多，但在大面积造田、造林上，常因改良剂价格、运距等成本问题研究实践较少。韩霁昌等(2012)以毛乌素沙地砒砂岩与风积沙为基质，研究了两者在理化性质上的成土互补性，并进行了小麦、玉米等主要农作物的种植试验，结果证实了两者适当配比可实现配土造田，并可显著提高玉米、冬小麦等主要农作物产量，改善风沙土理化性质。

4.2 风沙土与黄土复配对土壤性状的影响

4.2.1 对机械组成与质地的影响

4.2.1.1 机械组成

如表 4.1、图 4.1 所示，根据美制土壤粒级分类标准，采沙迹地风沙土颗粒组成如下：沙粒(粒径 2～0.05mm)、粉粒(粒径 0.05～0.002mm)、黏粒(粒径＜0.002mm)含量分别为 91.83%、6.93%、1.24%。根据美制土壤质地划分标准，土壤质地为沙土。采沙迹地下覆黄土颗粒组成如下：沙粒含量为 25.54%，粉粒含量为 59.23%，黏粒含量为 15.23%，土壤质地为粉壤土。采沙迹地风沙土沙粒含量占有绝对比例，而粉粒、黏粒含量之和仅占 8.17%，采沙迹地下覆黄土粉粒、黏粒含量之和为 74.46%，远远高于风沙土，而沙粒含量远远低于风沙土。将两者以不同配比复配后，随黄土配比的增加，复配土中黏粒、粉粒含量逐渐提高，沙粒含量逐渐降低。黏粒、粉粒、沙粒含量随黄土配比变化的模拟趋势线分别为 $y=15.55/[1+\mathrm{e}^{-(x-35.45)/17.79}]$、$y=62.87/[1+\mathrm{e}^{-(x-40.53)/17.94}]$、$y=-0.73x+90.72$，对其系数进行检验，均达到显著或极显著水平，$R^2$ 分别为 0.98、0.99、0.96，标准估计误差分别为 0.78、1.62、5.91(表 4.2、图 4.1)。随黄土配比的逐渐提高，复配土质地类型呈现出沙土—壤质沙土—沙质壤土—壤土—粉壤土的转变，复配土逐步呈现出一定的结构性质。随黄土不同比例的加入，风沙土过粗的机械组成和不良的质地性状得到了不同程度的改善。

表 4.1 复配土机械组成与质地

黄土比例/%	颗粒组成/%			质地
	黏粒(＜0.002mm)	粉粒(0.05～0.002mm)	沙粒(2～0.05mm)	
0	1.24	6.93	91.83	沙土
20	5.43	15.04	79.52	壤质沙土
40	8.09	30.54	61.37	沙质壤土
60	12.87	46.51	40.62	壤土
80	14.11	58.70	27.19	粉壤土
100	15.23	59.23	25.54	粉壤土

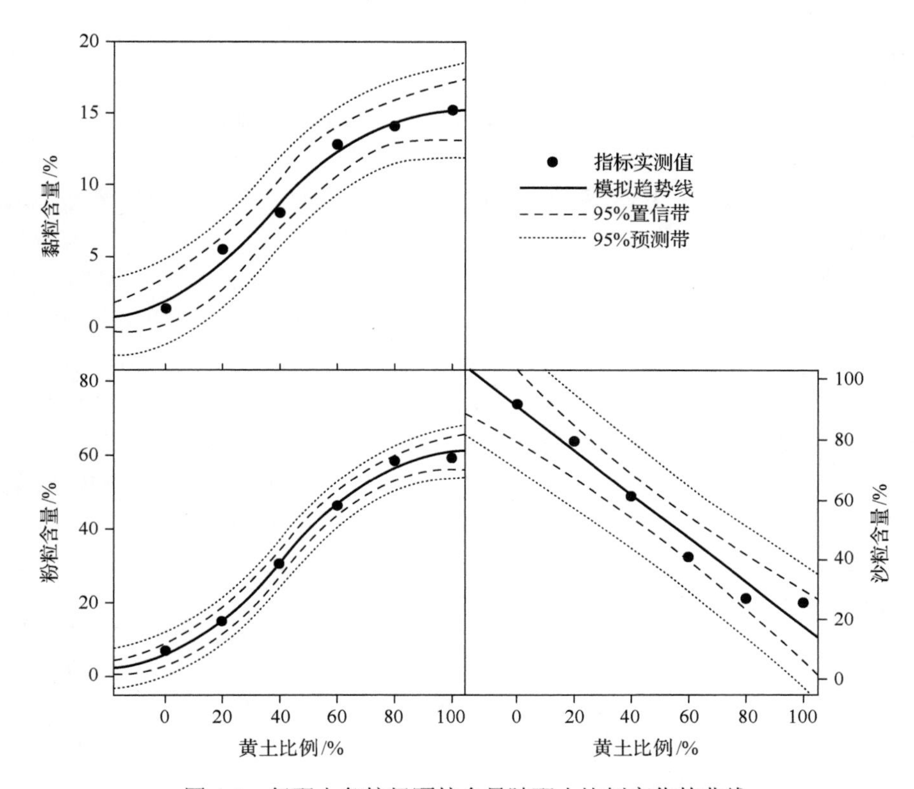

图 4.1　复配土各粒级颗粒含量随配土比例变化的曲线

表 4.2　复配土各粒级颗粒含量随配土比例变化的趋势线模型

模拟趋势线		颗粒组成		
		黏粒	粉粒	沙粒
形式		$y=a/\{1+\exp[-(x-x_0)/b]\}$	$y=a/\{1+\exp[-(x-x_0)/b]\}$	$y=ax+b$
系数	a	15.55	62.87	−0.73
	P	0.0004	＜0.0001	0.0005
	b	17.79	17.94	90.72
	P	0.0103	0.0016	＜0.0001
	x_0	35.45	40.53	0.00
	P	0.0024	0.0003	0.00
R^2		0.98	0.99	0.96
标准估计误差		0.78	1.62	5.91

注：显著性水平，$P<0.05$ 为显著，$P<0.01$ 为极显著，全书余同

4.2.1.2　颗粒级配特性

图 4.2 为复配土颗粒组成累积曲线与频率分布曲线。采沙迹地风沙土的颗粒组成体积累积曲线坡度在沙粒上表现极陡，而在粉粒和黏粒上表现极缓，属于单分散型累积曲线；颗粒组成频率分布曲线在沙粒上具有很窄且高耸的峰态，这说明风沙土的颗粒组成整体较粗且粒度相对单一、均质性好、分选性强。采沙迹地下覆黄土的颗粒组成累积曲线坡度较缓且整体基本一致，属于多分散型累积曲线，其颗粒组成频率分布曲线高峰不像风沙土那样高耸和明显，这说明黄土的粒度分布范围较广，并且没有哪一个粒级占绝对优势，均质性较差。黄土与风沙土以不同配比复配后形成的复配土，其颗粒组成累积曲线和频率分布曲线均处于两个极端之间，随着黄土配比的增加，复配土颗粒组成累积曲线逐步向类似于黄土的多分散型累积曲线转变，这说明在风沙土中加入黄土后，风沙土原来机械组成粗且均质性的粒度组成得到改善，复配土的粒度组成分布范围扩大。

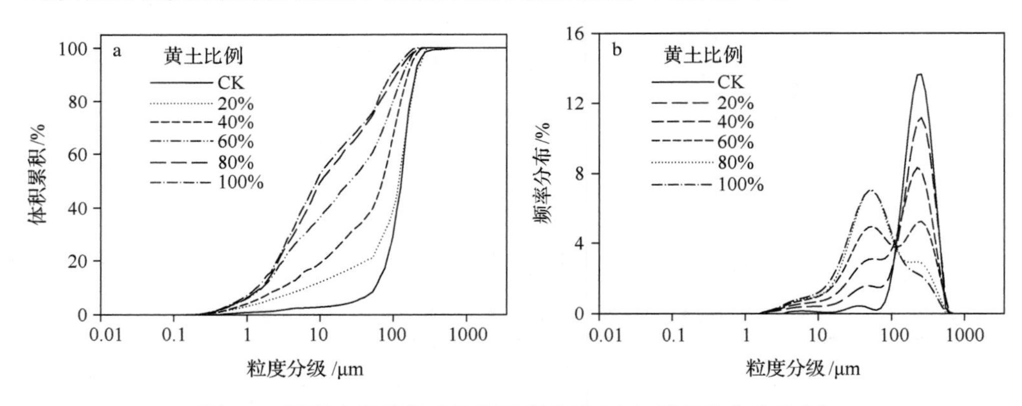

图 4.2　复配土颗粒组成体积累积曲线(a)与频率分布曲线(b)

表 4.3 为不同配比复配土的不均匀系数 C_u 及曲率系数 C_c。土壤颗粒组成的不均匀系数 C_u 是反映土壤颗粒均匀程度的重要指标，曲率系数 C_c 是反映土壤颗粒级配累积曲线的斜率是否连续的指标，将二者结合可用来评价土壤颗粒级配的好坏。不均匀系数 C_u 和曲率系数 C_c 计算公式如下：

$$C_u=d_{60}/d_{10} \tag{4.1}$$

$$C_c=(d_{30})^2/(d_{60}\times d_{10}) \tag{4.2}$$

式中，d_{10} 为粒径分布曲线上的土粒分布范围当通过为 10%时所对应的有效粒径；d_{30} 为粒径分布曲线上的土粒分布范围当通过为 30%时所对应的有效粒径；d_{60} 为粒径分布曲线上的土粒分布范围当通过为 60%时所对应的有效粒径。

表 4.3　复配土颗粒组成的不均匀系数 C_u 及曲率系数 C_c

黄土比例/%	d_i/mm			C_u	C_c
	d_{10}	d_{30}	d_{60}		
0	0.0589	0.0981	0.1439	2.4431	1.1354
20	0.0067	0.0760	0.1359	20.2836	6.3436
40	0.0031	0.0274	0.0864	27.8710	2.8030
60	0.0015	0.0082	0.0442	29.4667	1.0142
80	0.0014	0.0052	0.0192	13.7143	1.0060
100	0.0012	0.0043	0.0143	11.9167	1.0775

C_u 一般大于 1，越接近 1，表明土壤颗粒组成越均匀；C_u<5 的土壤称为匀粒土，级配不良；C_u 越大，表示粒径分布越广，C_u>10 的土壤颗粒级配良好，但如果 C_u 过大(一般大于 100，有数量级的差异)，则表示可能缺失中间粒径，属于不连续级配，颗粒级配也不良，这时则需结合 C_c 来评价土壤的级配特性。经验表明，当同时满足 C_u>10 和 C_c 介于 1～3 时为级配良好的土壤。

采沙迹地风沙土 C_u 约为 2.44，C_c 约为 1.14，虽然颗粒级配具有连续性，但是 C_u 较小，绝大部分颗粒粒径分布范围较窄，细颗粒缺乏，属匀粒土，级配不良。黄土 C_u 约为 11.92，C_c 约为 1.08，说明黄土的粒径分布范围较广，并且颗粒级配具有连续性。黄土比例为 20%的复配土 C_u 约为 20.28，粒径分布较广，但 C_c 过大，颗粒级配连续性不佳。黄土比例为 40%、60%、80%的复配土能同时满足上述两个条件，复配土粗细颗粒组成较为混杂，颗粒级配良好。不同配比复配土的 C_u 均大于黄土和风沙土的 C_u，这说明在风沙土中加入黄土克服了风沙土颗粒组成均质性的缺陷，同时改善了黄土颗粒组成细、质地细密的缺陷，使得复配土颗粒级配更加趋于良性化。

4.2.2　对容重和毛管孔隙度的影响

4.2.2.1　容重和毛管孔隙度空间分布曲线特征及决定因素

如表 4.4 所示，对观测到的复配土 0～50cm 土层容重和毛管孔隙度数据进行科尔莫戈罗夫-斯米尔诺夫(Kolmogorov-Smirnov)正态性检验，其阈值均≥0.60，均符合正态分布，可以进行进一步数据分析。复配土容重和毛管孔隙度数据描述性统计分析结果表明：土壤容重和毛管孔隙度的变异系数为 4.79%、43.42%，变异性弱；容重和毛管孔隙度的偏度均小于 0，表明测得的数据均偏向左侧分布，为负偏曲线。容重峰度为正值，表示测得的数据两侧的极端数据较多，频率分布峰度很平坦；毛管孔隙度峰度为负值，表示测得的数据两侧的极端数据较少，频率分布峰度也很平坦。

表 4.4　复配土容重和毛管孔隙度数据描述性统计分析

指标	平均值/(g/cm³)	标准差	变异系数/%	最小值/(g/cm³)	最大值/(g/cm³)	偏度	峰度	Kolmogorov-Smirnov Z	正态分布
容重	1.47	0.06	4.79	1.32	1.59	−0.60	0.45	0.60	符合
毛管孔隙度	34.44	1.53	43.42	31.53	37.04	−0.39	−0.83	0.93	符合

复配土容重和毛管孔隙度的空间变异函数(图 4.3、表 4.5)显示，容重和毛管孔隙度的半方差最适函数模型均为高斯(Gaussian)理论模型，决定系数都在 0.6 以上，结构比分别为 0.998、0.967，均超过 75%，随机因素引起的空间变异较小，存在强烈的空间自相关性，说明复配土容重和毛管孔隙度差异几乎完全受结构性因素(黄土比例)控制。

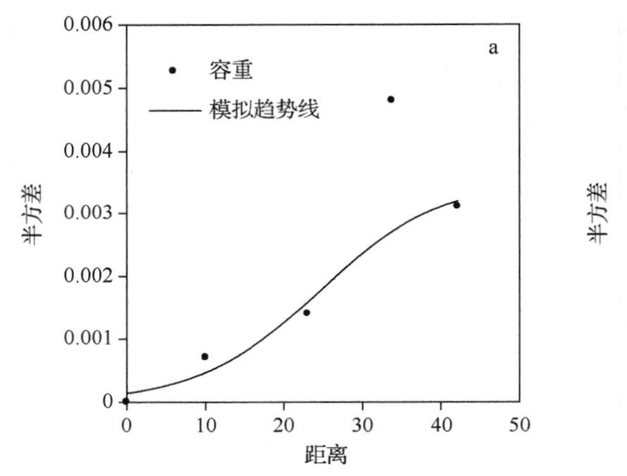

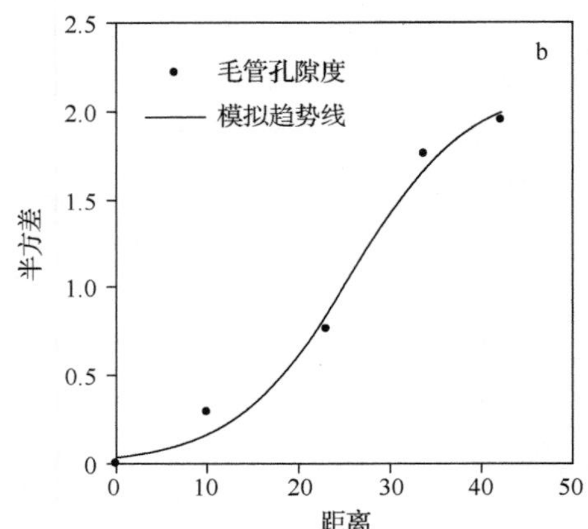

图 4.3　复配土容重(a)和毛管孔隙度(b)半方差图

表 4.5　复配土容重和毛管孔隙度半方差函数分析结果

指标	模型 $r(h)$	块金值 C_0	基台值 C_0+C	结构比 $C/(C_0+C)$	范围参数 a_0	残差平方和 RSS	决定系数 R^2
容重	Gaussian	0.000 01	0.004 12	0.998	45.03	3.34×10^6	0.66
毛管孔隙度	Gaussian	0.072 00	2.154 00	0.967	51.62	0.10	0.96

4.2.2.2　容重和毛管孔隙度空间变异特征

为直观反映 0～50cm 不同层次复配土容重和毛管孔隙度的空间分布格局状态，根据半方差函数和克里格插值方法，将各土层容重和毛管孔隙度随配土比例变化格局绘成二维图(图 4.4)。

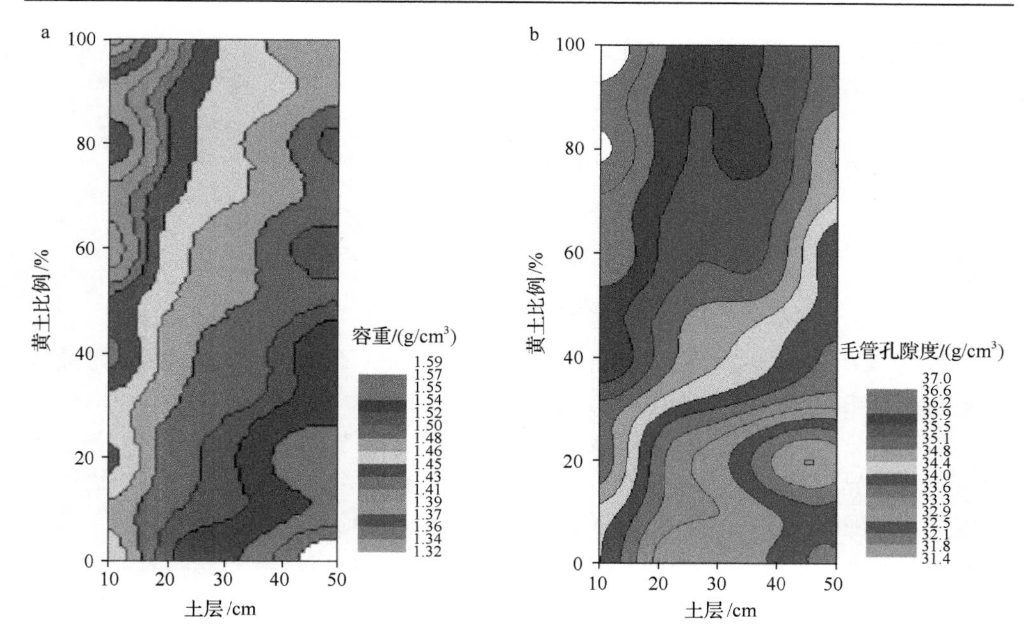

图 4.4 复配土容重(a)和毛管孔隙度(b)空间插值图(彩图请扫封底二维码)

如图 4.4a 所示，复配土容重最大值出现在图形右下角，并由右下角向左上角呈环形带状降低。这说明随土层渐深，复配土容重逐渐增大；随黄土配比增加，复配土容重逐渐减小。如图 4.4b 所示，复配土毛管孔隙度空间分布与容重相反，最大值出现在图形左上角，并由左上角向右下角呈环形带状降低。这说明随土层渐深，复配土毛管孔隙度逐渐减小；随黄土配比增加，复配土毛管孔隙度逐渐增大。复配土容重和毛管孔隙度的这种空间分布的原因主要有：在颗粒组成、质地一致的土壤中，孔隙度与容重呈负相关，容重越大，土壤越密实，孔隙度越小，相反，容重越小，则孔隙度越大，所以两者空间分布相反；受上层土壤重力作用影响，土层越深，上层土壤对下层土壤的重力压实作用越强，下层土壤越密实，容重越大，孔隙度越小，相反，土层越浅，则容重越小，孔隙度越大；向风沙土中加入黄土，改善了土壤颗粒级配，提高了土壤胶体含量，适当的颗粒级配和胶体含量，有助于土壤形成有效孔隙和毛管结构，使土壤质地趋于良性化。这里值得指出的是：虽然土壤容重与孔隙度呈负相关，但毛管孔隙度与容重之间在很多情况下并不直接相关，如风沙土虽然也有较多的孔隙，但由于颗粒级配不良，结构松散，大多为无效大孔隙，而有效毛管孔隙极少。质地黏重土壤，结构致密，多为小孔隙，有效毛管孔隙也少。在一般情况下，壤土的毛管孔隙度与土壤总孔隙度呈正相关，总孔隙度越大，毛管孔隙度也越大。如图 4.4a、图 4.4b 所示，环带边缘起伏剧烈程度反映土壤容重和毛管孔隙度空间分布异质性大小，起伏越剧烈，说明容重和毛管孔隙度空间变化越强烈，分布越不均匀。由图 4.4 可以看出，土层越浅、黄土比例越大，容重和毛管孔隙度空间分异越大；土层越深、黄土比例越小，容重和毛管孔隙度空间分异也越大。所以，选择适宜的配土比例，才有利于形成松紧适度且质地均匀的复配土耕作层。

4.2.3 对持水性能的影响

4.2.3.1 含水率空间曲线特征及决定因素

如表 4.6 所示，对观测到的复配土 0～50cm 不同土层含水率数列进行 Kolmogorov-Smirnov 正态性检验，其阈值范围为[0.67，0.96]，5 个土层空间变量均符合正态分布，可以进行下一步数据分析。描述性统计分析结果表明：各土层含水率的变异系数分别为 48.45%、41.92%、40.22%、38.78%、36.84%，均达到强度变异，随着土层变深，变异系数依次降低；偏度均大于 0，表明测得的数据均偏向右侧分布，除 40～50cm 土层外，其他各层土壤含水率曲线均为很正偏曲线，0～10cm 土层偏离程度最大；峰度均为负值，表示测得的数据两侧的极端数据较少，频率分布峰度很平坦。

表 4.6 复配土含水率数据描述性统计分析

土层/cm	平均值/%	标准差	变异系数/%	最小值/%	最大值/%	偏度	峰度	Kolmogorov-Smirnov Z	正态分布
0～10	10.30	4.99	48.45	4.26	22.72	0.89	−0.16	0.96	符合
10～20	11.38	4.77	41.92	4.58	23.31	0.71	−0.17	0.76	符合
20～30	12.01	4.83	40.22	4.71	23.12	0.52	−0.48	0.68	符合
30～40	12.74	4.94	38.78	5.04	24.69	0.38	−0.65	0.67	符合
40～50	13.98	5.15	36.84	5.52	26.35	0.29	−0.85	0.75	符合

复配土不同土层含水率的时空变异函数(图 4.5、表 4.7)显示，复配土不同土层含水率的半方差最适函数模型均为线性(Linear)理论模型，决定系数都在 0.4 以上。40～50cm 土层含水率的基台值最高(53.60)，块金值最大(3.21)，随机因素引起的空间变异最大；各土层含水率结构比维持在 0.940～0.979，均超过 75%，随机因素引起的空间变异较小，存在强烈的空间自相关性，说明不同土层间含水率差异几乎完全受结构性因素(黄土比例)控制。

4.2.3.2 含水率时空变异特征

为直观反映 0～50cm 不同土层含水率的时空分布格局状态，根据半方差函数和克里格插值方法，将各土层含水率随时间和配土比例变化格局绘成二维图(图 4.6)。

由图 4.6 可以看出：不同土层含水率的时空分布趋势大体相同，最大值均出现在左上角，并由左上角向右下角呈环形带状降低。含水率总体变化趋势是：从同一配土比例上来看，含水率随时间延续逐渐降低，随土层渐深逐渐升高；从同一时间上来看，含水率随黄土比例增大逐渐升高，随土层渐深也逐渐升高；从同一土层来看，含水率随黄土比例增大逐渐升高，随时间延续逐渐降低。含水率的这一变化趋势说明：随时间延续，因蒸发引起的土壤水分损失越大，但随着黄土比例的增加，因蒸发引起的土壤水分损失逐渐变小；随土层渐深，因蒸发引起的土壤水分损失也逐渐变小。所以，以不同比例黄土与风沙土复配，在不同程度上提高了土壤的持水和保水性能。另外，蒸发试验初期(第0天蒸发试验开始的那一刻)不同配比复配土的含水率会影响不同配比复配土的总贮水能力(最大田间持水量)，含水率越大，意味着土壤总贮水能力越大，总贮水能力的大小，反映了土壤持水性能的强弱。如图 4.6 所示，随复配土中黄土比例的提高，复配土的含水率越大，总贮水能力越大，持水性能越强。

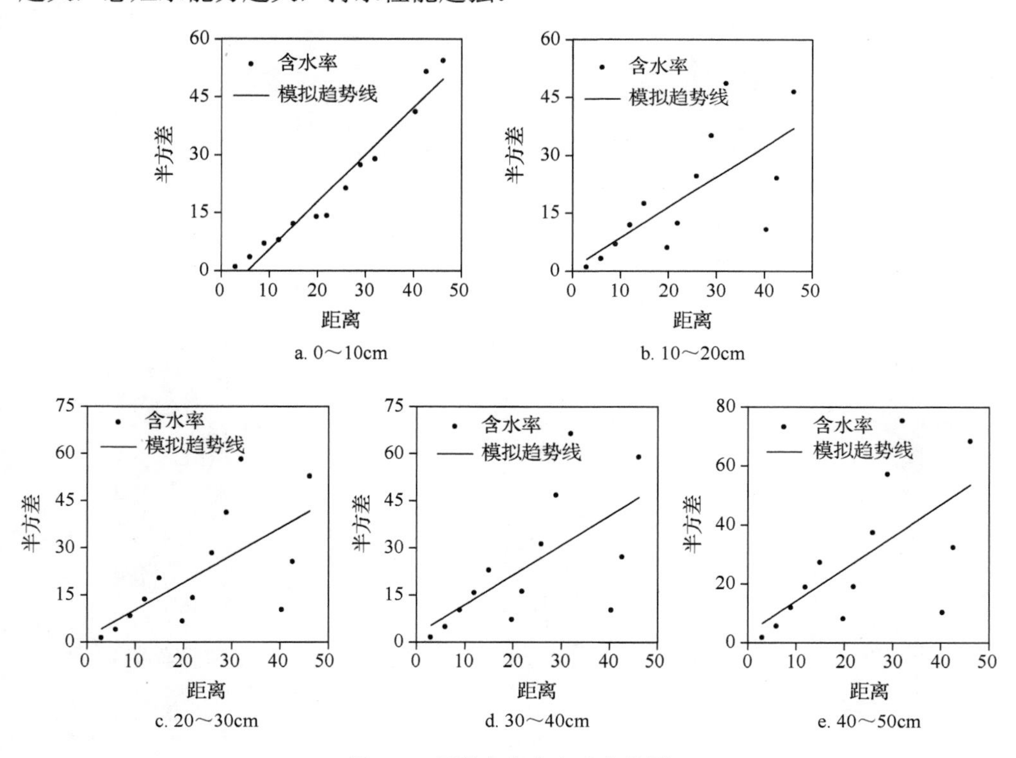

图 4.5　复配土含水率半方差图

表 4.7　复配土含水率半方差函数分析结果

土层/cm	模型 $r(h)$	块金值 C_0	基台值 C_0+C	结构比 $C/(C_0+C)$	范围参数 a_0	残差平方和 RSS	决定系数 R^2
0～10	Linear	1.40	41.88	0.967	46.18	80	0.490
10～20	Linear	0.76	36.98	0.979	46.18	285	0.499
20～30	Linear	1.53	41.70	0.963	46.18	92	0.446
30～40	Linear	2.42	46.14	0.948	46.18	31	0.414
40～50	Linear	3.21	53.60	0.940	46.18	500	0.405

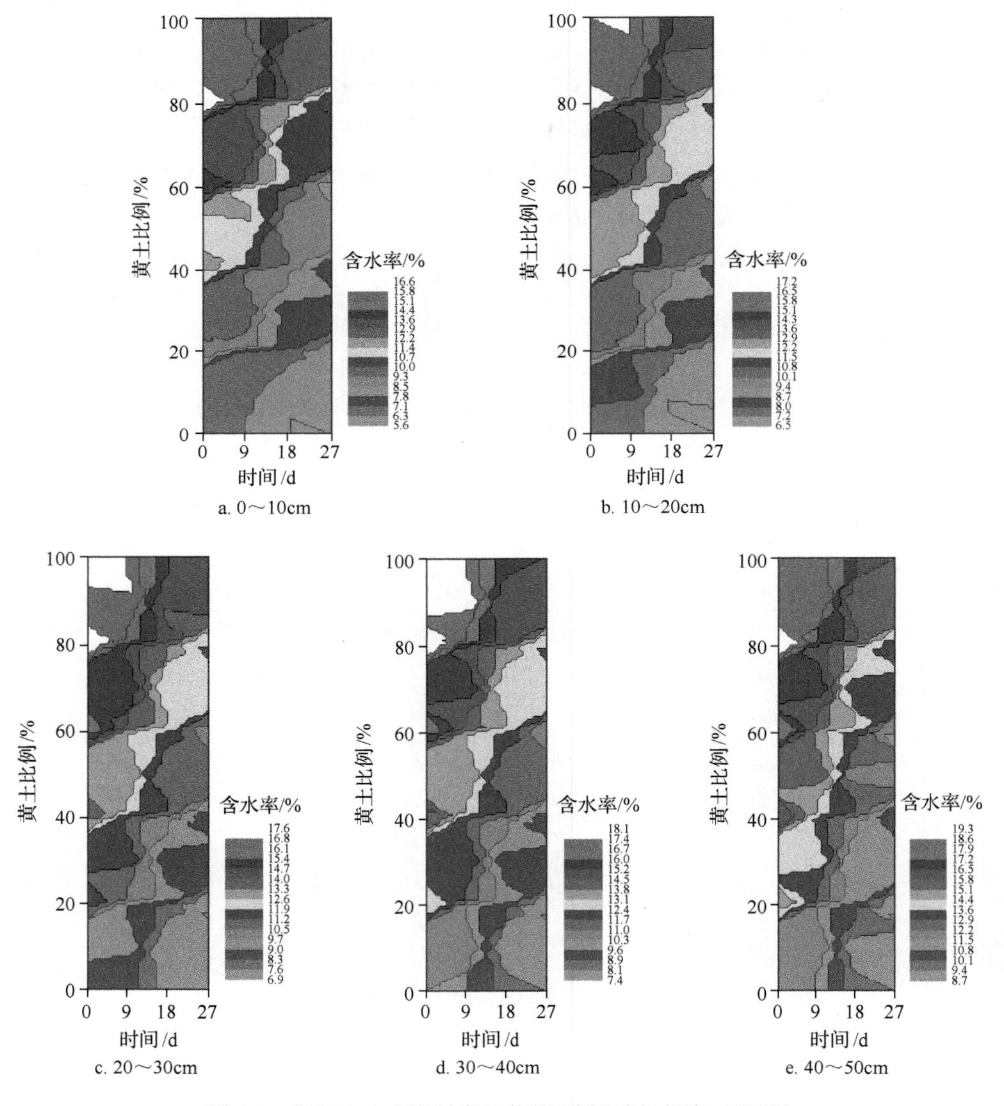

a. 0～10cm　b. 10～20cm　c. 20～30cm　d. 30～40cm　e. 40～50cm

图 4.6　复配土含水率时空插值图(彩图请扫封底二维码)

黄土与风沙土复配后，形成的复配土较风沙土持水和保水性能增强的主要原因如下。一是随着黄土比例的逐渐增大，复配土中细粒级的粉粒和黏粒含量逐渐增多，使土壤颗粒总比表面积逐渐增大，逐步改善了风沙土颗粒组成粗、比表面积小的缺陷，从而使土壤颗粒总吸持性能增强；二是随着黄土比例的逐渐增大，复配土中胶体含量逐渐增多，土壤颗粒间相互胶结的程度逐渐增强，逐步改善了风沙土颗粒间胶结程度差、结构松散的缺陷，从而使土壤吸持性能增强；三是在风沙土中加入适宜比例的黄土，形成的新的复配土颗粒级配更加趋于良性化，容易形成团粒结构，有效孔隙增多，改善了风沙土无效孔隙多的缺陷，从而使土壤吸持性能增强。但这里需注意的问题是：过高比例的黄土与风沙土复配，由于黏粒和胶体含量过大，颗粒间胶结程度过高，可能会形成结构致密的复配土，与风沙土相比，虽然仍可在一定程度上提高土壤的持水性能，但孔隙率下降，使土壤的通透性能减弱，不利于植物的生长发育。同时，较多的土壤水分被吸持、胶结在土壤中，植物难以吸收利用，或者过多的水分不能下渗，被长时间截留于土表，对植物造成水淹危害。所以，以适宜的黄土比例与风沙土复配形成的复配土，虽然持水性能不是最强，但有利于形成适宜的有效孔隙和毛管结构，使土壤保持良好的通透性能，有利于土壤水、气、肥的运移和分配，促进植物生长和发育。

环带边缘起伏剧烈程度可以反映土壤含水率的时空分布异质性大小，起伏越剧烈，说明时空变化的异质性越大，分布越不均匀。如图 4.6 所示，黄土比例越大，环带边缘起伏越剧烈，土壤水分时空分布越不均匀。这主要是因为黄土的加入改变了风沙土颗粒组成的均质性，黄土比例越大，对风沙土颗粒组成均质性的改变作用越强，从而使土壤水分运移受到不同程度的阻碍。

4.2.4　对保肥性能的影响

4.2.4.1　氮素含量空间曲线特征及决定因素

如表 4.8 所示，对观测到的复配土 0～50cm 不同土层氮素含量数列进行 Kolmogorov-Smirnov 正态性检验，其阈值范围为[0.87，2.14]，5 个土层空间变量均符合正态分布，可以进行进一步数据分析。描述性统计分析结果表明：各土层氮素含量的变异系数分别为 16.80%、12.89%、12.38%、6.96%、6.12%，0～30cm 土层均达到中等变异性，30～50cm 土层为弱变异性，随土层渐深，变异系数依次降低；0～10cm、10～20cm、40～50cm 土层偏度均大于 0，表明测得的数据均偏向右侧分布，20～40cm 土层偏度为负值且接近 0，表明测得的数据接近对称分布。峰度系数均为正值，表示两侧的极端数据较多，频率分布峰度随土层渐深呈很尖锐—中等—平坦变化。

表 4.8　复配土氮素含量数据描述性统计分析

土层/cm	平均值/(mg/kg)	标准差	变异系数/%	最小值/(mg/kg)	最大值/(mg/kg)	偏度	峰度	Kolmogorov-Smirnov Z	正态分布
0～10	57.11	9.60	16.80	2.42	327.72	4.53	2.21	2.14	符合
10～20	141.42	18.23	12.89	2.87	558.60	0.44	1.21	1.54	符合
20～30	171.27	21.20	12.38	2.95	619.48	−0.06	1.05	1.54	符合
30～40	297.47	20.70	6.96	57.91	692.76	−0.02	0.80	1.11	符合
40～50	355.74	21.77	6.12	72.87	786.05	0.34	0.81	0.87	符合

复配土不同土层氮素含量的时空变异函数(图 4.7、表 4.9)显示，复配土不同土层氮素含量的半方差最适函数模型均为 Gaussian 理论模型，决定系数都在 0.80 及以上。40～50cm 土层氮素含量的基台值最高(30 540.00)，块金值最大(1300.00)，随机因素引起的空间变异最大；各土层氮素含量结构比维持在 0.957～0.982，均超过 0.75，随机因素引起的空间变异较小，存在强烈的空间自相关性，说明不同土层间氮素含量差异几乎完全受结构性因素(黄土比例)控制。

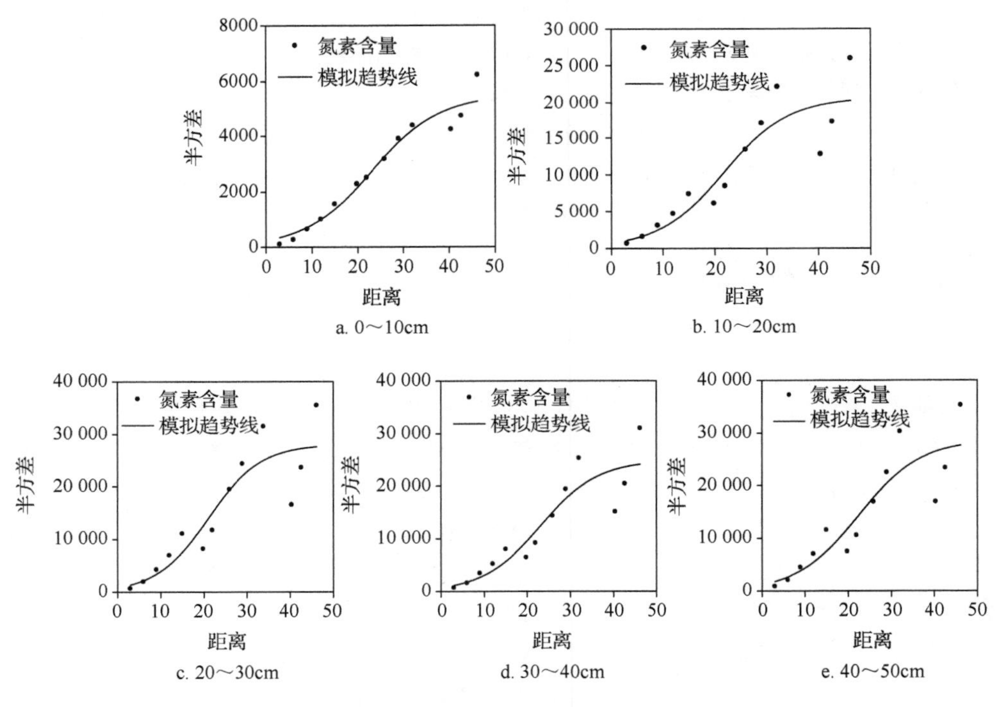

图 4.7　复配土氮素含量半方差图

表 4.9　复配土氮素含量半方差函数分析结果

土层/cm	模型 $r(h)$	块金值 C_0	基台值 C_0+C	结构比 $C/(C_0+C)$	范围参数 a_0	残差平方和 RSS	决定系数 R^2
0～10	Gaussian	120.00	5 892.00	0.980	51.10	1.62×10^6	0.964
10～20	Gaussian	520.00	22 100.00	0.976	47.81	1.35×10^8	0.827
20～30	Gaussian	520.00	29 480.00	0.982	45.03	3.01×10^8	0.800
30～40	Gaussian	700.00	27 660.00	0.975	52.83	1.83×10^8	0.832
40～50	Gaussian	1 300.00	30 540.00	0.957	50.23	2.79×10^8	0.801

4.2.4.2　氮素含量时空变异特征

为直观反映 0～50cm 不同土层氮素含量的时空分布格局状态，根据半方差函数和克里格插值方法，将各土层氮素含量随时间和配土比例变化格局绘成二维图(图 4.8)。

由图 4.8 可以看出：在 4 次过量灌水淋溶下，不同土层氮素含量的时空分布趋势大体相同，最大值均出现在左上角，并由左上角向右下角呈环形带状降低。环带边缘起伏的剧烈程度反映了土壤速效氮含量的时空分布异质性大小，起伏越剧烈，说明其时空变化的异质性越大，分布越不均匀。氮素含量的总体分布特征：在相同配土比例下，氮素含量随时间推移和淋溶次数的增加逐渐降低，随土层渐深逐渐升高；在同一时间点上，氮素含量随黄土比例增大逐渐升高，随土层渐深逐渐升高；在相同土层深度中，氮素含量随黄土比例增大逐渐升高，随时间推移和淋溶次数的增加逐渐降低。在淋溶作用下，土壤氮素含量的这一分布特征说明：随淋溶次数的增加，氮素整体淋失量越大，但随着复配土中黄土比例的增大，土壤抵抗淋溶作用的能力逐渐增强，氮素淋失量逐渐变小；随土层渐深，土壤受淋溶作用的影响逐渐变小，氮素淋失量也逐渐变小。所以，以不同比例黄土与风沙土复配，在不同程度上提高了土壤的保肥性能。导致土壤氮素含量呈现这一分布特征的原因有：试验中施入的氮肥为速效性氮肥，速效性氮素是容易被淋失的，其在土壤中的运移与土壤水分运移的总体趋势基本一致，随淋溶次数的增加，水分向深层土壤的运移量越多，速效氮向深层土壤的迁移量逐渐增大，但随着复配土中黄土比例的逐渐增大，复配土的吸持性逐渐增强，水分运移受到的阻碍逐渐增大，淋溶作用逐渐减弱，速效氮在高黄土比例的复配土中滞留量增多，而淋失量减少。

这里指出：由于淋溶作用对浅层土壤影响较大，随土层渐深受淋溶作用影响渐小。随淋溶次数增加，前期深层土壤氮素富集量大于淋失量，表现为由土壤浅层向深层逐次迁移并富集，随浅层土壤氮素含量逐渐降低而向深层的迁移量逐渐减少时，深层土壤氮素富集量小于淋失量，深层土壤氮素含量则会逐渐降低。因此，在充分淋溶作用下，除表层土壤以外，每层土壤氮素含量都有一个“低—高—低”的变化过程。显然，因淋溶次数较少，本次淋溶试验并不是充分淋溶，只观测到了淋溶前期氮素含量随配土比例、淋溶次数和土壤层次的变化过程，但从配土比例与氮素含量的关系上来看，这已经达到了试验的目的。

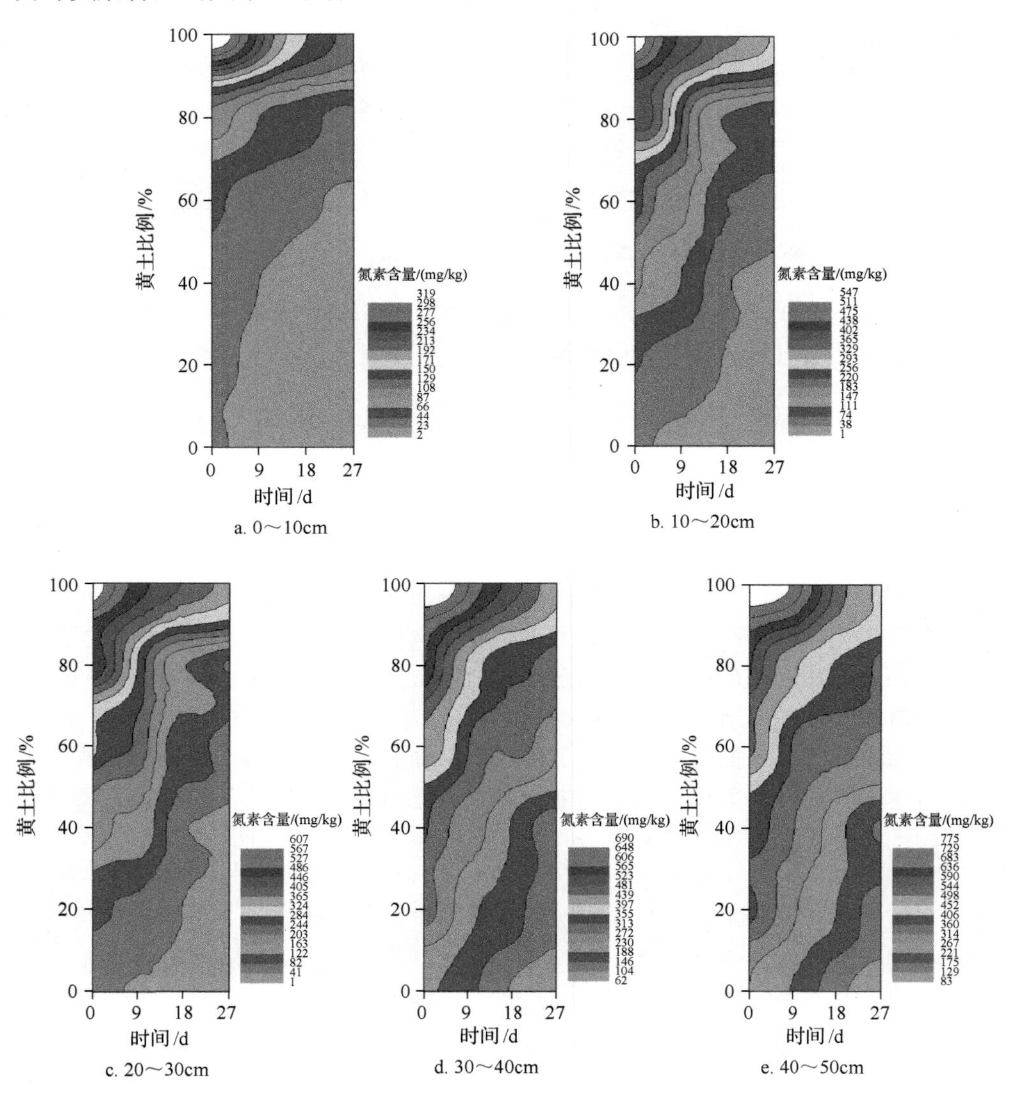

a. 0～10cm　　b. 10～20cm

c. 20～30cm　　d. 30～40cm　　e. 40～50cm

图 4.8　复配土氮素含量时空插值图（彩图请扫封底二维码）

4.2.5　风沙土与黄土复配土性状指标相关性分析

如表 4.10 所示，复配土性状指标相关性分析结果显示：黄土配比、含水率、容重、毛管孔隙度、黏粒含量、粉粒含量、沙粒含量之间呈极显著相关关系，其中，容重与黄土配比、含水率、毛管孔隙度、黏粒含量、粉粒含量之间呈负相关，沙粒含量与黄土配比、含水率、毛管孔隙度、黏粒含量、粉粒含量之间也呈负相关。氮素含量与黄土配比、含水率之间呈极显著正相关，与毛管孔隙度、黏粒含量、粉粒含量之间呈显著正相关，与容重之间呈极显著负相关，与沙粒含量之间呈显著负相关。这说明，采沙迹地风沙土与迹地下覆黄土复配后，对土壤颗粒组成、容重、毛管孔隙度、持水保肥性能产生了极显著的影响，使沙粒含量和容重降低，粉粒、黏粒含量及毛管孔隙度增加，持水保肥性能增强。复配土氮素含量与沙粒、粉粒、黏粒含量及毛管孔隙度之间相关性虽然也达到了显著水平，但并不如其他指标之间相关性强，其主要原因是土壤的持肥能力除与土壤水分运移、颗粒组成有关外，还与溶质同土粒之间亲和力的大小(如不同粒径和性质的土粒吸附性、溶质在土壤中的分配机制、土粒表面各种溶质离子的交换机制等)等因素有关。

表 4.10　复配土性状指标相关性分析

指标	黄土配比	含水率	容重	毛管孔隙度	黏粒含量	粉粒含量	沙粒含量	氮素含量
黄土配比	1.0000							
含水率	0.9985**	1.0000						
容重	−0.9930**	−0.9948**	1.0000					
毛管孔隙度	0.9554**	0.9492**	−0.9654**	1.0000				
黏粒含量	0.9762**	0.9674**	−0.9739**	0.9590**	1.0000			
粉粒含量	0.9804**	0.9694**	−0.9705**	0.9779**	0.987**	1.0000		
沙粒含量	−0.9816**	−0.9710**	0.9732**	−0.9761**	−0.9916**	−0.9995**	1.0000	
氮素含量	0.9381**	0.9488**	−0.9308**	0.8308*	0.8536*	0.8623*	−0.8623*	1.0000

* 相关性显著($P<0.05$)；** 相关性极显著($P<0.01$)

4.2.6　小结

采沙迹地风沙土与迹地下覆黄土以不同比例复配后，形成质地性状既不同于风沙土又有别于黄土的复配土。随复配土中黄土比例的增大，黏粒和粉粒含量显著增加，沙粒含量显著降低，颗粒级配良性化，并因此改变了风沙土的颗粒组成和质地性状，复配土质地性状逐渐发生了沙土—壤质沙土—沙质壤土—壤土—粉壤土的转变，容重逐渐降低，毛管孔隙度逐渐增大，对水分和施入的化学性氮肥的保持性能逐渐增强。复配土容重、毛管孔隙度、持水性能、保肥性能的空间变异几乎完全受黄土比例控制，但容重和毛管孔隙度的变异性较弱，持水性能达到强度变异，在非充分淋溶下，0～30cm 土层保肥性能为中等变异，30～50cm 土层为弱变异性。但为了达到促进植物生长发育的目的，只片面追求土壤的高持水和高保肥性能是远远不足的，也是极其不科学的。随黄土比例的逐渐提高，复配土质地总体愈加致密，而质地过于致密的土壤虽然具有较高的持水保肥性能，但通气透水性也会随之降低，有效孔隙和毛管结构减少，对植物的气、水、肥的供应能力反而下降，甚至对植物根系的呼吸造成障碍，以及在水量过于充沛时造成水淹危害。所以，在改良土壤使其持水保肥性能有所提高的同时，还应兼顾适宜的土壤通透性，考虑水、肥、农林用植物生长调节剂等在不同性状土壤中的有效性等，因此还需进一步探索适宜的复配土配比。

4.3 风沙土与砒砂岩复配对土壤性状的影响

4.3.1 对机械组成与质地的影响

4.3.1.1 机械组成

由表 4.11、图 4.9 可以看出：随着砒砂岩配比增加，复配土中结构体赋存的关键粒级（黏粒、粉粒）含量逐渐提高，黏粒含量模拟趋势线（表 4.12）为 $y_{黏粒} = 17.69\left[1-\exp\left(-0.03x\right)\right]$，对其系数进行检验，均达到显著（$P<0.05$）甚至是极显著水平（$P<0.01$），$R^2$=0.96，标准估计误差为 1.14。粉粒含量模拟趋势线为 $y_{粉粒} = 72.39/\left\{1+\exp\left[-\left(x-44.58\right)/23.15\right]\right\}$，对其系数进行检验，均达到极显著水平（$P<0.01$），$R^2$=0.99，标准估计误差为 2.76。复配土中结构体赋存的沙粒体含量逐渐降低，其模拟趋势线为 $y_{沙粒} = -0.76x + 87.46$，对其系数进行检验，均达到极显著水平（$P<0.01$），R^2=0.98，标准估计误差为 4.24。当复配土全为砒砂岩时，粉粒含量最大（65.46%），黏粒、粉粒两者含量之和达到了 83.35%。当全为风沙土时，沙粒含量最大，达到了 91.83%，黏粒、粉粒含量非常小，其中黏粒含量仅为 1.24%。20%～80%配比各土壤颗粒组成在两者之间。土壤质地是影响土壤肥力，决定土壤蓄水、保水、导水、通气、保温、耕作等性能的主要因素之一，根据美国农业部制定土壤质地分级标准得出不同配比时的质地类型呈现出沙土—沙质壤土—壤土—粉壤土的转变，质地条件逐渐变好，逐步表现出一定的结构性质。砒砂岩的加入，使风沙土过粗的沙土质地逐步得到改善，从质地上来说，砒砂岩具有一定的固沙可能性。

表 4.11 复配土机械组成与质地

砒砂岩比例/%	颗粒组成/%			质地（USDA）
	黏粒（<0.002mm）	粉粒（0.05～0.002mm）	沙粒（2～0.05mm）	
0	1.24±0.09d	6.93±0.68e	91.83±0.76a	沙土
20	8.48±1.04c	21.68±3.61d	69.84±4.34b	沙质壤土
40	12.97±1.82b	31.63±3.40c	55.40±4.74c	沙质壤土
60	13.54±3.14b	46.37±5.31b	40.09±8.24d	壤土
80	15.52±2.76ab	61.58±6.19a	22.89±5.76e	粉壤土
100	17.89±2.77a	65.46±2.81a	16.64±3.39e	粉壤土

注：同列不同小写字母表示在 0.05 显著性水平下差异显著

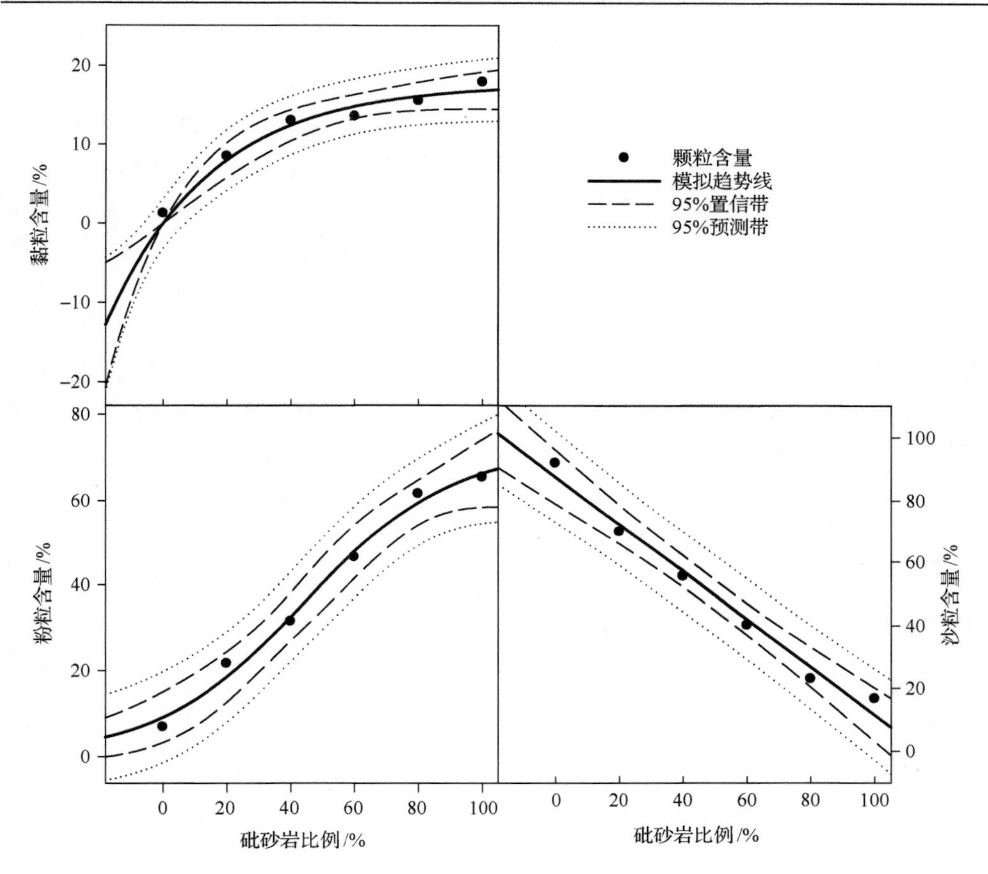

图 4.9　不同复配土配比对各粒级颗粒含量的影响

表 4.12　不同复配土的各粒级颗粒含量的趋势线模型

模拟趋势线		颗粒组成		
		黏粒	粉粒	沙粒
形式		$y=a[1-\exp(-bx)]$	$y=a/\{1+\exp[-(x-x_0)/b]\}$	$y=ax+b$
系数	a	17.69	72.39	−0.76
	P	0.0002	0.0009	0.0001
	b	0.03	23.15	87.46
	P	0.0107	0.0074	<0.0001
	x_0		44.58	
	P		0.0031	
R^2		0.96	0.99	0.98
标准估计误差		1.14	2.76	4.24

4.3.1.2　颗粒级配特性

由复配土的颗粒组成累积曲线与频率分布曲线(图 4.10)看出，砒砂岩的粒度分布范围较广，颗粒组成频率分布没有明显高耸的峰，累积曲线没有明显的陡坡，属于多分散型累积曲线，说明砒砂岩的均质性较差。风沙土的颗粒整体较粗，粒径主要分布在 50～760μm，颗粒组成频率分布曲线具有很窄峰态的分布特征，累积曲线有明显的陡坡，属于单分散型累积曲线，均质性较好，分选性强。复配土在 20%～80%配比的混合土样中，其频率分布曲线粒度处在两个极端值之间，颗粒组成累积曲线均呈现出一个明显的转折趋势，随着砒砂岩配比的增加，复配土累积曲线逐步向类似于砒砂岩的多分散型转变，说明砒砂岩的加入使得风沙土原来均质性的粒度组成得到改善，并扩大了复配土的粒度组成分布范围。

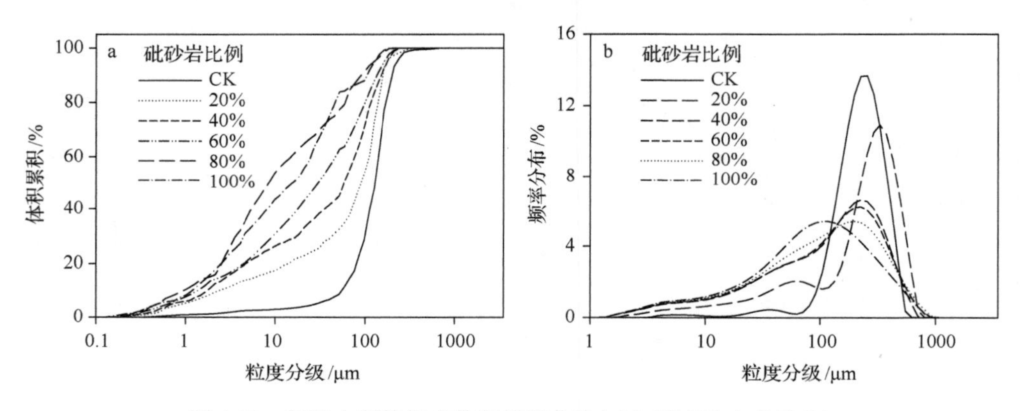

图 4.10　复配土颗粒组成体积累积曲线(a)与频率分布曲线(b)

由图 4.10 和表 4.13 可以看出：随着砒砂岩配比的增加，复配土的体积粒径和各累积质量分数下的土壤粒径均呈减小趋势，从而改善了原来风沙土粒径较粗的状况，使得粒度组成向较细的方向转变。如表 4.13 所示，砒砂岩 C_u 为 24.10，C_c 约为 1.08，说明砒砂岩的粒径分布范围广，颗粒级配具有连续性；风沙土 C_u 约为 2.44，C_c 约为 1.14，说明风沙土的颗粒级配累积曲线是连续的，其粒径分布范围较小，级配不良。风沙土工程性质较差，没有好的力学特性，其颗粒级配虽然连续，但 C_u 过低，粒径分布范围较小，小粒级的颗粒缺乏，属于级配不良的土。当配土比例在 40%、60%、80%时，能同时满足以上两个条件，复配土能表现出良好的颗粒级配特性，粗细颗粒组成较为混杂。不同配比复配土的不均匀系数 C_u 均大于风沙土和砒砂岩，这说明随着砒砂岩比例的逐渐增加，风沙土颗粒粒径均质性的缺陷逐步得到改善，使得复配土的粒度组成及颗粒级配趋于良性化。

表 4.13　不同复配土颗粒组成的不均匀系数 C_u 及曲率系数 C_c

砒砂岩比例/%	d_i/mm			C_u	C_c
	d_{10}	d_{30}	d_{60}		
0	0.0589	0.0981	0.1439	2.4431	1.1354
20	0.0024	0.0456	0.1115	46.4583	7.7704
40	0.0019	0.0164	0.0760	40.0000	1.8626
60	0.0015	0.0099	0.0456	30.4000	1.4329
80	0.0011	0.0056	0.0274	24.9091	1.0405
100	0.0010	0.0051	0.0241	24.1000	1.0793

4.3.2　对容重和毛管孔隙度的影响

表 4.14 对复配土 0～50cm 不同土层容重和毛管孔隙度进行了 Kolmogorov-Smirnov 正态性检验，其阈值均大于或等于 0.80，均符合正态分布，可以进行进一步数据分析。描述性统计分析结果表明土壤容重和毛管孔隙度的变异系数为 4.79%与 43.42%，变异性弱；土壤容重的偏度小于 0，表明测得的数据均偏向左侧分布，为很负偏曲线，峰度为正值，表示测得的数据两侧的极端数据较多，且频率分布峰度很平坦。毛管孔隙度的偏度大于 0，表明测得的数据均偏向右侧分布，为正偏曲线；峰度为负值，表示测得的数据两侧的极端数据较少，频率分布峰度很平坦。

表 4.14　不同复配土容重和毛管孔隙度描述性统计分析

指标	平均值/(g/cm^3)	标准差	变异系数/%	最小值/(g/cm^3)	最大值/(g/cm^3)	偏度	峰度	Kolmogorov-Smirnov Z	正态分布
容重	1.46	0.07	4.79	1.27	1.59	−0.79	0.48	0.80	符合
毛管孔隙度	37.18	3.69	43.42	32.05	44.08	0.26	−1.33	0.91	符合

4.3.2.1　容重和毛管孔隙度半方差函数

复配土不同土层土壤容重和毛管孔隙度的时空变异函数见表 4.15，结果显示，土壤容重和毛管孔隙度的半方差最适函数模型均为 Gaussian 理论模型，决定系数都在 0.70 以上，基台值较小，块金值较大，结构比分别为 0.998、0.999，均超过 0.75，随机因素引起的空间变异较小，存在强烈的空间自相关性，说明复配土容重和毛管孔隙度差异几乎完全受结构性因素(配土比例)控制。

表 4.15　土壤容重和毛管孔隙度半方差函数分析结果

指标	模型 $r(h)$	块金值 C_0	基台值 C_0+C	结构比 $C/(C_0+C)$	范围参数 a_0	残差平方和 RSS	决定系数 R^2
容重	Gaussian	0.000 01	0.005 71	0.998	47.63	4.24×10^6	0.74
毛管孔隙度	Gaussian	0.010 00	9.029 00	0.999	65.13	6.58	0.83

4.3.2.2 容重和毛管孔隙度的时空插值特征

为直观反映 0～50cm 不同土层土壤容重和毛管孔隙度的时空分布格局状态，根据半方差函数和克里格插值方法，将各层土壤容重和毛管孔隙度格局绘成二维图(图 4.11)，得到不同砒砂岩配比复配土的容重和毛管孔隙度随时间变化的插值图。

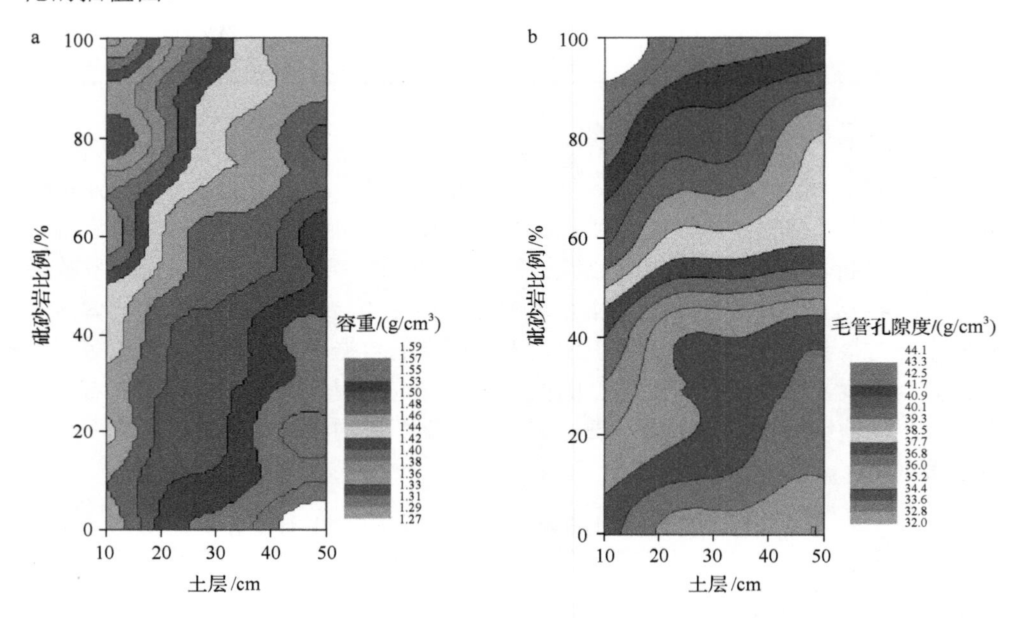

图 4.11 土壤容重和毛管孔隙度空间插值(彩图请扫封底二维码)

土壤容重分布趋势：最大值出现在右下角，然后由最高区域向左上角呈环形带状降低，说明随着土层深度的增加，土壤容重逐渐增大，随着配土比例的增加，土壤容重逐渐降低；环带边缘起伏剧烈程度反映 0～50cm 不同层次土壤容重的空间变异性大小，环带边缘起伏越剧烈，说明空间变异性越大。毛管孔隙度分布趋势：与容重分布趋势相反，最大值出现在左上角，然后由最高区域向右下角呈环形带状降低，说明随着土层深度的增加，毛管孔隙度逐渐降低，随着配土比例的增加，毛管孔隙度逐渐增大。

4.3.3 对持水性能的影响

4.3.3.1 不同土层含水率描述性统计

对 0～50cm 不同层次复配土观测数列进行 Kolmogorov-Smirnov 正态性检验(表 4.16)，其阈值范围为[0.52，0.88]，5 个土层空间变量均符合正态分布，可以进行进一步数据分析。描述性统计分析结果表明各层土壤含水率的变异系数分别为 47.32%、43.42%、41.30%、40.18%、38.94%，均达到强度变异，随着土层加深，变异系数依次降低；偏度均大于 0，表明测得的数据均偏向右侧分布，0～10cm、10～20cm 层次土壤含水率均为很正偏曲线，20～30cm、30～40cm、40～50cm 层次土壤含水率均为正偏曲线，0～10cm 土层偏离程度最大；峰度均为负值，表示测得的数据两侧的极端数据较少，频率分布峰度很平坦。

表 4.16　不同土层复配土含水率描述性统计分析

土层/cm	平均值/%	标准差	变异系数/%	最小值/%	最大值/%	偏度	峰度	Kolmogorov-Smirnov Z	正态分布
0～10	11.77	5.57	47.32	4.26	23.34	0.48	−0.89	0.80	符合
10～20	12.85	5.58	43.42	4.58	24.90	0.44	−0.85	0.88	符合
20～30	13.68	5.65	41.30	4.71	24.89	0.28	−0.96	0.69	符合
30～40	14.71	5.91	40.18	5.04	28.48	0.27	−0.72	0.52	符合
40～50	16.77	6.53	38.94	5.52	28.75	0.05	−1.13	0.72	符合

4.3.3.2　不同土层含水率半方差函数

不同土层含水率时空变异函数见图 4.12 和表 4.17。结果显示，0～40cm 不同层次复配土含水率的半方差最适函数模型均为 Linear 理论模型，40～50cm 土层含水率半方差最适函数模型为 Gaussian 理论模型，决定系数都在 0.45 以上。各配比复配土含水率的块金值、基台值均随着土层深度的增加而增大，40～50cm 土层的基台值最高(68.90)，块金值最大(2.50)，随机因素引起的空间变异最大；各层次含水率结构比维持在 0.964～0.996，均超过 0.95，随机因素引起的空间变异较小，存在强烈的空间自相关性，说明不同土层间含水率差异几乎完全受结构性因素(配土比例)控制。

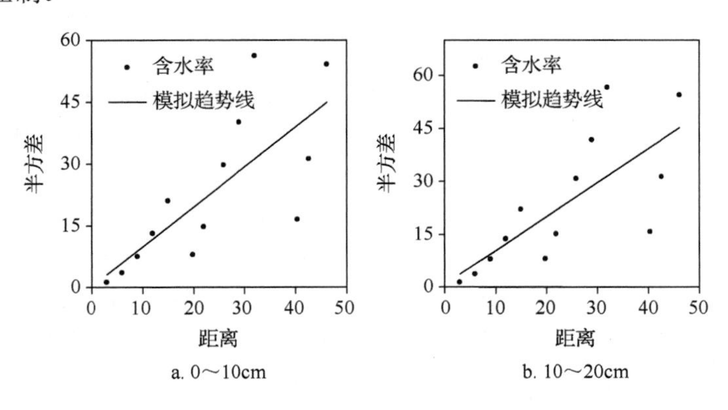

a. 0～10cm　　b. 10～20cm

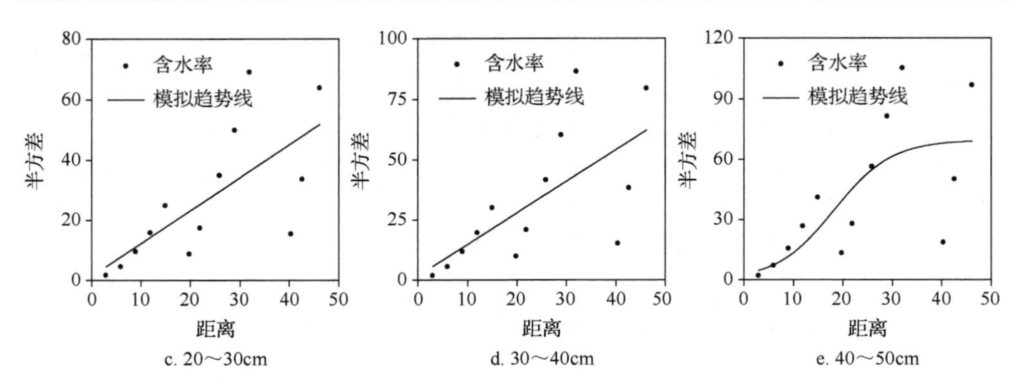

图 4.12　不同土层深度含水率的半方差

表 4.17　不同土层深度含水率半方差函数分析结果

土层/cm	模型 $r(h)$	块金值 C_0	基台值 C_0+C	结构比 $C/(C_0+C)$	范围参数 a_0	残差平方和 RSS	决定系数 R^2
0～10	Linear	0.17	44.96	0.996	46.18	7.08	0.571
10～20	Linear	0.77	45.28	0.983	46.18	5.41	0.552
20～30	Linear	1.20	51.88	0.977	46.18	245	0.495
30～40	Linear	1.65	62.25	0.973	46.18	2686	0.453
40～50	Gaussian	2.50	68.90	0.964	36.37	7185	0.493

4.3.3.3　含水率时空变异特征

为直观反映复配土 0～50cm 不同土层含水率的时空分布格局状态，根据半方差函数和克里格插值方法，将复配土不同层次含水率随时间变化格局绘成二维图(图 4.13)，得到各层不同配比复配土含水率随时间变化的插值图。各层次含水率的时间分布趋势大体相同，最大值均出现在左上角，由最高区域向右下角呈环形带状降低。环带边缘起伏剧烈程度反映含水率的时空分布异质性大小，起伏越剧烈，说明含水率时空分布变异性越大。0～40cm 各土层 0%、100%配比时等值线较为稀疏，0～10cm 土层 20%、40%、60%、80%配比时在 0.8～7.1d、2.2～13.2d、3.5～16.6d、4.1～21.5d 含水率等值线较为密集；10～20cm 土层 20%、40%、60%、80%配比时在 3.5～13.1d、5.7～18.3d、5.9～21.7d、6.5～22.3d 含水率等值线较为密集；20～30cm 土层 20%、40%、60%、80%配比时在 4.2～14.6d、4.9～16.7d、6.1～21.9d、6.9～23.3d 含水率等值线较为密集；30～40cm 土层 20%、40%、60%、80%配比时在 5.4～17.2d、5.9～17.9d、6.3～20.5d、7.2～24.1d 含水率等值线较为密集；40～50cm 土层在整个试验期间含水率等值线较为均匀。在 0～40cm 土层，随土层逐渐加深和砒砂岩配比的逐渐增加，复配土含水率变化较为明显的起始时间由 0.8d 逐渐延迟到 5.4d，结束时间由 7.1d 逐渐延迟到 24.1d。经相关性检验(表 4.18)，除 0%和 100%两种砒砂岩配比处理外，其余各处理砒砂岩添加比例与土壤含水率显著降低的时间段均达到了显著($P<0.05$)甚至极显著($P<0.01$)正相关关系，说明随着砒砂岩添加比例的增加，复配土持水能力显著提高。

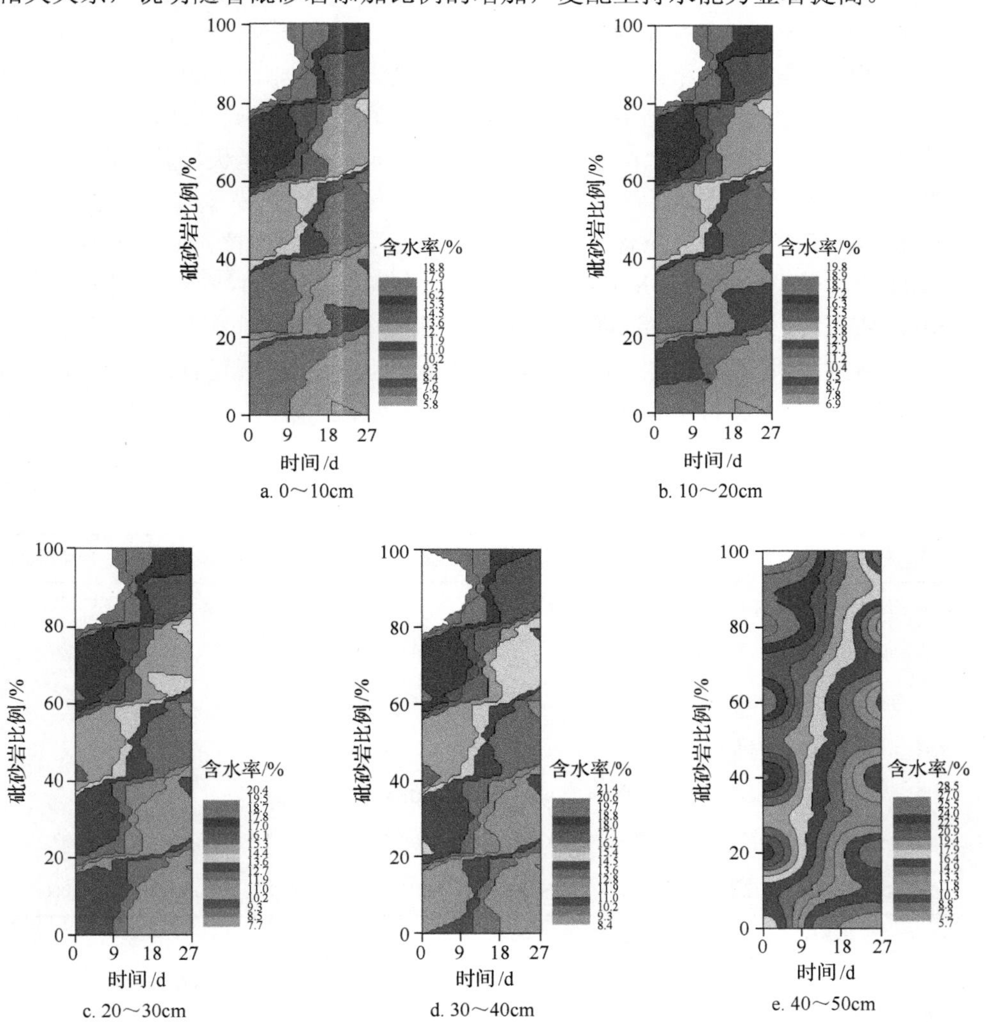

图 4.13　不同土层深度含水率的空间插值(彩图请扫封底二维码)

表 4.18　0～40cm 各土层土壤配比与水分明显降低时间段相关分析

土层/cm	起始时间	结束时间	时间段
0～10	0.9861*	0.9943**	0.9906**
10～20	0.9056*	0.9487*	0.9453*
20～30	0.9437*	0.9754*	0.9311*
30～40	0.9832*	0.9627*	0.9494*

* 相关性显著($P<0.05$)；** 相关性极显著($P<0.01$)

4.3.4 风沙土与砒砂岩复配土性状指标相关性分析

如表 4.19 所示，复配土含水率、毛管孔隙度、黏粒含量、粉粒含量与砒砂岩配比均达到了极显著正相关关系（$P<0.01$），说明随着添加砒砂岩比例的增大，复配土含水率、毛管孔隙度、黏粒含量、粉粒含量均显著增大。砒砂岩配比与沙粒含量、容重达到了极显著负相关关系（$P<0.01$），而与含水率呈极显著正相关关系，说明随着砒砂岩添加比例的增加，复配土沙粒含量、容重显著降低，而含水率显著升高。毛管孔隙度、黏粒含量、粉粒含量与土壤容重、沙粒含量均达到了显著（$P<0.05$）甚至极显著负相关关系（$P<0.01$），土壤容重与沙粒含量达到了极显著正相关关系（$P<0.01$），说明随着土壤容重、沙粒含量逐渐降低，毛管孔隙度、黏粒含量、粉粒含量显著增加。砒砂岩与风沙土混合后，粉粒、黏粒含量增加，质地由沙土变壤土，改善了风沙土颗粒组成粗、持水保水性差、有效孔隙少的不良性状。

表 4.19　复配土壤性状相关性分析

指标	砒砂岩配比	含水率	容重	毛管孔隙度	黏粒含量	粉粒含量	沙粒含量
砒砂岩配比	1.0000						
含水率	0.9957**	1.0000					
容重	−0.9894**	−0.9831**	1.0000				
毛管孔隙度	0.9834**	0.9707**	−0.9940**	1.0000			
黏粒含量	0.9412**	0.9618**	−0.8976*	0.8753*	1.0000		
粉粒含量	0.9922**	0.9906**	−0.9766**	0.9766**	0.9413**	1.0000	
沙粒含量	−0.9912**	−0.9943**	0.9697**	−0.9650**	−0.9627**	−0.9975**	1.0000

* 相关性显著（$P<0.05$）；** 相关性极显著（$P<0.01$）

4.3.5 小结

采沙迹地风沙土与迹地下覆砒砂岩以不同配比复配后，形成的质地性状既不同于风沙土，又有别于砒砂岩土的复配土。随着砒砂岩配土比例增加，质地类型呈现出沙土—沙质壤土—壤土—粉壤土的转变；累积曲线逐步向类似于砒砂岩的多分散型累积曲线转变，土壤均质性的粒度组成逐步改善、分布范围逐渐扩大，表现出良好的颗粒级配特性，使粒度组成及颗粒级配更加趋于良性化。

随着配土比例的增大，含水率、毛管孔隙度、黏粒含量、粉粒含量均显著增大，土壤容重、沙粒含量极显著降低。0～50cm 不同土层复配土含水率、土壤容重和毛管孔隙度均符合正态分布，含水率空间变化达到强度变异，土壤容重和毛管孔隙度变异性弱；0～40cm 土层含水率半方差最适函数理论模型为 Linear 模型，40～50cm 土层含水率、土壤容重和毛管孔隙度为 Gaussian 理论模型；存在强烈的空间自相关性，指标差异主要受结构性因素(配土比例)控制。

4.4　风沙土与黄土复配对植物生长发育的影响

4.4.1　对植物光合生理的影响

4.4.1.1　对植物光合指标的影响

净光合速率(P_n)是衡量植物光合作用强弱的重要指标，体现了植物体干物质的积累；蒸腾作用是植物对水分吸收和运输的主要动力，对植物吸收营养元素和降低体温有重要意义，所以蒸腾速率(T_r)与净光合速率之间有着非常密切的关系；气孔导度(G_s)表示气孔张开的程度，气孔作为植物与外界碳循环的结合点，其导度直接反映植物生理活性的强弱；胞间 CO_2 浓度(C_i)与气孔导度关系密切，气孔张开的程度决定 CO_2 进入植物体的多少，从而对光合作用的强弱产生影响。水分利用效率(WUE)是表示植物对水分吸收、利用、消耗的综合指标。

图 4.14 和表 4.20 为不同黄土配比处理下羊柴叶片净光合速率(P_n)、蒸腾速率(T_r)、气孔导度(G_s)、胞间 CO_2 浓度(C_i)、水分利用效率(WUE)变化曲线，以及各光合特性指标的趋势线模型。

不同复配土配比处理下，羊柴叶片的净光合速率分别较 CK 增加了 133.87%、112.54%、105.06%、66.20%，这说明不同配土比例对羊柴叶片净光合速率较 CK 有极显著性提高($P<0.0001$)(表 4.21)，在配土比例为 25%时达到最大值[38.71μmol CO_2/(m^2·s)]。随着配土比例的逐渐增大，其对羊柴叶片净光合速率的促进作用逐渐降低。净光合速率模拟趋势线为 $y_{P_n}=39.55e^{-(x-56.32)^2/4788.31}$，对其系数进行检验，$a$、$b$ 和 x_0 均达到显著水平($P<0.05$)，R^2=0.78，标准估计误差为 6.09。对不同复配土处理羊柴叶片的净光合速率进一步进行多重比较(表 4.22)，25%、50%、75%处理之间差异不显著($P>0.05$)，但与 100%处理间差异显著($P<0.05$)，4 种配土处理均与 CK 达到了显著差异($P<0.05$)。

不同复配土配比处理下，羊柴叶片的蒸腾速率分别较 CK[14.35mmol H_2O/(m^2·s)]增加了 7.26%、33.79%、39.45%、70.64%，说明不同配土比例对羊柴叶片蒸腾速率的促进作用逐渐提高，在其配比为 100%时达到最大，为 24.49mmol H_2O/(m^2·s)。蒸腾速率模拟趋势线为 $y_{T_r}=0.10x+13.71$，对其系数进行检验，均达到极显著水平（$P<0.01$），R^2=0.97，标准估计误差为 0.82。对不同处理羊柴叶片的蒸腾速率进一步进行多重比较，25%、50%、75%处理较 CK 差异均不显著（$P>0.05$），100%处理与 CK 之间达到了显著差异（$P<0.05$），100%与 50%、75%处理之间差异也不显著（$P>0.05$）。

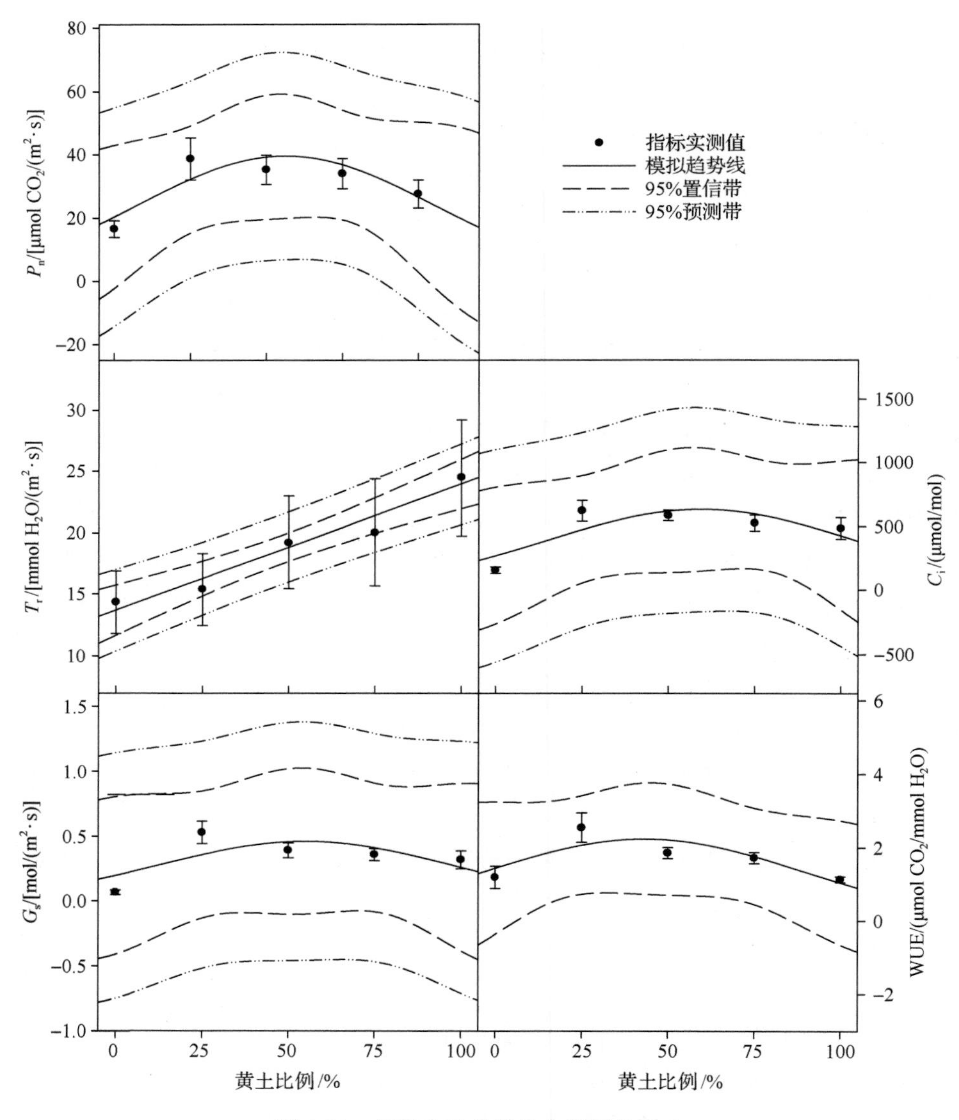

图 4.14　复配土对羊柴光合指标的影响

表 4.20　羊柴光合指标随黄土比例变化的趋势线模型

模拟趋势线		光合特性指标				
		P_n	T_r	G_s	C_i	WUE
形式		$y=a\cdot\exp\{-0.5\cdot[(x-x_0)/b]^2\}$	$y=ax+x_0$	$y=a\cdot\exp\{-0.5\cdot[(x-x_0)/b]^2\}$	$y=a\cdot\exp\{-0.5\cdot[(x-x_0)/b]^2\}$	$y=a\cdot\exp\{-0.5\cdot[(x-x_0)/b]^2\}$
系数	a	39.5485	0.1025	0.4619	632.9466	2.2403
	P	0.0131	0.0022	0.0715	0.0301	0.0239
	b	48.9301		42.1411	45.8331	45.8598
	P	0.0474		0.1585	0.0905	0.0714
	x_0	56.3244	13.7084	55.0053	59.5813	43.2278
	P	0.0164	0.0002	0.0621	0.0304	0.0417
R^2		0.7767	0.9701	0.5009	0.6818	0.6783
标准估计误差		6.0864	0.8208	0.1690	148.3775	0.4647

注：本表格中为精确数据，正文叙述时，为简便起见，均对各数据进行了修约，特此说明，该类型表格余同

表 4.21　不同黄土比例间羊柴光合指标的方差分析

变异源	自由度(df)	偏差平方和(SS)	均方(MS)	F 值	P 值
P_n	4	1 580.802 965	395.200 741	17.20	<0.000 1
T_r	4	318.890 258 1	79.722 564 5	5.10	0.005 4
G_s	4	0.573 714 78	0.143 428 70	36.31	<0.000 1
C_i	4	688 475.761 1	172 118.940 3	45.80	<0.000 1
WUE	4	6.821 230 23	1.705 307 56	24.50	<0.000 1

表 4.22　不同黄土比例间羊柴光合指标的多重比较

黄土比例/%	P_n	T_r	G_s	C_i	WUE
0	c	b	c	d	c
25	a	b	a	a	a
50	a	ab	b	ab	b
75	a	ab	b	bc	b
100	b	a	b	c	c

注：同列不同小写字母表示在 0.05 显著性水平下差异显著

不同复配土配比处理下，羊柴叶片的气孔导度分别较 CK[0.07mol/(m²·s)]增加了 696.39%、487.63%、439.61%、380.80%，说明不同配土比例对羊柴叶片气孔导度的促进作用先迅速升高，再随着配土比例的增大而降低，配比为 25%时达到最大[0.53mol/(m²·s)]，其模拟趋势线为 $y_{G_s}=0.46\mathrm{e}^{-(x-55.00)^2/3551.74}$，对其系数进行检验，$a$、$b$ 和 x_0 均未达到显著水平($P>0.05$)，R^2=0.50，标准估计误差为 0.17。对不同处理羊柴叶片的气孔导度进一步进行多重比较，可以看出不同处理均与 CK

达到了显著差异($P<0.05$)，50%、75%、100%处理之间差异不显著($P>0.05$)，但与25%处理均达到显著性水平($P<0.05$)。

不同复配土配比处理羊柴叶片的胞间CO_2浓度分别较CK增加了297.68%、274.43%、236.84%、210.64%，不同处理下羊柴叶片胞间CO_2浓度与气孔导度变化趋势基本一致，其模拟趋势线为$y_{C_i}=632.95e^{-(x-59.58)^2/4201.35}$，对其系数进行检验，$a$和$x_0$均达到显著水平($P<0.05$)，$b$未达到显著水平($P>0.05$)，$R^2$=0.68，标准估计误差为148.38。对不同处理羊柴叶片胞间CO_2浓度进一步进行多重比较，可以看出各配土处理均与CK达到了显著差异($P<0.05$)，25%处理除与50%处理差异不显著外，与其他处理差异均达到显著水平($P<0.05$)，50%处理与25%、75%处理之间未达到显著差异($P>0.05$)，75%处理与50%、100%处理差异不显著，与其他处理之间差异显著($P<0.05$)。说明随配土比例逐渐增加，羊柴叶片的胞间CO_2浓度逐渐降低，但是降低的程度不明显。

不同复配土配比处理羊柴的水分利用效率分别较CK增加了114.75%、56.27%、45.03%、−4.75%。随配土比例的增加，其对羊柴水分利用效率的促进作用先迅速升高，在配比为25%时达到最大(2.55μmol CO_2/mmol H_2O)，再随着配土比例的增加逐渐降低。水分利用效率模拟趋势线为$y_{WUE}=2.24e^{-(x-43.23)^2/4206.24}$，对其系数进行检验发现，$a$和$x_0$均达到显著水平($P<0.05$)，$b$未达到显著水平($P>0.05$)，$R^2$=0.68，标准估计误差为0.46。对不同处理羊柴的水分利用效率进一步进行多重比较，可以看出：除100%处理外，其他处理均与CK达到显著性差异水平($P<0.05$)，50%处理与75%处理之间差异不显著($P>0.05$)，其他处理之间差异性均达到显著水平($P<0.05$)。

4.4.1.2 对植物叶绿素荧光参数的影响

实际光化学量子效率(ΦPSⅡ)表示光系统Ⅱ反应中心在不同处理条件下的实际原初光能的转化效率；光化学猝灭系数(qP)反映PSⅡ天线色素吸收的光能用于光化学电子传递的份额，如果想要较高的qP，就要使PSⅡ反应中心处于“开放”状态，所以qP又在一定程度上反映了PSⅡ反应中心的开放程度；非光化学猝灭系数(qN)是指PSⅡ天线色素吸收的光能不能用于光合电子传递而以热能形式耗散掉的部分。如果PSⅡ反应中心吸收了过量光能而来不及耗散就会使光合机构失活造成光损伤。所以，非光化学猝灭又是一种自我保护机制，对光合机构起到一定的保护作用；PSⅡ最大光化学效率(F_v/F_m)反映PSⅡ反应中心最大原初光能转化效率，常作为判断是否发生光抑制的标准，F_v/F_m越大，表示PSⅡ的最大光能转换效率越大，植物潜在的光化学能力越大；光合电子传递速率(ETR)是用于表观从光化学反应到碳固定过程中电子传递速率的参考量。

图 4.15 和表 4.23 为不同配土处理下羊柴叶片非光化学猝灭系数(qN)、光化学猝灭系数(qP)、光合电子传递速率(ETR)、实际光化学量子效率(ΦPSⅡ)、PSⅡ最大光化学效率(F_v/F_m)变化曲线，以及各叶绿素荧光参数指标的趋势线模型。

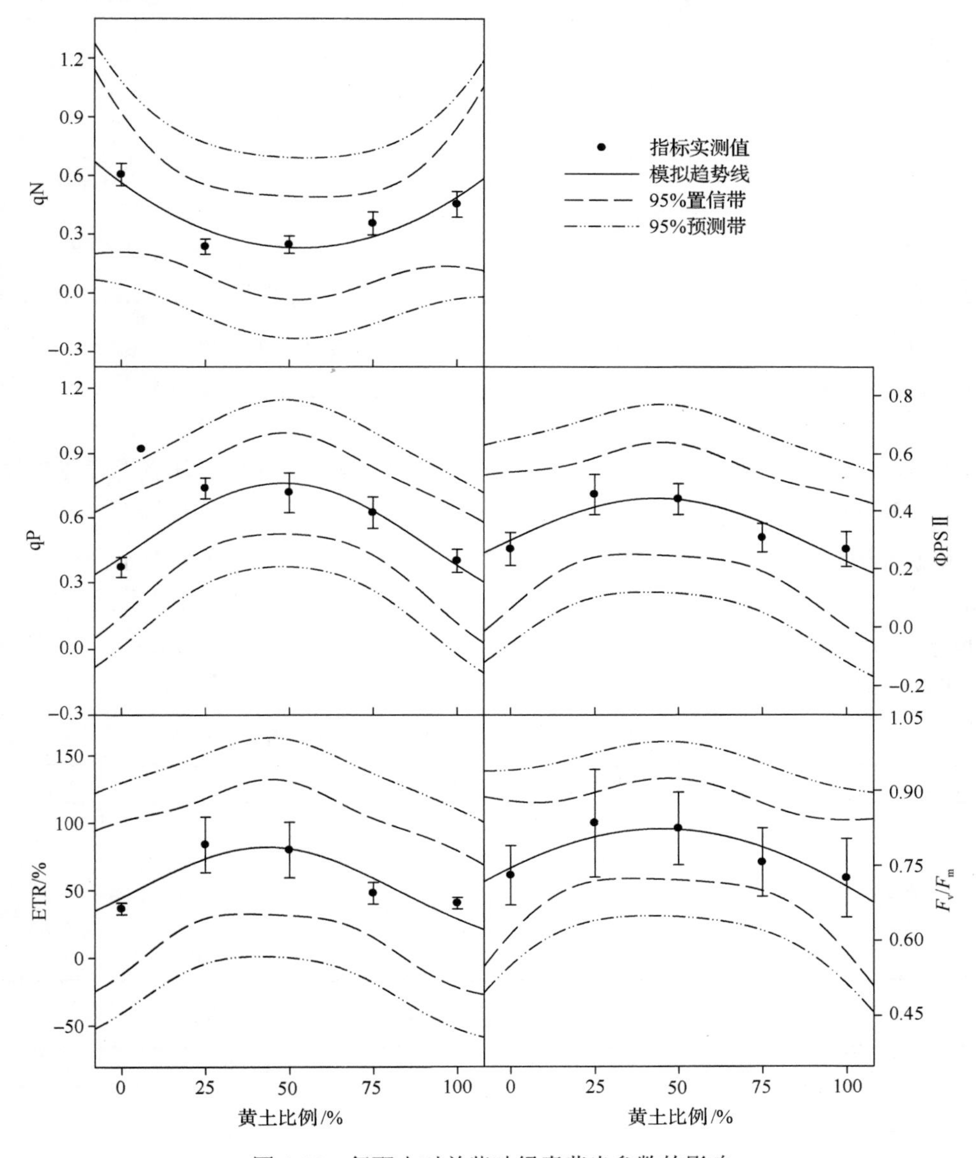

图 4.15 复配土对羊柴叶绿素荧光参数的影响

表 4.23 羊柴叶绿素荧光参数随黄土比例变化的趋势线模型

模拟趋势线		叶绿素荧光参数				
		qN	qP	ETR	ΦPS II	F_v/F_m
形式		$y=ax^2+bx+x_0$	$y=a\cdot\exp\{-0.5\cdot[(x-x_0)/b]^2\}$	$y=a\cdot\exp\{-0.5\cdot[(x-x_0)/b]^2\}$	$y=a\cdot\exp\{-0.5\cdot[(x-x_0)/b]^2\}$	$y=a\cdot\exp\{-0.5\cdot[(x-x_0)/b]^2\}$
系数	a	0.0001	0.7604	82.2260	0.4431	0.8229
	P	0.0882	0.0051	0.0194	0.0104	0.0008
	b	−0.0126	44.0580	39.1693	48.8294	100.8635
	P	0.0853	0.0142	0.0418	0.0378	0.0340
	x_0	0.5636	48.2331	43.2482	43.3777	44.7695
	P	0.0209	0.0062	0.0227	0.0217	0.0176
R^2		0.8375	0.9151	0.7841	0.7900	0.7961
标准估计误差		0.0879	0.0711	14.7953	0.0606	0.0331

不同复配土配比处理羊柴的非光化学猝灭系数(qN)分别较 CK 降低了 60.96%、59.30%、41.48%、25.21%，羊柴的非光化学猝灭系数随着配土比例的增加呈现先降低后升高的趋势，在配土比例为 25%时达到最小(0.24)，说明随着配土比例增大，羊柴吸收的光能以热能消耗的形式先降低后升高，其模拟趋势线为 $y_{\mathrm{qN}} = 0.0001x^2 - 0.0126x + 0.5636$，对其系数进行检验，$x_0$ 达到显著水平($P<0.05$)，a 和 b 未达到显著水平($P>0.05$)，R^2=0.84，标准估计误差为 0.09。对不同处理羊柴的非光化学猝灭系数进一步进行多重比较(表 4.24、表 4.25)，可以看出：25%、50%处理之间差异不显著($P>0.05$)，其他处理之间差异性均达到显著水平($P<0.05$)，所有配土处理与 CK 之间差异性也均达到显著水平($P<0.05$)。

表 4.24 不同黄土比例间羊柴叶绿素荧光参数的方差分析

变异源	自由度(df)	偏差平方和(SS)	均方(MS)	F 值	P 值
qN	4	0.475 812	0.118 953	40.79	<0.000 1
qP	4	0.596 459	0.149 115	34.95	<0.000 1
ETR	4	10 140.22	2 535.055	13.37	<0.000 1
ΦPS II	4	0.174 629	0.043 657	12.74	<0.000 1
F_v/F_m	4	0.053 69	0.013 423	2.15	0.111 5

表 4.25 不同黄土比例间羊柴叶绿素荧光参数的多重比较

黄土比例/%	qN	qP	ETR	ΦPS II	F_v/F_m
0	a	c	b	b	a
25	d	a	a	a	a
50	d	a	a	a	a
75	c	b	b	b	a
100	b	c	b	b	a

注：同列不同小写字母表示在 0.05 显著性水平下差异显著

不同复配土配比处理羊柴的光化学猝灭系数(qP)分别较 CK(0.37)增加了98.17%、92.79%、67.81%、8.42%，随配土比例增加，羊柴光化学猝灭系数迅速升高，配土比例为 25%时达到最大，为 0.74，而后随着配土比例的增大而降低。其模拟趋势线为 $y_{\mathrm{qP}}=0.76\mathrm{e}^{-(x-48.2331)^2/3882.21}$，对其系数进行检验，$a$ 和 x_0 均达到极显著水平($P<0.01$)，b 达到显著水平($P<0.05$)，R^2=0.92，标准估计误差为 0.07。对不同处理羊柴的光化学猝灭系数进一步进行多重比较，可以看出：除 100%处理与 CK 差异不显著外($P>0.05$)，其他处理与 CK 之间差异性均达到了显著水平($P<0.05$)，25%与 50%处理之间差异不显著($P>0.05$)，但与 CK、75%、100%处理之间均达到显著性差异($P<0.05$)。

不同复配土处理下羊柴的光合电子传递速率(ETR)分别较 CK(36.49%)增加了 130.38%、119.41%、31.83%、11.37%，随配土比例增加，羊柴光合电子传递速率先迅速升高，配土比例为 25%时达到最大(84.07%)，而后随着配土比例的增大逐渐降低，其模拟趋势线为 $y_{\mathrm{ETR}}=82.23\mathrm{e}^{-(x-43.25)^2/3068.47}$，对其系数进行检验，均达到显著性水平($P<0.05$)，$R^2$=0.78，标准估计误差为 14.80。对不同处理羊柴的光合电子传递速率进行多重比较，可以看出：CK、75%、100%处理之间差异不显著($P>0.05$)，25%、50%处理之间差异不显著($P>0.05$)，但 25%、50%处理与 CK、75%、100%处理达到显著性差异($P<0.05$)。

不同复配土处理羊柴的实际光化学量子效率(ΦPSⅡ)分别较 CK 增加了70.42%、64.32%、14.46%、−0.17%，随配土比例增加，羊柴实际光化学量子效率的变化趋势是先迅速升高而后逐渐降低，配土比例为 25%时达到最大，为 0.46。其模拟趋势线为 $y_{\Phi\mathrm{PS\,II}}=0.44\mathrm{e}^{-(x-43.38)^2/4768.62}$，对其系数进行检验，均达到显著水平($P<0.05$)，$R^2$=0.79，标准估计误差为 0.06。对不同处理羊柴的实际光化学量子效率进行多重比较，可以看出：CK、75%、100%处理之间差异不显著($P>0.05$)，25%、50%处理之间差异也不显著($P>0.05$)，但 25%、50%处理与 CK、75%、100%处理达到显著性差异($P<0.05$)。

不同复配土处理羊柴的 PSⅡ最大光化学效率(F_v/F_m)分别较 CK 增加了14.24%、12.73%、3.51%、−0.77%，随配土比例增加，其对 F_v/F_m 的促进作用先升高，在配土比例为 25%时达到最大(0.8345)，而后随配土比例的增大逐渐降低。模拟趋势线为 $y_{F_v/F_m}=0.82\mathrm{e}^{-(x-44.77)^2/20\,346.90}$，对其系数进行检验，均达到显著性水平($P<0.05$)，其中 a 系数达到了极显著水平($P<0.01$)，R^2=0.80，标准估计误差为 0.03。对不同处理羊柴的 F_v/F_m 进行多重比较可知，所有处理之间差异均不显著。

4.4.2　对植物抗逆生理的影响

4.4.2.1　对植物抗氧化酶活性的影响

在逆境胁迫下，参与植物新陈代谢过程的氧会被活化为对细胞有伤害作用的活性氧，活性氧的生成和积累可引起生物膜过氧化损伤，甚至使叶绿体等细胞器功能遭到损害、生物大分子降解和失活，最终导致细胞死亡。植物体内存在着清除活性氧的抗氧化防御系统，在植物正常生长情况下，细胞内活性氧的产生和清除保持着动态平衡，以保护植物免受活性氧伤害。过氧化物酶(POD)、超氧化物歧化酶(SOD)、过氧化氢酶(CAT)是植物关于活性氧清除的 3 种主要抗氧化酶。通过研究对植物抗逆性有指征作用的抗氧化酶变化，在一定程度上可以反映植物所处环境的条件。

图 4.16 和表 4.26 为不同配土处理下羊柴叶片过氧化物酶(POD)、超氧化物歧化酶(SOD)、过氧化氢酶(CAT)活性变化曲线，以及各抗氧化酶指标的趋势线模型。如图 4.16、表 4.26 所示，羊柴叶片 3 种抗氧化酶活性均随配土比例增加先升高，在配土比例为 25%处理时达到最高，而后随配土比例继续增加而逐渐降低。

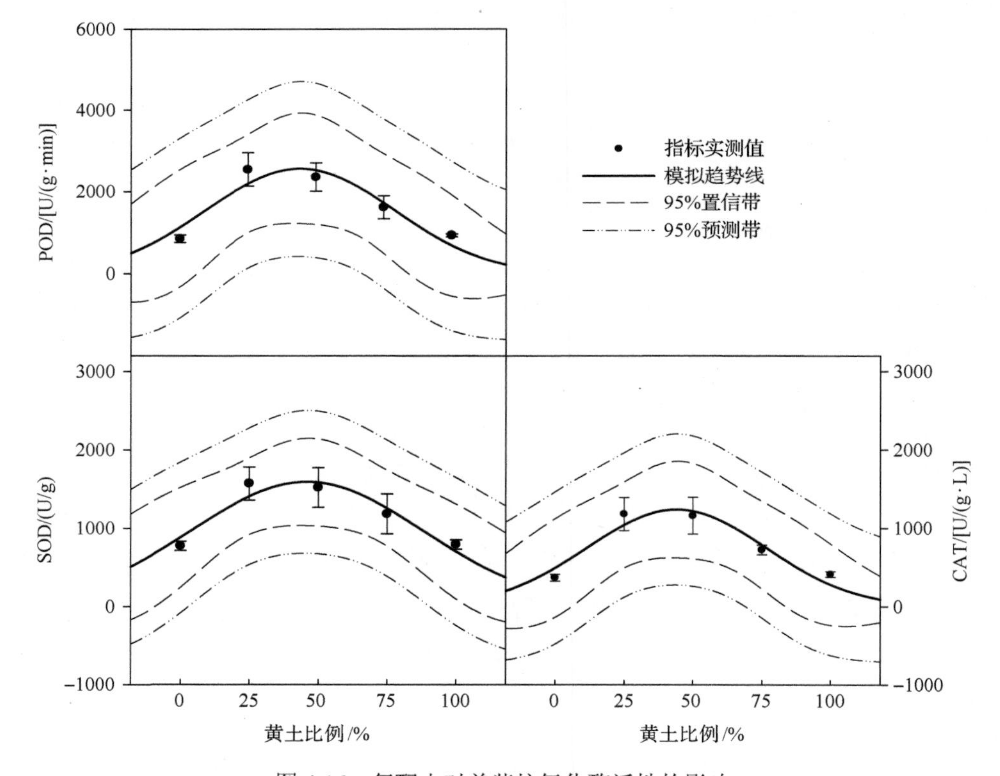

图 4.16　复配土对羊柴抗氧化酶活性的影响

表 4.26　羊柴抗氧化酶活性指标随黄土比例变化的趋势线模型

模拟趋势线		抗氧化酶活性		
		POD	SOD	CAT
形式		$y=a\cdot\exp\{-0.5[(x-x_0)/b]^2\}$	$y=a\cdot\exp\{-0.5[(x-x_0)/b]^2\}$	$y=a\cdot\exp\{-0.5[(x-x_0)/b]^2\}$
系数	a	1591.10	2572.36	1238.15
	P	0.0066	0.0148	0.0132
	b	42.28	34.27	32.12
	P	0.0167	0.0255	0.0212
	x_0	45.89	44.14	44.06
	P	0.0080	0.0121	0.0096
R^2		0.90	0.88	0.90
标准估计误差		167.80	387.79	172.53

3 种抗氧化酶活性变化的模拟趋势线分别为 $y_{\mathrm{POD}}=1591.10\mathrm{e}^{-(x-45.89)^2/3575.20}$、$y_{\mathrm{SOD}}=2572.36\mathrm{e}^{-(x-44.14)^2/2348.87}$、$y_{\mathrm{CAT}}=1238.15\mathrm{e}^{-(x-44.06)^2/2063.39}$，对其系数进行检验，均达到显著($P<0.05$)甚至极显著水平($P<0.01$)，$R^2$ 均大于 0.85。

如表 4.27、表 4.28 所示，25%、50%、75%处理下 3 种酶活性均大于 CK。对不同处理羊柴叶片的 3 种抗氧化酶活性指标进行多重比较，25%、50%、75%处理与 CK 均达到显著性差异($P<0.05$)，100%处理与 CK 差异不显著；25%、50%处理之间差异不显著，但较其他处理差异显著($P<0.05$)。

表 4.27　不同黄土比例间羊柴抗氧化酶活性指标的方差分析

变异源	自由度(df)	偏差平方和(SS)	均方(MS)	F 值	P 值
POD	4	12 477 263.70	3 119 315.93	40.64	＜0.000 1
SOD	4	2 917 616.95	729 404.24	20.25	＜0.000 1
CAT	4	3 063 681.95	765 920.49	35.33	＜0.000 1

表 4.28　不同黄土比例间羊柴抗氧化酶活性指标的多重比较

处理	POD	SOD	CAT
CK	c	c	c
25%	a	a	a
50%	a	a	a
75%	b	b	b
100%	c	c	c

注：同列不同小写字母表示在 0.05 显著性水平下差异显著

4.4.2.2 对植物应激性生理指标的影响

逆境胁迫中的植物会产生一系列应激反应，以适应和缓冲不良环境对机体造成的损害。游离脯氨酸(Pro)是植物应激反应产生的渗透调节物质，当植物处于逆境时，脯氨酸主动积累，降低细胞渗透势，促进植物细胞吸水，从而维持正常新陈代谢。丙二醛(MDA)是植物受逆境胁迫发生膜质过氧化的终产物之一，其含量高低是植物细胞膜质过氧化程度的体现，同时影响细胞对离子的吸收、积累及活性氧代谢系统的平衡。逆境胁迫下的植物细胞膜受到不同程度的破坏，从而使膜透性提高，选择透性丧失，细胞内电解质外渗导致相对电导率(REC)增大，所以相对电导率是反映植物膜系统状况的重要生理生化指标之一。大量研究表明，植物受逆境胁迫程度与Pro、MDA、REC相关，通过研究植物对外界因素响应的Pro、MDA、REC变化，在一定程度上可以反映植物所处环境的条件。

如图4.17、表4.29～表4.31所示，随配土比例逐渐升高，羊柴叶片3项应激性生理指标均有不同程度的升高。模拟趋势线分别为 $y_{\mathrm{Pro}}=1.45x+42.50$ 、 $y_{\mathrm{MDA}}=2.94x+10.04$ 、 $y_{\mathrm{REC}}=0.33x+15.41$ ，对其系数进行检验，除了MDA的系数 b，其他均达到显著(P<0.05)甚至极显著(P<0.01)水平，R^2 均大于0.90。

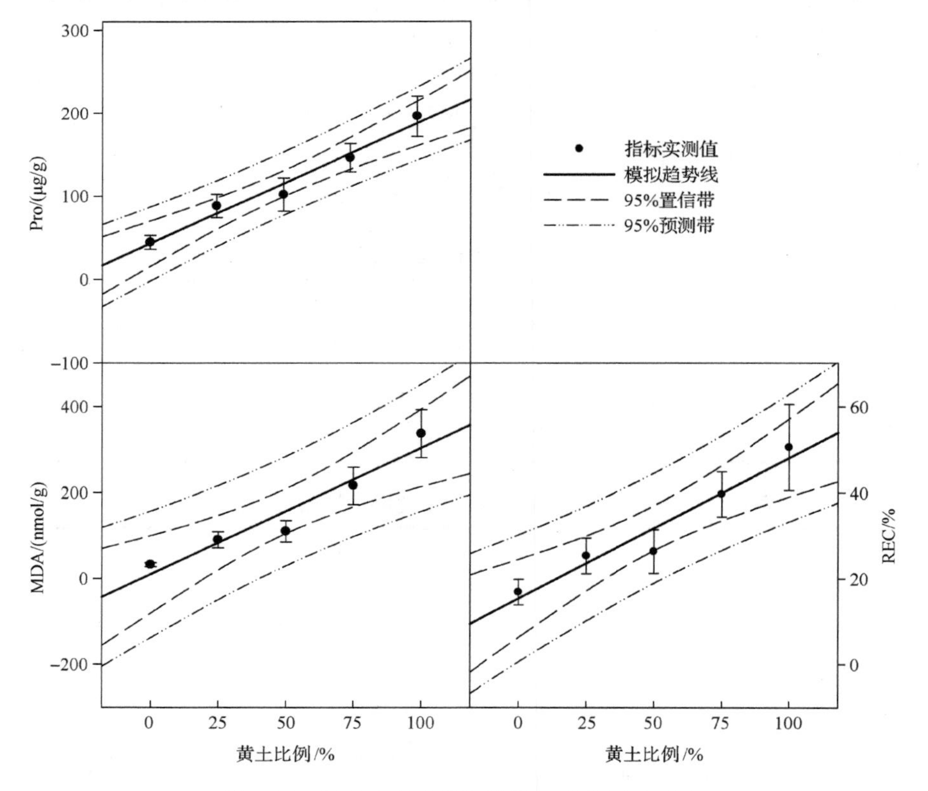

图4.17 复配土对羊柴应激性生理指标的影响

表 4.29　羊柴应激性生理指标随黄土比例变化的趋势线模型

模拟趋势线		应激性指标		
		Pro	MDA	REC
形式		*y=ax+b*	*y=ax+b*	*y=ax+b*
系数	*a*	1.45	2.94	0.33
	P	0.0019	0.0079	0.0059
	b	42.50	10.04	15.41
	P	0.0156	0.7466	0.0124
R^2		0.97	0.93	0.94
标准估计误差		11.02	36.59	3.68

表 4.30　不同黄土比例间羊柴应激性生理指标的方差分析

变异源	自由度(df)	偏差平方和(SS)	均方(MS)	*F* 值	*P* 值
Pro	4	67 906.86	16 976.71	54.14	<0.000 1
MDA	4	290 943.21	72 735.80	60.61	<0.000 1
REC	4	3 539.33	884.83	24.83	<0.000 1

表 4.31　不同黄土比例间羊柴应激性生理指标的多重比较

处理	Pro	MDA	REC
CK	d	d	d
25%	c	c	c
50%	c	c	c
75%	b	b	b
100%	a	a	a

注：同列不同小写字母表示在 0.05 显著性水平下差异显著

对不同配土处理羊柴的应激性生理指标进行多重比较，可以看出：各配土处理羊柴叶片 3 项应激性生理指标均与 CK 差异显著($P<0.05$)；25%、50%处理之间差异不显著($P>0.05$)，但较其他处理差异均达到显著性水平($P<0.05$)；75%与 100%处理之间差异也达到显著性水平($P<0.05$)。

4.4.2.3　对植物叶绿素含量指标的影响

叶绿素是植物光合作用吸收和传递光能的主要色素，其含量高低直接影响光合作用的强弱，并可在一定程度上反映植物的生产性能和抵抗逆境胁迫的能力，一般将叶绿素含量下降看作胁迫发展中由功能性影响到器质性伤害的中间过程。叶绿素包括叶绿素 a(Chl a)、叶绿素 b(Chl b)两类，绝大部分 Chl a 和全部 Chl b 具有捕捉与传递光能的作用，只有少数处于激发状态的 Chl a 有将光能转换为电能的作用。植物可以通过增加光合色素和捕光复合物Ⅱ的含量来提高对光能的捕获能力，Chl a/Chl b 可以反映捕光复合体在所有含叶绿素结构中所占的比例，其值降低意味着捕光复合体Ⅱ含量提高，进而提高光系统Ⅱ的电子传递效率。

如图 4.18 和表 4.32 所示，随着配土比例的升高，羊柴叶片 Chl a、Chl b 及 Chl t 均呈先升高而后又逐渐降低的趋势，其最大值均出现在 25%处理。它们的变化模拟趋势线分别为 $y_{\text{Chl a}} = 2.33\text{e}^{-(x-46.02)^2/2975.29}$、$y_{\text{Chl b}} = 1.17\text{e}^{-(x-43.76)^2/2486.54}$、$y_{\text{Chl t}} = 3.50\text{e}^{-(x-44.91)^2/2775.13}$，对其系数进行检验，$a$、$x_0$ 均达到显著水平（$P<0.05$），Chl b、Chl t 的系数 b 均未达到显著水平（$P>0.05$），R^2 均大于等于 0.70。随配土比例增加，Chl a/Chl b 表现为先降低后升高的总体趋势，在 25%处理时最小，这说明配土比例在 25%时，叶绿素 a 的分解速率最接近于叶绿素 b 的分解速率。模拟趋势线为 $y_{\text{Chl a/Chl b}} = 2.00\times10^{-4}x^2 - 0.02x + 2.46$，对其系数进行检验，$x_0$ 系数达到显著（$P<0.05$）水平，系数 a、b 未达到显著水平（$P>0.05$）。

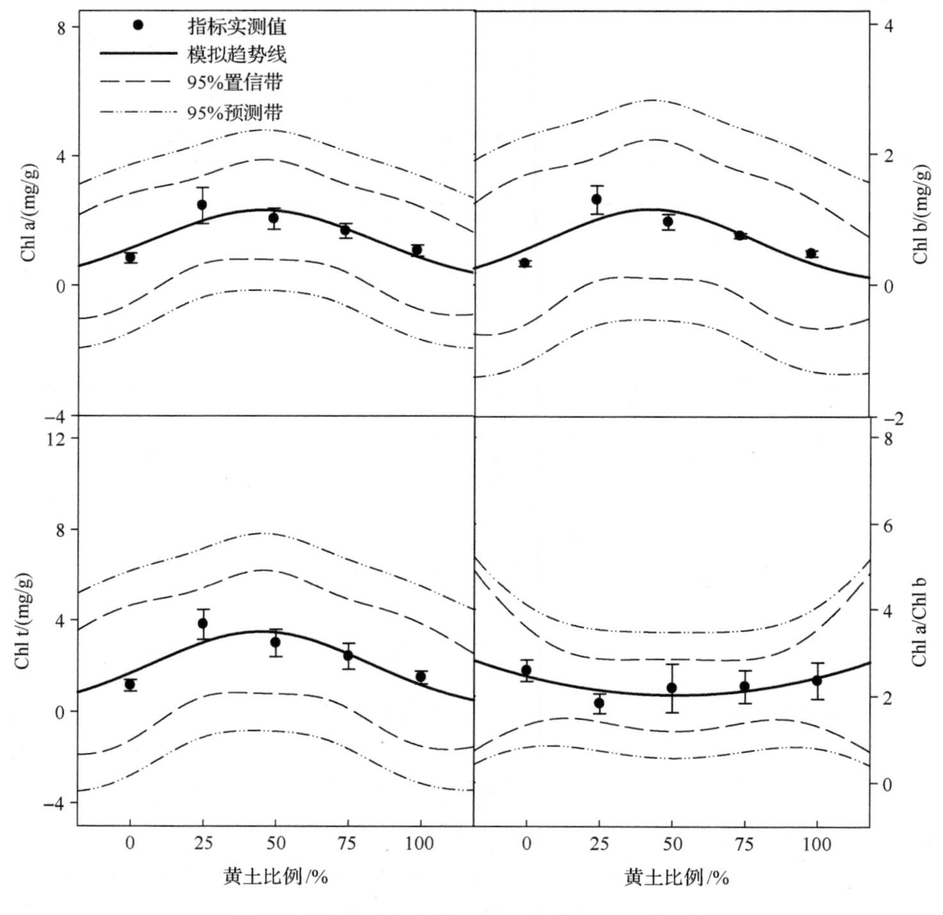

图 4.18　复配土对羊柴叶绿素含量指标的影响

表 4.32　羊柴叶绿素含量指标随黄土比例变化的趋势线模型

模拟趋势线		叶绿素含量			
		Chl a	Chl b	Chl t	Chl a/Chl b
形式		$y=a\cdot\exp\{-0.5[(x-x_0)/b]^2\}$	$y=a\cdot\exp\{-0.5[(x-x_0)/b]^2\}$	$y=a\cdot\exp\{-0.5[(x-x_0)/b]^2\}$	$y=a\cdot x^2+bx+x_0$
系数	a	2.33	1.17	3.50	0.0002
	P	0.0227	0.0422	0.0307	0.2903
	b	38.57	35.26	37.25	−0.02
	P	0.0464	0.0736	0.0586	0.2998
	x_0	46.02	43.76	44.91	2.46
	P	0.0221	0.0377	0.0291	0.0110
R^2		0.79	0.70	0.74	0.50
标准估计误差		0.45	0.31	0.79	0.28

对不同处理羊柴的 Chl a、Chl b、Chl t、Chl a/Chl b 进行多重比较(表 4.33、表 4.34)，可以看出：25%、50%、75%处理羊柴的 Chl a、Chl b、Chl t 均与 CK 差异显著($P<0.05$)，100%处理羊柴的 Chl a、Chl b、Chl t 均与 CK 差异不显著($P>0.05$)；25%与 50%处理羊柴的 Chl a 差异不显著($P>0.05$)，50%与 75%处理羊柴的 Chl a 差异也不显著($P>0.05$)；25%、50%、75%、100%处理羊柴的 Chl b 差异性均达到显著水平($P<0.05$)；50%与 75%处理羊柴的 Chl t 差异不显著($P>0.05$)；25%处理羊柴的 Chl a/Chl b 与 CK 差异性达到显著水平($P<0.05$)，但 25%、50%、75%、100%处理羊柴的 Chl a/Chl b 之间差异不显著($P>0.05$)。

表 4.33　不同黄土比例间羊柴叶绿素含量指标的方差分析

变异源	自由度(df)	偏差平方和(SS)	均方(MS)	F 值	P 值
Chl a	4	9.29	2.32	22.44	<0.0001
Chl b	4	3.07	0.77	58.40	<0.0001
Chl t	4	23.72	5.93	23.92	<0.0001
Chl a/Chl b	4	1.55	0.39	2.59	0.0681

表 4.34　不同黄土比例间羊柴叶绿素含量指标的多重比较

处理	Chl a	Chl b	Chl t	Chl a/Chl b
CK	c	d	c	a
25%	a	a	a	b
50%	ab	b	b	ab
75%	b	c	b	ab
100%	c	d	c	ab

注：同列不同小写字母表示在 0.05 显著性水平下差异显著

4.4.3 对植物光合及抗逆生理影响的综合评价

4.4.3.1 不同配土比例下植物光合及抗逆生理指标的典型相关分析

表 4.35 和表 4.36 分别列出了不同配土处理下植物光合生理与抗逆生理指标的典型相关变量特征值及其典型相关系数假设检验特征值。由表 4.35、表 4.36 可知，第 1 对典型相关变量累积贡献率提供了 80.96%的相关信息，其他 9 对典型相关变量只提供了 19.04%的相关信息。第 1 个典型相关系数 P 值为 0.0030，说明典型相关系数在 α=0.05、α=0.01 水平下均具有统计学意义，而其余 9 个典型相关系数没有统计学意义。因此，本研究选取第 1 对典型相关变量进行下一步分析。

表 4.35 不同黄土比例处理下典型相关变量特征值

典型相关变量对	特征值	特征值差值	贡献率	累积贡献率
1	99.9055	84.0415	0.8096	0.8096
2	15.8640	13.6008	0.1286	0.9382
3	2.2632	0.1934	0.0183	0.9565
4	2.0698	0.3040	0.0168	0.9733
5	1.7659	1.0946	0.0143	0.9876
6	0.6712	0.2350	0.0054	0.9930
7	0.4363	0.1508	0.0036	0.9966
8	0.2855	0.1547	0.0023	0.9989
9	0.1308	0.1252	0.0011	1.0000
10	0.0055	0.0000	0.0000	1.0000

表 4.36 不同黄土比例处理下典型相关系数假设检验

典型相关变量对	似然比统计量	渐进 F 统计量	Num DF	Den DF	P 值
1	0.0000	2.0800	100	47.6560	0.0030
2	0.0006	1.2600	81	47.7440	0.1920
3	0.0103	0.8900	64	46.8660	0.6753
4	0.0336	0.8700	49	45.0370	0.6778
5	0.1031	0.8000	36	42.2830	0.7564
6	0.2850	0.6200	25	38.6500	0.8938
7	0.4764	0.5900	16	34.2430	0.8710
8	0.6842	0.5500	9	29.3550	0.8254
9	0.8795	0.4300	4	26.0000	0.7849
10	0.9945	0.0800	1	14.0000	0.7846

表 4.37 为植物光合生理特性指标组及抗逆生理特性指标组典型变量多重回归分析结果。由表 4.37 可知：光合生理特性指标组与抗逆生理特性指标组第 1 典型变量 W_1 之间多重相关系数的平方依次为 0.7740、0.0532、0.8907、0.7752、0.4645、0.8486、0.5770、0.5016、0.3306、0.1155，说明抗逆生理特性指标组第 1 典型变量 W_1 对 P_n、G_s、C_i、qN 有相当好的预测能力。抗逆生理特性指标组与光合生理特性指标组第 1 典型变量 V_1 之间多重相关系数的平方依次为 0.6100、0.4848、0.6544、0.0804、0.0399、0.0673、0.5830、0.7160、0.5857、0.2673，说明光合生理特性指标组第 1 典型变量 V_1 对 POD、CAT、Chl a、Chl b、Chl t 有相当好的预测能力。

表 4.37　不同黄土比例处理下原始变量与对方组的前 *m* 个典型变量多重回归分析

典型变量	1	2	3	4	5
P_n	0.7740	0.7754	0.7765	0.7844	0.8501
T_r	0.0532	0.4271	0.4715	0.5427	0.6222
G_s	0.8907	0.8980	0.9007	0.9069	0.9281
C_i	0.7752	0.8068	0.8135	0.8996	0.9114
WUE	0.4645	0.6655	0.6789	0.7533	0.7533
qN	0.8486	0.8674	0.9132	0.9169	0.9172
qP	0.5770	0.7202	0.7203	0.7405	0.7942
ETR	0.5016	0.6779	0.6790	0.7778	0.7785
ΦPS II	0.3306	0.5653	0.5657	0.6662	0.6831
F_v/F_m	0.1155	0.3163	0.4533	0.5097	0.5207
POD	0.6100	0.8176	0.8297	0.8385	0.8519
SOD	0.4848	0.7820	0.7823	0.8061	0.8326
CAT	0.6544	0.7750	0.8173	0.8389	0.8592
Pro	0.0804	0.2573	0.2862	0.6117	0.6152
MDA	0.0399	0.3533	0.4160	0.6269	0.6433
REC	0.0673	0.3505	0.3581	0.6253	0.7273
Chl a	0.5830	0.8403	0.8567	0.8630	0.8727
Chl b	0.7160	0.8505	0.8506	0.9147	0.9194
Chl t	0.5857	0.6864	0.7014	0.7503	0.7531
Chl a/Chl b	0.2673	0.3002	0.3864	0.3986	0.3986

综上所述，在光合生理特性指标中，P_n、G_s、C_i、qN 对于第 1 典型变量的作用较大，在抗逆生理特性指标中 POD、CAT、Chl a、Chl b、Chl t 对于第 1 典型变量的影响较大。

4.4.3.2 对植物光合及抗逆生理指标影响的 TOPSIS 法综合评价

由不同复配土配比处理对植物光合及抗逆生理特性影响的 TOPSIS 综合评价结果(表 4.38)可知：各指标值与最优值的相对接近程度顺序为 25%＞50%＞75%＞100%＞CK，25%处理最大(0.663)，CK 最小(0.337)，最大值较最小值增加了96.74%，即在配土比例为 25%处理时羊柴光合及抗逆生理特性综合评价指标最佳，所以最有利于植物生长发育的是黄土比例为 25%的处理。

表 4.38 不同黄土比例对羊柴光合及生理指标影响的 TOPSIS 法综合评价

评价对象	评价对象到最优点距离	评价对象到最差点距离	评价参考值 C_i	排序结果
CK	1.1962	0.6088	0.337	5
25%	0.6088	1.1962	0.663	1
50%	0.6758	0.9119	0.574	2
75%	0.6935	0.7154	0.508	3
100%	0.8918	0.6497	0.422	4

4.4.3.3 对植物光合及抗逆生理指标影响的主成分分析综合评价

表 4.39 分别列出了不同处理下羊柴光合生理特性指标及抗逆生理特性指标的特征值和贡献率。由表 4.39 可知，前两个主成分累积贡献率提供了 97.19%的相关信息，超过了 80%，其他 18 个主成分只提供了 2.81%的相关信息。因此，对前两个主成分进行下一步分析。

表 4.39 不同黄土比例处理下的特征值和贡献率

主成分	特征值(λ_i)	贡献率/%	累积贡献率/%
1	14.79	73.96	73.96
2	4.65	23.23	97.19
3	0.42	2.08	99.27
4	0.15	0.73	100.00
5	0.00	0.00	100.00
6	0.00	0.00	100.00
7	0.00	0.00	100.00
8	0.00	0.00	100.00
9	0.00	0.00	100.00
10	0.00	0.00	100.00
11	0.00	0.00	100.00
12	0.00	0.00	100.00
13	0.00	0.00	100.00

续表

主成分	特征值(λ_i)	贡献率/%	累积贡献率/%
14	0.00	0.00	100.00
15	0.00	0.00	100.00
16	0.00	0.00	100.00
17	0.00	0.00	100.00
18	0.00	0.00	100.00
19	0.00	0.00	100.00
20	0.00	0.00	100.00

由表 4.39 分别得出如下结论。

第一主成分：

$$\begin{aligned}F_1=&0.2373X_1-0.0541X_2+0.2310X_3+0.2159X_4+0.2473X_5-0.2483X_6+0.2537X_7\\&+0.2507X_8+0.2497X_9+0.2518X_{10}+0.2579X_{11}+0.2564X_{12}+0.2556X_{13}-0.0299X_{14}\\&-0.0636X_{15}-0.0490X_{16}+0.2594X_{17}+0.2575X_{18}+0.2587X_{19}-0.2441X_{20}\end{aligned}\tag{4.3}$$

第二主成分：

$$\begin{aligned}F_2=&0.1812X_1+0.4370X_2+0.1968X_3+0.2578X_4-0.0679X_5-0.1234X_6+0.0001X_7\\&-0.0540X_8-0.0828X_9-0.0989X_{10}-0.0400X_{11}-0.0390X_{12}-0.0411X_{13}+0.4609X_{14}\\&+0.4492X_{15}+0.4542X_{16}+0.0068X_{17}-0.0024X_{18}-0.0006X_{19}-0.0790X_{20}\end{aligned}\tag{4.4}$$

得到 F 的综合模型：

$$\begin{aligned}F=&0.2239X_1+0.0633X_2+0.2228X_3+0.2259X_4+0.1720X_5-0.2184X_6+0.1930X_7\\&+0.1779X_8+0.1702X_9+0.1680X_{10}+0.1867X_{11}+0.1858X_{12}+0.1847X_{13}+0.0874X_{14}\\&+0.0589X_{15}+0.0713X_{16}+0.1990X_{17}+0.1954X_{18}+0.1967X_{19}-0.2047X_{20}\end{aligned}\tag{4.5}$$

然后，根据建立的 F_1、F_2 和综合模型计算第一、第二主成分及综合主成分值(表 4.40)，而后进行排序。

表 4.40　不同黄土比例处理下的主成分载荷

指标	主成分 1	主成分 2
X_1	0.2373	0.1812
X_2	−0.0541	0.4370
X_3	0.2310	0.1968
X_4	0.2159	0.2578
X_5	0.2473	−0.0679
X_6	−0.2483	−0.1234

续表

指标	主成分 1	主成分 2
X_7	0.2537	0.0001
X_8	0.2507	−0.0540
X_9	0.2497	−0.0828
X_{10}	0.2518	−0.0989
X_{11}	0.2579	−0.0400
X_{12}	0.2564	−0.0390
X_{13}	0.2556	−0.0411
X_{14}	−0.0299	0.4609
X_{15}	−0.0636	0.4492
X_{16}	−0.0490	0.4542
X_{17}	0.2594	0.0068
X_{18}	0.2575	−0.0024
X_{19}	0.2587	−0.0006
X_{20}	−0.2441	−0.0790

注：X_1～X_{20}分别表示P_n、T_r、G_s、C_i、WUE、qN、qP、ETR、ΦPSⅡ、F_v/F_m、POD、SOD、CAT、Pro、MDA、REC、Chl a、Chl b、Chl t、Chl a/Chl b，后同

由不同处理对植物光合及抗逆生理特性影响的主成分综合评价结果(表 4.41)可知：各处理的综合主成分顺序为 25%＞50%＞75%＞100%＞CK，配土比例为25%处理时最大，CK 最小，25%、50%综合主成分值相差不大，即在配土比例 25%、50%时植物光合及抗逆生理特性综合评价指标最佳，所以最有利于植物生长发育的是配土比例为 25%～50%的处理。

表 4.41　不同黄土比例处理下的综合主成分值

处理	第一主成分	排序	第二主成分	排序	综合主成分	排序
CK	552.31	5	10.44	5	422.79	5
25%	1519.42	1	50.16	4	1168.23	1
50%	1439.30	2	68.40	3	1111.62	2
75%	1016.17	3	190.30	2	818.77	3
100%	637.89	4	318.72	1	561.60	4

综上所述，两种综合评价结果均显示，在黄土比例为 25%时综合评价结果最优，所以最有利于植物生长发育的是黄土比例为 25%处理。

4.4.4　对植物生长促进作用的田间验证

对大田栽植的羊柴、榆叶梅、欧李 3 种幼苗的株高、冠幅进行测量。如表 4.42 所示，经过一个生长季后，3 种植物的株高、冠幅均对不同配比复配土表现出响

应差异。

表 4.42　复配土对羊柴、榆叶梅、欧李生长的影响

处理	羊柴		榆叶梅		欧李	
	株高/cm	冠幅/cm	株高/cm	冠幅/cm	株高/cm	冠幅/cm
CK	27.00	22.25	17.80	17.25	16.70	15.65
25%	57.50	27.65	33.40	27.00	31.00	26.80
50%	38.30	23.90	39.80	30.80	20.50	21.55
75%	29.60	22.75	28.10	24.75	18.00	16.65
100%	20.50	20.15	18.60	16.25	17.20	14.10

不同配土比例处理下，羊柴平均株高与冠幅的大小次序为 25%处理＞50%处理＞75%处理＞CK＞100%处理。添加黄土比例 25%与 50%处理均能有效促进羊柴生长，与对照相比，株高分别增加了 113%和 42%，冠幅分别增加了 24%和 7%，尤以配土 25%处理促进效果最为显著。配土 75%处理的羊柴株高和冠幅与对照差异不显著，当基质为纯黄土时(100%处理)，株高和冠幅分别较对照降低了 24%和 9%，表现出生长受到抑制。

不同配土比例处理下，榆叶梅平均株高大小次序为 50%处理＞25%处理＞75%处理＞100%处理＞CK，平均冠幅大小次序为 50%处理＞25%处理＞75%处理＞CK＞100%处理。以配土 50%处理对榆叶梅生长的促进作用最佳，但以配土 25%处理对榆叶梅生长的促进幅度最大。当添加黄土比例超过 50%后，随配土比例增加，其对榆叶梅生长的促进作用逐渐减弱。

不同配土比例处理对欧李生长产生的影响趋势与对羊柴生长产生的影响趋势基本一致。不同配土比例处理欧李平均株高大小次序为 25%处理＞50%处理＞75%处理＞100%处理＞CK，平均冠幅大小次序为 25%处理＞50%处理＞75%处理＞CK＞100%处理。

综上所述，在风沙土中添加不同比例的黄土，能在不同程度上促进植物的生长，但促进作用的大小、适宜的黄土添加比例因植物种不同而存在差异。其主要原因可能是不同植物种的抗旱性存在较大差别，从本研究所栽植的 3 种植物来看，羊柴是最为典型的沙生植物，抗旱性也最强，适宜较低的配土比例；而榆叶梅抗旱性最差，生长发育需要消耗较多的水分，适宜较高的配土比例。但 3 种植物生长对复配土的响应均表现出共同特征：适宜的黄土添加比例均可以显著促进其生长，过高或过低的黄土添加比例会导致土壤性状不良，对植物生长的促进作用降低，甚至抑制植物生长。这一结果在一定程度上验证了上述复配土对植物光合和抗逆生理影响的综合评价结果，其中，最适宜羊柴生长的复配土配比与上述综合评价结果完全一致。

4.5　风沙土与砒砂岩复配对植物生长发育的影响

4.5.1　对植物光合生理的影响

4.5.1.1　对植物光合指标的影响

如图 4.19 和表 4.43 所示，不同风沙土与砒砂岩配比处理羊柴的净光合速率较 CK 分别增加了 165.86%、142.90%、131.61%、122.97%，表现为随砒砂岩添加比例提高对羊柴 P_n 的促进作用先逐渐提高，在配比为 25%时达到最大

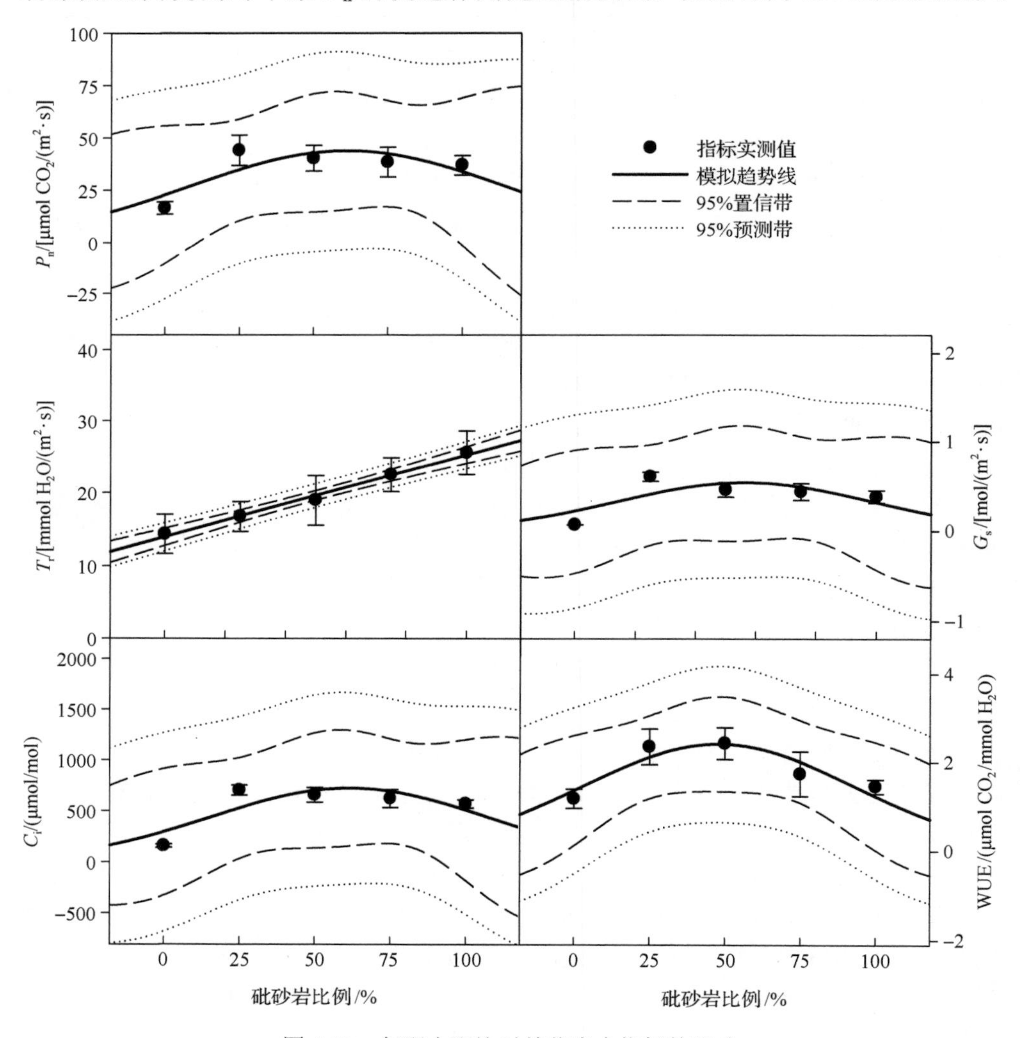

图 4.19　复配土配比对羊柴光合指标的影响

表 4.43　不同配比复配土下光合特性指标的趋势线模型

模拟趋势线		光合特性指标				
		P_n	T_r	G_s	C_i	WUE
形式		$y=a\cdot\exp\{-0.5\cdot[(x-x_0)/b]^2\}$	$y=ax+b$	$y=a\cdot\exp\{-0.5\cdot[(x-x_0)/b]^2\}$	$y=a\cdot\exp\{-0.5\cdot[(x-x_0)/b]^2\}$	$y=a\cdot\exp\{-0.5\cdot[(x-x_0)/b]^2\}$
系数	a	43.78	0.11	0.53	724.71	2.41
	P	0.0212	0.0003	0.0207	0.0316	0.0105
	b	53.71	13.96	42.08	45.93	44.86
	P	0.0990	<0.0001	0.1565	0.0970	0.0302
	x_0	61.79		56.47	61.53	47.99
	P	0.0352		0.0488	0.0321	0.0135
R^2		0.66	0.99	0.52	0.77	0.82
标准估计误差		8.84	0.47	0.19	148.59	0.33

[44.01μmol CO_2/(m^2·s)]，而后随配土比例继续增大对羊柴 P_n 的促进作用逐渐降低。P_n 模拟趋势线为 $y_{P_n}=43.78\exp\left\{-0.5\left[\left(x-61.79\right)/53.71\right]^2\right\}$，对其系数进行检验，$a$ 和 x_0 均达到显著水平(P<0.05)，b 未达到显著水平(P=0.0990)，R^2=0.66，标准估计误差为 8.84。不同复配土配比处理羊柴的 P_n 差异极显著(P<0.0001)，进一步进行多重比较(表 4.44)，25%、50%、75%、100%处理之间差异不显著(P>0.05)，但均与 CK 差异显著(P<0.05)。

表 4.44　不同配比间光合特性指标的多重比较

砒砂岩比例/%	P_n	T_r	G_s	C_i	WUE
0(CK)	b	d	c	d	c
25	a	cd	a	a	a
50	a	bc	b	ab	a
75	a	ab	b	bc	b
100	a	a	b	c	bc

注：同列不同小写字母表示在 0.05 显著性水平下差异显著

不同复配土配比处理羊柴的蒸腾速率分别较 CK[14.33mmol H_2O/(m^2·s)]增加了 16.68%、32.37%、57.14%、78.58%，说明不同配比对羊柴 T_r 的促进作用逐渐提高，在其配比为 100%时达到最大，为 25.59mmol H_2O/(m^2·s)。T_r 模拟趋势线为 $y_{T_r}=0.11x+13.96$，对其系数进行检验均达到极显著水平(P<0.01)，R^2=0.99，标准估计误差为 0.47。不同配比处理羊柴的 T_r 差异极显著(P<0.0001)，进一步进行

多重比较，50%、75%、100%处理与 CK 均达到了显著差异（$P<0.05$），25%处理与 CK、50%处理之间差异不显著（$P>0.05$），75%与 50%、100%处理之间差异也不显著（$P>0.05$）。

不同配土处理下羊柴的气孔导度分别较 CK[0.06mol/(m²·s)]增加了 827.99%、598.76%、565.59%、480.99%，说明不同配比对羊柴 G_s 的促进作用先迅速升高，再随着配比的增大而降低，配比 25%时达到最大[0.557mol/(m²·s)]，其模拟趋势线为 $y_{G_s}=0.53\exp\left\{-0.5\left[(x-56.47)/42.08\right]^2\right\}$，对其系数进行检验，$a$ 和 x_0 均达到显著水平（$P<0.05$），b 未达到显著水平（P=0.1565），R^2=0.52，标准估计误差为 0.19。不同配土处理羊柴的 G_s 差异极显著（$P<0.0001$），进一步进行多重比较，25%、75%、100%处理之间差异不显著（$P>0.05$），但均与 CK 差异显著（$P<0.05$）。

不同配土处理羊柴的胞间 CO_2 浓度分别较 CK 增加了 349.65%、320.20%、297.11%、264.42%，不同配比处理对 C_i 与 G_s 影响的变化趋势基本一致，其模拟趋势线为 $y_{C_i}=724.71\exp\left\{-0.5\left[(x-61.53)/45.93\right]^2\right\}$，对其系数进行检验，$a$ 和 x_0 均达到显著水平（$P<0.05$），b 未达到显著水平（P=0.0970），R^2=0.77，标准估计误差为 148.59。不同配比处理羊柴的 C_i 差异极显著（$P<0.0001$），进一步进行多重比较，其他配比处理均与 CK 差异显著（$P<0.05$），25%处理与 75%、100%处理之间达到显著差异（$P<0.05$），75%处理与 50%、100%处理之间差异不显著（$P>0.05$）。

不同配土处理羊柴的水分利用效率分别较 CK 增加了 100.28%、106.83%、48.14%、23.59%，说明不同配比对羊柴 WUE 的促进作用先迅速升高，在配比为 50%时达到最大（2.43μmol CO_2/mmol H_2O），再随着配比的增大逐渐降低，模拟趋势线为 $y_{\mathrm{WUE}}=2.41\exp\left\{-0.5\left[(x-47.99)/44.86\right]^2\right\}$，对其系数进行检验，均达到显著水平（$P<0.05$），$R^2$=0.82，标准估计误差为 0.33。不同配比处理羊柴的 WUE 差异极显著（$P<0.0001$），进一步进行多重比较，25%、50%处理之间差异不显著（$P>0.05$），但均与其他处理差异显著（$P<0.05$），100%处理与 CK、75%处理之间差异不显著（$P>0.05$）。

4.5.1.2 对植物叶绿素荧光参数的影响

如图 4.20 和表 4.45 所示，不同配比复配土处理羊柴的非光化学猝灭系数（qN）分别较 CK 降低了 64.98%、62.08%、45.81%、26.93%，羊柴的非光化学猝灭系数随着配土比例的增加呈现先降低后升高的趋势，在配土比例为 25%时达到最小（0.21），说明随着砒砂岩配比的增大，羊柴吸收的光能中以热能形式的耗散量先降低后增加，其模拟趋势线为 $y_{\mathrm{qN}}=0.0001x^2-0.01x+0.56$，对其系数进行检验，

x_0 达到显著水平(P=0.0225)，a 和 b 均未达到显著水平(P>0.05)，R^2=0.85，标准估计误差为 0.09。不同复配土配比处理羊柴的 qN 差异极显著(P<0.0001)，进一步进行多重比较(表 4.46)，配比 25%、50%处理之间差异不显著(P>0.05)，但与 CK、75%、100%处理间差异显著(P<0.05)，且 CK、75%、100%处理间差异显著(P<0.05)，说明在配土 25%时能显著降低植物热耗散，把植物吸收的光能更多地用于光合电子传递。

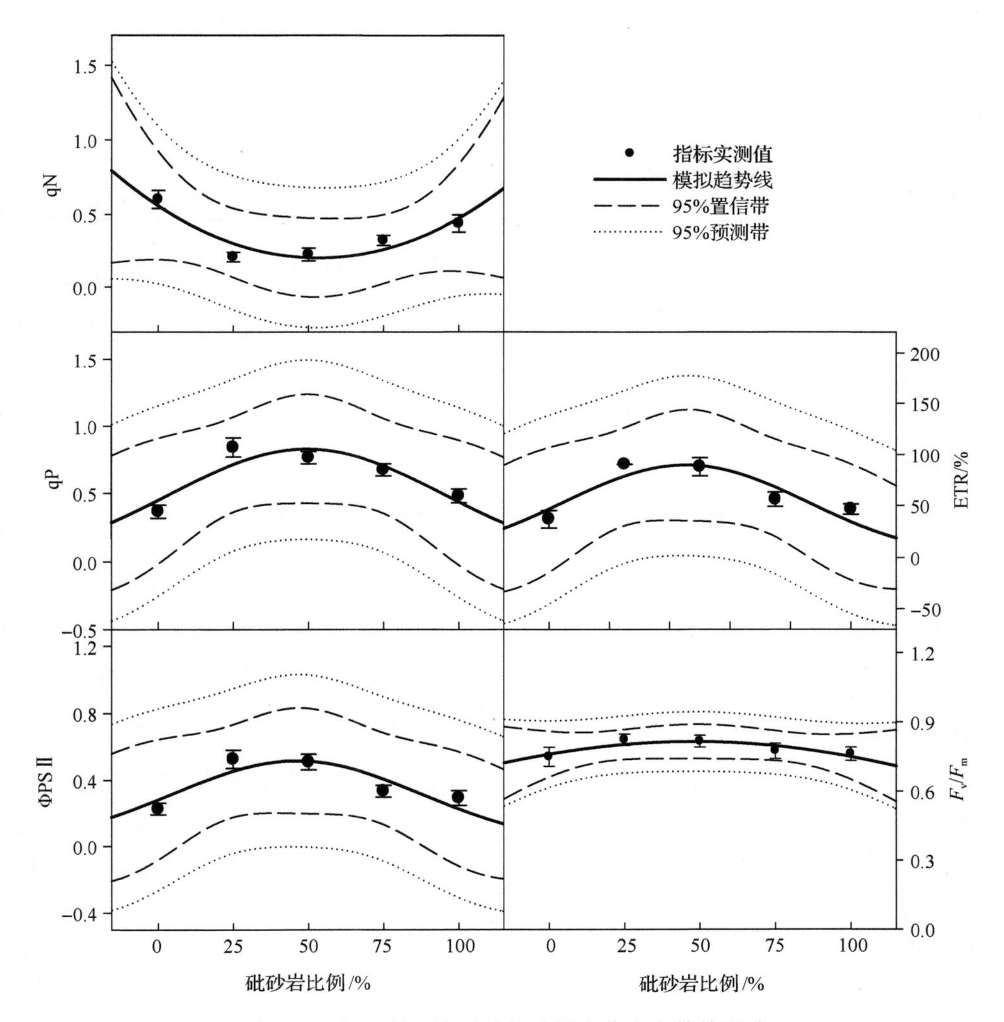

图 4.20　复配土配比对羊柴叶绿素荧光参数的影响

表 4.45 不同配比复配土下叶绿素荧光参数的趋势线模型

模拟趋势线		叶绿素荧光参数				
		qN	qP	ETR	ΦPSⅡ	F_v/F_m
形式		$y=ax^2+bx+x_0$	$y=a\cdot\exp\{-0.5\cdot[(x-x_0)/b]^2\}$	$y=a\cdot\exp\{-0.5\cdot[(x-x_0)/b]^2\}$	$y=a\cdot\exp\{-0.5\cdot[(x-x_0)/b]^2\}$	$y=a\cdot\exp\{-0.5\cdot[(x-x_0)/b]^2\}$
系数	a	0.0001	0.83	89.50	0.52	0.82
	P	0.0847	0.0126	0.0192	0.0198	0.0004
	b	−0.01	44.47	39.48	41.90	127.90
	P	0.0813	<0.0350	0.0414	0.0479	0.0452
	x_0	0.56	49.40	45.29	46.01	47.56
	P	0.0225	0.0147	0.0204	0.0235	0.0193
R^2		0.85	0.81	0.78	0.75	0.73
标准估计误差		0.09	0.12	16.04	0.10	0.02

表 4.46 不同配比间叶绿素荧光参数的多重比较

砒砂岩比例/%	qN	qP	ETR	ΦPSⅡ	F_v/F_m
0(CK)	a	e	d	c	b
25	d	a	a	a	a
50	d	b	a	a	a
75	b	c	b	b	b
100	c	d	c	b	b

注：同列不同小写字母表示在 0.05 显著性水平下差异显著

不同配比复配土处理羊柴的光化学猝灭系数(qP)分别较 CK(0.37)增加了 130.47%、109.74%、84.30%、31.07%，说明随配土比例的升高，对 qP 的促进作用先迅速升高，而后降低，配土比例 25%时达到最大值，为 0.85。模拟趋势线为 $y_{\mathrm{qP}}=0.83\exp\left\{-0.5\left[\left(x-49.40\right)/44.47\right]^2\right\}$，对其系数进行检验，均达到显著水平($P$<0.05)，$R^2$=0.81，标准估计误差为 0.12。不同配比处理羊柴的 qP 差异极显著(P<0.01)，进一步进行多重比较，不同处理之间差异显著(P<0.05)，说明在配比 25%时能显著增加光能的吸收以用于光化学电子传递，增加羊柴利用光能的有效性。

不同配土处理下羊柴的光合电子传递速率(ETR)分别较 CK(36.72%)增加了 145.70%、138.89%、51.74%、26.03%，说明随配土比例的升高，其对 ETR 的促进作用先迅速升高，而后降低，配比 25%时达到最大(90.22%)，模拟趋势线为 $y_{\mathrm{ETR}}=89.50\exp\left\{-0.5\left[\left(x-45.29\right)/39.48\right]^2\right\}$，对其系数进行检验，均达到显著水平($P$<0.05)，$R^2$=0.78，标准估计误差为 16.04。不同配土处理羊柴的 ETR 差异极显著(P<0.01)，进一步进行多重比较，配土 25%、50%、75%、100%处理均与 CK 差异显著(P<0.05)，25%、50%之间差异不显著(P>0.05)，但均与 75%、100%

处理差异显著（$P<0.05$），说明适宜的砒砂岩配比（25%～50%）能显著提高植物光合电子传递速率。

不同配土处理羊柴的实际光化学量子效率（ΦPSⅡ）分别较 CK 增加了 133.10%、125.38%、47.56%、29.37%，随配土比例升高，ΦPSⅡ先升高后降低，砒砂岩配比为 25%时达到最大（0.53）。模拟趋势线为 $y_{\Phi PS\,II}=0.52\exp\left\{-0.5\left[\left(x-46.01\right)/41.90\right]^2\right\}$，对其系数进行检验，均达到显著水平（$P<0.05$），$R^2$=0.75，标准估计误差为 0.10。不同配土处理羊柴的 ΦPSⅡ差异极显著（$P<0.01$），进一步进行多重比较，配土处理均与 CK 差异显著（$P<0.05$），配土 25%、50%处理之间及 75%、100%之间差异不显著（$P>0.05$），25%、50%处理与 75%、100%处理差异显著（$P<0.05$），说明适宜的配土比例（25%～50%）能显著提高实际原初光能的转化效率，增加羊柴的实际光合效率。

不同配土处理羊柴的 PSⅡ最大光化学效率（F_v/F_m）分别较 CK 增加了 9.84%、8.88%、3.28%、1.55%，说明随砒砂岩配比提高，其对 F_v/F_m 的促进作用先升高，在配比为 25%时达到最大（0.8236），而后逐渐降低。模拟趋势线为 $y_{F_v/F_m}=0.82\exp\left\{-0.5\left[\left(x-47.56\right)/127.90\right]^2\right\}$，对其系数进行检验，均达到显著水平（$P<0.05$），$R^2$=0.73，标准估计误差为 0.02。不同配土处理羊柴的 F_v/F_m 差异极显著（$P<0.01$），进一步进行多重比较，配土 25%、50%处理之间差异不显著，但均与其他处理差异显著（$P<0.05$），配土 75%处理、100%处理、CK 之间差异不显著（$P>0.05$），说明适宜的砒砂岩配比（25%～50%）能显著提高 PSⅡ的最大光能转换效率，在此配土条件下羊柴的潜在光化学能力较大。

4.5.2　对植物抗逆生理的影响

4.5.2.1　对植物抗氧化酶活性的影响

过氧化物酶（POD）、超氧化物歧化酶（SOD）、过氧化氢酶（CAT）被称为植物抗逆三大保护酶，在参与机体保护及活性氧清除中起着重要的作用。如图 4.21、表 4.47 所示，3 种抗氧化酶活性均随着砒砂岩配比升高先升高，在配比为 25%时达到最高，而后逐渐降低。POD 活性变化的趋势线为 $y_{POD}=2805.66\cdot\exp\left\{-0.5\left[\left(x-46.17\right)/34.75\right]^2\right\}$，SOD 活性变化的趋势线为 $y_{SOD}=1798.51\cdot\exp\left\{-0.5\left[\left(x-46.98\right)/41.05\right]^2\right\}$，CAT 活性变化的趋势线为 $y_{CAT}=1364.54\cdot\exp\left\{-0.5\left[\left(x-45.04\right)/32.64\right]^2\right\}$。对其系数进行检验，均达到显著（$P<0.05$）甚至极显著水平（$P<0.01$），$R^2$ 均大于 0.85。

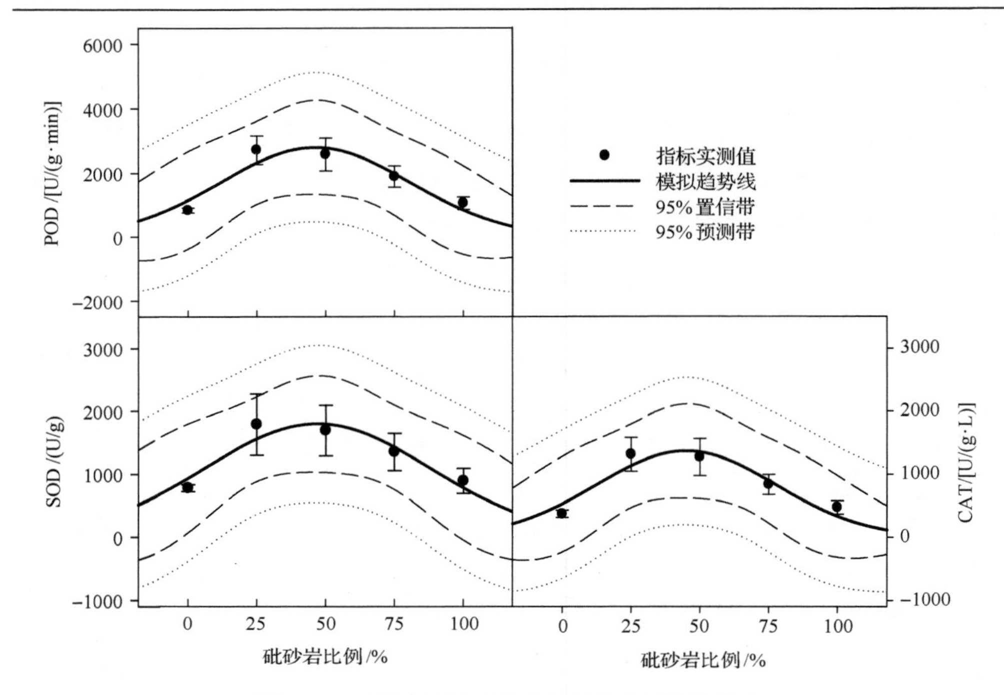

图 4.21　复配土配比对羊柴抗氧化酶活性的影响

表 4.47　不同配比复配土下羊柴抗氧化酶活性的趋势线模型

模拟趋势线		抗氧化酶活性		
		POD	SOD	CAT
形式		$y=a\cdot\exp\{-0.5[(x-x_0)/b]^2\}$	$y=a\cdot\exp\{-0.5[(x-x_0)/b]^2\}$	$y=a\cdot\exp\{-0.5[(x-x_0)/b]^2\}$
系数	a	2805.66	1798.51	1364.54
	P	0.0144	0.0097	0.0158
	b	34.75	41.05	32.64
	P	0.0250	0.0228	0.0254
	x_0	46.17	46.98	45.04
	P	0.0110	0.0104	0.0112
R^2		0.88	0.87	0.89
标准估计误差		419.22	229.56	209.46

不同配比复配土处理下，羊柴的抗氧化酶活性指标差异极显著(P<0.01)，进一步进行多重比较(表 4.48)，配比处理为 25%～100%时，3 种抗氧化酶活性均大于 CK，25%、50%、75%处理与 CK 差异显著(P<0.05)，100%处理与 CK 差异不显著(P>0.05)；25%、50%处理之间差异不显著(P>0.05)，但与其他处理(除 75%处理的 SOD 活性)差异显著(P<0.05)。说明在砒砂岩配比为 25%～50%时能

显著提高羊柴抗氧化酶活性，促进羊柴的机体保护及活性氧清除能力，从而有助于其抵御外界不利环境条件。

表 4.48　不同配比间抗氧化酶活性指标的多重比较

础砂岩比例/%	POD	SOD	CAT
0(CK)	c	b	c
25	a	a	a
50	a	a	a
75	b	a	b
100	c	b	c

注：同列不同小写字母表示在 0.05 显著性水平下差异显著

4.5.2.2　对植物应激性生理指标的影响

游离脯氨酸(Pro)、丙二醛(MDA)和相对电导率(REC)是反映植物适应逆境能力的重要应激性指标。如图 4.22、表 4.49 所示，随础砂岩配比逐渐升高，羊柴 3 项应激性生理指标均有不同程度的升高。模拟趋势线分别为 $y_{\text{Pro}}=1.23x+38.80$、$y_{\text{MDA}}=2.52x+26.17$、$y_{\text{REC}}=0.31x+14.90$，对其系数进行检验，除了 MDA 的系数 b，其他均达到显著($P<0.05$)甚至极显著水平($P<0.01$)，R^2 均大于 0.90。

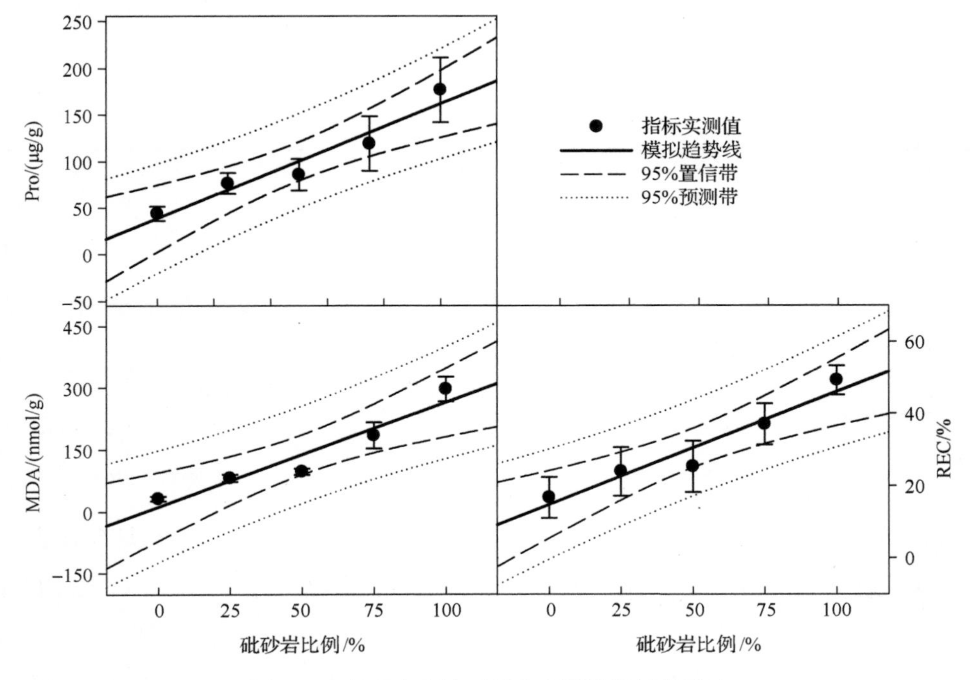

图 4.22　复配土配比对羊柴应激性指标的影响

表 4.49　不同配比复配土下羊柴应激性指标的趋势线模型

模拟趋势线		应激性指标		
		Pro	MDA	REC
形式		$y=ax+b$	$y=ax+b$	$y=ax+b$
系数	a	1.23	2.52	0.31
	P	0.0069	0.0097	0.0075
	b	38.80	26.17	14.90
	P	0.0419	0.0687	0.0149
R^2		0.94	0.92	0.93
标准估计误差		14.66	33.79	3.80

不同配比复配土处理羊柴的应激性生理指标差异极显著($P<0.0001$)，进一步进行多重比较(表 4.50)，处理配比为 25%、50%之间差异不显著($P>0.05$)，CK、75%处理之间差异显著($P<0.05$)，且均与 100%处理差异显著($P<0.05$)，25%、50%处理与 CK、75%处理(除 CK 和 25%处理的 REC 外)差异显著($P<0.05$)。

表 4.50　不同配比间应激性指标的多重比较

砒砂岩配比/%	Pro	MDA	REC
0(CK)	d	d	d
25	c	c	cd
50	c	c	c
75	b	b	b
100	a	a	a

注：同列不同小写字母表示在 0.05 显著性水平下差异显著

4.5.2.3　对植物叶绿素含量的影响

光合作用是植物生长发育的生理基础，叶绿素含量是反映植物光合作用强度的生理指标，同时可以反映植物的抗逆性。如图 4.23、表 4.51 所示，随着砒砂岩配比的升高，羊柴 Chl a、Chl b 及 Chl t 的含量均呈先升高后降低的趋势，其最大值均出现在砒砂岩配比 25%处理中。模拟趋势线分别为 $y_{\text{Chl a}}=2.43\cdot\exp\left\{-0.5[(x-46.44)/39.14]^2\right\}$、$y_{\text{Chl b}}=1.27\exp\left\{-0.5[(x-43.28)/34.68]^2\right\}$、$y_{\text{Chl t}}=3.69\exp\left\{-0.5[(x-45.40)/37.70]^2\right\}$，对其系数进行检验，$a$、$x_0$ 达到显著水平($P<0.05$)，系数 b 未达到显著水平($P>0.05$)，R^2 均大于等于 0.64。Chl a/Chl b 表现为先降低后升高的总体趋势，模拟趋势线为 $y_{\text{Chl a/Chl b}}=1.70\times10^{-4}x^2-0.02x+2.49$，系数 x_0 达到显著水平(P=0.0119)，系数 a、b 未达到显著水平($P>$

0.05)；在配土 25%处理时最小，这说明砒砂岩配比在 25%时，叶绿素 a 的分解速率最接近叶绿素 b 的分解速率。

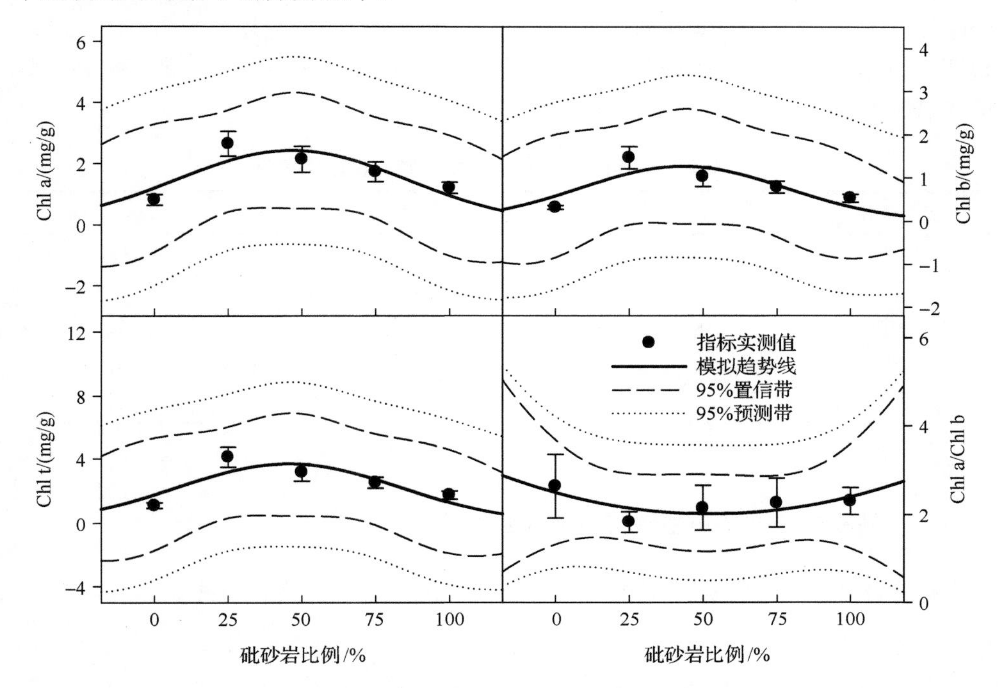

图 4.23　复配土配比对羊柴叶绿素含量的影响

表 4.51　不同配比复配土下羊柴叶绿素含量的趋势线模型

模拟趋势线		叶绿素含量			
		Chl a	Chl b	Chl t	Chl a/Chl b
形式		$y=a\cdot\exp\{-0.5[(x-x_0)/b]^2\}$	$y=a\cdot\exp\{-0.5[(x-x_0)/b]^2\}$	$y=a\cdot\exp\{-0.5[(x-x_0)/b]^2\}$	$y=ax^2+bx+x_0$
系数	a	2.43	1.27	3.69	1.70×10^{-4}
	P	0.0313	0.0448	0.0389	0.3064
	b	39.14	34.68	37.70	−0.02
	P	0.0646	0.0925	0.0746	0.3015
	x_0	46.44	43.28	45.40	2.49
	P	0.0309	0.0484	0.0370	0.0119
R^2		0.71	0.64	0.68	0.49
标准估计误差		0.56	0.38	0.94	0.29

不同配比处理羊柴的 Chl a、Chl b、Chl t 差异极显著(P＜0.0001)，进一步进行多重比较(表 4.52)，配比为 25%～100%时，Chl a、Chl b、Chl t 指标值均大于 CK，25%、50%、75%处理之间(除 50%与 75%处理的 Chl a 外)差异显著(P＜0.05)，

并且与CK、100%处理差异显著($P<0.05$)，100%处理与CK差异不显著($P>0.05$)。不同配比处理的 Chl a/Chl b 差异不显著($P=0.1852$)，进一步进行多重比较，CK与25%处理差异显著($P<0.05$)，其他两两配土处理之间差异均不显著($P>0.05$)。说明在砒砂岩配比为25%时能显著提高羊柴 Chl a、Chl b、Chl t 含量，提高羊柴的光合作用强度。

表 4.52　不同配比间叶绿素含量的多重比较

砒砂岩配比/%	Chl a	Chl b	Chl t	Chl a/Chl b
0(CK)	c	d	d	a
25	a	a	a	b
50	b	b	b	ab
75	b	c	c	ab
100	c	d	d	ab

注：同列不同小写字母表示在 0.05 显著性水平下差异显著

4.5.3　对植物光合及抗逆生理影响的综合评价

4.5.3.1　不同配土比例下植物光合及抗逆生理指标的典型相关分析

表4.53和表4.54分别列出了不同处理下羊柴光合与抗逆生理特性指标的典型相关变量特征值及其典型相关系数假设检验特征值。由表4.53、表4.54可知，第1对典型相关变量累积贡献率提供了60.44%的相关信息，其他9对典型相关变量只提供了39.56%的相关信息。前两个典型相关系数 P 值分别为0.0003、0.0157，说明典型相关系数在 $\alpha=0.05$、$\alpha=0.01$ 水平下均具有统计学意义，而其余8个典型相关系数没有统计学意义。因此，本研究选取第1对典型相关变量进行下一步分析。

表 4.53　复配土条件下典型相关变量特征值

典型相关变量对	特征值	特征值差值	贡献率/%	累积贡献率/%
1	65.6407	35.7650	60.44	60.44
2	29.8757	22.5984	27.51	87.95
3	7.2772	4.6587	6.70	94.65
4	2.6186	1.0241	2.41	97.06
5	1.5944	0.7784	1.47	98.53
6	0.8161	0.1840	0.75	99.28
7	0.6320	0.5308	0.58	99.86
8	0.1012	0.0580	0.10	99.96
9	0.0432	0.0389	0.04	100.00
10	0.0043	0.0000	0.00	100.00

表 4.54　复配土条件下典型相关系数假设检验

典型相关变量对	似然比统计量	渐进 F 统计量	Num DF	Den DF	P 值
1	0.0000	2.5400	100	47.6560	0.0003
2	0.0001	1.7900	81	47.7440	0.0157
3	0.0038	1.2000	64	46.8660	0.2625
4	0.0312	0.9000	49	45.0370	0.6403
5	0.1127	0.7600	36	42.2830	0.8030
6	0.2924	0.6100	25	38.6500	0.9050
7	0.5311	0.4900	16	34.2430	0.9338
8	0.8668	0.2000	9	29.3550	0.9926
9	0.9545	0.1500	4	26.0000	0.9599
10	0.9958	0.0600	1	14.0000	0.8106

由羊柴光合及抗逆生理特性指标组典型变量多重回归分析结果(表 4.55)可知:光合生理指标组与抗逆生理指标组第 1 典型变量 W_1 之间多重相关系数的平方依次为 0.7272、0.0557、0.7621、0.7680、0.4831、0.7579、0.7104、0.7329、0.7215、0.3232，说明抗逆生理指标组第 1 典型变量 W_1 对 P_n、G_s、C_i、qN、qP、ETR、ΦPS II 有相当好的预测能力。抗逆生理指标组与光合生理指标组第 1 典型变量 V_1 之间多重相关系数的平方依次为 0.5067、0.4330、0.5613、0.0435、0.0228、0.0144、0.6219、0.7021、0.6794、0.3676，说明光合生理指标组第 1 典型变量 V_1 对 POD、CAT、Chl a、Chl b、Chl t 有相当好的预测能力。

表 4.55　复配土条件下原始变量与对方组的前 *m* 个典型变量多重回归分析

典型变量	1	2	3	4	5
P_n	0.7272	0.7447	0.8111	0.8185	0.8451
T_r	0.0557	0.4411	0.5584	0.5600	0.7067
G_s	0.7621	0.7652	0.8168	0.8483	0.8500
C_i	0.7680	0.7732	0.9053	0.9179	0.9179
WUE	0.4831	0.6290	0.6989	0.7022	0.8454
qN	0.7579	0.8406	0.8805	0.8807	0.8811
qP	0.7104	0.8924	0.9169	0.9172	0.9172
ETR	0.7329	0.9245	0.9286	0.9302	0.9305
ΦPS II	0.7215	0.8583	0.8649	0.8650	0.8809
F_v/F_m	0.3232	0.4494	0.4501	0.6459	0.6598
POD	0.5067	0.7611	0.8240	0.8461	0.8528
SOD	0.4330	0.7681	0.8028	0.8230	0.8520
CAT	0.5613	0.8150	0.8500	0.8698	0.9116
Pro	0.0435	0.3921	0.4887	0.4888	0.5906
MDA	0.0228	0.5936	0.7406	0.7406	0.8053
REC	0.0144	0.3676	0.7229	0.7239	0.7967
Chl a	0.6219	0.7538	0.7589	0.8946	0.8949
Chl b	0.7021	0.7880	0.7915	0.8038	0.8058
Chl t	0.6794	0.7983	0.8029	0.8804	0.8804
Chl a/Chl b	0.3676	0.3785	0.3786	0.5745	0.5770

综上所述，在光合生理指标中，P_n、G_s、C_i、qN、qP、ETR、ΦPSⅡ对于第1典型变量的作用大，说明光合生理指标中这7个指标对羊柴的影响所占权重较大；在抗逆生理指标中，POD、CAT、Chl a、Chl b、Chl t对第1典型变量的影响较大，说明抗逆生理指标中这5个指标对羊柴的影响所占权重较大。所以，从20个光合及抗逆生理指标中选出对羊柴的影响所占权重较大的指标进行下一步分析。

4.5.3.2　对植物光合及抗逆生理影响的隶属函数法综合评价

对上述典型相关分析筛选出对羊柴的影响所占权重较大的指标进行隶属函数法综合评价。由隶属函数法综合评价结果(表4.56)可知：各指标隶属函数平均值顺序为25%处理＞50%处理＞75%处理＞CK＞100%处理，配土25%处理最大(0.524)，100%处理最小(0.473)，最大值较最小值增加了10.78%，砒砂岩配比为25%与50%处理综合评价结果相差不大，即在25%、50%处理时羊柴光合及抗逆生理综合评价结果最佳，所以根据隶属函数法筛选的最有利于羊柴生长发育的砒砂岩配比为25%、50%。

表4.56　复配土条件下羊柴光合生理特性的隶属函数法综合评价

处理	P_n	G_s	C_i	qP	qN	ETR	ΦPSⅡ	POD	CAT	Chl a	Chl b	Chl t	均值	排序
CK	0.38	0.49	0.53	0.44	0.48	0.57	0.49	0.58	0.47	0.44	0.44	0.38	0.474	4
25%	0.53	0.60	0.42	0.53	0.44	0.55	0.44	0.50	0.49	0.71	0.48	0.60	0.524	1
50%	0.51	0.40	0.63	0.47	0.45	0.64	0.56	0.48	0.44	0.60	0.43	0.54	0.513	2
75%	0.33	0.46	0.56	0.61	0.48	0.33	0.60	0.55	0.36	0.50	0.50	0.47	0.479	3
100%	0.43	0.43	0.51	0.53	0.47	0.47	0.52	0.45	0.43	0.45	0.44	0.54	0.473	5

4.5.3.3　对植物光合及抗逆生理影响的TOPSIS法综合评价

将典型相关分析筛选出的对羊柴影响所占权重较大的指标进行TOPSIS法综合评价。由TOPSIS法综合评价结果(表4.57)可知：各指标值与最优值的相对接近程度顺序为25%处理＞50%处理＞75%处理＞100%处理＞CK，25%处理最大(0.704)，CK最小(0.296)，最大值较最小值增加了137.84%。25%处理、50%处理综合评价结果相差不大，即在砒砂岩配比为25%、50%处理时羊柴光合及抗逆生理综合评价结果最佳，所以最有利于羊柴生长发育的砒砂岩配比为25%、50%。

表4.57　复配土条件下羊柴光合生理特性的TOPSIS法综合评价

评价对象	评价对象到最优点距离	评价对象到最差点距离	评价参考值 C_i	排序结果
CK	1.4056	0.5898	0.296	5
25%	0.5898	1.4056	0.704	1
50%	0.6708	1.1138	0.624	2
75%	0.7486	0.8557	0.533	3
100%	1.0230	0.6717	0.396	4

4.5.3.4　对植物光合及抗逆生理影响的主成分分析综合评价

表 4.58 列出了不同处理下羊柴光合及抗逆生理指标的特征值和贡献率。由表 4.58 可知，前两个主成分累积贡献率提供了 97.65%的相关信息，超过了 80%，其他 18 个主成分只提供了 2.35%的相关信息。因此，选取前两个主成分进行下一步分析。

表 4.58　复配土条件下羊柴光合生理特性的特征值和贡献率

主成分	特征值(λ_i)	贡献率/%	累积贡献率/%
1	14.73	73.65	73.65
2	4.80	24.00	97.65
3	0.31	1.54	99.19
4	0.16	0.81	100.00
5	0.00	0.00	100.00
6	0.00	0.00	100.00
7	0.00	0.00	100.00
8	0.00	0.00	100.00
9	0.00	0.00	100.00
10	0.00	0.00	100.00
11	0.00	0.00	100.00
12	0.00	0.00	100.00
13	0.00	0.00	100.00
14	0.00	0.00	100.00
15	0.00	0.00	100.00
16	0.00	0.00	100.00
17	0.00	0.00	100.00
18	0.00	0.00	100.00
19	0.00	0.00	100.00
20	0.00	0.00	100.00

由表 4.59 分别得出如下结论。

第一主成分

$$\begin{aligned}F_1=&0.2261X_1-0.0083X_2+0.2329X_3+0.2246X_4+0.2542X_5-0.2562X_6+0.2580X_7\\&+0.2538X_8+0.2535X_9+0.2485X_{10}+0.2559X_{11}+0.2560X_{12}+0.2554X_{13}-0.0146X_{14}\\&-0.0338X_{15}-0.0258X_{16}+0.2586X_{17}+0.2538X_{18}+0.2571X_{19}-0.2474X_{20}\end{aligned}\quad(4.6)$$

第二主成分

$$F_2=0.2267X_1+0.4504X_2+0.1825X_3+0.2295X_4-0.0404X_5-0.0634X_6-0.0039X_7-0.0701X_8-0.0648X_9-0.0910X_{10}-0.0620X_{11}-0.0612X_{12}-0.0747X_{13}+0.4533X_{14}+0.4519X_{15}+0.4542X_{16}-0.0204X_{17}-0.0401X_{18}-0.0276X_{19}-0.0692X_{20} \quad (4.7)$$

得到 F 的综合模型：

$$F=0.2262X_1+0.1044X_2+0.2205X_3+0.2258X_4+0.1818X_5-0.2088X_6+0.1937X_7+0.1742X_8+0.1753X_9+0.1651X_{10}+0.1778X_{11}+0.1780X_{12}+0.1743X_{13}+0.1004X_{14}+0.0855X_{15}+0.0922X_{16}+0.1900X_{17}+0.1816X_{18}+0.1872X_{19}-0.2036X_{20} \quad (4.8)$$

表 4.59　复配土条件下羊柴光合生理特性的主成分载荷

指标	主成分 1	主成分 2
X_1	0.2261	0.2267
X_2	−0.0083	0.4504
X_3	0.2329	0.1825
X_4	0.2246	0.2295
X_5	0.2542	−0.0404
X_6	−0.2562	−0.0634
X_7	0.2580	−0.0039
X_8	0.2538	−0.0701
X_9	0.2535	−0.0648
X_{10}	0.2485	−0.0910
X_{11}	0.2559	−0.0620
X_{12}	0.2560	−0.0612
X_{13}	0.2554	−0.0747
X_{14}	−0.0146	0.4533
X_{15}	−0.0338	0.4519
X_{16}	−0.0258	0.4542
X_{17}	0.2586	−0.0204
X_{18}	0.2538	−0.0401
X_{19}	0.2571	−0.0276
X_{20}	−0.2474	−0.0692

然后，根据建立的 F_1、F_2 与综合模型计算第一、第二主成分及综合主成分值(表 4.60)，而后进行排序。

表 4.60　复配土条件下羊柴光合生理特性的综合主成分值

处理	第一主成分	排序	第二主成分	排序	综合主成分	排序
CK	−5.04	5	−2.64	5	−4.45	5
25%	4.46	1	−0.91	4	3.14	1
50%	2.89	2	−0.71	3	2.01	2
75%	0.02	3	1.18	2	0.31	3
100%	−2.33	4	3.07	1	−1.00	4

由不同处理对羊柴光合生理特性影响的主成分综合评价结果(表 4.60)可知：各处理的综合主成分顺序为 25%处理＞50%处理＞75%处理＞100%处理＞CK，砒砂岩配比为 25%时最大，CK 最小，25%处理、50%处理综合主成分值相差不大，即在砒砂岩配比为 25%、50%时羊柴光合及抗逆生理综合评价结果最佳，所以最有利于羊柴生长发育的砒砂岩配比为 25%、50%。

综上所述，3 种综合评价结果均表明，风沙土与砒砂岩复配，砒砂岩占复配土体积百分比为 25%～50%时是最有利于羊柴生长发育的复配土条件。

4.5.4　对植物生长影响的田间验证

表4.61为3种植物在第一年秋季平茬,第二年经过一个生长季后测得的新枝长。

表 4.61　风沙土与砒砂岩复配对羊柴、榆叶梅、欧李生长的影响

处理	羊柴		榆叶梅		欧李	
	株高/cm	冠幅/cm	株高/cm	冠幅/cm	株高/cm	冠幅/cm
CK	26.98	19.75	16.80	17.40	16.25	14.40
25%	49.60	25.15	27.20	21.00	21.10	24.50
50%	36.80	21.90	26.90	20.65	19.20	20.10
75%	24.80	20.75	20.60	16.75	18.80	18.85
100%	17.60	17.75	16.90	16.00	17.80	16.50

砒砂岩与风沙土以不同体积比复配后，可不同程度促进 3 种植物生长，但促进作用的大小因植物种不同而存在差异。总体来看，以砒砂岩占复配土体积比为 25%的复配土对 3 种植物生长的促进作用最佳，50%处理次之。这与上述对羊柴光合和抗逆生理的综合评价结果基本一致。当砒砂岩配比超过 25%后，随配比逐渐增大，其对 3 种植物生长的促进作用逐渐减弱，甚至当栽植基质全部为砒砂岩时，其对羊柴和榆叶梅的冠幅生长产生抑制作用。3 种植物的这种外在生长表现说明：较低的砒砂岩添加比例对风沙土松散、漏水的结构性状改良作用较弱，随着砒砂岩添加比例的逐渐提高，复配土性状趋于良性化，良好的土体结构起到了持水保水作用，并且使复配土具有良好的通透性，从而促进植物的生长发育；当

复配土中砒砂岩比例过高时，致密的土壤结构虽然具有较强的持水保水性能，但通透性明显下降，使植物根系呼吸受到抑制，因此对植物生长的促进作用也相应减弱。另外，因具有“胶泥”性质的砒砂岩比例过高，复配土胶结能力增大，对土壤水分的束缚能力增强，导致植物根系吸水困难，引起植物生理干旱，从而抑制植物生长。所以，只有适宜的复配土配比才能对植物生长发育起到最佳的促进作用。

参考文献

陈伏生, 曾德慧, 陈广生, 王桂荣, 张春兴. 2003. 风沙土改良剂对白菜生理特性和生长状况的影响. 水土保持学报, 17(2): 152-155.

陈义群, 董元华. 2008. 土壤改良剂的研究与应用进展. 生态环境, 17(3): 1282-1289.

冯起. 1998. 半湿润地区改良风沙土土壤性质研究. 水土保持通报, 18(4): 1-6.

缑倩倩, 韩致文, 王国华. 2011. 中国西北干旱区灌区土壤盐渍化问题研究进展. 中国农学通报, 27(29): 246-250.

韩霁昌, 李娟, 李晓明. 2013. 砒砂岩与沙复配成土的物理性状及其对冬小麦产量的影响. 西北农业学报, 22(11): 15-19.

韩霁昌, 刘彦随, 罗林涛. 2012. 毛乌素沙地砒砂岩与沙快速复配成土核心技术研究. 中国土地科学, 26(8): 87-94.

华正伟. 2012. 城市污泥对风沙土改良及杨树生长的影响. 沈阳: 辽宁大学硕士学位论文.

李茜, 孙兆军, 秦萍. 2007. 宁夏盐碱地现状及改良措施综述. 安徽农业科学, 35(33): 10808-10810.

李占宏, 白守德, 崔志永, 高将. 2011. 利用粉煤灰改良风沙土物理性质的研究. 安徽农业科学, 39(36): 22399-22400, 22548.

吕军. 2011. 土壤改良学. 杭州: 浙江大学出版社.

罗林涛, 程杰, 王欢元, 韩霁昌, 胡延涛, 马增辉. 2013. 玉米种植模式下砒砂岩与沙复配土氮素淋失特征. 水土保持学报, 27(4): 58-61, 66.

马晨, 马履一, 刘太祥, 左海军, 张博, 刘寅. 2010. 盐碱地改良利用技术研究进展. 世界林业研究, 23(2): 28-32.

马成仓, 李清芳, 高玉葆. 2004. 煤矿塌陷区造田复土中粉煤灰含量对高羊茅生理功能的影响. 应用与环境生物学报, 10(3): 295-298.

马利静. 2012. 基于盐碱土改良的土壤和植物效应研究. 北京: 北京林业大学硕士学位论文.

马云艳, 赵红艳, 严啸, 谢绿武, 王开莉, 李鸿凯. 2009. 泥炭和腐泥改良风沙土前后土壤理化性质比较. 吉林农业科学, 34(6): 40-44.

平淑珍, 林敏, 安道昌. 1999. 耐盐联合固氮菌在盐渍化土壤改良中的应用. 高技术通讯, (9): 60-62.

翟春燕. 2008. 海州露天煤矿排土场土壤改良对策研究. 阜新: 辽宁工程技术大学硕士学位论文.
摄晓燕, 张兴昌, 魏孝荣. 2014. 适量砒砂岩改良风沙土的吸水和保水特性. 农业工程学报, 30(14): 115-123.
苏利荣. 2005. 酸性土壤铅污染的改良研究. 南宁: 广西大学硕士学位论文.
孙蓟锋, 王旭. 2013. 土壤调理剂的研究和应用进展. 中国土壤与肥料, (1): 1-7.
王善仙, 刘宛, 李培军, 吴海燕. 2011. 盐碱土植物改良研究进展. 中国农学通报, 27(24): 1-7.
王志, 彭茹燕, 王蕾, 刘连友. 2006. 毛乌素沙地南缘改良与利用风沙土性质研究. 水土保持学报, 20(2): 14-16, 21.
文璐, 刘晶岚, 习妍, 张振明, 王小平, 陈俊崎, 王春能. 2011. 北京地区重要古树土壤物理性状分析. 水土保持研究, 18(5): 175-178.
徐璐, 王志春, 赵长巍, 王明明, 马红媛. 2011. 东北地区盐碱土及耕作改良研究进展. 中国农学通报, 27(27): 23-31.
许晓平, 汪有科, 冯浩, 赵西宁. 2007. 土壤改良剂改土培肥增产效应研究综述. 中国农学通报, 23(9): 331-334.
杨小康, 王雪. 2012. 盐碱地改良技术研究综述. 江西农业学报, 24(3): 114-116.
易杰祥, 吕亮雪, 刘国道. 2006. 土壤酸化和酸性土壤改良研究. 华南热带农业大学学报, 12(1): 23-28.
张黎明, 邓万刚. 2005. 土壤改良剂的研究与应用现状. 华南热带农业大学学报, 11(2): 32-34.
张良英, 王永熙, 王小伟, 魏钦平, 张强, 刘军. 2007. 桃树施用草炭和鸡粪对土壤理化性状和果实品质的影响. 西北农业学报, 16(5): 159-162.
张微, 孙海明, 王晓江, 田桂泉, 海龙, 李爱平, 王建国, 车明中. 2013. 生物质土壤改良剂对风沙土改良效果研究. 内蒙古林业科技, 39(2): 1-6.
张祥, 王典, 姜存仓, 彭抒昂. 2013. 生物炭及其对酸性土壤改良的研究进展. 湖北农业科学, 52(5): 997-1000.
赵瑞. 2006. 煤烟脱硫副产物改良碱化土壤研究. 北京: 北京林业大学博士学位论文.
Al-Karaki G, Al-Omoush M. 2002. Wheat response to phosphogypsum and mycorrhizal fungi in alkaline soil. Journal of Plant Nutrition, 25(4): 873-883.
Bicerano J. 1994. Predicting key polymer properties to reduce erosion in irrigated soil. Soil Science, 158(4): 255-266.
Bouranis D L, Theodoropoulos A G, Drossopoulos J B. 1995. Designing synthetic polymers as soil conditioners. Communications in Soil Science and Plant Analysis, 26(9-10): 1455-1480.
Cregan P D, Scott B J. 1998. Soil acidification—an agricultural and environmental problem. *In*: Partley J E, Robertsom S. Agriculture and the Environmental Imperative. Melborne: CSIRO Pubishing: 75-77.

Doran J C, Turnbull J W. 1997. Australian trees and shrubs: species for land rehabilitation and farm planting in the tropics. Canberra: Australian Centre for International Agricultural Research.

Fai J L. 1987. Growth response of two grasses and a legume on coal fly ash amended strip mine spoils. Plant and Soil, 101(1): 149-150.

Ghodrati M, Sims J T, Vasilas B L. 1995a. Evaluation of fly ash as a soil amendment for the atlantic coastal plain: Ⅰ. Soil hydraulic properties and elemental leaching. Water, Air, & Soil Pollution, 81(3): 349-361.

Ghodrati M, Sims J T, Vasilas B L, Hendricks S E. 1995b. Enhancing the benefits of fly ash as a soil amendment by pre-leaching. Soil Science, 159: 244-252.

Sembiring H, Raun W R, Johnson G V, Boman R K. 1995. Effect of wheat straw inversion on soil water conservation. Soil Science, 159(2): 81-89.

Stanley D. 1992. What a waste. ProQuest Biology Journals, 40(10): 12-13.

You C B, Lin M, Song W. 1992. Agricultural Biotechnology. Beijing: China Science and Technology Press: 733.

第5章　采沙迹地植被营建水分调控技术

5.1　降水量对采沙迹地植物生长发育的影响

5.1.1　对植物光合生理的影响

5.1.1.1　对植物光合指标的影响

图5.1与表5.1分别为羊柴5项光合生理指标随模拟降水量变化的趋势线和模型。

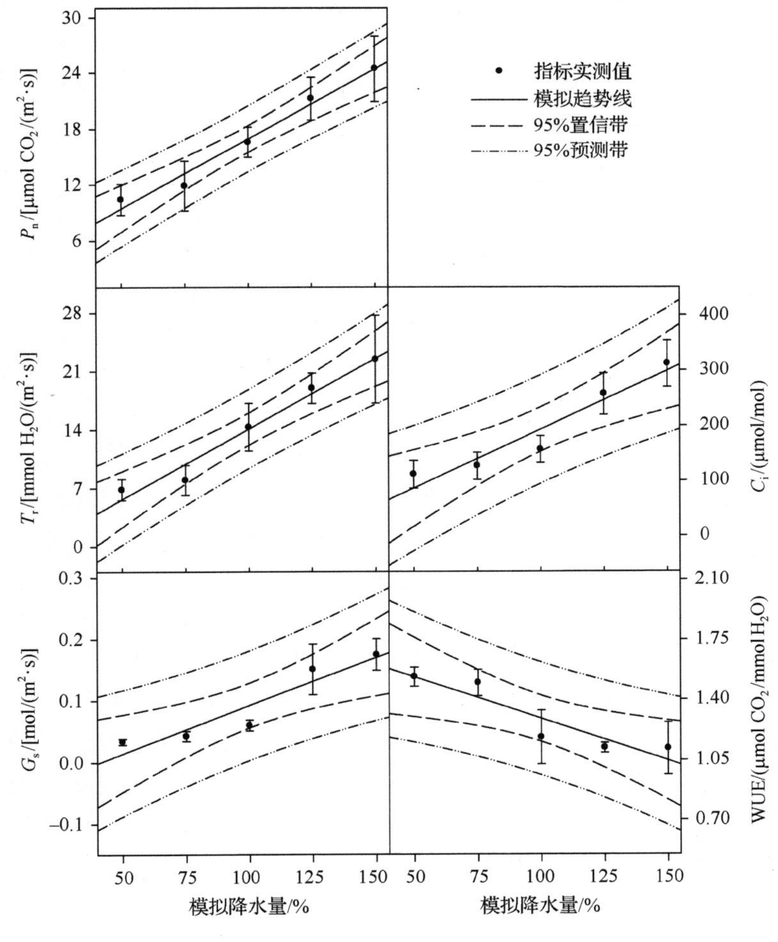

图 5.1　降水量对羊柴光合指标的影响

表 5.1 羊柴光合指标随降水量变化的趋势线模型

模拟趋势线		光合特性指标				
		P_n	T_r	G_s	C_i	WUE
形式		$y=ax+x_0$	$y=ax+x_0$	$y=ax+x_0$	$y=ax+x_0$	$y=ax+x_0$
系数	a	0.1495	0.1686	0.0016	2.1301	−0.0049
	P	0.0014	0.0023	0.0169	0.0094	0.0264
	x_0	1.9667	−2.7702	−0.0635	−20.3409	1.7769
	P	0.2450	0.2260	0.1603	0.0628	0.0008
R^2		0.9783	0.9698	0.8862	0.9222	0.8480
标准估计误差		1.0168	1.3590	0.0255	28.2391	0.0941

羊柴叶片的净光合速率、蒸腾速率、气孔导度、胞间 CO_2 浓度均随降水量增大而呈近似直线型上升，其模拟趋势线分别为 $y_{P_n}=0.1495x+1.9667$、$y_{T_r}=0.1686x-2.7702$、$y_{G_s}=0.0016x-0.0635$、$y_{C_i}=2.1301x-20.3409$，对其系数进行检验，系数 a 均达到显著($P<0.05$)甚至极显著($P<0.01$)水平，x_0 均未达到显著水平($P>0.05$)，R^2 均大于 0.84。

多年平均降水量(近 30 年平均降水量，下同)的 50%、75%、125%、150%处理下羊柴叶片净光合速率分别较 CK(100%)(近 30 年平均降水量，下同)增加了−37.12%、−28.33%、28.05%、47.37%，蒸腾速率分别较 CK[14.32mmol $H_2O/(m^2·s)$]增加了−52.31%、−44.44%、32.39%、56.50%，气孔导度分别较 CK[0.06mmol $H_2O/(m^2·s)$]增加了−43.29%、−28.77%、151.95%、192.12%，胞间 CO_2 浓度分别较 CK 增加了−28.98%、−19.24%、64.26%、99.36%。

方差分析结果表明(表 5.2)，不同降水量水平下羊柴叶片净光合速率、蒸腾速率、气孔导度、胞间 CO_2 浓度差异均极显著($P<0.0001$)。对不同降水量水平下羊柴叶片净光合速率、蒸腾速率、气孔导度、胞间 CO_2 浓度进行多重比较(表 5.3)，结果表明：50%、75%处理下羊柴叶片净光合速率、蒸腾速率显著($P<0.05$)低于 CK，125%、150%处理下显著($P<0.05$)高于 CK，但 50%与 75%处理之间，以及 125%与 150%处理之间差异不显著($P>0.05$)；125%、150%处理下羊柴叶片气孔导度显著($P<0.05$)高于 CK，但 125%与 150%处理之间差异不显著($P>0.05$)，CK、50%、75%处理之间差异也不显著($P>0.05$)；50%处理下羊柴叶片胞间 CO_2 浓度显著($P<0.05$)低于 CK，125%、150%处理下显著($P<0.05$)高于 CK，并且 125%与 150%处理之间差异显著($P<0.05$)，50%与 75%处理之间，以及 75%处理与 CK 之间差异均不显著($P>0.05$)。

表 5.2　不同降水量水平间羊柴光合指标的方差分析

变异源	自由度(df)	偏差平方和(SS)	均方(MS)	F 值	P 值
P_n	4	714.23	178.56	29.9	＜0.000 1
T_r	4	916.26	229.07	26.18	＜0.000 1
G_s	4	0.09	0.02	42.47	＜0.000 1
C_i	4	153 757.49	38 439.37	37.87	＜0.000 1
WUE	4	0.87	0.22	19.07	＜0.000 1

表 5.3　不同降水量水平间羊柴光合指标的多重比较

降水量	P_n	T_r	G_s	C_i	WUE
50%	c	c	b	d	a
75%	c	c	b	cd	a
100%(CK)	b	b	b	c	b
125%	a	a	a	b	b
150%	a	a	a	a	b

羊柴叶片水分利用效率随降水量增大而呈近似直线型下降，其模拟趋势线为 $y_{\mathrm{WUE}} = -0.0049x + 1.7769$，对其系数进行检验，系数 a 达到显著水平($P<0.05$)，x_0 达到极显著水平($P<0.01$)，$R^2=0.85$，标准估计误差为 0.09。50%、75%、125%、150%处理下羊柴叶片水分利用效率分别较 CK 增加了 29.90%、26.93%、−5.16%、−5.57%。方差分析结果表明，不同降水量水平下羊柴叶片水分利用效率差异极显著($P<0.0001$)。对不同降水量水平下羊柴叶片水分利用效率进行多重比较，结果表明：50%、75%处理下羊柴叶片水分利用效率显著($P<0.05$)高于 CK，但 50%与 75%处理之间差异不显著($P>0.05$)，CK、125%、150%处理之间差异也不显著($P>0.05$)。

5.1.1.2　对植物叶绿素荧光参数的影响

如图 5.2 和表 5.4 所示，二者分别为模拟不同降水量水平下羊柴叶片非光化学猝灭系数(qN)、光化学猝灭系数(qP)、光合电子传递速率(ETR)、实际光化学量子效率(ΦPS II)、PS II 最大光化学效率(F_v/F_m)变化曲线，以及各叶绿素荧光参数指标的趋势线模型。

随模拟降水量水平提高，羊柴叶片 qN、qP、ETR、ΦPS II、F_v/F_m 大体上有不同程度的升高。50%、75%、125%、150%处理下，羊柴叶片 qN 分别较 CK 增加了−15.61%、−11.80%、1.56%、6.89%，qP 分别较 CK(0.37)增加了−24.50%、−8.15%、29.12%、36.89%，ETR 分别较 CK(36.90%)增加了−16.70%、−6.48%、30.68%、45.54%，ΦPS II 分别较 CK 增加了−3.22%、−10.86%、27.97%、40.35%，F_v/F_m 分别较 CK 增加了−7.73%、−4.19%、2.41%、3.37%。

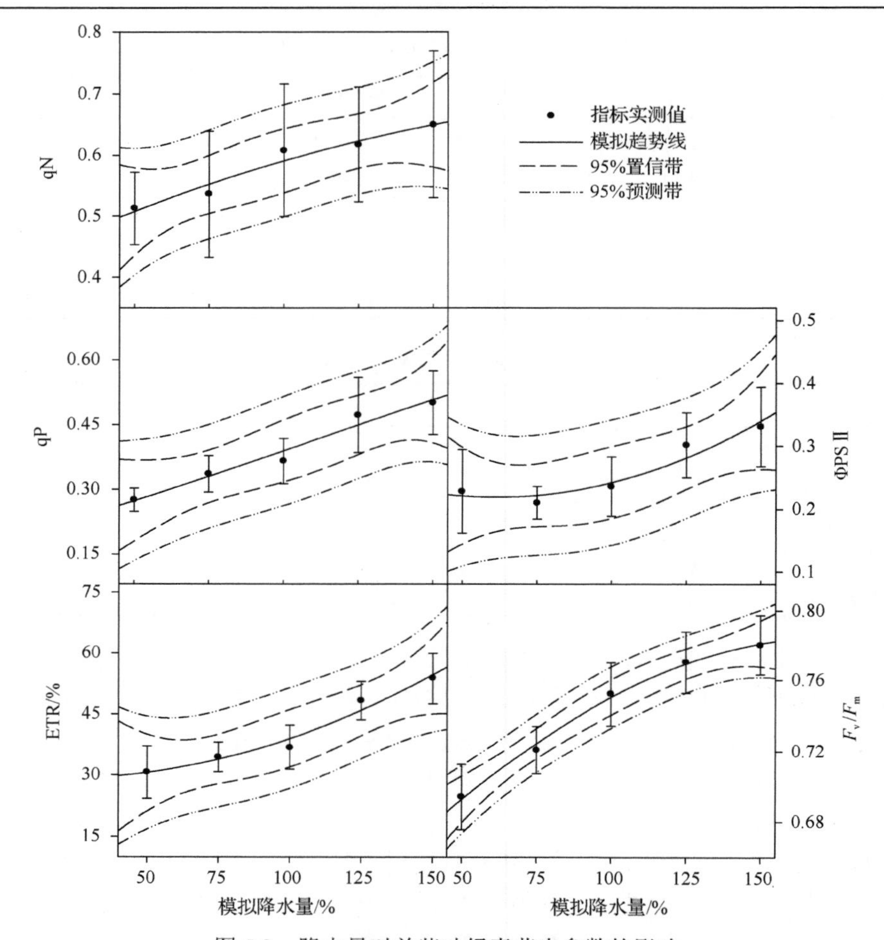

图 5.2 降水量对羊柴叶绿素荧光参数的影响

表 5.4 羊柴叶绿素荧光参数随降水量变化的趋势线模型

模拟趋势线		叶绿素荧光参数				
		qN	qP	ETR	ΦPS II	F_v/F_m
形式		$y=a/\{1+\exp[-(x-x_0)/b]\}$	$y=a\cdot\exp\{-0.5[(x-x_0)/b]^2\}$	$y=bx^2+ax+x_0$	$y=ax^2+bx+x_0$	$y=a\cdot\exp\{-0.5[(x-x_0)/b]^2\}$
系数	a	0.7423	0.6806	−0.0437	1.5397×10^{-5}	0.7851
	P	0.0529	0.3512	0.8490	0.1990	<0.0001
	b	84.8815	171.4789	0.0014	−0.0019	250.0486
	P	0.3936	0.3414	0.2940	0.3692	0.0138
	x_0	−15.5737	281.3367	29.3045	0.2773	175.2355
	P	0.4650	0.4278	0.0878	0.0670	0.0103
R^2		0.9541	0.9671	0.9710	0.9332	0.9958
标准估计误差		0.0175	0.0241	2.3417	0.0190	0.0033

qN 随降水量变化的模拟趋势线为 $y = 0.7423/[1+\exp(-0.0118x-0.1835)]$，对其系数进行检验，均未达到显著水平(*P*＞0.05)，R^2=0.95，标准估计误差为 0.02。方差分析结果表明(表 5.5)：不同处理下羊柴叶片 qN 差异不显著(*P*=0.1897)。对不同处理羊柴叶片 qN 进行多重比较(表 5.6)，结果表明：各处理间差异均未达到显著水平(*P*＞0.05)。

表 5.5　不同降水量水平间羊柴叶绿素荧光参数的方差分析

变异源	自由度(df)	偏差平方和(SS)	均方(MS)	*F* 值	*P* 值
qN	4	0.066 699	0.016 675	1.7	0.189 7
qP	4	0.177 318	0.044 33	12.16	＜0.000 1
ETR	4	1 888.006	472.001 5	16.25	＜0.000 1
ΦPS II	4	0.054 217	0.013 554	4.86	0.006 7
F_v/F_m	4	0.025 54	0.006 385	22.04	＜0.000 1

表 5.6　不同降水量水平间羊柴叶绿素荧光参数的多重比较

处理	qN	qP	ETR	ΦPS II	F_v/F_m
50%	a	c	b	c	d
75%	a	bc	b	c	c
100%(CK)	a	b	b	bc	b
125%	a	a	a	ab	ab
150%	a	a	a	a	a

注：同列不同小写字母表示在 0.05 显著性水平下差异显著

qP 随降水量变化的模拟趋势线为 $y = 0.68e^{-(x-281.34)^2/58\,810.03}$，对其系数进行检验，均不显著(*P*＞0.05)，R^2=0.97，标准估计误差为 0.02。方差分析结果表明，不同处理下羊柴叶片 qP 差异极显著(*P*＜0.0001)。对不同处理羊柴叶片 qP 进行多重比较，结果表明：50%处理显著(*P*＜0.05)低于 CK，125%、150%处理显著(*P*＜0.05)高于 CK，但 50%与 75%处理之间、75%与 CK 之间、125%与 150%处理之间差异均不显著(*P*＞0.05)。

ETR 随降水量变化的模拟趋势线为 $y = 0.0014x^2 - 0.04x + 29.30$，对其系数进行检验，均未达到显著水平(*P*＞0.05)，R^2=0.97，标准估计误差为 2.34。方差分析结果表明，不同处理下羊柴叶片 ETR 差异极显著(*P*＜0.0001)。对不同处理羊柴叶片 ETR 进行多重比较，结果表明：125%、150%处理显著(*P*＜0.05)高于 CK，但 125%与 150%处理之间差异不显著(*P*＞0.05)，50%、75%、CK 之间差异也不显著(*P*＞0.05)。

ΦPS II 随降水量变化的模拟趋势线为 $y = 1.54\times10^{-5}x^2 - 0.0019x + 0.28$，对其系数进行检验，均未达到显著水平(*P*＞0.05)，R^2=0.93，标准估计误差为 0.02。方差分析结果表明，不同处理下羊柴叶片 ΦPS II 差异极显著(*P*=0.0067)。对不同

处理羊柴叶片 ΦPS II 进行多重比较，结果表明：仅 150%处理显著($P<0.05$)高于 CK，CK、50%、75%处理之间，以及 CK 与 125%处理之间差异均不显著($P>0.05$)。

F_v/F_m 随降水量变化的模拟趋势线为 $y=0.79e^{-(x-175.24)^2/125\,048.60}$，对其系数进行检验，系数 a 达到极显著水平($P<0.01$)，b、x_0 达到显著水平($P<0.05$)，R^2=1.00，标准估计误差为 0.003。方差分析结果表明，不同处理下羊柴叶片 F_v/F_m 差异极显著($P<0.0001$)。对不同处理羊柴叶片 F_v/F_m 进行多重比较，结果表明：150%处理显著($P<0.05$)高于 CK，50%、75%处理显著($P<0.05$)低于 CK，且 50%与 75%处理之间差异显著($P<0.05$)，而 125%处理与 CK 之间，以及 125%与 150%处理之间差异均不显著($P>0.05$)。

5.1.2　对植物抗逆生理的影响

5.1.2.1　对植物抗氧化酶活性的影响

图 5.3 和表 5.7 分别为模拟不同降水量水平下羊柴叶片过氧化物酶(POD)、超氧化物歧化酶(SOD)、过氧化氢酶(CAT)活性变化曲线，以及各抗氧化酶活性指标的趋势线模型。

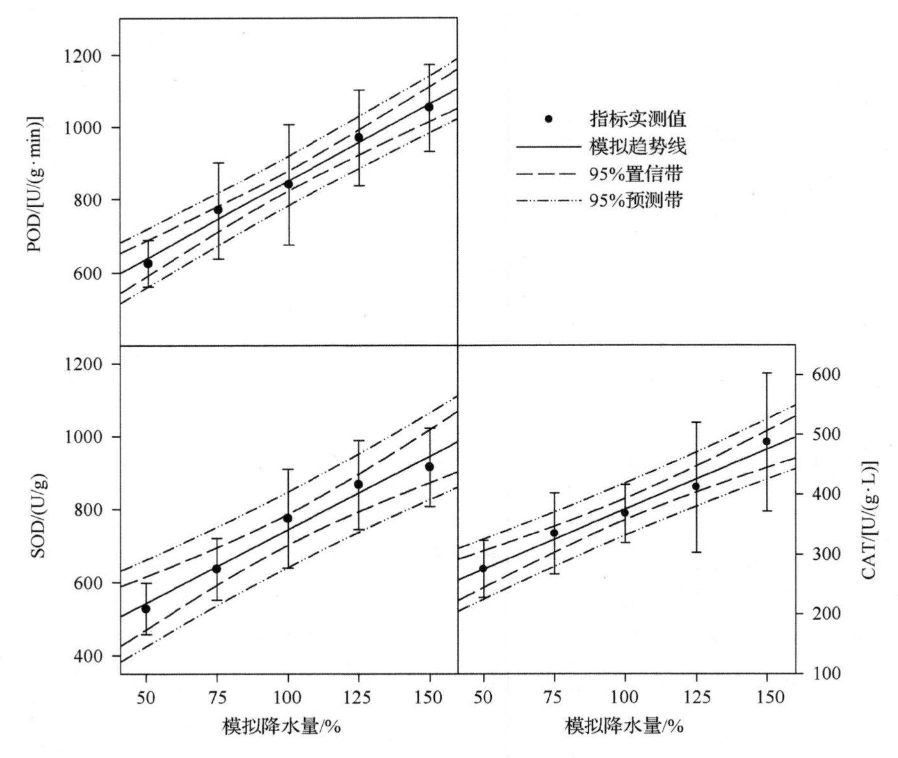

图 5.3　降水量对羊柴抗氧化酶活性指标的影响

表 5.7　羊柴抗氧化酶活性指标随降水量变化的趋势线模型

模拟趋势线		抗氧化酶活性		
		POD	SOD	CAT
形式		$y=ax+x_0$	$y=ax+x_0$	$y=ax+x_0$
系数	a	4.22	4.01	2.00
	P	0.0005	0.0017	0.0011
	x_0	430.64	342.85	174.89
	P	<0.0001	0.0002	<0.0001
R^2		0.99	0.97	0.98
标准估计误差		19.74	29.52	12.50

随模拟降水量水平的提高，羊柴叶片 3 种抗氧化酶活性呈直线型上升。3 种抗氧化酶活性随降水量变化的模拟趋势线分别为 $y_{\text{POD}} = 4.22x + 430.64$、$y_{\text{SOD}} = 4.01x + 342.85$、$y_{\text{CAT}} = 2.00x + 174.89$，对其系数进行检验，均达到极显著水平($P<0.01$)，$R^2$ 均大于 0.95。

方差分析结果表明(表 5.8)，不同处理羊柴叶片的 3 种抗氧化酶活性指标差异均极显著($P<0.01$)。对不同处理下羊柴叶片 3 种抗氧化酶活性指标分别进行多重比较(表 5.9)，结果表明：150%处理下 POD 显著($P<0.05$)高于 CK，50%处理下显著($P<0.05$)低于 CK，而相邻两个处理之间差异均不显著($P>0.05$)；仅 50%处理下 SOD 显著($P<0.05$)低于 CK，而 50%与 75%处理之间、75%处理与 CK 之间，以及 CK、125%、150%处理之间差异均不显著($P>0.05$)；仅 150%处理下 CAT 显著($P<0.05$)高于 CK，而 150%处理与 125%处理之间、125%处理与 CK 之间，以及 CK、75%、50%处理之间差异均不显著($P>0.05$)。

表 5.8　不同降水量水平间羊柴抗氧化酶活性指标的方差分析

变异源	自由度(df)	偏差平方和(SS)	均方(MS)	F 值	P 值
POD	4	562 132.67	140 533.17	8.67	0.000 3
SOD	4	516 710.59	129 177.65	11.45	<0.000 1
CAT	4	127 723.94	31 930.99	4.66	0.008 1

表 5.9　不同降水量水平间羊柴抗氧化酶活性指标的多重比较

处理	POD	SOD	CAT
50%	d	c	c
75%	cd	bc	bc
100%(CK)	bc	ab	bc
125%	ab	a	ab
150%	a	a	a

注：同列不同小写字母表示在 0.05 显著性水平下差异显著

5.1.2.2　对植物应激性生理指标的影响

图 5.4 和表 5.10 分别为模拟不同降水量水平下羊柴叶片游离脯氨酸(Pro)、丙二醛(MDA)、相对电导率(REC)变化曲线，以及各应激性生理指标的趋势线模型。

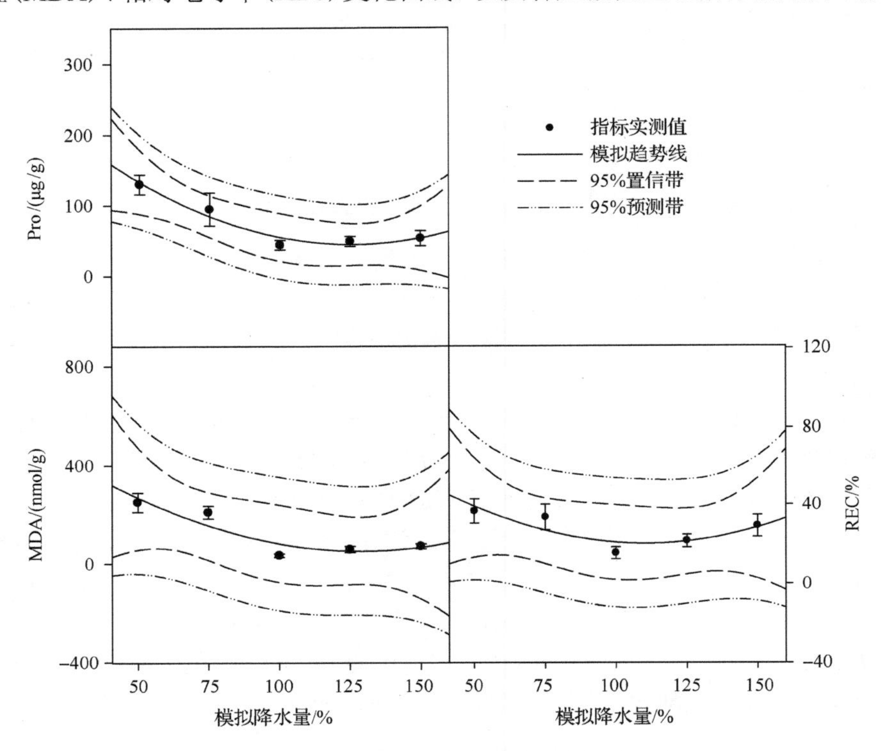

图 5.4　降水量对羊柴应激性生理指标的影响

表 5.10　羊柴应激性生理指标随降水量变化的趋势线模型

模拟趋势线		应激性生理指标		
		Pro	MDA	REC
形式		$y=ax^2+bx+x_0$	$y=ax^2+bx+x_0$	$y=ax^2+bx+x_0$
系数	a	0.015	0.034	0.005
	P	0.009	0.026	0.020
	b	−3.89	−8.88	−1.14
	P	0.04	0.014	0.016
	x_0	289.29	623.28	83.15
	P	0.0063	0.03	0.02
R^2		0.95	0.85	0.73
标准估计误差		11.27	51.90	6.31

随模拟降水量水平的提高，羊柴叶片 3 种应激性生理指标均呈先急剧下降而后缓慢上升的趋势，均在降水量水平为 100%(CK)时出现最小值，分别为 43.75μg/g、33.43nmol/g、16.81%，其模拟趋势线分别为 $y_{Pro} = 0.015x^2 - 3.89x + 289.29$、$y_{MDA} = 0.034x^2 - 8.88x + 623.28$、$y_{REC} = 0.005x^2 - 1.14x + 83.15$，对其系数进行检验，均达到显著($P<0.05$)甚至极显著($P<0.01$)水平，$R^2$ 均大于等于 0.73。

方差分析结果表明(表 5.11)，不同处理羊柴叶片的 3 种应激性生理指标差异均极显著($P<0.0001$)，对不同处理下羊柴叶片 3 种应激性生理指标分别进行多重比较(表 5.12)，结果表明：50%、75%处理下 Pro 均显著($P<0.05$)高于 CK，且 50%与 75%处理之间差异显著($P<0.05$)，而 CK、125%、150%处理之间差异不显著($P>0.05$)；50%、75%处理下 MDA 均显著($P<0.05$)高于 CK，且 50%与 75%处理之间差异显著($P<0.05$)，150%处理也显著($P<0.05$)高于 CK，但 150%与 125%处理之间，以及 125%处理与 CK 之间差异不显著($P>0.05$)；50%、75%处理下 REC 均显著($P<0.05$)高于 CK，但 50%与 75%处理之间差异不显著($P>0.05$)，150%处理显著($P<0.05$)高于 CK 和 125%处理，125%处理与 CK 之间差异不显著($P>0.05$)。

表 5.11　不同降水量水平间羊柴应激性生理指标的方差分析

变异源	自由度(df)	偏差平方和(SS)	均方(MS)	*F* 值	*P* 值
Pro	4	27 792.92	6 948.23	36.43	<0.000 1
MDA	4	185 685.37	46 421.34	89.67	<0.000 1
REC	4	1 435.67	358.92	15.76	<0.000 1

表 5.12　不同降水量水平间羊柴应激性生理指标的多重比较

处理	Pro	MDA	REC
50%	a	a	a
75%	b	b	ab
100%(CK)	c	d	c
125%	c	cd	c
150%	c	c	b

注：同列不同小写字母表示在 0.05 显著性水平下差异显著

5.1.2.3　对植物叶绿素含量指标的影响

图 5.5 和表 5.13 分别为模拟不同降水量水平下羊柴叶绿素 a(Chl a)、叶绿素 b(Chl b)、总叶绿素(Chl t)含量、叶绿素 a/叶绿素 b(Chl a/Chl b)的变化曲线，以及各叶绿素含量指标的趋势线模型。

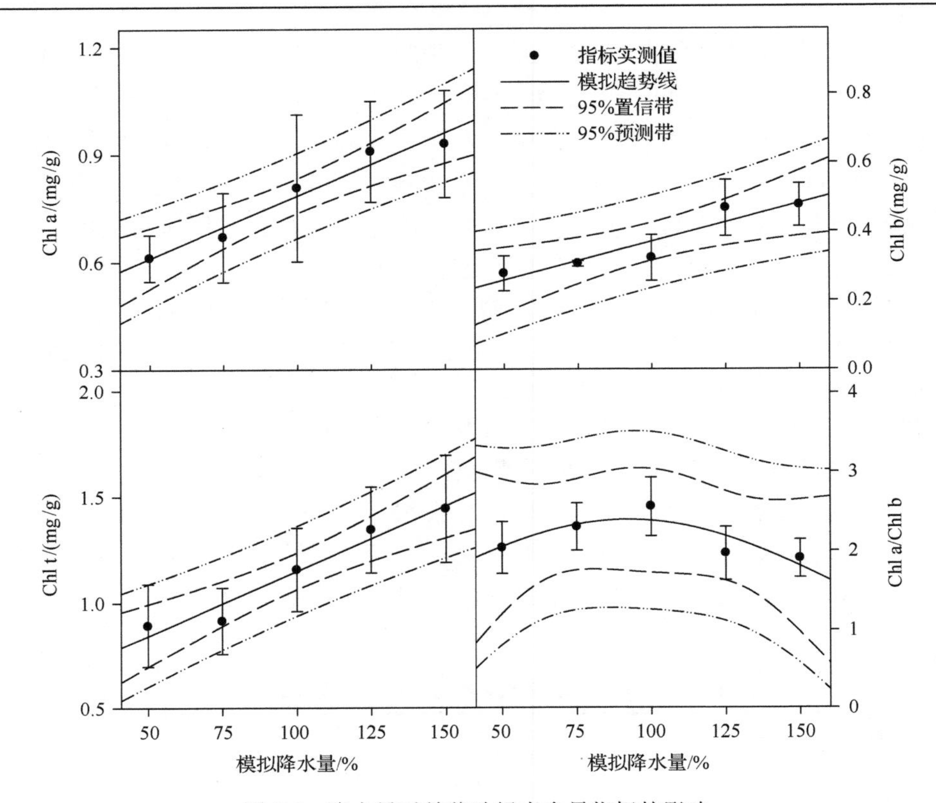

图 5.5　降水量对羊柴叶绿素含量指标的影响

表 5.13　羊柴叶绿素含量指标随降水量变化的趋势线模型

模拟趋势线		叶绿素含量			
		Chl a	Chl b	Chl t	Chl a/Chl b
形式		$y=ax+x_0$	$y=ax+x_0$	$y=ax+x_0$	$y=a\cdot\exp\{-0.5[(x-x_0)/b]^2\}$
系数	a	0.003	0.002	0.006	2.39
	P	0.0040	0.0196	0.0041	0.0040
	b				77.00
	P				0.046
	x_0	0.44	0.15	0.54	92.33
	P	0.0025	0.0292	0.0070	0.0086
R^2		0.96	0.87	0.96	0.69
标准估计误差		0.03	0.04	0.06	0.21

随模拟降水量水平的提高，Chl a、Chl b 及 Chl t 呈直线型上升，其模拟趋势线分别为 $y_{\text{Chl a}}=0.003x+0.44$、$y_{\text{Chl b}}=0.002x+0.15$、$y_{\text{Chl t}}=0.006x+0.54$，对

其系数进行检验，各系数均达到显著(P<0.05)甚至极显著水平(P<0.01)，R^2 均大于 0.85。随模拟降水量水平的提高，Chl a/Chl b 呈先升高后降低的趋势，在 100%(CK)时最大，其模拟趋势线为 $y_{\mathrm{Chl\ a/Chl\ b}} = 2.39\mathrm{e}^{-(x-92.33)^2/11858}$，经检验，系数 b、x_0 均达到显著(P<0.05)水平，系数 a 达到极显著水平(P<0.01)。

方差分析结果表明(表 5.14)，不同处理羊柴叶片的 Chl a、Chl b、Chl t 差异极显著(P<0.01)，对不同处理下羊柴叶片 Chl a、Chl b、Chl t 分别进行多重比较(表 5.15)，结果表明：150%、125%处理下羊柴 Chl a 显著(P<0.05)高于 75%、50%处理，但 CK、150%、125%处理之间，以及 CK、75%、50%处理之间差异不显著(P>0.05)；150%、125%处理下羊柴 Chl b 显著(P<0.05)高于 CK、75%、50%处理，但 150%、125%处理之间，以及 CK、75%、50%处理之间差异不显著(P>0.05)；150%处理下羊柴 Chl t 显著(P<0.05)高于 CK、75%、50%处理，125%处理显著(P<0.05)高于 75%、50%处理，但 150%与 125%处理之间、125%处理与 CK 之间，以及 CK、75%、50%处理之间差异不显著(P>0.05)。

表 5.14　不同降水量水平间羊柴叶绿素含量指标的方差分析

变异源	自由度(df)	偏差平方和(SS)	均方(MS)	F 值	P 值
Chl a	4	0.40	1.00	4.80	0.0070
Chl b	4	0.18	0.04	12.58	<0.0001
Chl t	4	1.22	0.31	7.41	0.0008
Chl a/Chl b	4	1.47	0.37	3.67	0.0213

表 5.15　不同降水量水平间羊柴叶绿素含量指标的多重比较

处理	Chl a	Chl b	Chl t	Chl a/Chl b
50%	b	b	c	b
75%	b	b	c	ab
100%(CK)	ab	b	bc	a
125%	a	a	ab	b
150%	a	a	a	b

注：同列不同小写字母表示在 0.05 显著性水平下差异显著

方差分析结果表明，不同处理羊柴叶片的 Chl a/Chl b 差异显著(P=0.0213)，对不同处理下羊柴叶片 Chl a/Chl b 进行多重比较，结果表明：150%、125%、50%处理下羊柴 Chl a/Chl b 显著(P<0.05)低于 CK，但 150%、125%、50%处理之间差异不显著(P>0.05)，50%与 75%处理之间，以及 75%处理与 CK 之间差异也不显著(P>0.05)。

5.1.3 对植物光合及抗逆生理影响的综合评价

5.1.3.1 不同降水量水平下植物光合及抗逆生理指标的典型相关分析

表 5.16 和表 5.17 分别列出了不同处理下植物光合生理特性指标与抗逆生理特性指标的典型相关变量特征值及其典型相关系数假设检验特征值。由表 5.16 可知，第 1 对典型相关变量累积贡献率提供了 73.89%的相关信息，其他 9 对典型变量只提供了 26.11%的相关信息。前两个典型相关系数 P 值小于 0.01，说明典型相关系数在 a=0.05、a=0.01 水平下均具有统计学意义，而其余 8 个典型相关系数没有统计学意义。在实际应用中，通常只选取第 1 对典型相关变量，因此，本研究选取第 1 对典型相关变量进行下一步分析。

表 5.16 不同降水量水平处理下典型相关变量特征值

典型相关变量对	特征值	特征值差值	贡献率	累积贡献率
1	110.5305	86.9011	0.7389	0.7389
2	23.6293	15.8323	0.1580	0.8969
3	7.7971	3.5611	0.0521	0.9490
4	4.2360	2.6586	0.0283	0.9773
5	1.5774	0.2951	0.0105	0.9878
6	1.2823	1.0026	0.0086	0.9964
7	0.2797	0.1341	0.0019	0.9983
8	0.1456	0.0449	0.0010	0.9993
9	0.1007	0.0831	0.0007	1.0000
10	0.0177	0.0000	0.0000	1.0000

表 5.17 不同降水量水平处理下典型相关系数假设检验

典型相关变量对	似然比统计量	渐进 F 统计量	Num DF	Den DF	P 值
1	0.0000	2.9000	100	47.6560	＜0.0001
2	0.0001	1.9000	81	47.7440	0.0090
3	0.0022	1.3800	64	46.8660	0.1268
4	0.0198	1.0700	49	45.0370	0.4085
5	0.1035	0.7900	36	42.2830	0.7588
6	0.2668	0.6600	25	38.6500	0.8617
7	0.6089	0.3800	16	34.2430	0.9796
8	0.7792	0.3500	9	29.3550	0.9486
9	0.8927	0.3800	4	26.0000	0.8212
10	0.9827	0.2500	1	14.0000	0.6268

表 5.18 为植物光合生理特性指标组及抗逆生理特性指标组典型变量多重回归分析结果。由表 5.18 可知：光合生理特性指标组与抗逆生理特性指标组第 1 典型变量 W_1 之间多重相关系数的平方依次为 0.4876、0.4163、0.5837、0.5612、0.3511、0.1799、0.7637、0.4915、0.3626、0.3653，说明抗逆生理特性指标组第 1 典型变量 W_1 对 P_n、G_s、C_i、qP、ETR 有相当好的预测能力。抗逆生理特性指标组与光合生理特性指标组第 1 典型变量 V_1 之间多重相关系数的平方依次为 0.4587、0.5024、0.4487、0.3840、0.2413、0.0431、0.2019、0.5977、0.2911、0.2712，说明光合生理特性指标组第 1 典型变量 V_1 对 POD、SOD、CAT、Pro、Chl b 有相当好的预测能力。

表 5.18　不同降水量水平处理下原始变量与对方组的前 *m* 个典型变量多重回归分析

典型变量	1	2	3	4	5
P_n	0.4876	0.5864	0.7050	0.7478	0.7534
T_r	0.4163	0.5741	0.6810	0.7165	0.7202
G_s	0.5837	0.7079	0.7138	0.7206	0.7417
C_i	0.5612	0.7719	0.7803	0.8269	0.8292
WUE	0.3511	0.5937	0.7294	0.7439	0.8045
qN	0.1799	0.2141	0.3925	0.3925	0.4114
qP	0.7637	0.7638	0.8671	0.8789	0.8835
ETR	0.4915	0.6557	0.6558	0.7506	0.7892
ΦPS II	0.3626	0.3721	0.4465	0.5002	0.6187
F_v/F_m	0.3653	0.5073	0.6756	0.8057	0.8190
POD	0.4587	0.7221	0.7670	0.7980	0.7983
SOD	0.5024	0.6146	0.6719	0.6823	0.7059
CAT	0.4487	0.4558	0.4889	0.5832	0.7361
Pro	0.3840	0.4752	0.5766	0.6984	0.7664
MDA	0.2413	0.5482	0.8202	0.8854	0.8975
REC	0.0431	0.3983	0.7450	0.7454	0.7476
Chl a	0.2019	0.2480	0.3510	0.3856	0.3859
Chl b	0.5977	0.6925	0.6926	0.7329	0.7335
Chl t	0.2911	0.4267	0.5564	0.5703	0.5717
Chl a/Chl b	0.2712	0.2714	0.3801	0.4463	0.4501

综上所述，在光合特性指标中，P_n、G_s、C_i、qP、ETR 对于第 1 典型变量的作用大，在生理特性指标中，POD、SOD、CAT、Pro、Chl b 对于第 1 典型变量的影响较大。

5.1.3.2　不同降水量水平对植物光合及抗逆生理指标影响的 TOPSIS 法综合评价

由不同处理对植物光合生理特性影响的 TOPSIS 综合评价结果（表 5.19）可知：各指标值与最优值的相对接近程度顺序为 150%＞125%＞50%＞75%＞100%，

150%处理最大(0.6668)，CK 最小(0.2768)，最大值较最小值增加了 140.90%，即在 150%处理时植物光合及抗逆生理综合评价指标最佳，所以最有利于植物生长发育的是降水量水平为 150%的处理。

表 5.19 不同降水量水平对羊柴光合及生理指标影响的 TOPSIS 法综合评价

评价对象	评价对象到最优点距离	评价对象到最差点距离	评价参考值 C_i	排序结果
50%	0.9704	0.5305	0.3535	3
75%	0.8811	0.3384	0.2775	4
100%(CK)	0.8514	0.3259	0.2768	5
125%	0.5321	0.7873	0.5967	2
150%	0.4856	0.9717	0.6668	1

5.1.3.3 不同降水量水平对植物光合及抗逆生理指标影响的主成分分析综合评价

表 5.20 列出了不同处理下植物光合及抗逆生理指标的特征值和贡献率。由表 5.20 可知，前两个主成分累积贡献率提供了 98.02%的相关信息，超过了 80%，其他 18 个主成分只提供了 1.98%的相关信息。因此，对前两个主成分进行下一步分析。

表 5.20 不同降水量水平处理下的特征值和贡献率

主成分	特征值(λ_i)	贡献率/%	累积贡献率/%
1	17.15	85.75	85.75
2	2.45	12.27	98.02
3	0.26	1.32	99.34
4	0.13	0.66	100.00
5	0.00	0.00	100.00
6	0.00	0.00	100.00
7	0.00	0.00	100.00
8	0.00	0.00	100.00
9	0.00	0.00	100.00
10	0.00	0.00	100.00
11	0.00	0.00	100.00
12	0.00	0.00	100.00
13	0.00	0.00	100.00
14	0.00	0.00	100.00
15	0.00	0.00	100.00
16	0.00	0.00	100.00
17	0.00	0.00	100.00
18	0.00	0.00	100.00
19	0.00	0.00	100.00
20	0.00	0.00	100.00

由表 5.21 分别得出如下结论。

表 5.21　不同降水量水平处理下的主成分载荷

指标	主成分 1	主成分 2
X_1	0.2401	0.0532
X_2	0.2401	0.0279
X_3	0.2310	0.1801
X_4	0.2315	0.1798
X_5	−0.2294	0.1630
X_6	0.2355	−0.1203
X_7	0.2376	0.0751
X_8	0.2332	0.1588
X_9	0.2219	0.2229
X_{10}	0.2377	−0.0892
X_{11}	0.2375	0.0111
X_{12}	0.2395	−0.0695
X_{13}	0.2329	0.0534
X_{14}	−0.2085	0.3190
X_{15}	−0.2070	0.3181
X_{16}	−0.1547	0.4675
X_{17}	0.2403	−0.0536
X_{18}	0.2274	0.1864
X_{19}	0.2401	0.0230
X_{20}	−0.0884	−0.5785

第一主成分 F_1= $0.2401X_1+0.2401X_2+0.2310X_3+0.2315X_4-0.2294X_5+0.2355X_6+0.2376X_7+0.2332X_8+0.2219X_9+0.2377X_{10}+0.2375X_{11}+0.2395X_{12}+0.2329X_{13}-0.2085X_{14}-0.2070X_{15}-0.1547X_{16}+0.2403X_{17}+0.2274X_{18}+0.2401X_{19}-0.0884X_{20}$　(5.1)

第二主成分 F_2= $0.0532X_1+0.0279X_2+0.1801X_3+0.1798X_4+0.1630X_5-0.1203X_6+0.0751X_7+0.1588X_8+0.2229X_9-0.0892X_{10}+0.0111X_{11}-0.0695X_{12}+0.0534X_{13}+0.3190X_{14}+0.3181X_{15}+0.4675X_{16}-0.0536X_{17}+0.1864X_{18}+0.0230X_{19}-0.5785X_{20}$　(5.2)

得到 F 的综合模型：

$$F=0.2167X_1+0.2135X_2+0.2246X_3+0.2250X_4-0.1803X_5+0.1910X_6+0.2173X_7+0.2239X_8+0.2220X_9+0.1968X_{10}+0.2091X_{11}+0.2009X_{12}+0.2105X_{13}-0.1425X_{14}-0.1413X_{15}-0.0768X_{16}+0.2035X_{17}+0.2223X_{18}+0.2129X_{19}-0.1497X_{20} \quad (5.3)$$

然后，根据建立的 F_1、F_2 与综合模型计算第一、第二主成分及综合主成分值(表 5.22)，而后进行排序。

表 5.22 不同降水量水平处理下的综合主成分值

处理	第一主成分	排序	第二主成分	排序	综合主成分	排序
50%	292.80	5	146.93	1	274.55	5
75%	388.86	4	120.31	2	355.25	4
100%(CK)	505.30	3	41.59	5	447.27	3
125%	590.12	2	70.28	4	525.06	2
150%	650.15	1	91.37	3	580.23	1

由不同处理对植物光合及抗逆生理影响的主成分综合评价结果(表 5.22)可知：各处理的综合主成分顺序为 150%＞125%＞100%＞75%＞50%，150%处理时最大，50%处理最小，即在 150%处理时植物光合及抗逆生理综合评价指标最佳，所以最有利于植物生长发育的是降水量水平为 150%的处理。

综上所述，通过 TOPSIS 法、主成分分析法的综合评价，均得出 150%处理综合评价结果最优，所以最有利于植物生长发育的是降水量水平为 150%的处理。

5.1.4 对采沙迹地植物生长影响的田间验证

图 5.6 为灌溉模拟不同降水量水平处理下大田羊柴的株高和冠幅。随降水量的增加，羊柴的株高和冠幅均呈逐渐增大趋势，这与上述综合评价结果大体一致。株高最大值较最小值增加了 42.18%，冠幅最大值较最小值增加了 61.60%。株高和冠幅随降水量变化的趋势线模型分别为 y=2.29x+22.47，R^2=0.94；y=2.21x+13.46，R^2=0.96。除模拟降水量 100%和 125%处理间冠幅差异不显著外(P＞0.05)，其余各处理间株高、冠幅差异显著(P＜0.05)。

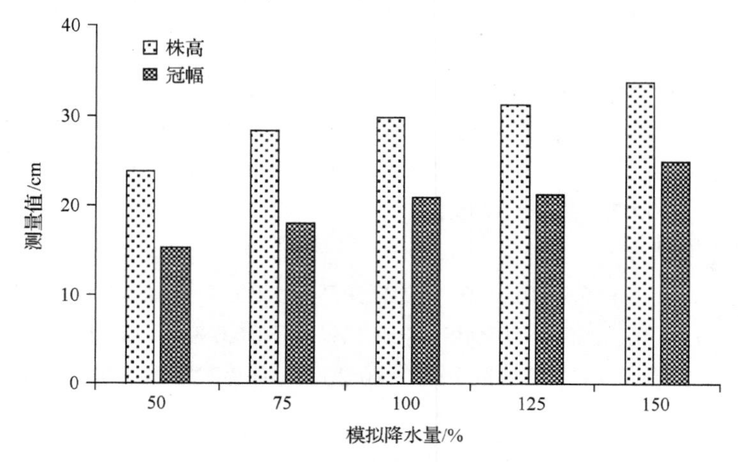

图 5.6 模拟降水量对羊柴生长的影响

夏季高温、干旱、降水量少、蒸发强烈是沙区气候的突出特征，加之采沙迹地风沙土结构不良，土体松散，易漏水，保水性能差，使植物长期遭受干旱胁迫，有限的水分条件是采沙迹地植物生长发育的重要限制因子，导致植物生长状况不良。随模拟降水量增大，植物生长发育所需水分的限制因子在不同程度上得以解除，其生长状况表现逐渐变好。因此，随模拟降水量逐渐提高，羊柴株高、冠幅逐渐增大。

5.2　采沙迹地保水剂保水技术

5.2.1　保水剂概述

20 世纪 50 年代以来，随着工业的快速发展和人口的急剧膨胀，气候变异导致的干旱问题日益突出，并成为农林生产的重要威胁。为此，各国科学家开始研究解决干旱问题的有效方法。在农林生产、生态建设领域，除针对干旱问题开展的节水灌溉技术外，应用保水剂进行保水技术研究在近年来发展较快。目前，农林生产和生态建设应用较多的保水剂是高分子吸水性树脂。一般有两大类，一类是丙烯酰胺-丙烯酸盐共聚交联物(聚丙烯酰胺、聚丙烯酸钠、聚丙烯酸钾、聚丙烯酸铵等)；另一类是淀粉接枝丙烯酸盐共聚交联物(淀粉接枝丙烯酸盐)。其吸水保水机制主要是由于分子结构交联，分子网络所吸水分不能用一般物理方法挤出而起到保水作用。

大量研究文献表明：目前农林生产和生态建设领域所应用的高分子吸水性树脂保水剂具有吸水性好，保水性强，能反复持续吸水、释水，安全无害等共同特性，因此在农林生产中人们把它比喻为“微型水库”。同时，将其适量施入土壤后还具有缩小地温日较差，改善土壤结构，吸收肥料、农药，并缓慢释放，从而提高肥效、药效等作用。

5.2.2　保水剂施用量对土壤含水率的影响

图 5.7 是胁迫试验期间，不同处理土壤含水率的变化情况。各处理的土壤含水率随胁迫时间的延长都表现出减少的趋势。在胁迫开始的 14d 内，各处理土壤含水率的大小关系为 $Z_4>Z_3>Z_2>Z_1>Z_0$；从胁迫的第 21 天开始，到胁迫结束时(第 56 天)，各处理土壤含水率的大小关系则表现为 $Z_2>Z_3>Z_1>Z_4>Z_0$，其土壤含水率分别为 8.12%、7.73%、6.95%、6.41%、5.03%。与胁迫第 7 天相比，各处理在胁迫结束时土壤含水率减少程度的关系为 Z_2(67.06%)＜Z_1(67.32%)＜Z_3(69.90%)＜Z_0(77.06%)＜Z_4(73.14%)，即适宜的保水剂施用量可以减少土壤水分的蒸发。

造成以上现象的原因可能是，在胁迫开始时 Z_3、Z_4 中保水剂质量浓度较其他处理高，干旱胁迫前进行充分灌水使土壤达到饱和状态时 Z_3、Z_4 吸收的水分多，所以胁迫前期土壤含水率较高。随着后期胁迫时间的延长，各处理土壤含水率均有不同程度的降低，但由于 Z_3、Z_4 中过高的保水剂施用量在很大程度上改变了土壤结构，因此该处理中土壤含水率较 Z_2 相比出现了下降。

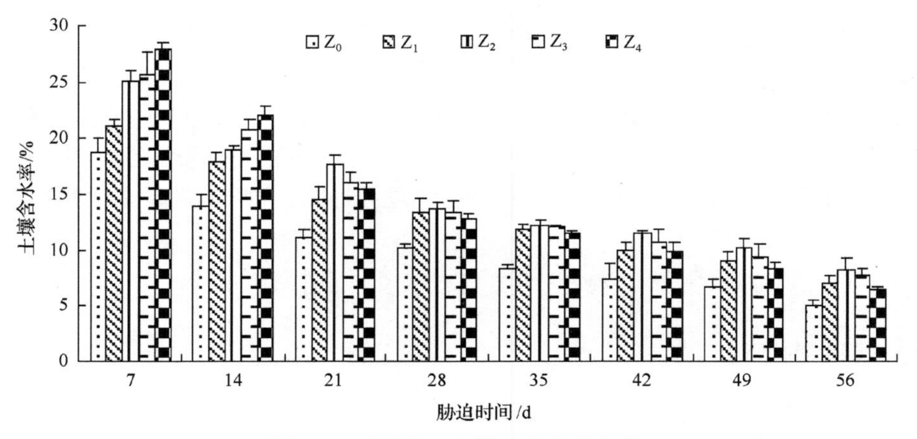

图 5.7　不同处理土壤含水率的变化

5.2.3　保水剂施用量对植物光合指标的影响

5.2.3.1　保水剂施用量对植物净光合速率的影响

如图 5.8 所示，整个胁迫试验期间，各处理樟子松的净光合速率均表现出先升高后降低的趋势。5 个处理下樟子松净光合速率最大值分别出现在胁迫开始的第 21 天、第 28 天、第 35 天、第 35 天和第 28 天，与胁迫第 7 天相比分别增加了 30.58%、183.82%、166.52%、169.79%、135.33%。随着胁迫时间的延长，各处理樟子松净光合速率开始下降，与胁迫第 7 天相比，其中 Z_2 下降的幅度最大，为 408.47%；而 Z_0 下降的幅度最小，为 197.87%。

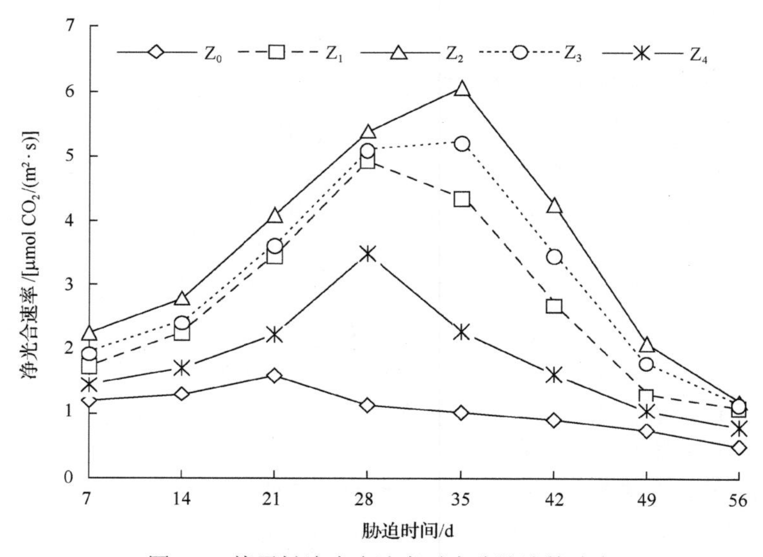

图 5.8　樟子松净光合速率对水分胁迫的响应

在胁迫试验前期，虽然各处理的土壤含水率均有不同程度的降低，但并未成为樟子松光合作用的限制因子，所以净光合速率在前期表现出增加的趋势。后期，随着胁迫程度的加重，土壤含水率大幅减少，严重影响了樟子松的光合作用，因此净光合速率下降。

不同保水剂施用量和不同水分胁迫时间樟子松的净光合速率方差分析结果(表 5.23)表明：不同保水剂施用量、不同水分胁迫时间樟子松的净光合速率差异极显著($P<0.01$)，二者交互效应下的差异也达到了 0.01 水平的显著性。

表 5.23　不同处理樟子松净光合速率的方差分析

变异源	偏差平方和(SS)	自由度(df)	均方(MS)	F 值	P 值
时间	18.712	7	2.673	67.86^{**}	<0.0001
处理	58.690	4	14.673	372.48^{**}	<0.0001
时间×处理	11.368	28	0.406	10.31^{**}	<0.0001
误差	3.151	80	0.039		
总变异	91.922	119			

** $P<0.01$

表 5.24 为保水剂处理下樟子松净光合速率的多重比较，从表 5.24 中可知，Z_2 净光合速率平均值最大，Z_0 最小，除 Z_3 外，Z_2 与其他处理的差异均极显著。水分胁迫下，樟子松的净光合速率与保水剂施用量没有呈现正比例变化关系，造成这种现象的原因是保水剂施用量过大导致土壤结构发生较大变化，从而导致樟子松的光合作用受到抑制，而适宜的保水剂施用量可以改良土壤结构，有利于樟子松的光合作用，从而使净光合速率提高。

表 5.24　不同处理樟子松净光合速率的多重比较

处理	Z_0	Z_1	Z_2	Z_3	Z_4
平均值/[μmol CO_2/(m^2·s)]	1.06	2.71	3.51	3.07	1.83
显著性(α=0.01)	c	b	a	a	e

5.2.3.2　保水剂施用量对植物蒸腾速率(T_r)的影响

如图 5.9 所示，5 个处理间樟子松的蒸腾速率随胁迫时间的变化规律类似，都是先升高后降低。Z_0、Z_1、Z_2、Z_3、Z_4 蒸腾速率出现峰值的时间分别在胁迫的第 21 天、第 28 天、第 35 天、第 35 天、第 28 天，胁迫结束后各处理的蒸腾速率较峰值分别降低了 260.73%、153.33%、63.08%、77.97%、159.35%，Z_2 处理下樟子松蒸腾速率在胁迫结束后减少幅度最小，这说明适宜的保水剂施用量可以降低因土壤干旱缺水而对樟子松蒸腾作用的影响，而过高浓度的保水剂施用量抑制了樟

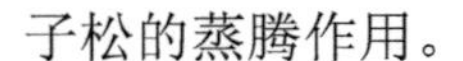
子松的蒸腾作用。

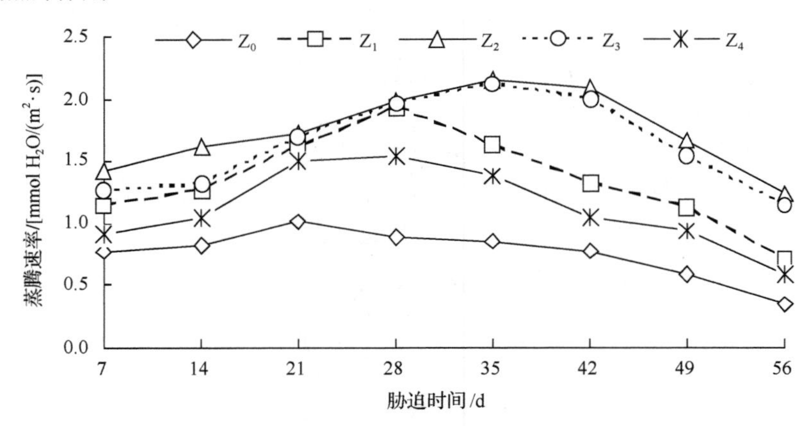

图 5.9　樟子松蒸腾速率对水分胁迫的响应

表 5.25 为不同处理时间和保水剂施用量下樟子松蒸腾速率的方差分析，从表 5.25 可知，不同处理时间、不同保水剂施用量及二者之间交互效应下樟子松蒸腾速率的差异均极显著（P＜0.01）。多重比较（表 5.26）结果显示，Z_2 蒸腾速率平均值最大，Z_0 最小，Z_1、Z_3、Z_4 居中。除 Z_2 与 Z_3 之间差异不极显著外，其他处理差异均极显著。

表 5.25　樟子松蒸腾速率的方差分析

变异源	偏差平方和（SS）	自由度（df）	均方（MS）	F 值	P 值
时间	9.267	7	1.324	45.49**	＜0.0001
处理	14.805	4	3.701	127.17**	＜0.0001
时间×处理	52.029	28	0.072	2.49**	＜0.0001
误差	2.328	80	0.029		
总变异	28.429	119			

** P＜0.01

表 5.26　樟子松蒸腾速率的多重比较

处理	Z_0	Z_1	Z_2	Z_3	Z_4
平均值/[mmol H_2O/（m^2·s）]	0.76	1.34	1.74	1.63	1.12
显著性（α=0.01）	d	b	a	a	c

5.2.3.3　保水剂施用量对植物气孔导度（G_s）的影响

如图 5.10 所示，水分胁迫对樟子松气孔导度的影响规律与净光合速率和蒸腾速率类似，都是先增大后减小。同一胁迫时间下，经保水剂处理的樟子松的气孔

导度均高于对照 Z_0，在胁迫的第 14 天，各处理气孔导度分别是 Z_0 的 1.33 倍、1.83 倍、1.67 倍、1.17 倍。试验结束时，各处理分别是对照的 2.00 倍、6.00 倍、3.00 倍、2.00 倍。樟子松 G_s 对水分的变化极其敏感，轻度水分胁迫就会引起其值的下降，随着后期土壤含水率的下降，G_s 会大幅度减小。

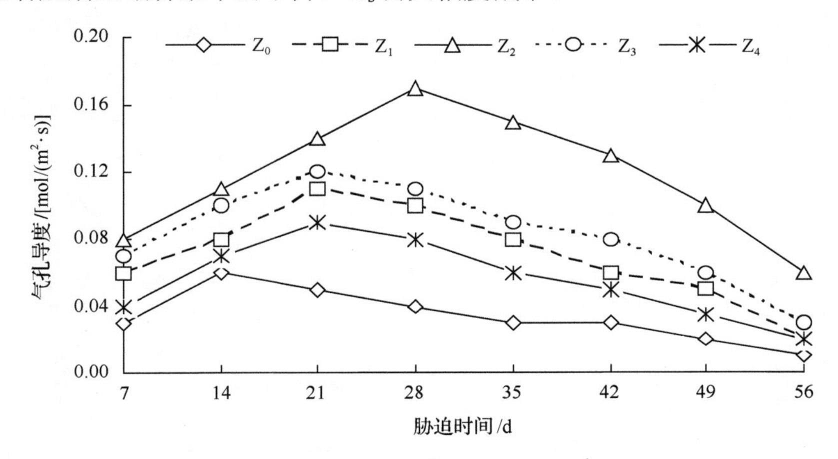

图 5.10　樟子松气孔导度对水分胁迫的响应

不同保水剂施用量和胁迫时间下樟子松的气孔导度方差分析（表 5.27）与多重比较（表 5.28）结果表明，樟子松气孔导度在不同保水剂施用量和胁迫时间处理下差异极显著（P<0.01），而二者交互效应下的差异不显著（P=0.9469）。Z_2 气孔导度平均值最大，分别是 Z_0、Z_1、Z_3、Z_4 的 4.00 倍、1.71 倍、1.50 倍、2.00 倍，除 Z_1 和 Z_3 外，其他任意两组差异均极显著。

表 5.27　樟子松气孔导度的方差分析

变异源	偏差平方和（SS）	自由度（df）	均方（MS）	F 值	P 值
时间	0.060	7	0.009	15.39**	<0.0001
处理	0.073	4	0.018	32.82**	<0.0001
时间×处理	0.009	28	0.001	0.58	0.9469
误差	0.044	79	0.001		
总变异	0.186	118			

** P<0.01

表 5.28　樟子松气孔导度的多重比较

处理	Z_0	Z_1	Z_2	Z_3	Z_4
平均值/[mol/(m²·s)]	0.03	0.07	0.12	0.08	0.06
显著性（α=0.01）	d	b	a	b	c

5.2.3.4　保水剂施用量对植物胞间 CO_2 浓度(C_i)的影响

如图 5.11 所示，Z_0、Z_1、Z_2、Z_3、Z_4 在整个水分胁迫试验结束后，相比于水分胁迫前，樟子松胞间 CO_2 浓度分别降低了 40.49%、31.93%、21.68%、29.18%、36.02%，即 Z_2 下降的最少，Z_0 下降的最多。整个胁迫试验中，同一胁迫时间下胞间 CO_2 浓度的大小关系为 $Z_2>Z_3>Z_1>Z_4>Z_0$，与气孔导度的变化趋势基本一致，因为 CO_2 是通过气孔进入植物体内的，所以气孔导度的下降会导致胞间 CO_2 浓度也随之下降。

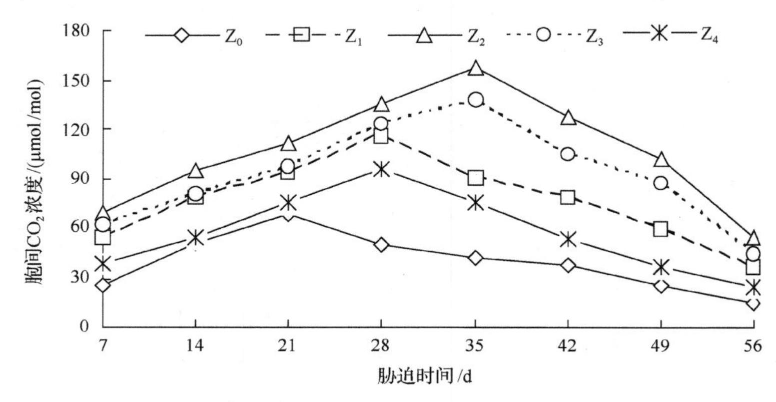

图 5.11　樟子松胞间 CO_2 浓度对水分胁迫的响应

表 5.29 和表 5.30 分别为不同保水剂施用量与胁迫时间下樟子松胞间 CO_2 浓度的方差分析及多重比较结果。从表 5.29 和表 5.30 中可知，不同保水剂施用量、胁迫时间及二者之间交互作用下樟子松的胞间 CO_2 浓度差异均极显著($P<0.01$)，其中 Z_2 值最大，为 106.57μmol/mol，是 Z_0、Z_1、Z_3、Z_4 的 2.67 倍、1.40 倍、1.16 倍、1.87 倍。

表 5.29　樟子松胞间 CO_2 浓度的方差分析

变异源	偏差平方和(SS)	自由度(df)	均方(MS)	*F* 值	*P* 值
时间	61 105.231	7	8 729.319	1 112.67**	<0.000 1
处理	68 004.410	4	17 001.103	2 167.02**	<0.000 1
时间×处理	13 626.798	28	486.671	62.03**	<0.000 1
误差	619.786	79	7.845		
总变异	143 356.225	118			

** $P<0.01$

表 5.30　樟子松胞间 CO_2 浓度的多重比较

处理	Z_0	Z_1	Z_2	Z_3	Z_4
平均值/(μmol/mol)	39.93	75.99	106.57	92.24	57.06
显著性(α=0.01)	e	c	a	b	D

5.2.3.5　保水剂施用量对植物水分利用效率(WUE)的影响

如图 5.12 所示，樟子松水分利用效率随胁迫时间的变化出现先升高后降低的规律，变化幅度因处理不同差异较大，其中 Z_4 在前 28d 的变化较剧烈，升高了 30.09%，其他处理的变化较平缓。试验结束时，Z_1、Z_4 的 WUE 较第 49 天有所升高，而 Z_0、Z_2、Z_3 则较第 49 天有所降低。

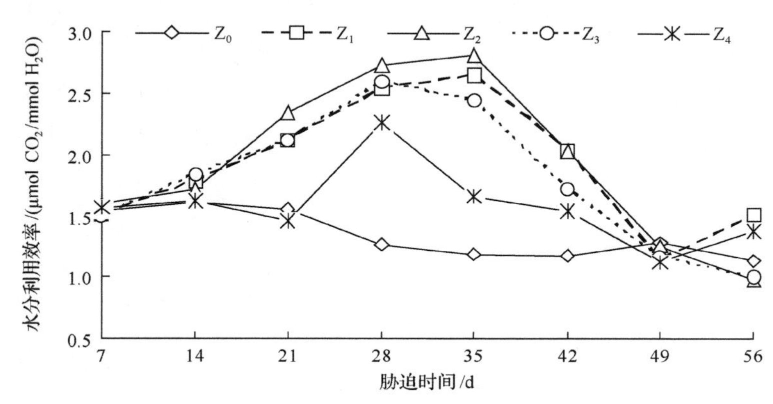

图 5.12　樟子松水分利用效率对水分胁迫的响应

对不同保水剂施用量和胁迫时间下樟子松水分利用效率进行了方差分析与多重比较，结果见表 5.31、表 5.32。从表 5.31 和表 5.32 可知，在 0.01 的显著性水平下，不同保水剂施用量、不同胁迫时间及二者交互效应下樟子松水分利用效率差异均极显著，且 Z_2 值最大，Z_1、Z_3、Z_4 次之，Z_0 最小，Z_2 除与 Z_0 差异极显著外，与其他 3 个处理间差异均不显著。

表 5.31　樟子松水分利用效率的方差分析

变异源	偏差平方和(SS)	自由度(df)	均方(MS)	*F* 值	*P* 值
时间	1.597	7	0.228	10.31**	<0.0001
处理	1.881	4	0.470	21.24**	<0.0001
时间×处理	2.745	28	0.098	4.43**	<0.0001
误差	1.771	80	0.022		
总变异	7.995	119			

** $P<0.01$

表 5.32　樟子松水分利用效率的多重比较

处理	Z_0	Z_1	Z_2	Z_3	Z_4
平均值/(μmol CO_2/mmol H_2O)	1.38	1.91	1.94	1.80	1.58
显著性(α=0.01)	b	a	a	a	ab

5.2.4 保水剂施用量对植物叶绿素荧光参数的影响

5.2.4.1 保水剂施用量对植物实际光化学量子效率的影响

如图 5.13 所示，各处理 ΦPSⅡ随胁迫时间延长表现出下降的趋势，这表明樟子松光合电子传递过程在水分限制的情况下受到了抑制和损伤，光合电子传递速率下降，从而导致实际原初光能的转化效率下降。各处理的下降幅度因保水剂用量不同存在差异，Z_0、Z_1、Z_2、Z_3、Z_4下降的百分比分别为 35.17%、30.97%、30.17%、33.53%、38.62%。ΦPSⅡ的变化规律并不是与保水剂用量成正比，而是只有当保水剂用量适宜时，才能抑制由水分缺乏而引起的实际原初光能转化效率的下降。

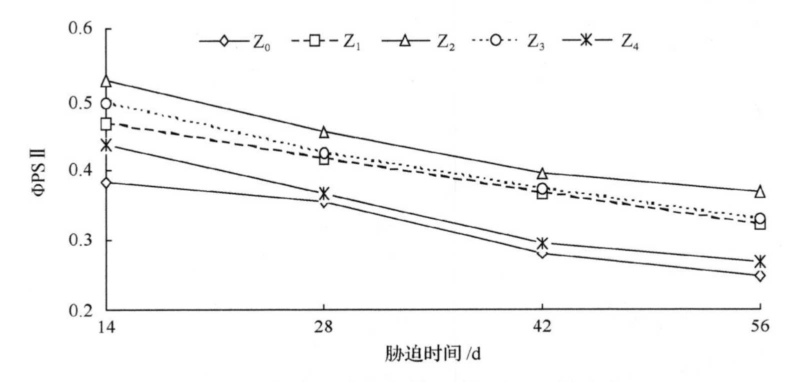

图 5.13 水分胁迫期间樟子松 ΦPSⅡ的变化

不同保水剂施用量、不同胁迫时间及二者交互作用下樟子松 ΦPSⅡ方差分析和多重比较(表 5.33、表 5.34)结果显示，不同保水剂施用量、不同胁迫时间及二者交互效应的差异均不显著($P>0.05$)，Z_2处理与其他处理差异均极显著，且均值最大。

表 5.33 樟子松 ΦPSⅡ的方差分析

变异源	偏差平方和(SS)	自由度(df)	均方(MS)	*F* 值	*P* 值
时间	0.206	3	0.069	2.55	0.069
处理	0.111	4	0.028	1.03	0.405
时间×处理	0.005	12	0.001	0.02	1.000
误差	1.079	40	0.027		
总变异	1.400	59			

表 5.34 樟子松 ΦPSⅡ的多重比较

处理	Z_0	Z_1	Z_2	Z_3	Z_4
平均值	0.32	0.39	0.44	0.41	0.34
显著性(α=0.01)	d	b	a	b	c

5.2.4.2　保水剂施用量对植物光化学猝灭系数的影响

如图 5.14 所示，随着胁迫时间的增加，各处理的 qP 均呈下降趋势，这表明 PSⅡ反应中心开放程度下降。整个试验中，Z_1、Z_2、Z_3 下降幅度较小，分别下降了 15.49%、13.70%、16.01%，表明水分胁迫下 PSⅡ反应中心的电子流动受抑制的程度较小，吸收的光能大多可以用于光化学反应。Z_0、Z_4 下降幅度较大，分别为 23.56%、24.61%，这说明 PSⅡ失活严重，表现出较差的抗旱性。

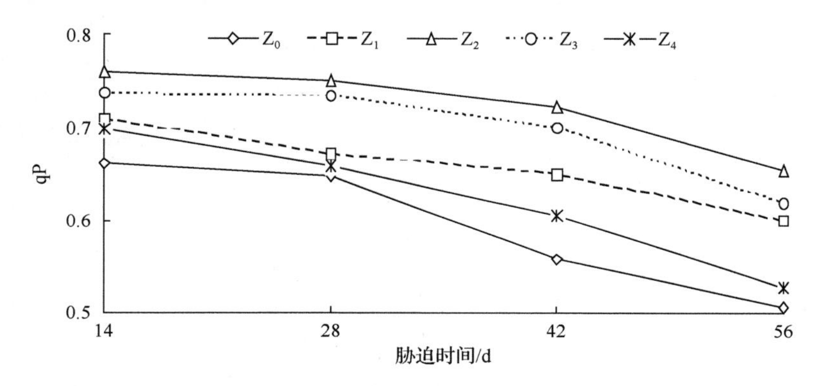

图 5.14　水分胁迫期间樟子松 qP 的变化

如表 5.35 和表 5.36 所示，不同保水剂施用量、不同胁迫时间及二者交互作用下樟子松 qP 差异均不显著(P＞0.05)，各处理均值大小关系为 Z_2＞Z_3＞Z_1＞Z_4＞Z_0，且 Z_2 与其他处理差异均极显著(Z_3 除外)。

表 5.35　樟子松 qP 的方差分析

变异源	偏差平方和(SS)	自由度(df)	均方(MS)	*F* 值	*P* 值
时间	0.150	3	0.050	1.32	0.283
处理	0.124	4	0.031	0.81	0.524
时间×处理	0.011	12	0.009	0.02	1.000
误差	1.523	40	0.038		
总变异	1.809	59			

表 5.36　樟子松 qP 的多重比较

处理	Z_0	Z_1	Z_2	Z_3	Z_4
平均值	0.59	0.66	0.72	0.70	0.62
显著性(α=0.01)	d	b	a	a	c

5.2.4.3　保水剂施用量对植物非光化学猝灭系数的影响

如图 5.15 所示，随着水分胁迫时间的延长，各处理 qN 均呈现先上升后下降的趋势。胁迫第 42 天，各处理 qN 值分别是第 14 天的 1.08 倍、1.10 倍、1.12 倍、1.10 倍、1.07 倍，这一过程中 PS II 的潜在热耗散提高，减少了对光合系统的损坏。试验结束时，各处理值较峰值分别降低了 2.32%、7.33%、4.04%、2.30%、2.04%。

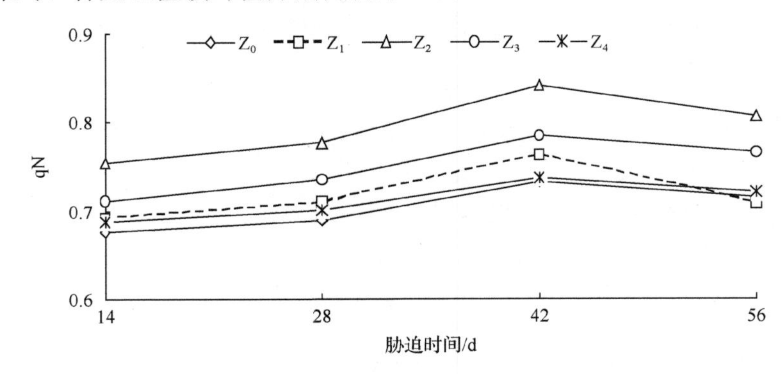

图 5.15　水分胁迫期间樟子松 qN 的变化

表 5.37 和表 5.38 表明，不同保水剂施用量、不同胁迫时间及二者交互作用下樟子松 qN 的差异均不显著($P>0.05$)，Z_2 处理与其他处理差异均极显著，且 Z_2 的均值最大，是 Z_0 的 1.14 倍。

表 5.37　樟子松 qN 的方差分析

变异源	偏差平方和(SS)	自由度(df)	均方(MS)	F 值	P 值
时间	0.380	3	0.127	0.14	0.9320
处理	8.262	4	2.066	2.36	0.0694
时间×处理	1.052	12	0.088	0.10	0.9999
误差	34.985	40	0.875		
总变异	44.679	59			

表 5.38　樟子松 qN 的多重比较

处理	Z_0	Z_1	Z_2	Z_3	Z_4
平均值	0.70	0.72	0.80	0.75	0.71
显著性(α=0.01)	d	c	a	b	cd

5.2.4.4　保水剂施用量对植物 PS II 最大光化学效率的影响

如图 5.16 所示，随着干旱胁迫的加剧，F_v/F_m 表现出先升高后降低的趋势，但变化幅度很平缓。这与许多学者的研究结果一致，即轻度胁迫对 F_v/F_m 起到促进作用，重度胁迫抑制光合作用原初反应，从而降低 F_v/F_m。胁迫结束后(第 56 天)，Z_0、Z_1、Z_2、Z_3、Z_4 的 F_v/F_m 较胁迫前期(第 14 天)分别降低了 6.07%、4.22%、2.13%、6.30%、3.77%，这说明适宜的保水剂用量可以减轻因水分胁迫而造成的光合作用的减弱。

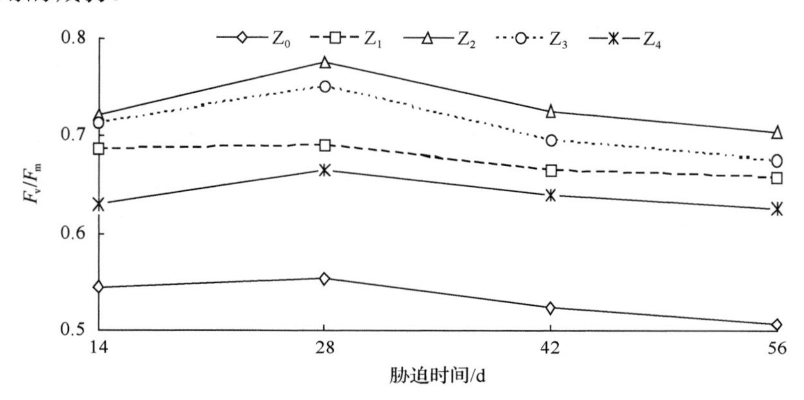

图 5.16　水分胁迫期间樟子松 F_v/F_m 的变化

表 5.39 和表 5.40 表明，不同保水剂用量、不同胁迫时间及二者交互效应下樟子松 F_v/F_m 差异均不显著($P>0.05$)，Z_2 处理的均值最大，Z_0 最小，是 Z_2 的 71.60%，各处理间差异均极显著。

表 5.39　樟子松 F_v/F_m 的方差分析

变异源	偏差平方和(SS)	自由度(df)	均方(MS)	F 值	P 值
时间	0.019	3	0.006	0.20	0.8947
处理	0.318	4	0.080	2.52	0.0559
时间×处理	0.005	12	0.004	0.01	1.0000
误差	1.262	40	0.032		
总变异	1.604	59			

表 5.40　樟子松 F_v/F_m 的多重比较

处理	Z_0	Z_1	Z_2	Z_3	Z_4
平均值	0.53	0.68	0.74	0.71	0.64
显著性(α=0.01)	e	c	a	b	d

5.2.4.5　保水剂施用量对植物电子传递效率的影响

图 5.17 是在胁迫试验中樟子松电子传递效率的变化图。随着胁迫程度的加重，各处理的 ETR 均有不同程度的降低。胁迫试验结束后，各处理 ETR 较胁迫第 14

天相比，减少幅度的大小顺序为 Z_0(40.92%) > Z_4(39.81%) > Z_1(39.26%) > Z_3(37.91%) > Z_2(26.07%)。胁迫试验中，ETR 并不是随着保水剂用量的增加而升高，这说明只有适宜的保水剂用量才能减轻水分胁迫对樟子松造成的伤害。

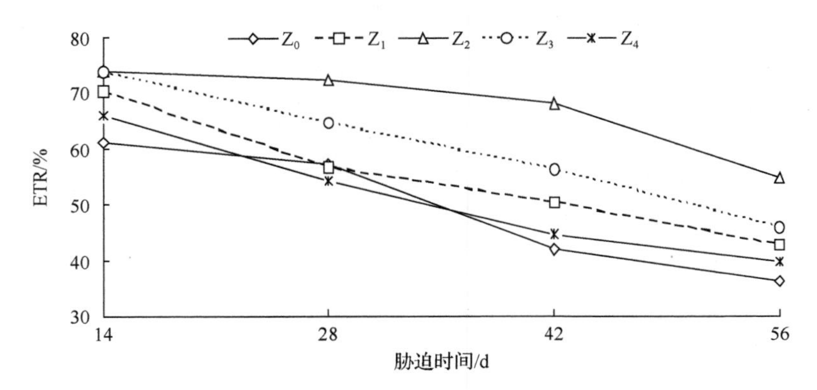

图 5.17　水分胁迫期间樟子松 ETR 的变化

表 5.41 和表 5.42 表明，不同保水剂施用量、不同胁迫时间及二者交互作用下 ETR 的差异均极显著(P<0.01)，Z_2 处理与其他处理差异均极显著。

表 5.41　樟子松 ETR 的方差分析

变异源	偏差平方和(SS)	自由度(df)	均方(MS)	F 值	P 值
时间	5442.44	3	1814.15	413.55**	<0.0001
处理	2627.09	4	656.77	149.72**	<0.0001
时间×处理	312.59	12	26.05	5.94**	<0.0001
误差	175.47	40	4.39		
总变异	8557.59	59			

** P<0.01

表 5.42　樟子松 ETR 的多重比较

处理	Z_0	Z_1	Z_2	Z_3	Z_4
平均值/%	49.10	54.99	67.34	60.22	51.18
显著性(α=0.01)	d	c	a	b	cd

5.2.5　保水剂施用量对植物抗氧化酶活性的影响

5.2.5.1　保水剂施用量对植物 POD 活性的影响

图 5.18 是水分胁迫期间不同保水剂施用量樟子松 POD 活性的变化图。由该图可知，POD 活性随着胁迫程度的加剧均呈现出先升高后降低的变化规律，胁

迫试验前 2 周，各处理的 POD 活性均很低。随着胁迫时间的延长，各处理 POD 活性逐渐升高，Z_0、Z_4 在第 28 天出现峰值，而 Z_1、Z_2、Z_3 在第 42 天出现峰值。后期胁迫程度加重，抗氧化酶系统受到伤害，因此试验结束时各处理 POD 活性也随之下降，其中较峰值相比下降幅度的大小顺序为 Z_4(41.58%)＞Z_0(40.01%)＞Z_1(34.18%)＞Z_3(19.53%)＞Z_2(17.58%)。这说明，在水分胁迫前期，即轻度胁迫下，樟子松体内的 POD 活性受到激发，对细胞的保护作用增强，当胁迫程度加重时，樟子松体内的酶系统受到伤害，POD 活性降低，对细胞的保护作用减弱，但是变化的幅度因保水剂的用量而存在很大差异。

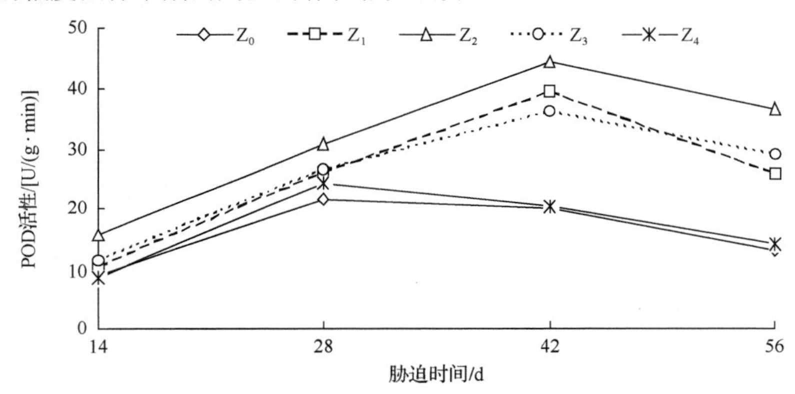

图 5.18　水分胁迫期间樟子松 POD 活性的变化

如表 5.43 和表 5.44 所示，不同保水剂施用量、不同胁迫时间及两者交互效应之间 POD 活性的差异均极显著。Z_2 的 POD 活性均值最大，其次分别为 Z_3、Z_1、Z_4，Z_0 最小。Z_0、Z_4 与 Z_1、Z_2、Z_3 间的差异极显著。这说明，Z_2 处理能使樟子松 POD 活性在水分胁迫下维持较高的水平，从而提高樟子松的抗旱性。

表 5.43　樟子松 POD 活性的方差分析

变异源	偏差平方和(SS)	自由度(df)	均方(MS)	F 值	P 值
时间	3555.279	3	1185.093	232.07**	＜0.0001
处理	2220.868	4	555.217	108.73**	＜0.0001
时间×处理	749.509	12	62.459	12.23**	＜0.0001
误差	204.265	40	5.107		
总变异	6729.922	59			

** P＜0.01

表 5.44　樟子松 POD 活性的多重比较

处理	Z_0	Z_1	Z_2	Z_3	Z_4
POD 活性/[U/(g·min)]	15.87	25.47	31.85	25.84	16.83
显著性(α=0.01)	b	a	a	a	b

5.2.5.2 保水剂施用量对植物 SOD 活性的影响

如图 5.19 所示，SOD 活性随胁迫时间的变化规律同 POD 大体一致，都是先升高后降低，变化幅度因保水剂用量的不同而存在差异。胁迫第 42 天，除 Z_0 以外，其他处理中 SOD 活性出现了最大值，各处理大小关系为 Z_2(68.15U/g)＞Z_3(55.82U/g)＞Z_1(51.36U/g)＞Z_4(48.45U/g)＞Z_0(19.68U/g)。胁迫后期，各处理 SOD 活性出现不同程度的降低，Z_2 处理降低的幅度最小，为 15.86%；Z_0 降低的幅度最大，为 39.77%；Z_3、Z_1、Z_4 降低的幅度依次增大，说明土壤中施入保水剂可以延缓水分胁迫对樟子松的损害。

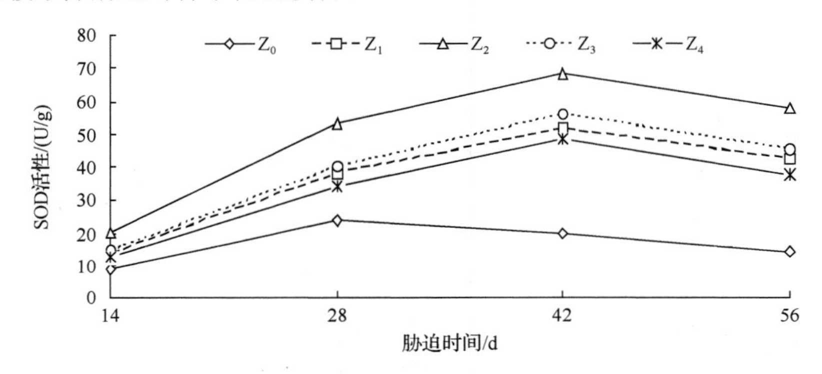

图 5.19 水分胁迫期间樟子松 SOD 活性的变化

表 5.45 和表 5.46 分别为水分胁迫下不同保水剂施用量樟子松 SOD 活性的方差分析结果与多重比较结果。由表 5.45 和表 5.46 可知，不同胁迫时间、不同保水剂施用量及二者交互效应下樟子松 SOD 活性差异均极显著(P＜0.01)。Z_2 的 SOD 活性均值最大，且与其他处理差异极显著，Z_0 最小，且与其他处理差异极显著。这说明，在土壤中施入保水剂，能有效提高水分胁迫下樟子松的 SOD 活性，从而降低水分胁迫给樟子松带来的危害，并且适宜的保水剂施用量更有利于樟子松保持较高的酶活性。

表 5.45 樟子松 SOD 活性的方差分析

变异源	偏差平方和(SS)	自由度(df)	均方(MS)	F 值	P 值
时间	9 906.007	3	3 302.002	1 042.36**	＜0.000 1
处理	7 035.976	4	1 758.994	555.27**	＜0.000 1
时间×处理	1 531.933	12	127.661	10.30**	＜0.000 1
误差	126.712	40	3.168		
总变异	18 600.629	59			

** P＜0.01

表 5.46　樟子松 SOD 活性的多重比较

处理	Z_0	Z_1	Z_2	Z_3	Z_4
平均值/(U/g)	16.58	36.40	49.87	38.85	33.18
显著性(α=0.01)	c	b	a	b	b

5.2.6　保水剂施用量对植物应激性生理指标的影响

5.2.6.1　保水剂施用量对植物体内游离脯氨酸(Pro)含量的影响

如图 5.20 所示，随着胁迫时间的延长，樟子松体内的游离脯氨酸含量逐渐升高。Z_0 和 Z_4 处理的游离脯氨酸含量升高的幅度较大，Z_2 处理升高的幅度最小。试验结束时较试验开始时相比，Z_0、Z_2、Z_4 处理的游离脯氨酸含量分别升高了 2.48 倍、1.40 倍、3.00 倍。

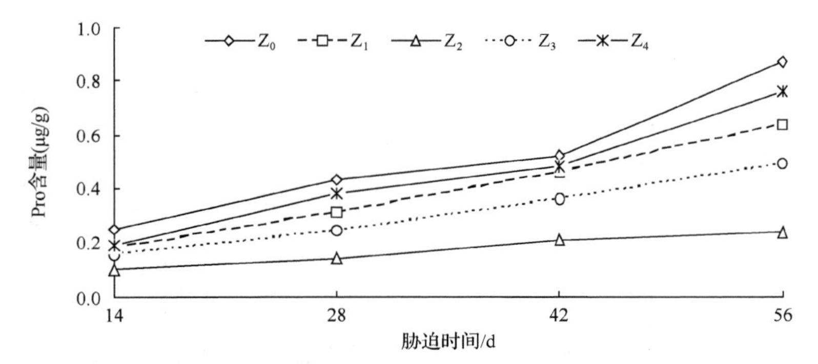

图 5.20　水分胁迫期间樟子松游离脯氨酸含量的变化

表 5.47 说明：不同保水剂施用量、不同胁迫时间处理的樟子松体内游离脯氨酸含量差异均极显著(P<0.01)，但二者交互作用处理的差异不显著(P=0.0686)。表 5.48 表明：不同保水剂施用量处理的樟子松体内游离脯氨酸含量平均值大小顺序为 $Z_0>Z_4>Z_1>Z_3>Z_2$，且 Z_2 处理较其他处理的差异均极显著。这说明，在 Z_2 处理下，樟子松受到的胁迫较其他处理轻。

表 5.47　樟子松游离脯氨酸含量的方差分析

变异源	偏差平方和(SS)	自由度(df)	均方(MS)	F 值	P 值
时间	1.463	3	0.488	45.23^{**}	<0.0001
处理	0.863	4	0.216	20.02^{**}	<0.0001
时间×处理	0.242	12	0.020	1.87	0.0686
误差	0.431	40	0.011		
总变异	2.999	59			

** P<0.01

表 5.48　樟子松游离脯氨酸含量的多重比较

处理	Z_0	Z_1	Z_2	Z_3	Z_4
平均值/(μg/g)	0.52	0.40	0.17	0.31	0.45
显著性(α=0.01)	a	ab	c	b	a

5.2.6.2　保水剂施用量对植物体内丙二醛含量的影响

如图 5.21 所示，各处理丙二醛(MDA)含量大体上随着胁迫时间的延长而升高，升高的幅度因保水剂的施用量不同存在一定差异。Z_2 变化幅度最小，Z_0 变化幅度最大，试验的第 56 天与第 14 天相比，Z_0、Z_1、Z_2、Z_3、Z_4 处理樟子松体内的丙二醛含量分别增加了 5.55μmol/g、2.81μmol/g、2.45μmol/g、4.20μmol/g、3.22μmol/g。

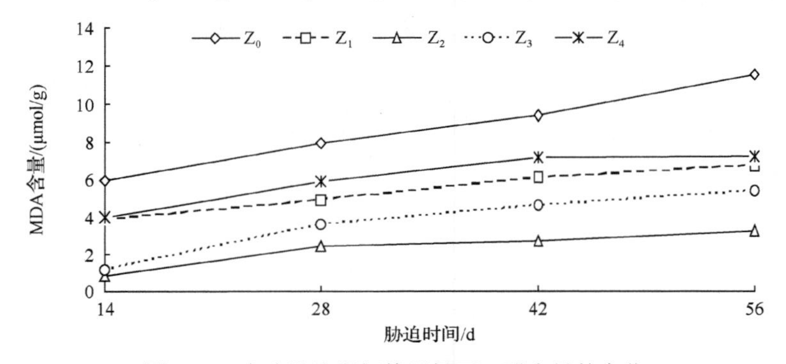

图 5.21　水分胁迫期间樟子松丙二醛含量的变化

表 5.49 和表 5.50 分别为水分胁迫下不同保水剂施用量处理的樟子松体内 MDA 含量方差分析结果与多重比较结果。从表 5.49 和表 5.50 中可知，不同胁迫时间和不同保水剂施用量处理下樟子松体内 MDA 含量差异均极显著(P<0.01)，但不同胁迫时间与不同保水剂施用量交互作用下樟子松体内 MDA 含量差异不显著(P=0.6274)。胁迫试验的 56d 里，Z_2 处理的樟子松体内 MDA 含量最低，且较其他处理差异极显著；Z_0 处理的樟子松体内 MDA 含量最高，且较其他处理差异极显著。这说明，施用保水剂可以减轻水分胁迫对植物造成的危害，适宜的保水剂施用量能够很好地减缓膜脂过氧化，从而保护细胞。

表 5.49　樟子松丙二醛含量的方差分析

变异源	偏差平方和(SS)	自由度(df)	均方(MS)	F 值	P 值
时间	107.548	3	35.849	28.43**	<0.0001
处理	280.518	4	70.129	55.61**	<0.0001
时间×处理	12.438	12	1.036	0.82	0.6274
误差	50.440	40	1.261		
总变异	450.943	59			

** P<0.01

表 5.50　樟子松丙二醛含量的多重比较

处理	Z_0	Z_1	Z_2	Z_3	Z_4
平均值/(μmol/g)	8.68	5.40	2.31	3.71	6.07
显著性(α=0.01)	a	b	d	c	b

5.2.6.3　保水剂施用量对植物相对电导率的影响

图 5.22 是在水分胁迫期间不同保水剂施用量处理樟子松相对电导率(REC)的变化图。从图 5.22 可以看出，各处理樟子松 REC 大体上随着胁迫时间的延长表现出不同程度的升高，整个试验中 Z_0、Z_1、Z_2、Z_3、Z_4 处理的樟子松相对电导率分别增加了 75.473%、80.48%、44.00%、55.56%、75.51%。

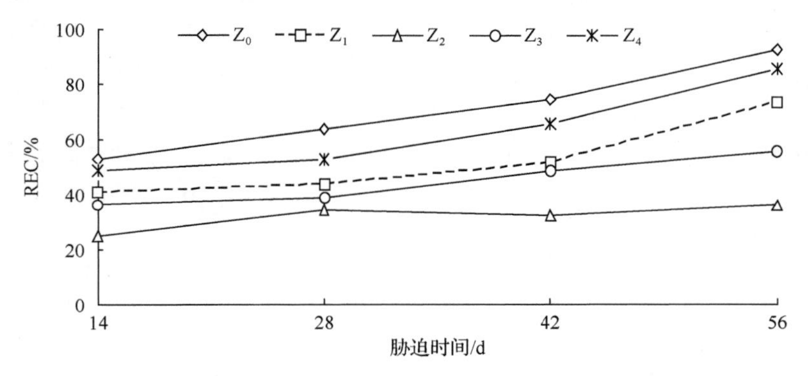

图 5.22　水分胁迫期间樟子松相对电导率的变化

表 5.51 不同处理下樟子松相对电导率方差分析结果表明，不同保水剂施用量处理和不同胁迫时间下樟子松相对电导率差异均极显著(P<0.01)，但二者交互作用的差异不显著(P=0.965)。表 5.52 中不同处理下樟子松相对电导率多重比较结果表明，Z_0 处理的樟子松相对电导率平均值最大，Z_2 处理最小，且 Z_2 处理较其他处理的差异均极显著。

表 5.51　樟子松相对电导率的方差分析

变异源	偏差平方和(SS)	自由度(df)	均方(MS)	F 值	P 值
时间	5 772.450	3	1 924.150	91.19**	<0.000 1
处理	12 831.900	4	3 207.975	152.04**	<0.000 1
时间×处理	2 283.300	12	190.275	9.02	0.965 0
误差	844.000	40	21.100		
总变异	21 731.650	59			

** P<0.01

表 5.52 樟子松相对电导率的多重比较

处理	Z_0	Z_1	Z_2	Z_3	Z_4
平均值/%	71.25	52.75	29.25	45.00	63.50
显著性(α=0.01)	a	a	c	b	a

5.2.7 保水剂施用量对植物叶片相对含水量的影响

干旱胁迫下，根系吸水慢于植物失水，从而使得植物体内水分亏缺，导致叶片相对含水量下降。所以叶片相对含水量(RWC)能够直观地反映植物遭受水分胁迫程度的大小。

图 5.23 为樟子松叶片相对含水量在水分胁迫期间的变化情况，从图 5.23 可以看到，不同保水剂施用量处理对樟子松叶片相对含水量影响不同，但总体趋势为随着胁迫时间的增加，叶片相对含水量逐渐降低，与土壤含水率的变化趋势类似。胁迫前期各处理叶片相对含水量下降得较缓慢，从胁迫第 28 天开始到试验结束，下降幅度较大。胁迫第 56 天时，各处理叶片相对含水量从小到大的顺序依次为 Z_0、Z_4、Z_1、Z_3、Z_2，其平均值分别为 29.54%、32.71%、34.64%、36.80%、42.51%，与土壤含水率表现出的大小顺序一致。

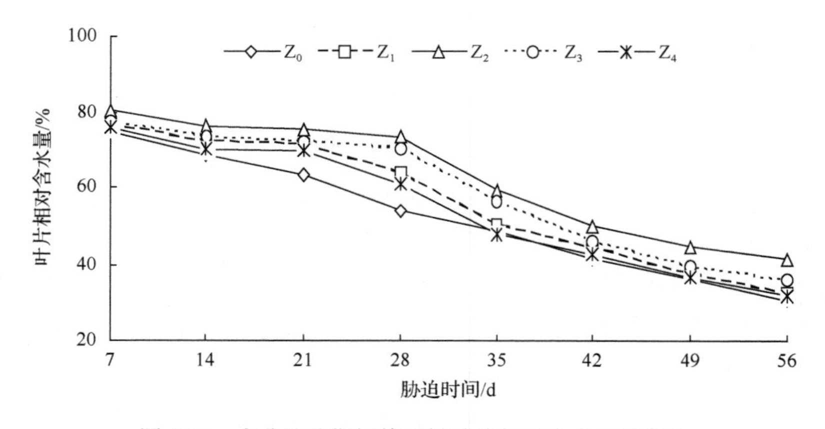

图 5.23 水分胁迫期间樟子松叶片相对含水量的变化

表 5.53 和表 5.54 樟子松叶片相对含水量的方差分析与多重比较结果表明，不同胁迫时间下樟子松叶片相对含水量差异极显著(P<0.01)，而不同保水剂施用量处理、保水剂施用量与不同胁迫时间交互作用处理差异不显著(P>0.05)。Z_2 处理下叶片平均相对含水量最大，为 62.51%；Z_0 最小，为 52.06%；除 Z_1 与 Z_4 处理差异不极显著外，其他处理间差异均极显著。

表 5.53　樟子松叶片相对含水量的方差分析

变异源	偏差平方和(SS)	自由度(df)	均方(MS)	*F* 值	*P* 值
时间	60 638.466	7	8 662.352	3.47**	0.002 7
处理	6 491.048	4	1 622.762	0.65	0.628 1
时间×处理	68 173.594	28	2 434.771	0.98	0.510 8
误差	199 535.174	80	2 494.190		
总变异	334 836.283	119			

** $P<0.01$

表 5.54　樟子松叶片相对含水量的多重比较

处理	Z_0	Z_1	Z_2	Z_3	Z_4
平均值/%	52.06	56.03	62.51	58.78	54.36
显著性(α=0.01)	d	c	a	b	c

5.2.8　保水剂对植物生理生化影响的隶属函数综合评价

表 5.55 为不同保水剂施用量处理下樟子松各生理生化指标隶属函数值及综合评价结果。各处理综合隶属函数值顺序为 Z_2(0.54)＞Z_3(0.53)＞Z_1(0.48)＞Z_4(0.47)＞Z_0(0.46)，Z_2 处理樟子松综合隶属函数值最大，Z_0 处理最小，最大值是最小值的 1.17 倍，Z_2、Z_3 处理综合评价结果相差不大。即在干旱胁迫下，占土壤质量百分比为 0.2%～0.3%的保水剂施用量对于缓解干旱缺水对樟子松生长的影响最为有效。

表 5.55　不同处理樟子松生理生化指标的综合评价

处理	P_n	T_r	G_s	C_i	WUE	RWC	POD	SOD	MDA	Pro	REC	ΦPSⅡ	qP	qN	F_v/F_m	ETR	平均值	排序
Z_0	0.42	0.52	0.49	0.45	0.45	0.47	0.48	0.53	0.49	0.43	0.46	0.37	0.46	0.48	0.44	0.49	0.46	5
Z_1	0.42	0.52	0.56	0.50	0.35	0.53	0.52	0.60	0.54	0.48	0.36	0.50	0.53	0.37	0.52	0.45	0.48	3
Z_2	0.48	0.55	0.52	0.50	0.52	0.55	0.56	0.62	0.60	0.52	0.61	0.42	0.64	0.47	0.38	0.65	0.54	1
Z_3	0.48	0.50	0.58	0.51	0.50	0.55	0.58	0.59	0.60	0.47	0.45	0.46	0.67	0.52	0.44	0.51	0.53	2
Z_4	0.38	0.56	0.51	0.45	0.22	0.51	0.53	0.57	0.64	0.46	0.39	0.44	0.56	0.49	0.36	0.43	0.47	4

参 考 文 献

宫辛玲, 刘作新, 尹光华, 舒乔生, 李桂芳. 2008. 土壤保水剂与氮肥的互作效应研究. 农业工程学报, 24(1): 50-53.

黄占斌, 张国桢, 李秧秧, 郝明德, Meni BEN-HUR, Deli CHEN. 2002. 保水剂特性测定及其在农业中的应用. 农业工程学报, 18(1): 22-26.

李长荣, 邢玉芬, 朱健康, 杨文辉. 1989. 高吸水性树脂与肥料相互作用的研究. 北京农业大学学报, 15(2): 187-192.

李景生, 黄韵珠. 1996. 土壤保水剂的吸水保水性能研究动态. 中国沙漠, 16(1): 181-187.

李倩, 刘景辉, 张磊, 徐胜涛, 陈勤, 刘慧军. 2011. 保水剂不同用法下马铃薯形态特征、渗透调节物质及产量的变化. 西北农业科学, 20(10): 58-63.

李振, 王百田, 曹晓阳, 曹远博, 王文静, 赵铭军. 2011. 不同水分胁迫下保水剂与肥料混合对苗木蒸腾速率的影响. 广东农业科学, 24: 50-53.

王晗生, 王青宁. 2001. 保水剂农用抗旱增效研究现状. 干旱地区农业研究, 19(4): 38-45.

王砚田, 华孟. 1990. 高吸水性树脂对土壤物理性状的影响. 北京农业大学学报, 16(2): 181-186.

吴德瑜, 梁鸣早. 1987. 保水剂及其在农业中的应用. 农业科技通讯, (3): 3-4.

吴德瑜. 1990. 保水剂在农业上的应用进展. 作物杂志, (1): 22-23.

吴德瑜. 1991. 保水剂与农业. 北京: 中国农业科学技术出版社.

邢玉芬, 帅修富, 李长荣. 1993. 高吸水性树脂单施及肥料混施对土壤水分蒸发及团聚作用的影响. 北京农业大学学报, 19(4): 52-56.

张富仓, 康绍忠. 1999. 保水剂及其对土壤与作物的效应. 农业工程学报, 15(2): 74-78.

赵永贵. 1995. 保水剂的开发及应用进展. 中国水土保持, (5): 52-54.

周金池, 马履一, 王学勇, 马增旺. 2008. 河北省平山县刺槐造林保水剂施用效果研究. 水土保持通报, 28(4): 70-74.

第 6 章　采沙迹地植被营建施肥调控技术

6.1　植物生长发育的施肥调控研究现状

养分供给是植物生长发育的物质基础，植物生长发育时需要从土壤中吸收多种营养元素。当土壤不能提供植物生长发育所需的营养时，对植物进行人为的营养元素补充的行为称为施肥。在生产建设中，有的土地因挖损、表土剥离等破坏了土壤理化性状，使土壤变得贫瘠，在土地复垦植被建植过程中需要补充养分；有的土地因长期连续耕作，大量养分被植物吸收利用后形成生物产品进入人类经济系统而不能及时归还给土壤，从而导致土壤养分递减、逐渐亏缺，土壤贫瘠化，为了恢复土地生产能力，需要将亏缺、损耗的养分及时归还土壤。所以，施肥的目的就在于补充土壤中亏缺的养分，调控植物生长发育，从而增加生物量的累积，加快植被恢复速度，提高生态效益和经济效益。

在农业生产中施用草木灰、石灰等至今已有 2000 多年历史，在林业上的施肥研究和实践晚于农业。第二次世界大战后，世界性工业化发展推动经济迅速增长，同时极大地刺激了人类对农林产品的需求，大大降低了化肥成本，使得施肥逐渐成为农林生产补充土壤养分的普遍措施。20 世纪 70 年代末，我国经济发展逐渐步入正轨，因生产建设需要，针对速生丰产林的施肥研究进入探索阶段，如叶仲节(1985)对杉木幼林进行的施肥效应研究。此后，相继开展了以桉树、杨树、杉木、竹子等速生经济树种为主要对象的施肥效应研究，并使施肥成为促进林木育苗发展的普遍措施，针对不同树种，结合土壤条件，研究者提出了许多促进林业生产的优化施肥方案。但在生态建设的植被建植工作中，施肥却往往被忽略。在生态环境脆弱、土壤极其贫瘠的沙区，对采沙迹地进行植被恢复，不补充土壤养分难以达到恢复的目的。

在施肥过程中，除保证植物对养分需求量的供应外，肥料的有效性是需要考虑的重要因素，否则盲目施肥不但会造成肥料浪费，达不到促进植物生长发育的效果，还会造成植物中毒和负面环境效应。肥料有效性除与肥料自身的特性有关外，还与植物需肥规律、土壤环境条件等因素有关。为了提高肥料的有效性和施肥效果，人们将植物需肥规律与土壤供肥能力相结合，开展了许多与施肥效应有关的施肥时期、施肥方法研究，并借此形成了基于植物与土壤营养诊断的平衡施肥、精准施肥方法。

土壤是植物生长发育所需水分和养分供应的介质，土壤环境的优劣直接影响土壤对植物生长发育所需养分的供应能力。肥料被施入土壤后，在土壤物理、化学、生物环境的作用下会发生一系列变化，从而在不同程度上影响施肥效果。所以，土壤条件是在施肥过程中需要考虑的第一因素。土壤环境要素一般包括物理环境要素、化学环境要素、生物环境要素。物理环境要素中的颗粒组成、毛管结构、孔隙度等通过影响气、水、温度、养分的分配而对化学性状、生物性状的发展变化产生深刻影响，而适宜的土壤化学环境和生物环境有利于肥料有效性的发挥。

植物在生长发育的不同阶段，对各种养分的需求存在很大差异。1843 年，Liebig 提出"最低养分律"，即植物的产量由含量最少的养分所支配。之后许多学者发展了这一学说，将最低养分供应逐渐引申到植物生长必需的各种因子供给水平及适当比例，如果某些养分供应水平不足，植物则因营养缺乏而发育不良，如果养分比例失调，植物将因失去生理平衡而发育不良。在这些研究成果的基础上，一些学者进一步提出了营养元素浓度与植物产量的关系，并建立了二者的关系模型。另外，植物许多营养元素之间存在着相互"稀释效应"，即提高一种限制性养分供应而使植物生长量增加时，常会降低其他非限制性养分在植物组织中的浓度，这种作用常导致原来非限制性养分降低为限制性养分。因此在研究植物养分供应时，必须注意各种养分之间的相互关系。所以，科学施肥应将土壤的养分供应水平与植物的生长发育需肥水平相结合，建立二者的平衡关系。

植物营养诊断法就是研究如何使植物营养元素的含量达到并保持适宜值，矫正缺乏和防止过量的方法。目前，诊断技术方法主要包括土壤分析法、植物形态症状诊断法、植物组织分析法、盆栽试验法和田间试验法、生理生化分析诊断法、植物组织液分析诊断法、无损测试技术等，其中，以田间试验法、临界浓度值法、诊断施肥综合法(diagnosis and recommendation integrated system，DRIS 法)和向量图解分析法应用最为普遍。

目前，植物营养诊断与平衡施肥在农业上已经发展成为一项较为成熟的技术，许多国家，如英国、德国、澳大利亚和美国都已成功地应用该项技术来指导农作物生产，我国在水稻、玉米、小麦、花生等农作物及葡萄、柑橘、橙、橡胶树、八角、板栗等经济林果上也有较成熟的诊断平衡施肥技术体系。但关于林业生产上的营养诊断研究在 20 世纪 90 年代后期才有报道。例如，陈道东等(1991)为研究叶片养分状况提出了模拟诊断方法，用典型相关分析方法选择采样时间、确定与植物生长有密切关系的叶片养分元素；洪顺山等(1995)的研究表明，用 DRIS 法的诊断结果与肥料试验的生长效应一致，DRIS 法比临界浓度值法更精确，尤其表现在对磷素的营养诊断上；王庆仁和于桂琴(1990a)阐述了缺素形态表征及植物生长与生理症状的关系，并提出了几个主要树种的营养元素适量浓度范围；陈道东等(1996)用临界浓度值法研究了杉木幼林针叶养分，确定了氮、磷、钾针叶临界养分浓度范围；吴晓芙和胡日利(1995)提出了立地养分效应模型法，该法简单，目标明确，只要做一些基础资料调查和分析，就可提出目标效益下的配方施肥量，而不必按田间试验法那样去做多因素、多水平、多重复的田间肥料试验。但是立地养分效应方程的应用式和理论式还存在着偏差，在理论上，还需要进一步完善，在实践中，还必须继续进行校验研究。随着研究的深入，以及应用现代仪器分析技术和计算机处理复杂的诊断数据与参数技术的发展，基于植物营养诊断的平衡施肥研究与实践逐步在农林生产中显示出广阔的应用前景，但在大范围的生态建设领域，由于不同研究区域立地条件的复杂性、树木生长周期长等因素的局限性，现有的研究结果尚不能完全用来指导生态建设实践。

6.2　增施化学性氮肥对采沙迹地植物生长发育的影响

本书第 3 章已述，采沙迹地风沙土氮素和磷素极度缺乏，钾素丰富。因此，本节以增施尿素[$CO(NH_2)_2$]为例，说明化学性氮肥对采沙迹地植物生长发育的影响。

6.2.1　增施氮肥对植物光合生理的影响

6.2.1.1　增施氮肥对植物光合指标的影响

图 6.1 和表 6.1 分别为不同施加氮肥水平下羊柴叶片各项光合指标变化及方差分析结果。随施加氮肥水平的递增，羊柴叶片 5 项光合指标均呈先升高后降低的趋势，并且最大值均出现在 N_1 处理。不同施肥水平处理下，羊柴叶片净光合速率、蒸腾速率、气孔导度、胞间 CO_2 浓度差异极显著($P<0.0001$)，水分利用效率差异不显著($P=0.3065$)。

随施加氮肥水平递增，各处理羊柴叶片净光合速率分别较 CK 增加了 59.32%、21.96%、−18.89%、−55.62%，在 N_1 处理时羊柴叶片净光合速率为 26.37μmol CO_2/(m^2·s)。不同施肥水平羊柴叶片净光合速率多重比较结果表明：N_1 处理羊柴叶片净光合速率高于 CK 和其他处理，并且差异极显著($P<0.01$)；N_2、N_3 处理较 CK 差异不显著($P>0.05$)；N_4 处理较 CK 显著降低($P<0.05$)。

随施加氮肥水平递增，各处理羊柴叶片蒸腾速率分别较 CK[14.31mmol H_2O/(m^2·s)]增加了 28.43%、6.25%、−27.59%、−46.49%，在 N_1 处理时羊柴叶片蒸腾速率为 18.38mmol H_2O/(m^2·s)。不同施肥水平羊柴叶片蒸腾速率多重比较结果表明：N_1 处理羊柴叶片蒸腾速率显著高于 CK 和 N_3、N_4 处理($P<0.05$)；N_2 处理与 CK 和 N_1 处理差异不显著($P>0.05$)，但显著高于 N_3、N_4 处理($P<0.05$)；N_3、N_4 处理显著低于 CK($P<0.05$)。

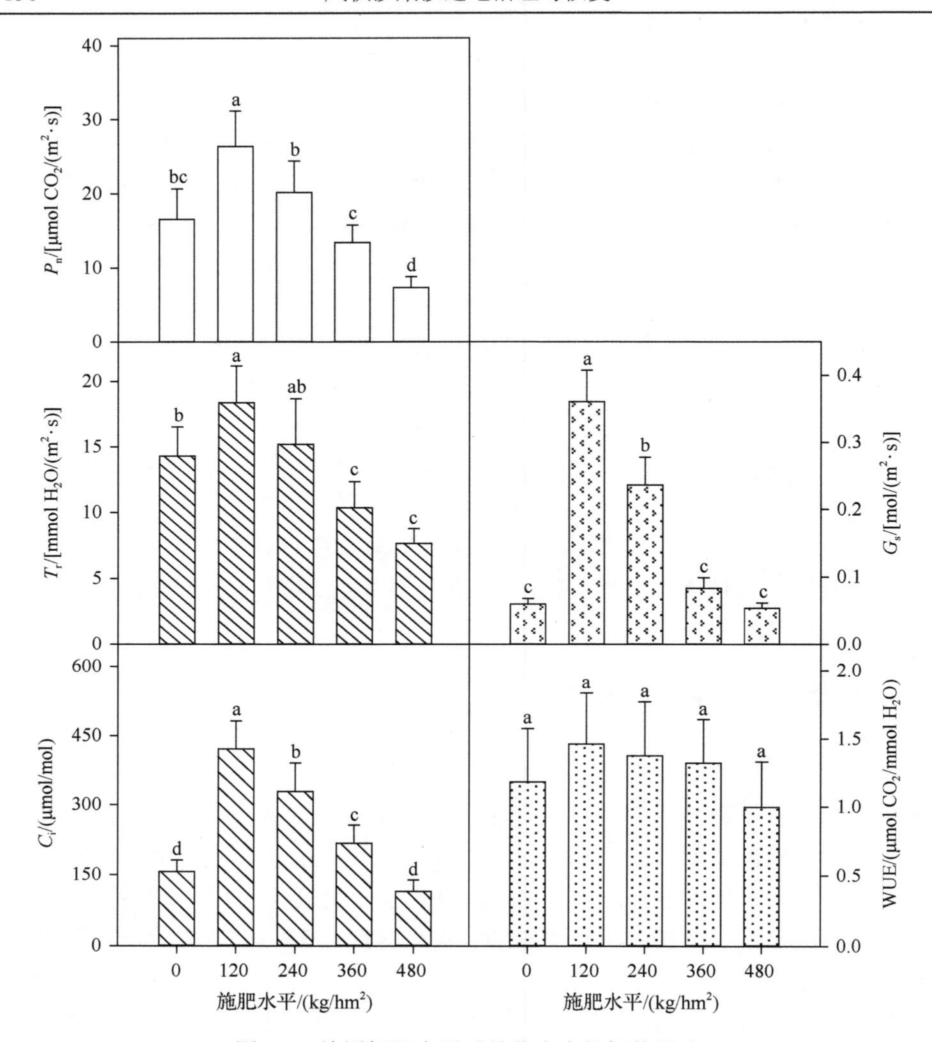

图 6.1 施用氮肥水平对羊柴光合指标的影响

不同小写字母表示在 0.05 显著性水平下差异显著，0、120～480kg/hm² 施肥水平分别对应 CK、N_1～N_4 处理

表 6.1 不同氮肥水平间羊柴光合指标的方差分析

变异源	自由度(df)	偏差平方和(SS)	均方(MS)	*F* 值	*P* 值
P_n	4	1 019.137	254.784 2	19.61	<0.000 1
T_r	4	353.989 7	88.497 43	14.78	<0.000 1
G_s	4	0.366 372	0.091 593	106.06	<0.000 1
C_i	4	320 095	80 023.75	38.84	<0.000 1
WUE	4	0.674 293	0.168 573	1.29	0.306 5

随施加氮肥水平递增，各处理羊柴叶片气孔导度分别较 CK 增加了 500.60%、292.41%、38.39%、−10.50%，在 N_1 处理时羊柴叶片气孔导度为 0.36mol/(m^2·s)。不同施肥水平羊柴叶片气孔导度多重比较结果表明：N_1 处理羊柴叶片气孔导度高于 CK 和其他处理，并且差异极显著($P<0.01$)；N_2 处理高于 CK 和 N_3、N_4 处理，差异性也达到极显著水平($P<0.01$)；N_3、N_4、CK 之间差异不显著($P>0.05$)。

随施加氮肥水平递增，各处理羊柴叶片胞间 CO_2 浓度分别较 CK 增加了 169.81%、109.83%、38.97%、−27.12%，在 N_1 处理时羊柴叶片胞间 CO_2 浓度为 422.09μmol/mol。不同施肥水平羊柴叶片胞间 CO_2 浓度多重比较结果表明：N_1、N_2、N_3 处理羊柴叶片胞间 CO_2 浓度显著高于 CK 和 N_4 处理($P<0.05$)，N_1、N_2、N_3、N_4 之间差异显著且逐次降低($P<0.05$)，N_4 处理与 CK 差异不显著($P>0.05$)。

随施加氮肥水平递增，各处理羊柴水分利用效率分别较 CK 增加了 23.73%、16.34%、11.88%、−15.82%，N_1 处理的羊柴水分利用效率为 1.47μmol CO_2/mmol H_2O，但所有处理之间差异均不显著($P>0.05$)。

综上所述，适当地施入氮肥可明显促进羊柴的光合作用，但因羊柴本身耐贫瘠，风沙土机械组成粗，易漏水漏肥，较高的施肥水平并不能起到更好的促进作用。相反，如果施肥水平过高，一方面在短期缺水的情况下羊柴容易受到毒害，发生“烧苗”现象，使光合作用受到抑制；另一方面，在短期丰水的情况下，肥料容易发生渗漏，导致肥料浪费损失，深层土壤肥料富集，进而导致土壤污染。

6.2.1.2　增施氮肥对植物叶绿素荧光参数的影响

图 6.2 和表 6.2 分别为不同施加氮肥水平下羊柴叶片叶绿素荧光参数各项指标变化及方差分析结果。

随施加氮肥水平递增，羊柴叶片非光化学猝灭系数呈先迅速下降而后逐渐上升的趋势，在 N_1 处理下最小，为 0.34。这说明随施肥水平提高，羊柴吸收的光能以热能形式的消耗量先降低后升高，在 N_4 处理下热耗散最大。各处理羊柴叶片非光化学猝灭系数分别较 CK 降低了 42.79%、34.96%、−5.24%、−10.49%。不同施肥水平处理羊柴叶片的非光化学猝灭系数差异极显著($P<0.0001$)。对不同施肥水平处理羊柴叶片的非光化学猝灭系数进一步多重比较，可以看出：N_1、N_2 处理羊柴叶片的非光化学猝灭系数显著低于 CK 和 N_3、N_4 处理($P<0.05$)，但 N_1、N_2 两者之间差异不显著($P>0.05$)，CK、N_3、N_4 之间差异也不显著($P>0.05$)。

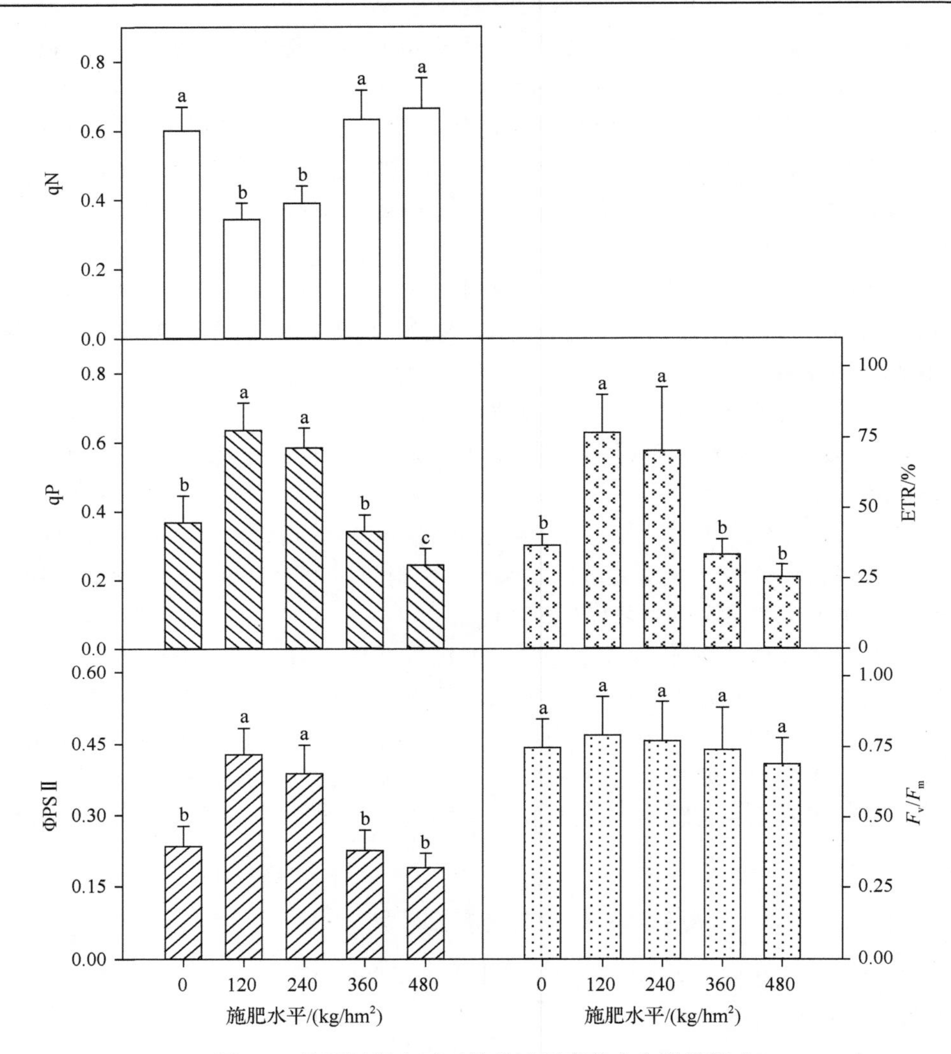

图 6.2　施用氮肥水平对羊柴叶绿素荧光参数的影响

不同小写字母表示在 0.05 显著性水平下差异显著

表 6.2　不同氮肥水平间羊柴叶绿素荧光参数的方差分析

变异源	自由度(df)	偏差平方和(SS)	均方(MS)	*F* 值	*P* 值
qN	4	0.436 705	0.109 176	22.44	<0.000 1
qP	4	0.562 423	0.140 606	34.58	<0.000 1
ETR	4	10 805.2	2 701.3	17.97	<0.000 1
ΦPS II	4	0.226 502	0.056 626	24.52	<0.000 1
F_v/F_m	4	0.031 027	0.007 757	0.49	0.744 8

随施加氮肥水平递增，羊柴叶片光化学猝灭系数、光合电子传递速率、实际光化学量子效率变化趋势基本一致，且与非光化学猝灭系数变化趋势相反，随施加氮肥水平递增，呈现先迅速上升而后逐渐下降的趋势，均在 N_1 处理下值最大，分别为 0.64、76.70%、0.43。随施加氮肥水平递增，羊柴叶片的光化学猝灭系数分别较 CK(0.37)增加了 72.97%、59.45%、−5.41%、−32.43%，光合电子传递速率分别较 CK(36.73%)增加了 108.82%、91.09%、−4.71%、−30.60%，实际光化学量子效率分别较 CK 增加了 81.53%、64.40%、−3.95%、−19.49%。不同施加氮肥水平处理羊柴叶片光化学猝灭系数、光合电子传递速率、实际光化学量子效率差异均极显著($P<0.0001$)。对不同施肥水平处理羊柴叶片的光化学猝灭系数、光合电子传递速率、实际光化学量子效率进一步多重比较，发现其趋势也基本一致：从 N_1～N_4 处理，3 项指标值均递减，N_1、N_2 处理显著高于 CK 和 N_3、N_4 处理($P<0.05$)，但 N_1、N_2 两者之间差异不显著($P>0.05$)；N_3 处理羊柴叶片光化学猝灭系数与 CK 差异不显著($P>0.05$)，N_4 处理显著低于 CK ($P<0.05$)；CK、N_3、N_4 处理羊柴光合电子传递速率、实际光化学量子效率之间差异不显著($P>0.05$)。

随施加氮肥水平递增，羊柴叶片的 PSⅡ最大光化学效率分别较 CK 增加了 5.89%、3.26%、−1.07%、−8.03%，也呈先升高后降低的总体变化趋势，但变化幅度并不明显。不同施肥水平处理羊柴叶片的 PSⅡ最大光化学效率差异不显著(P=0.7448)。对不同施肥水平处理羊柴叶片的 PSⅡ最大光化学效率进一步多重比较，发现所有处理之间差异均不显著($P>0.05$)。

6.2.2　增施氮肥对植物抗逆生理的影响

6.2.2.1　增施氮肥对植物抗氧化酶活性的影响

图 6.3 和表 6.3 分别为不同施加氮肥水平下羊柴叶片各项抗氧化酶活性指标变化及方差分析结果。

POD、SOD、CAT 变化趋势均为随施肥水平的递增呈先急剧上升，在 N_1 处理时达到最大，而后逐渐下降。方差分析结果表明，不同施肥水平处理羊柴叶片 3 种酶活性指标差异极显著($P<0.0001$)。

对不同施肥水平处理羊柴叶片 3 种酶活性进行多重比较，结果表明：N_1、N_2、N_3、N_4 处理羊柴叶片 POD 活性逐次下降，且各处理之间差异显著($P<0.05$)，N_1 处理显著高于 CK($P<0.05$)，为 1531.46U/(g·min)，N_2、N_3 处理与 CK 差异不显著($P>0.05$)，N_4 处理显著低于 CK($P<0.05$)；N_1、N_2、N_3、N_4 处理羊柴叶片 SOD 活性逐次下降，N_1、N_2 处理显著高于 CK 和 N_3、N_4 处理($P<0.05$)，但 N_1、N_2

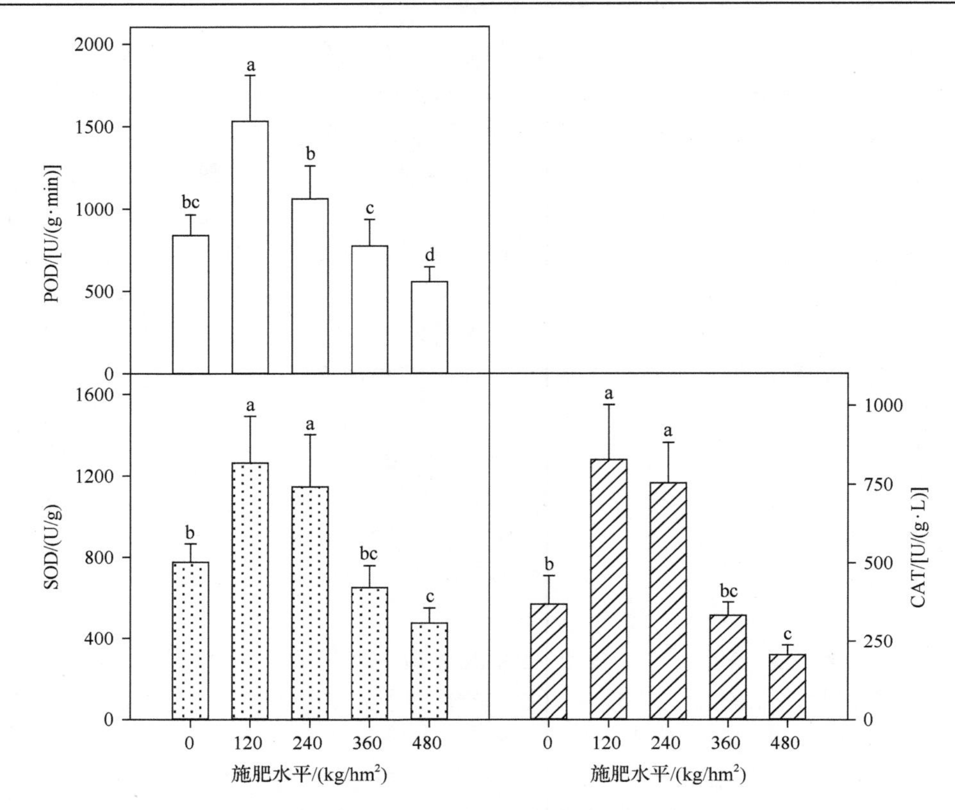

图 6.3　施用氮肥水平对羊柴抗氧化酶活性指标的影响

不同小写字母表示在 0.05 显著性水平下差异显著

表 6.3　不同氮肥水平间羊柴抗氧化酶活性指标的方差分析

变异源	自由度(df)	偏差平方和(SS)	均方(MS)	*F* 值	*P* 值
POD	4	2 747 597.08	686 899.27	20.23	<0.000 1
SOD	4	2 206 895.88	551 723.97	19.11	<0.000 1
CAT	4	1 522 364.53	380 591.13	32.95	<0.000 1

处理之间差异不显著($P>0.05$)，N_3 处理与 CK 之间差异也不显著($P>0.05$)，N_4 处理显著低于 CK($P<0.05$)；CAT 与 SOD 变化趋势基本一致，N_1、N_2、N_3、N_4 处理羊柴叶片 CAT 活性逐次下降，N_1、N_2 处理显著高于 CK 和 N_3、N_4 处理($P<0.05$)，但 N_1、N_2 处理之间差异不显著($P>0.05$)，N_3 处理与 CK 之间差异也不显著($P>0.05$)，N_4 处理显著低于 CK($P<0.05$)。

6.2.2.2　增施氮肥对植物应激性生理指标的影响

图 6.4 和表 6.4 分别为不同施加氮肥水平下羊柴叶片各项应激性生理指标变化

及方差分析结果。

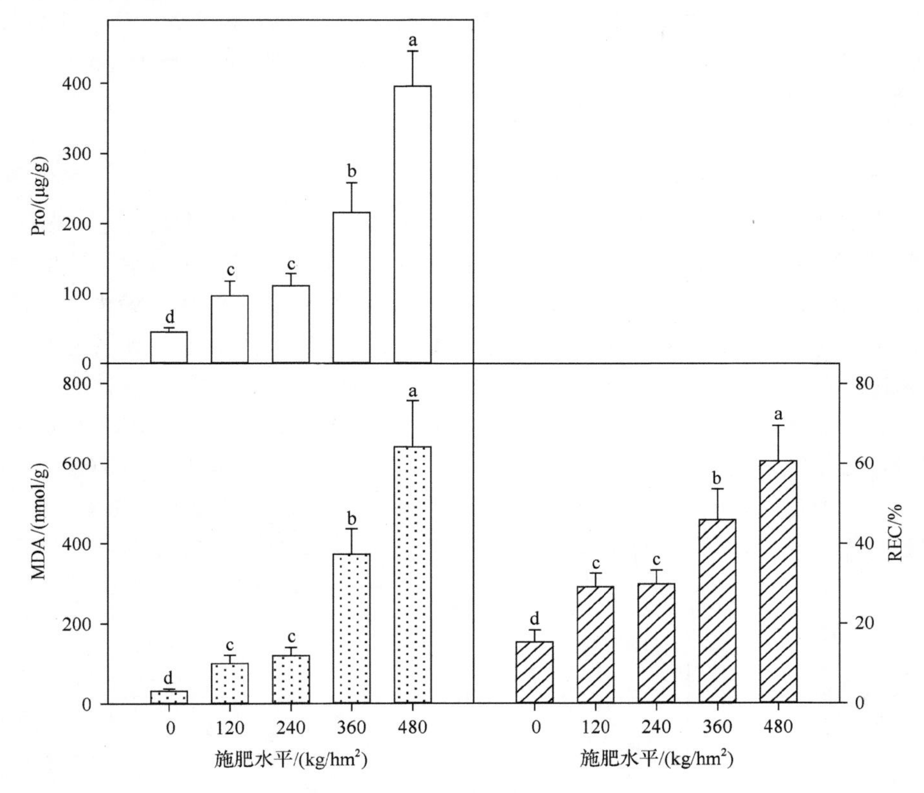

图 6.4　施用氮肥水平对羊柴应激性生理指标的影响

不同小写字母表示在 0.05 显著性水平下差异显著

表 6.4　不同氮肥水平间羊柴应激性生理指标的方差分析

变异源	自由度(df)	偏差平方和(SS)	均方(MS)	*F* 值	*P* 值
Pro	4	387 985.10	96 996.28	95.00	＜0.000 1
MDA	4	1 285 702.60	321 425.65	89.10	＜0.000 1
REC	4	6 080.79	1 520.20	43.71	＜0.000 1

Pro、MDA、REC 均随施加氮肥水平的逐渐提高而逐渐上升，但不同处理之间上升幅度略有差异。方差分析结果表明，不同施肥水平处理羊柴叶片 3 种应激性生理指标差异极显著($P<0.0001$)。

对不同施肥水平处理羊柴叶片 3 种酶活性进行多重比较，结果表明：N_1、N_2、N_3、N_4 处理 Pro 均较 CK 显著提高($P<0.05$)，在 N_4 处理时最高(395.50μg/g)，较 CK(44.42μg/g) 增加了 790.36%，但 N_1、N_2 处理之间差异不显著($P>0.05$)，N_2、N_3、N_4 处理之间差异显著($P<0.05$)；N_1、N_2、N_3、N_4 处理 MDA 逐次提高，但

N_1 与 N_2 处理之间差异不显著($P>0.05$)，N_2、N_3、N_4 之间差异显著($P<0.05$)；不同施加氮肥水平处理下 REC 变化趋势与 Pro 基本一致，N_1、N_2、N_3、N_4 处理 REC 均较 CK 显著提高($P<0.05$)，但 N_1、N_2 处理之间差异不显著($P>0.05$)，N_2、N_3、N_4 处理之间差异显著($P<0.05$)。

6.2.2.3 增施氮肥对植物叶绿素含量指标的影响

图 6.5 和表 6.5 分别为不同施加氮肥水平下羊柴叶片各项应激性生理指标变化及方差分析结果。Chl a、Chl b、Chl t 均随施肥水平的递增呈先上升后下降的总体趋势，Chl a、Chl t 在 N_1 处理时达到最大，Chl b 在 N_2 处理时达到最大。方差分析结果表明，不同施肥水平处理羊柴叶片 Chl a、Chl b、Chl t 差异极显著($P<0.0001$)。对不同施肥水平处理羊柴叶片 Chl a、Chl b、Chl t 进行多重比较，结果表明：不同施肥水平处理下 3 个指标变化情况基本一致。N_1、N_2 处理较 CK 和 N_3、N_4 处理显著提高($P<0.05$)，但 N_1、N_2 处理之间差异不显著($P>0.05$)，CK、N_3、N_4 处理之间差异也不显著($P<0.05$)。Chl a 在 N_1 处理时最大，为 1.77mg/g，较最小值(N_4 处理，0.77mg/g)增加了 129.87%，较 CK 增加了 98.88%。

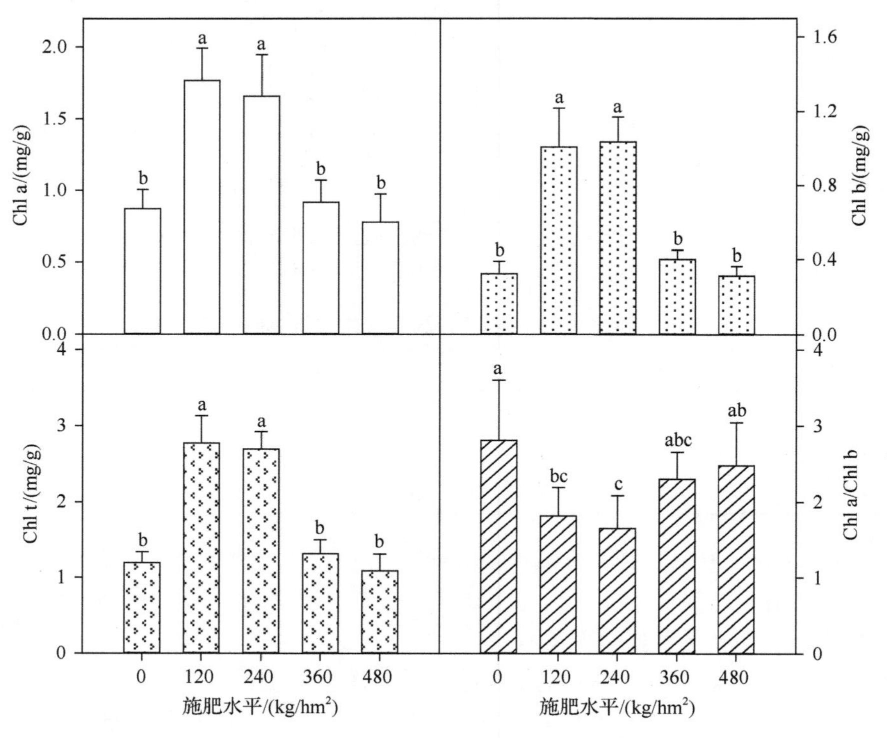

图 6.5 施用氮肥水平对羊柴叶绿素含量指标的影响

不同小写字母表示在 0.05 显著性水平下差异显著

表 6.5　不同氮肥水平间羊柴叶绿素含量指标的方差分析

变异源	自由度(df)	偏差平方和(SS)	均方(MS)	F 值	P 值
Chl a	4	4.54	1.13	26.68	<0.0001
Chl b	4	2.73	0.68	46.80	<0.0001
Chl t	4	14.26	3.57	61.97	<0.0001
Chl a/Chl b	4	4.54	1.14	4.04	0.0147

随施肥水平的递增，Chl a/Chl b 变化趋势与 Chl b 相反，呈先降低后升高的趋势。在 N_2 处理时值最小。方差分析结果表明，不同施肥水平处理的羊柴叶片 Chl a/Chl b 差异显著($P<0.05$)。对不同施肥水平处理羊柴叶片 Chl a/Chl b 进行多重比较，结果表明：N_1、N_2 处理显著低于 CK($P<0.05$)，但 N_1、N_2 处理之间差异不显著($P>0.05$)；N_3、N_4 处理也低于 CK，但差异不显著($P>0.05$)。

6.2.3　增施氮肥对植物光合及抗逆生理影响的综合评价

6.2.3.1　不同施肥水平植物光合及抗逆生理指标的典型相关分析

表 6.6 和表 6.7 分别列出了不同施加氮肥水平处理下植物光合与抗逆生理指标的典型相关变量特征值及其典型相关系数假设检验特征值。由表 6.6 和表 6.7 可知，第 1 对典型相关变量累积贡献率提供了 64.57%的相关信息，其他 9 对典型变量只提供了 35.43%的相关信息。前两个典型相关系数 P 值小于 0.05，说明典型相关系数在 $\alpha=0.05$ 水平下均具有统计学意义，而其余 8 个典型相关系数没有统计学意义。在实际应用中，通常只选取第 1 对典型相关变量，因此，本研究选取第 1 对典型相关变量进行下一步分析。

表 6.6　不同氮肥水平处理下典型变量特征值

典型相关变量对	特征值	特征值差值	贡献率	累积贡献率
1	61.1650	44.6346	0.6457	0.6457
2	16.5304	6.2428	0.1746	0.8203
3	10.2876	6.2791	0.1086	0.9289
4	4.0085	2.8885	0.0423	0.9712
5	1.1200	0.2465	0.0118	0.9830
6	0.8735	0.3782	0.0092	0.9922
7	0.4953	0.2798	0.0052	0.9975
8	0.2156	0.1912	0.0023	0.9997
9	0.0244	0.0242	0.0003	1.0000
10	0.0002	—	0.0000	1.0000

表 6.7　不同氮肥水平处理下典型相关系数假设检验

典型相关变量对	似然比统计量	渐进 F 统计量	Num DF	Den DF	P 值
1	0.0000	2.4600	100	47.6560	0.0004
2	0.0001	1.7500	81	47.7440	0.0193
3	0.0024	1.3500	64	46.8660	0.1396
4	0.0270	0.9500	49	45.0370	0.5665
5	0.1352	0.6800	36	42.2830	0.8821
6	0.2866	0.6200	25	38.6500	0.8962
7	0.5369	0.4800	16	34.2430	0.9388
8	0.8029	0.3100	9	29.3550	0.9661
9	0.9760	0.0800	4	26.0000	0.9879
10	0.9998	0.0000	1	14.0000	0.9575

表 6.8 为植物光合及抗逆生理指标组典型变量多重回归分析结果。由表 6.8

表 6.8　不同氮肥水平处理下原始变量与对方组的前 *m* 个典型变量多重回归分析

典型变量	1	2	3	4	5
P_n	0.8320	0.8479	0.8537	0.8800	0.8803
T_r	0.6266	0.6804	0.8169	0.8173	0.8217
G_s	0.8151	0.8261	0.8429	0.8493	0.9001
C_i	0.8355	0.8475	0.9235	0.9269	0.9275
WUE	0.2203	0.2221	0.2677	0.2967	0.2968
qN	0.7793	0.7864	0.8062	0.8299	0.8313
qP	0.8206	0.8767	0.8868	0.8868	0.8923
ETR	0.6044	0.8277	0.9017	0.9048	0.9136
ΦPS II	0.7019	0.7937	0.8044	0.9067	0.9088
F_v/F_m	0.0278	0.0643	0.0762	0.0763	0.0891
POD	0.7952	0.7996	0.7997	0.8289	0.8759
SOD	0.7220	0.7424	0.8344	0.8358	0.8451
CAT	0.8635	0.8856	0.9041	0.9049	0.9052
Pro	0.3849	0.4997	0.5661	0.6816	0.7783
MDA	0.4365	0.5548	0.6233	0.6524	0.7551
REC	0.2463	0.3851	0.5021	0.5339	0.6623
Chl a	0.7551	0.7572	0.8075	0.8702	0.8732
Chl b	0.7296	0.8160	0.8980	0.9051	0.9092
Chl t	0.7956	0.8200	0.8879	0.9233	0.9234
Chl a/Chl b	0.2995	0.3120	0.3534	0.3617	0.3687

可知：光合生理指标组与抗逆生理指标组第 1 典型变量 W_1 之间多重相关系数的平方依次为 0.8320、0.6266、0.8151、0.8355、0.2203、0.7793、0.8206、0.6044、0.7019、0.0278，说明抗逆生理指标组第 1 典型变量 W_1 对 P_n、G_s、C_i、qP 有相当好的预测能力。抗逆生理指标组与光合生理指标组第 1 典型变量 V_1 之间多重相关系数的平方依次为 0.7952、0.7220、0.8635、0.3849、0.4365、0.2463、0.7551、0.7296、0.7956、0.2995，说明光合生理指标组第 1 典型变量 V_1 对 POD、SOD、CAT、Chl a、Chl b、Chl t 有相当好的预测能力。

综上所述，在光合生理指标中，P_n、G_s、C_i、qP 对第 1 典型变量的作用大，在抗逆生理指标中，POD、SOD、CAT、Chl a、Chl b、Chl t 对第 1 典型变量的影响较大。

6.2.3.2　增施氮肥对植物光合及抗逆生理影响的 TOPSIS 法综合评价

由不同施肥水平处理对植物光合及抗逆生理影响的 TOPSIS 综合评价结果(表 6.9)可知：各指标值与最优值的相对接近程度顺序为 N_1＞N_2＞N_3＞CK＞N_4，N_1 处理最大(0.773)，N_4 处理最小(0.226)，最大值较最小值增加了 242.04%，即在施肥水平为 N_1 处理时植物光合及抗逆生理综合评价指标最佳，所以最有利于植物生长发育的条件为施肥水平为 N_1 处理。

表 6.9　不同氮肥水平对羊柴光合及生理指标影响的 TOPSIS 法综合评价

评价对象	评价对象到最优点距离	评价对象到最差点距离	评价参考值 C_i	排序结果
CK	1.2263	0.3664	0.230	4
N_1	0.4167	1.4211	0.773	1
N_2	0.5695	1.0988	0.659	2
N_3	1.1671	0.3885	0.250	3
N_4	1.4273	0.4163	0.226	5

6.2.3.3　增施氮肥对植物光合及抗逆生理影响的主成分分析综合评价

表 6.10 列出了不同施肥水平植物光合及抗逆生理指标的特征值和贡献率。由表 6.10 可知，前两个主成分累积贡献率提供了 96.73%的相关信息，超过了 80%，其他 18 个主成分只提供了 3.27%的相关信息。因此，对前两个主成分进行下一步分析。

表 6.10　不同氮肥水平处理下的特征值和贡献率

主成分	特征值(λ_i)	贡献率/%	累积贡献率/%
1	16.89	84.46	84.46
2	2.45	12.27	96.73
3	0.36	1.80	98.53
4	0.29	1.47	100.00
5	0.00	0.00	100.00
6	0.00	0.00	100.00
7	0.00	0.00	100.00
8	0.00	0.00	100.00
9	0.00	0.00	100.00
10	0.00	0.00	100.00
11	0.00	0.00	100.00
12	0.00	0.00	100.00
13	0.00	0.00	100.00
14	0.00	0.00	100.00
15	0.00	0.00	100.00
16	0.00	0.00	100.00
17	0.00	0.00	100.00
18	0.00	0.00	100.00
19	0.00	0.00	100.00
20	0.00	0.00	100.00

由表 6.11 分别得出如下结论。

第一主成分

$$F_1= 0.2365X_1+0.2281X_2+0.2305X_3+0.2342X_4+0.2170X_5-0.2383X_6+0.2430X_7+0.2399X_8+0.2403X_9+0.2307X_{10}+0.2316X_{11}+0.2426X_{12}+0.2414X_{13}-0.1712X_{14}-0.1810X_{15}-0.1452X_{16}+0.2356X_{17}+0.2279X_{18}+0.2327X_{19}-0.1926X_{20} \quad (6.1)$$

第二主成分

$$F_2= -0.1131X_1-0.2002X_2+0.1646X_3+0.1274X_4-0.0055X_5-0.0971X_6+0.0240X_7+0.0854X_8+0.0889X_9-0.1694X_{10}-0.0032X_{11}-0.0124X_{12}+0.0635X_{13}+0.4467X_{14}+0.4200X_{15}+0.5031X_{16}+0.1510X_{17}+0.1944X_{18}+0.1697X_{19}-0.3567X_{20} \quad (6.2)$$

得到 F 的综合模型：

$$F = 0.1922X_1+0.1738X_2+0.2221X_3+0.2207X_4+0.1888X_5-0.2204X_6+0.2152X_7+0.2203X_8+0.2211X_9+0.1799X_{10}+0.2018X_{11}+0.2102X_{12}+0.2189X_{13}-0.0928X_{14}-0.1048X_{15}-0.0630X_{16}+0.2248X_{17}+0.2237X_{18}+0.2247X_{19}-0.2134X_{20} \quad (6.3)$$

表 6.11　不同氮肥水平处理下的主成分载荷

指标	主成分 1	主成分 2
X_1	0.2365	−0.1131
X_2	0.2281	−0.2002
X_3	0.2305	0.1646
X_4	0.2342	0.1274
X_5	0.2170	−0.0055
X_6	−0.2383	−0.0971
X_7	0.2430	0.0240
X_8	0.2399	0.0854
X_9	0.2403	0.0889
X_{10}	0.2307	−0.1694
X_{11}	0.2316	−0.0032
X_{12}	0.2426	−0.0124
X_{13}	0.2414	0.0635
X_{14}	−0.1712	0.4467
X_{15}	−0.1810	0.4200
X_{16}	−0.1452	0.5031
X_{17}	0.2356	0.1510
X_{18}	0.2279	0.1944
X_{19}	0.2327	0.1697
X_{20}	−0.1926	−0.3567

然后，根据建立的 F_1、F_2 与综合模型，计算第一、第二主成分及综合主成分值(表 6.12)，而后进行排序。

表 6.12　不同氮肥水平处理下的综合主成分值

施肥水平	第一主成分	排序	第二主成分	排序	综合主成分	排序
CK	509.74	3	69.30	5	453.87	3
N_1	951.83	1	185.82	4	854.64	1
N_2	764.55	2	187.76	3	691.37	2
N_3	370.95	4	313.58	2	363.67	4
N_4	137.96	5	496.23	1	183.41	5

由不同处理对植物光合生理特性影响的主成分综合评价结果(表 6.12)可知：各处理的综合主成分顺序为 $N_1>N_2>CK>N_3>N_4$，施肥水平为 N_1 时最大，N_4 处理最小，即在施肥水平为 N_1 时植物光合及抗逆生理综合评价指标最佳，所以最有利于植物生长发育的条件为 N_1 施肥水平。

综上所述，TOPSIS 法、主成分分析法综合评价结果均表明，N_1 施肥水平综合评价结果最优，所以最有利于植物生长发育的条件为 N_1 施肥水平。

6.2.4 增施氮肥对植物生长指标的影响

如图 6.6 所示，随着施加氮肥量的增加，羊柴的株高和冠幅均呈先增大后减小的变化趋势，均在氮肥施用量为 120kg/hm^2 时出现最大值，株高最大值较最小值增加了 135.54%，冠幅最大值较最小值增加了 112.86%。除对照（不施肥）处理外，羊柴株高、冠幅随施加氮肥量变化的模拟趋势线分别为 $y_{株高}=-4.31x+40.57$，$R^2=0.62$；$y_{冠幅}=-2.84x+29.59$，$R^2=0.47$，表现为随施加氮肥水平提高，株高、冠幅均呈直线型减小。这里值得指出的是，在施加氮肥水平为 N_1 时，羊柴株高、冠幅均出现最大值，而后随施加氮肥水平继续提高，二者均呈直线型减小的趋势。说明在氮肥水平为 N_1 时就可能存在施肥过量问题，从 N_1～N_4，随施肥量提高，羊柴遭受的“烧苗”负面危害逐渐增大。6.2.3.3 节中对羊柴生理生化指标的综合评价结果也表明 N_1 处理最优，与外在生长指标的表现基本一致，这也在一定程度上证实了这一结果，就本试验来看，利于羊柴生长发育的最优施肥水平为 120kg/hm^2。

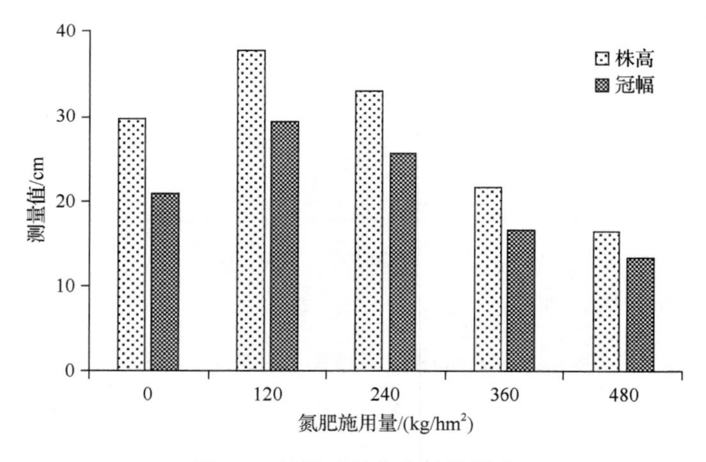

图 6.6 氮肥对羊柴生长的影响

6.3 平衡施肥在采沙迹地植被建植中的效应

6.3.1 对树木新梢生长量的影响

如表 6.13 所示，施肥后，整体上林木新梢生长量的变异幅度比较大，变异系数为 27.26%～64.97%，体现了采沙迹地林木生长的差异性，施肥后的平均生长量表明，圆柏生长量最大，油松最小，侧柏居中，而且不同施肥处理生长量的差异也比较大，总体上，3 种树木均表现为 2014 年长势优于 2013 年。

表 6.13 树木施肥后新梢生长量的描述性统计

树种	处理	2013 年				2014 年			
		均值/cm	最小值/cm	最大值/cm	变异系数/%	均值/cm	最小值/cm	最大值/cm	变异系数/%
油松	Tr1	6.3±1.12	3.2	12.7	50.45	7.3±1.44	3.9	15.4	55.83
	Tr2	9.5±1.74	2.7	16.0	48.36	12.1±1.89	5.7	19.0	41.26
	Tr3	10.1±2.33	3.7	20.4	61.15	10.4±1.76	3.6	18.4	44.92
	Tr4	8.9±1.32	6.6	16.7	39.08	12.1±2.63	4.8	23.8	57.81
	Tr5	7.6±1.63	3.1	18.0	60.49	7.6±1.75	2.6	15.7	64.97
	Tr6	7.5±1.08	2.9	11.0	35.40	9.3±1.22	4.3	12.1	32.07
	平均	8.3±1.54	3.7	15.8	49.16	9.8±1.78	4.2	17.4	49.48
侧柏	Tr1	9.2±0.96	2.5	14.6	38.94	11.8±1.01	7.6	21.2	32.11
	Tr2	7.7±0.57	5.1	13.4	27.95	10.3±0.98	3.2	16.7	35.49
	Tr3	9.3±1.13	4.5	15.7	38.35	12.7±1.18	6.4	18.4	29.50
	Tr4	8.6±1.11	1.8	14.3	46.70	13.2±1.15	4.8	18.7	31.58
	Tr5	8.2±0.97	3.0	14.3	44.32	11.1±1.09	5.1	16.6	36.82
	Tr6	9.0±0.66	4.9	11.1	27.26	11.9±1.06	6.0	19.9	33.23
	平均	8.7±0.90	3.6	13.9	37.25	11.8±1.08	5.5	18.6	33.12
圆柏	Tr1	8.2±1.01	2.7	15.4	46.48	13.5±1.31	7.8	24.0	36.34
	Tr2	9.6±0.76	4.5	16.4	38.69	16.6±1.68	4.1	38.7	49.69
	Tr3	10.3±0.70	4.3	19.8	37.47	16.6±1.32	3.8	31.8	39.89
	Tr4	10.8±0.83	2.7	16.8	31.55	17.3±1.70	4.5	33.4	40.41
	Tr5	10.6±0.75	3.6	17.1	31.45	17.5±1.90	7.1	32.9	48.57
	Tr6	10.2±1.06	2.9	18.2	45.46	17.7±2.00	5.9	32.9	49.38
	平均	10.0±0.85	3.5	17.3	38.52	16.5±1.65	5.5	32.3	44.05

6.3.1.1 对油松新梢生长量的影响

表 6.14 为平衡施肥对油松新梢生长量的影响。2013 年，与不施肥的对照处理相比，单独施用尿素(Tr1)，高量的尿素、过磷酸钙和氯化钾配合施用(Tr5)，以及羊厩肥、尿素、过磷酸钙和氯化钾配合施用(Tr6)的新梢生长量都低于对照，分别比对照低 1.6cm、0.3cm、0.4cm，其中单独施用尿素与对照差异显著。其他施肥处理则显著高于对照，6 种施肥处理的平均新梢生长量为 8.3cm，比对照高 0.4cm，但是差异不显著；几种处理之间相比，施用腐熟的羊粪(Tr3)效果最好，而以单独施用尿素效果最差。2014 年施肥后油松的生长量则发生了变化，总体上 6 种施肥处理的新梢生长量比不施肥低 0.8cm，说明了施肥对油松起不到促进生长作用，仍然以 Tr1、Tr5 和 Tr6 生长量较低，以单独施用磷酸二铵(Tr2)与低量的

尿素、过磷酸钙和氯化钾配合施用（Tr4）生长量最高，但是与不施肥相比差异不显著。年际变化表现为 2014 年新梢生长量是 2013 年的 1.2 倍，2014 年油松长势优于 2013 年。纵观所有观测值，对于油松以单独施用磷酸二铵（Tr2）与低量的尿素、过磷酸钙和氯化钾配合施用（Tr4）为最佳组合，腐熟的羊粪则以当年利用率较高，有些施肥处理后生长状况甚至比不施肥还低。

表 6.14　施肥对油松新梢生长量的影响

处理	2013 年				2014 年			
	平均值/cm	差异性（α=0.05）	标准差	变异系数/%	平均值/cm	差异性（α=0.05）	标准差	变异系数/%
Tr1	6.3	e	3.17	50.45	7.3	c	4.07	55.83
Tr2	9.5	ab	4.59	48.36	12.1	a	5.00	41.26
Tr3	10.1	a	6.17	61.15	10.4	b	4.65	44.92
Tr4	8.9	bc	3.49	39.08	12.1	a	6.97	57.81
Tr5	7.6	d	4.61	60.49	7.6	c	4.95	64.97
Tr6	7.5	d	2.65	35.40	9.3	b	2.98	32.07
平均	8.3	cd	4.1	49.20	9.8	b	4.8	49.50
CK	7.9	d	4.38	55.65	11.6	a	5.25	45.16

6.3.1.2　对侧柏新梢生长量的影响

表 6.15 为平衡施肥对侧柏新梢生长量的影响。2013 年，几种施肥处理相比，新梢生长量的大小顺序为 Tr3（腐熟的羊粪）＞Tr1（单独施用尿素）＞Tr6（羊厩肥、尿素、过磷酸钙和氯化钾配合施用）＞Tr4（低量的尿素、过磷酸钙和氯化钾配合施用）＞Tr5（高量的尿素、过磷酸钙和氯化钾配合施用）＞Tr2（单独施用磷酸二铵），与不施肥相比，只有 Tr2 低于对照，其他处理均高于对照，而以 Tr1、Tr3、Tr6 与对照的差异最显著，6 种施肥处理的平均新梢生长量为 8.7cm，比对照高 0.7cm，但是差异不显著；几种处理之间相比，施用腐熟的羊粪（Tr3）效果最好，而以单独施用磷酸二铵效果最差，说明腐熟羊粪的当年利用率较高，而磷酸二铵对侧柏的生长起不到促进作用。2014 年总体上 6 种施肥处理的新梢生长量比不施肥高 0.6cm，说明施肥提高了侧柏的生长量，但是差异不显著。Tr2 和 Tr5 生长量低于对照，其他高于对照，仍然以单独施用磷酸二铵处理显著低于对照，以 Tr3、Tr4、Tr6 显著高于对照，充分说明了单独施用磷酸二铵对侧柏生长起不到促进作用，而单独施用腐熟的羊粪及几种肥料的适量配合施用作用效果较好。年际变化表现为 2014 年侧柏新梢生长量是 2013 年的 1.4 倍，说明林木施肥的作用效果在第二年比第一年要好，所以林木施肥应该及早进行。

表 6.15　施肥对侧柏新梢生长量的影响

处理	2013 年				2014 年			
	平均值/cm	差异性 (α=0.05)	标准差	变异系数/%	平均值/cm	差异性 (α=0.05)	标准差	变异系数/%
Tr1	9.2	a	3.58	38.94	11.8	bc	3.79	32.11
Tr2	7.7	c	2.14	27.95	10.3	e	3.67	35.49
Tr3	9.3	a	3.57	38.35	12.7	a	3.75	29.50
Tr4	8.6	abc	4.00	46.70	13.2	a	4.16	31.58
Tr5	8.2	bc	3.63	44.32	11.1	d	4.09	36.82
Tr6	9.0	ab	2.45	27.26	11.9	b	3.96	33.23
平均	8.7	abc	3.2	37.25	11.8	bc	3.9	33.1
CK	8.0	c	3.07	38.52	11.2	cd	4.49	39.98

6.3.1.3　对圆柏新梢生长量的影响

表 6.16 表明，2013 年，几种施肥处理对圆柏新梢生长量的作用，以 Tr4、Tr5、Tr3、Tr6 的效果显著高于不施肥处理，而以 Tr1 和 Tr2 的效果低于对照，但是差异不显著。总体上施肥使得圆柏的新梢生长量比对照高 0.8cm，差异不显著，体现出了腐熟的羊粪及几种肥料配合施用的优越性。2014 年，总体上 6 种施肥处理的新梢生长量比不施肥高 1.5cm，差异显著，说明施肥显著提高了圆柏的生长量。其中以多种肥料配合施用的 Tr6 作用效果最显著，其次分别为 Tr5、Tr4、Tr3、Tr2，仍以 Tr1 显著低于对照，说明氮素不是限制圆柏生长的主要因子，氮、磷、钾肥及有机肥的配合施用能够显著提高圆柏的生长量。从年份之间的变化来看，2014 年无论是经施肥处理的还是对照，生长量显著地大于 2013 年，平均值是 2013 年的 1.7 倍，同样说明了林木施肥的作用效果在第二年优于第一年。

表 6.16　施肥对圆柏新梢生长量的影响

处理	2013 年				2014 年			
	平均值/cm	差异性 (α=0.05)	标准差	变异系数/%	平均值/cm	差异性 (α=0.05)	标准差	变异系数/%
Tr1	8.2	d	3.79	46.48	13.5	d	4.91	36.34
Tr2	9.6	bc	3.72	38.69	16.6	ab	8.24	49.69
Tr3	10.3	ab	3.86	37.47	16.6	ab	6.62	39.89
Tr4	10.8	a	3.41	31.55	17.3	ab	6.99	40.41
Tr5	10.6	ab	3.33	31.45	17.5	ab	8.50	48.57
Tr6	10.2	ab	4.63	45.46	17.7	a	8.74	49.38
平均	9.9	abc	3.79	38.52	16.5	b	7.33	44.05
CK	9.1	cd	3.99	43.89	15.0	c	5.92	39.52

6.3.2 对树木胸径生长量的影响

施肥后 3 种树木胸径生长量的描述性统计列于表 6.17，结果表明，施肥后树木胸径生长量的大小顺序为圆柏＞侧柏＞油松，生长量整体变异幅度特别大，变异系数为 25.83%～90.84%，年际变异也很大。总体上，2014 年的生长量明显优于 2013 年，关于油松、侧柏、圆柏的胸径生长量，2014 年分别是 2013 年的 2.3 倍、2.1 倍、2.2 倍，而且不同施肥处理生长的差异也比较大。

表 6.17 树木施肥后胸径生长量的描述性统计

树种	处理	2013 年				2014 年			
		均值/mm	最小值/mm	最大值/mm	变异系数/%	均值/mm	最小值/mm	最大值/mm	变异系数/%
油松	Tr1	2.8±0.72	0.9	6.6	72.62	6.8±1.59	1.8	11.8	65.87
	Tr2	5.3±1.18	1.4	9.7	59.00	10.3±2.11	4.7	17.3	53.89
	Tr3	4.6±1.12	0.8	8.7	64.57	8.9±2.13	2.3	18.1	63.23
	Tr4	3.1±1.07	0.5	7.0	90.84	7.8±2.28	1.3	16.3	77.39
	Tr5	2.6±0.72	0.5	6.9	78.51	6.3±1.60	1.1	14.6	72.00
	Tr6	2.1±0.50	0.7	3.6	58.19	6.8±1.35	2.5	12.0	48.79
	平均	3.4±0.89	0.8	7.1	70.62	7.8±1.84	2.3	15.0	63.53
侧柏	Tr1	4.3±0.68	0.2	8.0	58.45	9.3±1.31	2.6	17.2	52.63
	Tr2	3.6±0.59	0.6	7.0	60.72	7.3±0.93	1.1	14.7	47.77
	Tr3	4.2±0.50	1.7	6.2	37.24	8.9±0.92	4.6	13.0	32.68
	Tr4	5.2±0.56	1.1	8.6	38.72	9.8±0.91	3.6	17.1	33.49
	Tr5	4.3±0.46	1.4	7.1	40.89	9.7±1.11	2.3	15.5	42.66
	Tr6	5.0±0.46	2.3	7.8	34.31	11.0±1.04	3.8	16.5	35.46
	平均	4.4±0.54	1.2	7.5	45.06	9.3±1.04	3.0	15.7	40.78
圆柏	Tr1	4.4±0.44	2.0	6.6	37.20	9.6±0.77	4.3	14.2	30.02
	Tr2	4.7±0.42	0.3	7.9	44.04	9.9±0.85	2.1	16.1	41.95
	Tr3	4.9±0.44	1.1	10.2	45.03	10.2±0.78	3.3	19.1	38.19
	Tr4	4.7±0.42	2.0	8.0	36.75	10.2±0.64	5.6	14.6	25.83
	Tr5	4.7±0.35	2.7	8.1	32.98	10.3±0.92	2.9	20.9	39.95
	Tr6	5.2±0.51	2.1	10.3	42.70	11.2±0.90	4.8	18.8	35.00
	平均	4.8±0.43	1.7	8.5	39.78	10.2±0.81	3.8	17.3	35.16

6.3.2.1 对油松胸径生长量的影响

如表 6.18 所示，2013 年，和不施肥的对照处理相比，Tr1（单独施用尿素）、Tr4（低量的尿素、过磷酸钙和氯化钾配合施用）、Tr5（高量的尿素、过磷酸钙和氯化钾配合施用）和 Tr6（羊厩肥、尿素、过磷酸钙和氯化钾配合施用）的胸径生长量都低于对照，分别比对照低 1.7mm、1.4mm、1.9mm、2.4mm，而且差异均达到显著水平。单独施用磷酸二铵(Tr2)后显著地提高了油松的胸径生长量，施用腐熟的羊粪(Tr3)后生长量也有所提高，但是差异不明显。6 种施肥处理的平均胸径生长量为 3.4mm，比对照低 1.1mm，差异显著；2014 年施肥后油松的生长量则发生了变化，总体上 6 种施肥处理的胸径生长量比不施肥低 0.6mm，差异不明显，说明施肥对油松起不到促进作用，仍然以 Tr1、Tr4、Tr5 和 Tr6 生长量较低，其中 Tr1、Tr5 和 Tr6 与对照差异达到显著水平。单独施用磷酸二铵(Tr2)后显著提高了油松的胸径生长量，施用腐熟的羊粪(Tr3)后胸径也有增加，但差异不明显。年际变化表现为 2014 年胸径生长量是 2013 年的 2.3 倍，2014 年油松长势优于 2013 年。纵观所有观测值，对于油松胸径生长以 Tr2(单独施用磷酸二铵)效果最佳，施用腐熟的羊粪也表现出了促进油松生长的趋势，和新梢生长量情况类似，有些施肥处理后生长状况甚至比不施肥还低。

表 6.18　施肥对油松胸径生长量的影响

处理	2013 年				2014 年			
	平均值/mm	差异性(α=0.05)	标准差	变异系数/%	平均值/mm	差异性(α=0.05)	标准差	变异系数/%
Tr1	2.8	cd	2.03	72.62	6.8	cd	4.50	65.87
Tr2	5.3	a	3.13	59.00	10.3	a	5.57	53.89
Tr3	4.6	ab	2.95	64.57	8.9	ab	5.62	63.23
Tr4	3.1	c	2.82	90.84	7.8	bc	6.04	77.39
Tr5	2.6	cd	2.03	78.51	6.3	d	4.51	72.00
Tr6	2.1	d	1.22	58.19	6.8	cd	3.30	48.79
平均	3.4	c	2.36	70.62	7.8	bc	4.92	63.53
CK	4.5	b	3.46	77.08	8.4	b	6.51	77.31

6.3.2.2　对侧柏胸径生长量的影响

表 6.19 表明，2013 年，几种施肥处理相比，胸径生长量的大小顺序依次为 Tr4(低量的尿素、过磷酸钙和氯化钾配合施用)＞Tr6(羊厩肥、尿素、过磷酸钙和氯化钾配合施用)＞Tr1(单独施用尿素)=Tr5(高量的尿素、过磷酸钙和氯化钾配合施用)＞Tr3(腐熟的羊粪)＞Tr2(单独施用磷酸二铵)，与不施肥相比，只有 Tr4 和 Tr6 高于对照，其他处理均低于对照，而以 Tr2、Tr4 与对照的差异最显著，6 种施肥处理的平均胸径生长量为 4.4mm，比对照低 0.1mm，但是差异不显著；几种处理之间相比，低量的尿素、过磷酸钙和氯化钾配合施用(Tr4)效果最好，而以单独施用磷酸二铵(Tr2)效果最差。2014 年，总体上 6 种施肥处理的平均胸径生长量比不施肥高 0.8mm，差异显著，说明施肥提高了侧柏的生长量。只有 Tr2 生长量显著低于对照，其他均高于对照，以 Tr1、Tr4、Tr5、Tr6 显著高于对照，说明单独施用磷酸二铵对侧柏的生长起不到促进作用，而以几种肥料配合施用的效果

最好。年际变化表现为 2014 年侧柏胸径生长量是 2013 年的 2.1 倍，说明林木施肥的效果在第二年比第一年好。

表 6.19　施肥对侧柏胸径生长量的影响

处理	2013 年				2014 年			
	平均值/mm	差异性 (α=0.05)	标准差	变异系数/%	平均值/mm	差异性 (α=0.05)	标准差	变异系数/%
Tr1	4.3	cd	2.53	58.45	9.3	bc	4.89	52.71
Tr2	3.6	d	2.20	60.72	7.3	e	3.49	48.05
Tr3	4.2	cd	1.58	37.24	8.9	cd	2.92	32.68
Tr4	5.2	a	2.00	38.72	9.8	b	3.28	33.54
Tr5	4.3	cd	1.74	40.89	9.7	b	4.14	42.68
Tr6	5.0	ab	1.71	34.31	11.0	a	3.89	35.46
平均	4.4	bc	2.0	45.06	9.3	bc	3.8	40.9
CK	4.5	bc	2.57	57.13	8.5	d	4.39	51.43

6.3.2.3　对圆柏胸径的影响

表 6.20 表明，2013 年，几种施肥处理圆柏胸径生长量均高于不施肥处理，只有 Tr1 差异不显著，其他处理差异均达到了显著水平。总体上施肥使得圆柏的胸径生长量比对照高 0.8mm，差异显著，说明施肥促进了圆柏胸径的生长。2014 年，总体上 6 种施肥处理圆柏的胸径生长量比不施肥高 0.8mm，差异显著，说明施肥显著地提高了圆柏的生长量。其中以多种肥料配合施用的 Tr6 效果最显著，其次分别为 Tr5、Tr4、Tr3、Tr2，仍以 Tr1 最低，说明氮素不是限制圆柏生长的主要因子，氮、磷、钾肥及有机肥的配合施用能够显著地提高圆柏的生长量。从年份之间的变化来看，2014 年无论是经施肥处理的还是对照，生长量显著地大于 2013 年，平均值是 2013 年的 2.1 倍，说明林木施肥的作用效果在第二年优于第一年。

表 6.20　施肥对圆柏胸径的影响

处理	2013 年				2014 年			
	平均值/mm	差异性 (α=0.05)	标准差	变异系数/%	平均值/mm	差异性 (α=0.05)	标准差	变异系数/%
Tr1	4.4	bc	1.64	37.20	9.6	bc	2.87	30.02
Tr2	4.7	ab	2.05	44.04	9.9	bc	4.17	41.95
Tr3	4.9	ab	2.22	45.03	10.2	b	3.88	38.19
Tr4	4.7	ab	1.72	36.75	10.2	b	2.62	25.83
Tr5	4.7	ab	1.56	32.98	10.3	b	4.11	39.95
Tr6	5.2	a	2.23	42.70	11.2	a	3.93	35.00
平均	4.8	ab	1.90	39.78	10.2	b	3.60	35.16
CK	4.0	c	1.51	37.44	9.4	c	3.48	36.83

综上分析，对于油松，整体上表现为单独施用磷酸二铵(Tr2)和低量的尿素、过磷酸钙和氯化钾配合施用(Tr4)能显著提高新梢生长量，腐熟的羊粪对其也有促进作用，但是氮、磷、钾肥配合对胸径生长量起不到促进作用，年际变化表现为 2014 年新梢生长量是 2013 年的 1.2 倍，胸径生长量是 2013 年的 2.3 倍，表现为粗生长的差异大于高生长的差异。所有施肥处理的平均值表明施肥对油松的生长的促进作用不显著。

对于侧柏，除了 2013 年的胸径生长量，单独施用腐熟的羊粪，以及有机、无机肥适量配合施用能够显著提高其新梢生长量和胸径生长量，除了 2013 年的新梢生长量，单独施用磷酸二铵却显著地降低了侧柏的高生长和粗生长，说明限制侧柏生长的肥力因子不仅仅是氮和磷。总体上表现为高生长在 2014 年是 2013 年的 1.4 倍，粗生长在 2014 年是 2013 年的 2.1 倍，同样是粗生长的差异大于高生长的差异，除了 2014 年的胸径生长量，所有施肥处理的平均值表现为施肥后侧柏的高生长和粗生长与对照相比均没有显著差异。

对于圆柏，除单独施用尿素对其新梢生长量和胸径影响不明显外，其他肥料的施用均在不同程度上促进了圆柏的生长，说明施肥对圆柏的作用显著，而且氮素不是限制圆柏生长的主要因子。总体上无论是经施肥处理的还是对照，2014 年生长量显著地大于 2013 年，高生长在 2014 年是 2013 年的 1.7 倍，粗生长在 2014 年是 2013 年的 2.1 倍，同样是粗生长差异更显著，除了 2013 年的新梢生长量，所有施肥的平均效果表现为显著地促进了圆柏的生长，说明施肥对圆柏的生长起积极作用，在林木抚育过程中可以采用。

综合 3 种树木的施肥效果，总体上，林木施肥后表现出生长速度加快的特点，说明施肥对采沙迹地人工林的生长是有效的。按肥料种类来说，复混肥比单一肥料的效果好，有机肥对许多树木的生长都有一定的促进作用，应该推荐使用。从不同树种来看，圆柏比其他两种树木对肥料更敏感，油松效果最差，而且油松的生长量变异幅度比较大，说明影响采沙迹地树木生长的因子除肥料以外还有其他因素，同时说明，在林业上实现配方施肥不是一件容易的事情，还有大量的工作需要去完成。

树木施肥后高生长和粗生长的加速要等到第三年才能明显地表现出来，说明肥料作用于树木有一个时间过程。也就是说，肥效的发挥与树木的表现有一个时间差。为了保证树木的正常生长，建议林木施肥宜及早进行。

6.2 节和 6.3 节两部分说明：不同植物对同种养分元素的敏感程度不同，同一种植物对不同养分元素的敏感程度也不同，植物对土壤养分的吸收和利用往往受多种因素的影响。例如，土壤中养分的总量水平、土壤的持续供肥能力、土壤中各种养分元素的配合情况等都会对植物吸收利用养分产生重要影响。对于某种特定植物来说，土壤中某一种养分元素的缺乏也并不意味着土壤总肥力水平的低下，虽然采沙迹地氮素十分贫乏，但单独施入氮肥后并未对植物生长表现出良好的促进作用，这说明，植物生长发育所需的养分之间存在协同作用，当某一种养分得到补充后，另外一种养分就可能成为植物生长发育的限制因子，本节配方平衡施肥的效果多数情况下优于施入单因素肥料就充分说明了这一点。土壤物理性状往往通过影响土壤的持水保水能力而对持续供肥能力产生影响，不良的土壤结构持水保肥能力差，通透性不良，持续供肥能力差，植物生长发育也不良，当羊厩肥与其他肥料配合施入土壤后，在改善土壤物理性状的同时，可以补充植物生长发育所需的多种养分元素，更有利于肥料有效性的发挥。因此，基于采沙迹地不良的土壤结构和贫乏的养分元素，在进行植被建植时，应从改善土壤物理性状和补充化学养分等多方面入手，采取综合措施以更好地促进植被的发育。

参 考 文 献

陈道东, 李贻铨, 徐清彦. 1991. 林木叶片最适养分状态的模拟诊断. 林业科学, 27(1): 1-7.

陈道东, 张瑛, 纪建书. 1996. 杉木幼林叶子养分诊断研究. 林业科学研究, 16(3): 24-27.

陈桂芬, 马丽, 陈航. 2013. 精准施肥技术的研究现状与发展趋势. 吉林农业大学学报, 35(3): 253-259.

陈竑竣, 李贻铨, 杨承栋. 1998. 中国林木施肥与营养诊断研究现状. 世界林业研究, 11(3): 58-65.

洪顺山, 庄珍珍, 胡炳堂, 李锦清, 余建新. 1995. 湿地松幼林营养的DRIS诊断. 林业科学研究, 8(4): 18-22.

胡日利, 吴晓芙. 1994. 林木施肥研究——Ⅰ. 肥效理论与基本模型. 中南林学院学报, 14(1): 1-6.

李贻铨. 1988. 中国林业年鉴. 北京: 中国林业出版社: 277.

李贻铨. 1991. 林木施肥与营养诊断. 林业科学, 27(4): 435-442.

刘美英, 高永, 汪季, 胡春元, 贺晓, 白彤. 2009. 施肥对马家塔复垦区油松林生长量的影响. 安徽农业科学, 37(3): 1172-1174.

刘寿坡, 李昌华. 1987. 林地施肥的理论与实践. 土壤学进展, (4): 1-8.

栾乔林, 李胜, 罗微, 林清火. 2006. 基于GIS的橡胶树养分信息管理系统研究. 安徽农业科学, 34(11): 256-258.

罗献宝, 白厚义, 韦翔华, 唐新莲, 陈佩琼, 顾明华, 李昆志. 2002. 银杏磷素营养诊断技术的研究. 广西农业生物科学, 21(3): 165-168.

普里切特 W L. 1987. 森林土壤性质及管理. 程伯容, 许广山, 庄季屏, 等译. 北京: 中国林业出版社: 370-418.

孙羲. 1990. 作物营养与施肥. 北京: 农业出版社: 391-395.

覃海元. 2004. 夏橙的营养诊断和施肥技术. 广西热带农业, (2): 16-18.

王庆仁, 于桂琴. 1988. 应用正交旋转设计确定毛白杨最佳施肥量的探讨. 浙江林业科技, 8(5): 8-12.
王庆仁, 于桂琴. 1990a. 北方主要树种营养失调症状的研究. 浙江林业科技, 10(1): 23-27, 65.
王庆仁, 于桂琴. 1990b. 用回归旋转组合设计确定欧美杨最适施肥量. 陕西林业科技, (3): 18-21.
吴立潮, 胡日利. 1998. 林木计量施肥研究动态. 中南林学院学报, 18(2): 56-61.
吴晓芙, 胡日利, 吴立潮, 彭必龙, 王海燕. 1997. 林木施肥的有效立地指数区间与目标肥效. 中南林学院学报, 17(1): 1-8.
吴晓芙, 胡日利. 1995. 林木施肥研究——Ⅱ. 施肥模型在杉木林中的应用. 中南林学院学报, 15(1): 1-8.
谢世恭, 谢永红, 曾亚妮, 张新明. 2005. 诊断施肥综合法在果树营养诊断上的应用研究进展. 福建果树, (1): 35-37.
叶仲节. 1985. 浅论杉木育苗造林中的施肥问题. 浙江林学院学报, 2(1): 13-19.
庄伊美. 1994. 柑桔营养与施肥. 北京: 中国农业出版社: 106-110.
Pritehett W L. 1979. Properties and Management of Forest Soils. Reno: John Wiley & Sons: 329-348.

第 7 章　采沙迹地植被营建的生长调节剂调控技术

7.1　植物生长调节剂调控植物生长发育研究现状

植物生长调节剂是指经过人工合成的具有与植物内源激素同等功效甚至更为有效的激素。它通过调控植物新陈代谢，能够提高植物体内的碳水化合物、油脂、乳汁等含量，从而实现传统栽培条件下难以实现的目标。所以，利用植物生长调节剂调节植物生长、发育、繁殖，增强植物对逆境的适应能力，是有效提高植物生产能力和生态建设效果的重要手段。目前，植物生长调节剂越来越广泛地被应用于农业、林业、园林、园艺生产，按其功效，主要有生长促进剂、生长抑制剂、生长延缓剂三大类。主要可以实现以下几个调控目标：①解除植物种子休眠，促进植物种子的萌发，提高植物的繁殖率；②促进苗木生根及根系生长以提高成活率；③控制植物株形，调控植株或器官的大小；④改变植物发育的起始时间，调控植物的发育期(如花期、果实成熟期等)；⑤通过调节植物生长发育，提高物质累积量(如植株干物质、果实、种子等产量)；⑥改善植株吸收养分的能力；⑦提高植物抗逆性及抗病虫害能力。本章主要研究植物生长延缓剂多效唑(PP_{333})对植物生长发育的调控作用。

植物生长延缓剂多效唑(PP_{333})是一种施用方法多样且简便、对环境和生物没有危害的植物生长调节剂。因其通过调节植物内源激素水平来调控植物光合、生理，以达到抑制植株高生长，促进横向生长，增大根冠比，从而提高植株干物质、果实、种子产量及植物抗逆性的效果，在农林生产实践中被逐步推广应用，并且其从问世以来，一直是许多学者研究的热点。

关于 PP_{333} 的作用机制研究，主要集中于其对植物内源激素调控、养分吸收、光合、生理的影响，以及由此表现在外的对植物株型、产量等的作用效果上。

多效唑会提高植物细胞中的具有分解生长素作用的过氧化氢酶和吲哚乙酸氧化酶的活性，导致生长素含量降低。在抑制赤霉素生物合成的同时，植物细胞会因为赤霉素含量的降低而降低吲哚乙酸的含量，增大脱落酸的含量，调节植物体内的乙烯含量，还会抑制甾醇的生物合成等。

多效唑可以增加植物根内 ATP 酶的活性，增加植物的根冠比，促进植物侧根的生长和吸收根的生长，减小蒸腾强度，这些改变会影响植物体内矿质元素的营养比例。有研究表明，多效唑可以增加水稻根中氮、磷、钾、铜和新芽内氮、磷、钙、铜的浓度，降低根内钙、铁和新芽内镁的浓度，而根内镁和新芽内钾、铁的浓度则不受影响。多效唑不会增加植株中总的矿质元素的含量，但相对于植物干重而言，可以增大矿质元素的浓度。

经多效唑处理后，植物叶色浓绿，叶绿素含量和可溶性蛋白质的含量增加。有报道称多效唑可以增加苹果、桃实生苗各部分的碳水化合物含量；抑制油桃叶片的生长发育，增加叶绿素含量，并显著提高叶片的光合速率。多效唑处理后可以增加大豆、水稻和苦荞等作物的光合强度、群体的净同化率。

在高温和低温的逆境胁迫下，多效唑会显著降低植物叶片中的自由水含量，增大束缚水含量和脯氨酸含量，降低细胞膜透性。徐秋曼和陈宏(2002)的研究结果显示：低温条件下，水稻幼苗组织细胞中 SOD、POD、CAT 的活性增大；多效唑可以使水稻组织细胞中的保护酶活性维持在一个较高的水平，有效地清除细胞内产生的自由基，降低膜脂的过氧化水平，降低质膜受伤害的程度。刘丹(2004)试验发现，用多效唑处理紫丁香、乌苏里绣线菊和沙棘叶片，可以有效提高植物叶片中的脯氨酸含量和束缚水含量，在一定程度上有利于提高植物的抗旱性。干旱胁迫条件下，多效唑可以增大小麦幼苗的叶片气孔阻力，减小蒸腾强度，增大叶片束缚水含量，延缓小麦的永久萎蔫时间，提高幼苗叶热稳定性和抗旱性。叶面喷施多效唑可以显著增加大豆叶片中亲水性较强的脯氨酸的含量，同时使小麦的耗水量下降。可以有效降低果树的蒸腾强度，减小水分胁迫下山楂、梅、柠檬等果树叶内游离脯氨酸的含量，增大叶片水势，大大增强叶片的抗逆性。

大量研究文献表明，多效唑有抑制植物高生长，促进横向生长；减小叶面积，增加叶片厚度，缩短节间长度；促进植物根系生长和分蘖，抑制主根生长，促进侧根生长，增加吸收根粗度，增加侧根和吸收根在总根中所占的比例，增大根冠比等效果。将多效唑应用于小麦、玉米、棉花、水稻等大田作物，可以提高其抗旱、抗寒、抗热及抗盐性等，促进作物根系的发育、抑制其徒长、增强作物的抗倒伏能力，还可以提高作物的产量。多效唑可使花卉植株矮化、株型紧凑、提前开花、花繁色艳，从而提高花卉的观赏价值。研究表明，使用多效唑可以调节果树的形态结构，矮化植株、缩短枝条、增大树体的通风透光性，促进花芽形成和果实生长，提高果树产量，保花保果等，同时抑制果树徒长，减少果树的修剪工作，省工省力，并且多效唑在增强果树抗逆性、减少冻芽量等方面也具有显著作用。土施 1g 或 2g 多效唑可明显抑制桃树的营养生长，且经多效唑处理的叶片中氮和钾的浓度含量显著降低，镁和锰的浓度有所增加，多效唑处理还可以显著增加桃树产量。在葡萄新梢生长之前，叶面喷施 1000mg/L 的多效唑可有效地提高葡萄对黑痘病和霜霉病的抗性。

目前，多效唑在植被恢复生态林建设上的研究相对较少，其研究大多集中于园林树木。Ghosh 等(2010)采用土壤淋施的方法使用多效唑，使灌丛高度明显降低，新枝长度减小、节间缩短，叶片生物量显著增加。刘春燕等(2009)通过使用多效唑来控制绿篱生长，起到了降低修剪频率的作用。宋红梅等(2010)的研究表明，适宜浓度的多效唑不同程度上都增强了大叶黄杨、金叶女贞和紫叶小檗这几种绿篱的抗旱性。在盆景栽植方面，姜英等(2010)的研究结果表明，喷施、灌根都可以明显地使叶轴矮化、小叶间距缩短、叶柄基部变粗，降低复叶的相对增长率等。

据文献报道，多效唑作用效果受施用方式和时期，施用量和施用频率，植物种类和年龄，施用多效唑的基质，光、温、水等环境因子的影响。在不同土壤类型和环境条件下多效唑的降解速率不同，微生物、强光、相对高温可以促进多效唑的降解，砂质中多效唑的降解速度快、半衰期短，从而影响多效唑的作用效果和持续性。不同基质和粒径组成的土壤具有不同的渗透性与持水能力，导致其不同程度地影响多效唑在土壤中的有效性和持续性。多效唑在不同类型土壤中作用的有效时间不同，沙质土壤中施用 $2.0g/m^2$ 的多效唑，对苹果树的抑制作用会持续 3 年；在一些黏土和有机质土壤中多效唑的影响作用会持续 4～5 个季度。

7.2 PP_{333} 对采沙迹地植物生长发育的影响

7.2.1 对植物光合生理的影响

7.2.1.1 对植物光合指标的影响

图 7.1 和表 7.1 分别为不同浓度 PP_{333} 处理下羊柴叶片净光合速率(P_n)、蒸腾速率(T_r)、气孔导度(G_s)、胞间 CO_2 浓度(C_i)、水分利用效率(WUE)的变化曲线，以及各光合特性指标的趋势线模型。

不同浓度 PP_{333} 处理羊柴叶片的净光合速率分别较 CK 增加了 118.99%、176.75%、66.63%、30.17%，随 PP_{333} 处理浓度提高，羊柴叶片净光合速率先逐渐提高，在浓度为 100mg/L 时达到最大[$45.81\mu mol\ CO_2/(m^2\cdot s)$]，而后随着处理浓度的继续增大，羊柴叶片净光合速率逐渐降低。净光合速率模拟趋势线为 $y_{P_n}=42.95e^{-(x-97.19)^2/11\,283.02}$，对其系数进行检验，均达到显著($P<0.05$)甚至是极显著水平($P<0.01$)，$R^2$=0.87，标准估计误差为 5.97。对不同 PP_{333} 浓度处理羊柴叶片的净光合速率进行多重比较(表 7.2、表 7.3)，可以看出：50mg/L、100mg/L、150mg/L 处理之间差异均达到了显著水平($P<0.05$)，且较 CK、200mg/L 处理差异也达到了显著水平($P<0.05$)，CK 与 200mg/L 处理差异之间差异不显著($P>0.05$)。

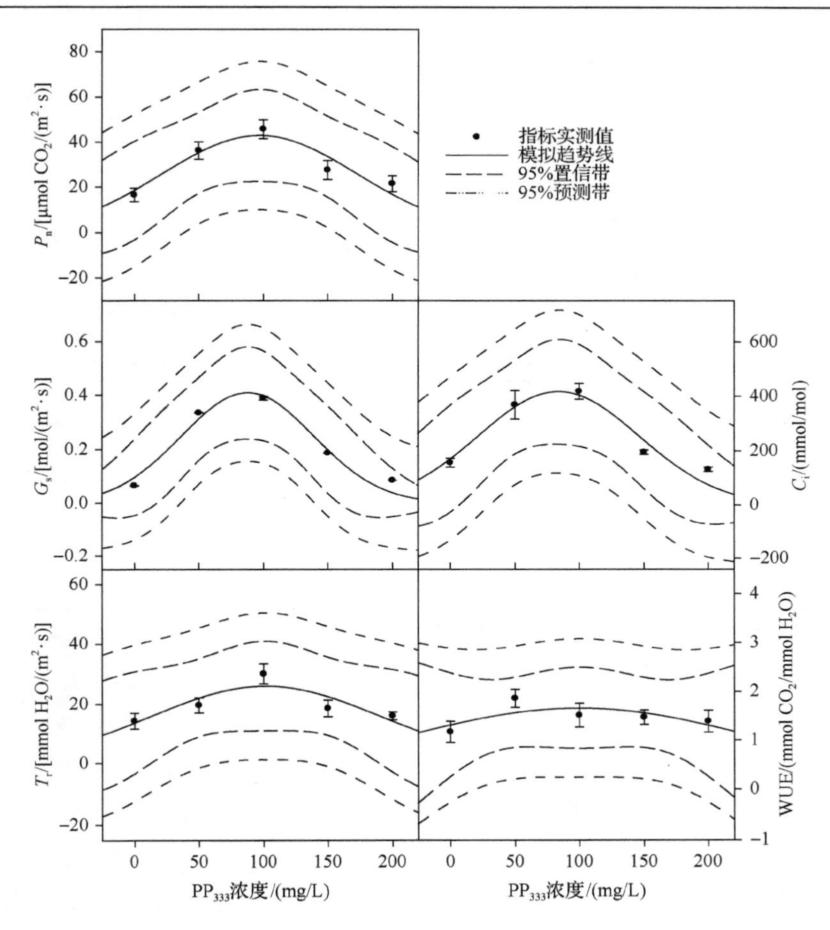

图 7.1　PP_{333}浓度对羊柴光合指标的影响

0、50～200mg/L PP_{333}浓度分别对应CK、P_{50}～P_{200}处理

表 7.1　羊柴光合指标随 PP_{333}浓度变化的趋势线模型

模拟趋势线		光合特性指标				
		P_n	T_r	G_s	C_i	WUE
形式		$y=a\cdot\exp\{-0.5[(x-x_0)/b]^2\}$	$y=a\cdot\exp\{-0.5[(x-x_0)/b]^2\}$	$y=a\cdot\exp\{-0.5[(x-x_0)/b]^2\}$	$y=a\cdot\exp\{-0.5[(x-x_0)/b]^2\}$	$y=a\cdot\exp\{-0.5[(x-x_0)/b]^2\}$
系数	a	42.95	25.97	0.41	417.33	1.66
	P	0.0120	0.0175	0.0093	0.0113	0.0133
	b	75.11	89.58	51.53	62.62	145.88
	P	0.0234	0.0490	0.0128	0.0179	0.1435
	x_0	97.19	101.54	87.89	83.84	99.31
	P	0.0097	0.0198	0.0430	0.0085	0.0638
R^2		0.87	0.72	0.96	0.92	0.43
标准估计误差		5.97	4.56	0.04	53.11	0.27

表 7.2　不同 PP_{333} 浓度处理间羊柴光合指标的方差分析

变异源	自由度(df)	偏差平方和(SS)	均方(MS)	F 值	P 值
P_n	4	2 731.00	682.67	47.2	<0.000 1
T_r	4	752.00	188.11	27.74	<0.000 1
G_s	4	0.43	0.11	6 731.50	<0.000 1
C_i	4	339 231.84	84 807.96	105.51	<0.000 1
WUE	4	1.23	0.31	7.28	0.000 9

表 7.3　不同 PP_{333} 浓度处理间羊柴光合指标的多重比较

处理	P_n	T_r	G_s	C_i	WUE
CK	d	c	e	d	c
P_{50}	b	b	b	b	a
P_{100}	a	a	a	a	b
P_{150}	c	b	c	c	b
P_{200}	d	bc	d	d	bc

注：同列不同小写字母表示在 0.05 显著性水平下差异显著

不同浓度 PP_{333} 处理羊柴叶片的蒸腾速率与净光合速率变化趋势基本一致，分别较 CK[14.33mmol $H_2O/(m^2·s)$]增加了 36.56%、109.56%、29.33%、11.85%，随 PP_{333} 处理浓度提高，羊柴叶片蒸腾速率先逐渐提高，在其浓度为 100mg/L 时达到最大，为 30.03mmol $H_2O/(m^2·s)$，而后随处理浓度继续增大，羊柴叶片蒸腾速率逐渐降低。蒸腾速率模拟趋势线为 $y_{T_r}=25.97e^{-(x-101.54)^2/16\,049.15}$，对其系数进行检验，均达到显著水平($P<0.05$)，$R^2$=0.72，标准估计误差为 4.56。对不同浓度 PP_{333} 处理羊柴叶片的蒸腾速率进行多重比较，可以看出：50mg/L、100mg/L、150mg/L 处理均较 CK 达到了显著性差异($P<0.05$)，100mg/L 处理较其他处理均达到显著性差异($P<0.05$)，50mg/L、150mg/L、200mg/L 处理之间差异不显著($P>0.05$)，200mg/L 处理较 CK 差异也不显著($P>0.05$)。

不同浓度 PP_{333} 处理羊柴叶片的气孔导度分别较 CK 增加了 417.73%、501.53%、187.54%、30.54%，随 PP_{333} 处理浓度提高，羊柴叶片气孔导度先迅速升高，在浓度为 100mg/L 时达到最大[0.39mol/$(m^2·s)$]，而后随着处理浓度继续增大而快速降低。羊柴叶片气孔导度随处理浓度变化的模拟趋势线为 $y_{G_s}=0.41e^{-(x-87.89)^2/5310.68}$，对其系数进行检验，均达到显著($P<0.05$)甚至是极显著水平($P<0.01$)，$R^2$=0.96，标准估计误差为 0.04。对不同浓度 PP_{333} 处理羊柴叶片的气孔导度进行多重比较可知：各处理均较 CK 差异显著($P<0.05$)，且各处理之间差异也达到显著水平($P<0.05$)。

随 PP_{333} 处理浓度提高，羊柴叶片胞间 CO_2 浓度缓慢升高，在处理浓度为

100mg/L 时达到最大值[428.62mmol/(m^2·s)]，而后随处理浓度继续升高而缓慢降低。各处理羊柴叶片胞间 CO_2 浓度分别较 CK 增加了 135.48%、167.09%、24.68%、−15.70%。羊柴叶片胞间 CO_2 浓度随处理浓度变化的模拟趋势线为 $y_{C_i}=417.33\mathrm{e}^{-(x-83.84)^2/7842.53}$，对其系数进行检验，均达到显著($P$＜0.05)甚至极显著水平($P$＜0.01)，$R^2$=0.92，标准估计误差为 53.11。对不同浓度 PP_{333} 处理羊柴叶片胞间 CO_2 浓度进行多重比较可知：50mg/L、100mg/L、150mg/L 处理之间差异均达到了显著水平(P＜0.05)，且较 CK、200mg/L 处理差异也达到了显著水平(P＜0.05)，CK 与 200mg/L 处理之间差异不显著(P＞0.05)。

与以上几个光合指标变化曲线不同，羊柴水分利用效率变化曲线最为平缓。各处理羊柴水分利用效率分别较 CK 增加了 58.82%、29.23%、25.71%、18.76%，随处理浓度升高，羊柴水分利用效率逐渐升高，在浓度为 50mg/L 时达到最大值(1.86μmol CO_2/mmol H_2O)，而后随处理浓度继续增大而缓慢降低。羊柴水分利用效率随 PP_{333} 处理浓度变化的模拟趋势线为 $y_{\mathrm{WUE}}=1.66\mathrm{e}^{-(x-99.31)^2/42\,561.95}$，对其系数进行检验，只有系数 a 达到显著水平(P=0.0133)，R^2=0.43，标准估计误差为 0.27。对不同浓度 PP_{333} 处理羊柴水分利用效率进行多重比较，可以看出：50mg/L、100mg/L、150mg/L 处理均较 CK 达到了显著性差异(P＜0.05)，CK 与 200mg/L 处理之间差异不显著(P＞0.05)，100mg/L、150mg/L、200mg/L 处理之间差异也不显著(P＞0.05)。

综上，适当剂量的 PP_{333} 处理对羊柴光合指标均有一定的促进作用，其中在 PP_{333} 处理浓度为 100mg/L 时，对羊柴叶片 P_n、T_r、G_s、C_i 的促进作用最强；在 PP_{333} 处理浓度为 50mg/L 时，对羊柴 WUE 的促进作用最强。而高剂量的 PP_{333} 处理会对羊柴产生不同程度的药害，试验中发现叶片出现发黄、锈斑等变化，导致光合作用减弱。

羊柴各项光合指标随 PP_{333} 处理浓度变化的趋势基本一致，其主要原因是 CO_2 通过气孔进入植物体内，气孔导度的增大会导致胞间 CO_2 浓度上升，使得净光合速率随之上升，水分利用效率提高。同时，为了维持较高水平的光合作用，使得蒸腾速率提高。

7.2.1.2　对植物叶绿素荧光参数的影响

图 7.2 和表 7.4 分别为不同浓度 PP_{333} 处理下羊柴叶片非光化学猝灭系数(qN)、光化学猝灭系数(qP)、光合电子传递速率(ETR)、实际光化学量子效率(ΦPSⅡ)、PSⅡ最大光化学效率(F_v/F_m)变化曲线，以及各叶绿素荧光参数指标的趋势线模型。

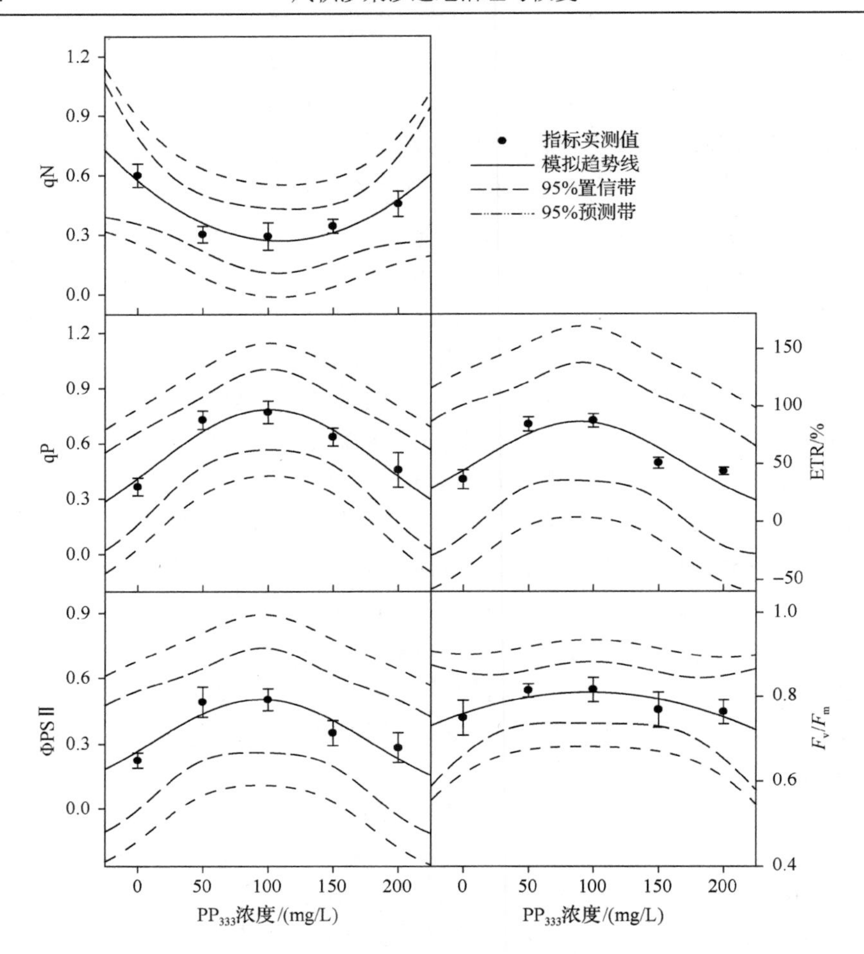

图 7.2 PP_{333} 浓度对羊柴叶绿素荧光参数的影响

表 7.4 羊柴叶绿素荧光参数随 PP_{333} 浓度变化的趋势线模型

模拟趋势线		叶绿素荧光参数				
		qN	qP	ETR	ΦPS II	F_v/F_m
形式		$y=ax^2+bx+x_0$	$y=a\cdot\exp\{-0.5\cdot[(x-x_0)/b]^2\}$	$y=a\cdot\exp\{-0.5\cdot[(x-x_0)/b]^2\}$	$y=a\cdot\exp\{-0.5\cdot[(x-x_0)/b]^2\}$	$y=a\cdot\exp\{-0.5\cdot[(x-x_0)/b]^2\}$
系数	a	2.52×10^{-5}	0.79	86.71	0.50	0.81
	P	0.0487	0.0042	0.0184	0.0121	0.0004
	b	−0.006	88.71	77.22	84.93	268.88
	P	0.0442	0.0119	0.0381	0.0306	0.0531
	x_0	0.58	100.90	89.35	94.93	96.14
	P	0.0077	0.0047	0.0191	0.0138	0.0221
R^2		0.91	0.93	0.80	0.83	0.69
标准估计误差		0.05	0.07	15.10	0.07	0.02

随 PP_{333} 处理浓度的提高，羊柴叶片的非光化学猝灭系数(qN)呈先降低后升高的趋势，在处理浓度为 100mg/L 时达到最小(0.29)，不同浓度 PP_{333} 处理羊柴叶片的非光化学猝灭系数分别较 CK 降低了 49.60%、51.40%、42.81%、24.13%，这说明随着 PP_{333} 处理浓度的增大，羊柴吸收的光能以热能形式的消耗量先降低后升高。羊柴叶片的非光化学猝灭系数随 PP_{333} 处理浓度变化的模拟趋势线为 $y_{qN}=2.52\times10^{-5}x^2-0.006x+0.58$，对其系数进行检验，均达到显著($P<0.05$)甚至极显著水平($P<0.01$)，$R^2$=0.91，标准估计误差为 0.05。如表 7.5 所示，不同浓度处理羊柴叶片非光化学猝灭系数差异极显著($P<0.0001$)。对各浓度 PP_{333} 处理羊柴的非光化学猝灭系数进行多重比较(表 7.6)，可以看出：各浓度处理均较 CK 差异显著($P<0.05$)；50mg/L、100mg/L、150mg/L 浓度处理均较 200mg/L 处理差异显著($P<0.05$)，但 50mg/L、100mg/L、150mg/L 浓度处理之间差异不显著($P>0.05$)。

表 7.5　不同 PP_{333} 浓度处理间羊柴叶绿素荧光参数的方差分析

变异源	自由度(df)	偏差平方和(SS)	均方(MS)	*F* 值	*P* 值
qN	4	0.34	0.08	27.81	<0.000 1
qP	4	0.61	0.15	38.73	<0.000 1
ETR	4	11 271.25	2 817.81	81.66	<0.000 1
ΦPSⅡ	4	0.30	0.08	23.44	<0.000 1
F_v/F_m	4	0.02	0.00	4.50	0.009 3

表 7.6　不同 PP_{333} 浓度处理间羊柴叶绿素荧光参数的多重比较

处理	qN	qP	ETR	ΦPSⅡ	F_v/F_m
CK	a	d	c	c	b
P_{50}	c	a	a	a	a
P_{100}	c	a	a	a	a
P_{150}	c	b	b	b	b
P_{200}	b	c	bc	bc	b

随 PP_{333} 处理浓度的提高，羊柴叶片光化学猝灭系数(qP)迅速升高，处理浓度为 100mg/L 时达到最大，为 0.77，而后随处理浓度继续升高逐渐降低，各处理羊柴叶片光化学猝灭系数分别较 CK(0.37)增加了 100.00%、108.11%、67.57%、21.62%。羊柴叶片光化学猝灭系数随 PP_{333} 处理浓度变化的模拟趋势线为 $y_{qP}=0.79e^{-(x-100.90)^2/15\,738.93}$，对其系数进行检验，均达到显著水平($P<0.05$)甚至极显著水平($P<0.01$)，$R^2$=0.93，标准估计误差为 0.07。不同浓度处理羊柴叶片光化学猝灭系数差异极显著($P<0.0001$)。对不同浓度处理羊柴叶片光化学猝灭系

数进行多重比较，可以看出：各处理均较 CK 差异显著（$P<0.05$）；50mg/L、100mg/L 处理之间差异不显著（$P>0.05$），但较 150mg/L、200mg/L 处理差异显著（$P<0.05$）；150mg/L、200mg/L 处理之间差异也达到显著水平（$P<0.05$）。

羊柴叶片光合电子传递速率（ETR）随 PP_{333} 处理浓度升高也呈先升高后降低趋势，在 PP_{333} 处理浓度为 100mg/L 时达到最大（87.56%），各处理羊柴叶片光合电子传递速率分别较 CK（36.72%）增加了 130.07%、138.45%、38.18%、18.68%。羊柴叶片光合电子传递速率随 PP_{333} 处理浓度变化的模拟趋势线为 $y_{\mathrm{ETR}}=86.71\mathrm{e}^{-(x-89.35)^2/11\,925.86}$，对其系数进行检验，均达到显著（$P<0.05$）水平，$R^2$=0.80，标准估计误差为 15.10。不同浓度处理植物的光合电子传递速率差异极显著（$P<0.0001$）。对不同浓度处理羊柴叶片光合电子传递速率进行多重比较，可以看出：50mg/L、100mg/L、150mg/L 处理均较 CK 差异显著（$P<0.05$），但 50mg/L、100mg/L 处理之间差异不显著，150mg/L 与 200mg/L 处理之间，以及 200mg/L 与 CK 之间差异也不显著（$P>0.05$）。

羊柴叶片实际光化学量子效率（ΦPSⅡ）随 PP_{333} 处理浓度升高也呈先升高后降低趋势，在 PP_{333} 处理浓度为 100mg/L 时达到最大，为 0.50。各浓度处理羊柴叶片实际光化学量子效率分别较 CK 增加了 117.30%、122.18%、55.19%、25.64%。羊柴叶片实际光化学量子效率随 PP_{333} 处理浓度变化的模拟趋势线为 $y_{\Phi\mathrm{PS\,II}}=0.50\mathrm{e}^{-(x-94.93)^2/14\,426.21}$，对其系数进行检验，均达到显著水平（$P<0.05$），$R^2$=0.83，标准估计误差为 0.07。不同浓度处理羊柴叶片实际光化学量子效率差异极显著（$P<0.0001$）。对不同浓度处理羊柴叶片实际光化学量子效率进行多重比较，可以看出：50mg/L、100mg/L、150mg/L 处理均较 CK 差异显著（$P<0.05$），但 50mg/L、100mg/L 处理之间差异不显著，150mg/L 与 200mg/L 处理之间，以及 200mg/L 与 CK 之间差异也不显著（$P>0.05$）。

羊柴叶片 PSⅡ最大光化学效率（F_v/F_m）变化曲线较为平缓，但随 PP_{333} 处理浓度升高也呈先升高后降低的趋势，在 PP_{333} 处理浓度为 100mg/L 时达到最大（0.82）。各浓度处理羊柴叶片 PSⅡ最大光化学效率分别较 CK 增加了 8.56%、8.80%、2.51%、1.81%。羊柴叶片 PSⅡ最大光化学效率随 PP_{333} 处理浓度变化的模拟趋势线为 $y_{F_v/F_m}=0.81\mathrm{e}^{-(x-96.14)^2/144\,592.91}$，对其系数进行检验，系数 a 达到极显著水平（P=0.0004），x_0 达到显著水平（P=0.0221），R^2=0.69，标准估计误差为 0.02。不同 PP_{333} 浓度处理羊柴叶片 PSⅡ最大光化学效率差异极显著（P=0.0093）。对不同浓度处理羊柴叶片 PSⅡ最大光化学效率进行多重比较，可以看出：50mg/L、100mg/L 处理均较 CK 差异显著（$P<0.05$），但 50mg/L、100mg/L 处理之间差异不显著（$P>0.05$），150mg/L、200mg/L、CK 之间差异也不显著（$P>0.05$）。

7.2.2　对植物抗逆生理的影响

7.2.2.1　对植物抗氧化酶活性的影响

图 7.3 和表 7.7 分别为不同浓度 PP_{333} 处理下羊柴叶片过氧化物酶(POD)、超氧化物歧化酶(SOD)、过氧化氢酶(CAT)活性变化曲线，以及各抗氧化酶指标的趋势线模型。

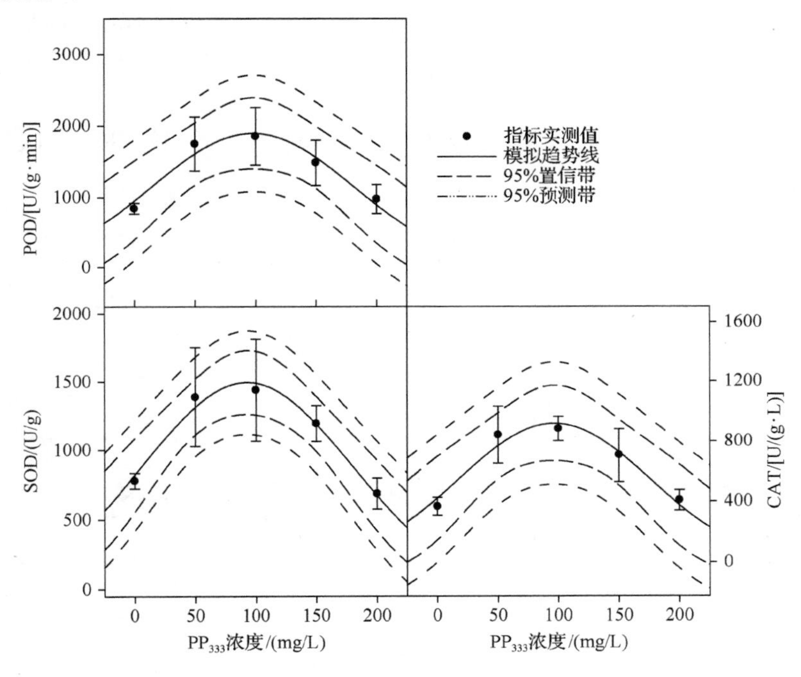

图 7.3　PP_{333} 浓度对羊柴抗氧化酶活性的影响

表 7.7　羊柴抗氧化酶活性指标随 PP_{333} 浓度变化的趋势线模型

模拟趋势线		抗氧化酶活性		
		POD	SOD	CAT
形式		$y=a\cdot\exp\{-0.5[(x-x_0)/b]^2\}$	$y=a\cdot\exp\{-0.5[(x-x_0)/b]^2\}$	$y=a\cdot\exp\{-0.5[(x-x_0)/b]^2\}$
系数	a	1894.55	1494.85	919.33
	P	0.0037	0.0013	0.0040
	b	82.21	84.62	77.37
	P	0.0091	0.0033	0.0085
	x_0	97.90	92.82	96.45
	P	0.0038	0.0015	0.0036
R^2		0.95	0.98	0.95
标准估计误差		149.79	69.77	74.41

羊柴叶片 3 种抗氧化酶活性均随 PP_{333} 浓度升高先升高，在 PP_{333} 浓度为 100mg/L 处理时达到最高，而后随处理浓度继续升高而逐渐降低。3 种抗氧化酶活性随 PP_{333} 处理浓度变化的模拟趋势线分别为 $y_{\text{POD}}=1894.55\text{e}^{-(x-97.90)^2/13\,516.97}$、$y_{\text{SOD}}=1494.85\text{e}^{-(x-92.82)^2/14\,321.09}$、$y_{\text{CAT}}=919.33\text{e}^{-(x-96.45)^2/11\,972.23}$，对其系数进行检验，均达到极显著水平($P$<0.01)，$R^2$ 均大于等于 0.95。

如表 7.8 所示，不同 PP_{333} 浓度处理羊柴叶片的抗氧化酶活性指标差异极显著(P<0.01)。对不同 PP_{333} 浓度处理羊柴叶片的 3 项抗氧化酶活性指标进一步进行多重比较(表 7.9)，PP_{333} 处理浓度为 50mg/L、100mg/L、150mg/L 时，3 种酶活性均较 CK 差异显著(P<0.05)，但 50mg/L 与 100mg/L、150mg/L 处理之间差异不显著(P>0.05)；处理浓度为 200mg/L 时，较 CK 差异也不显著(P>0.05)。

表 7.8 不同 PP_{333} 浓度处理间羊柴抗氧化酶活性指标的方差分析

变异源	自由度(df)	偏差平方和(SS)	均方(MS)	F 值	P 值
POD	4	4 095 732.56	1 023 933.14	11.23	<0.000 1
SOD	4	2 416 920.70	604 230.18	9.98	0.000 1
CAT	4	1 158 230.13	289 557.53	17.58	<0.000 1

表 7.9 不同 PP_{333} 浓度处理间羊柴抗氧化酶活性指标的多重比较

处理	POD	SOD	CAT
CK	b	b	c
P_{50}	a	a	ab
P_{100}	a	a	a
P_{150}	a	a	b
P_{200}	b	b	c

7.2.2.2 对植物应激性生理指标的影响

如图 7.4 和表 7.10 所示，随 PP_{333} 处理浓度逐渐升高，羊柴叶片 3 项应激性生理指标均有不同程度的升高。3 项应激性生理指标随 PP_{333} 处理浓度变化的模拟趋势线分别为 $y_{\text{Pro}}=0.24x+44.64$、$y_{\text{MDA}}=1.14x+22.06$、$y_{\text{REC}}=0.001x+0.16$，对其系数进行检验，均达到显著($P$<0.05)甚至极显著水平($P$<0.01)，$R^2$ 均大于等于 0.88。

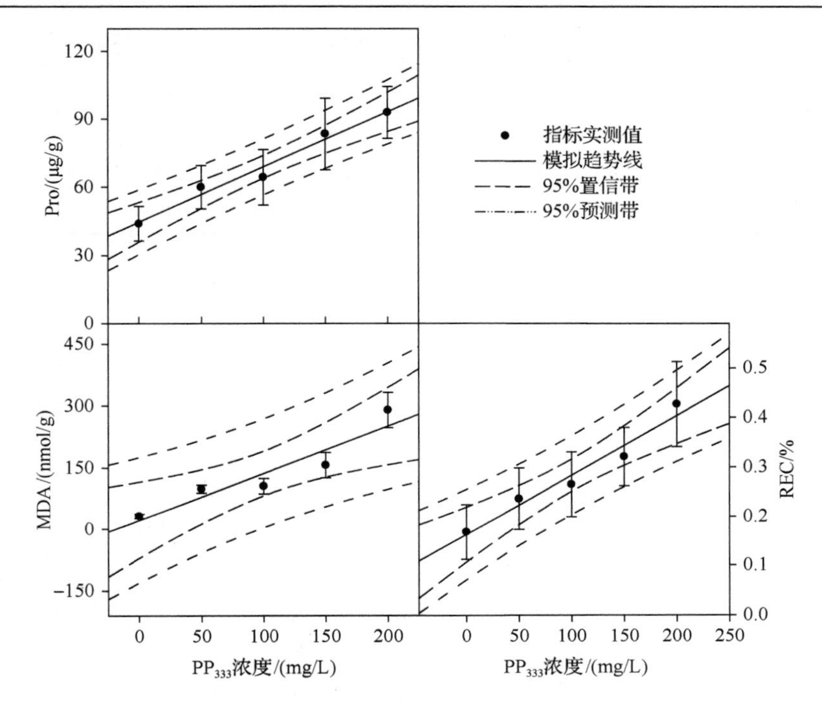

图 7.4　PP_{333} 浓度对羊柴应激性生理指标的影响

表 7.10　羊柴应激性生理指标随 PP_{333} 浓度变化的趋势线模型

模拟趋势线		应激性指标		
		Pro	MDA	REC
形式		$y=ax+b$	$y=ax+b$	$y=ax+b$
系数	a	0.24	1.14	0.001
	P	0.0017	0.0176	0.0035
	b	44.64	22.06	0.16
	P	0.0005	0.0483	0.0027
R^2		0.98	0.88	0.96
标准估计误差		3.53	38.03	0.02

如表 7.11 所示，不同 PP_{333} 浓度处理羊柴叶片的 3 项应激性生理指标差异极显著(P<0.0001)。对不同 PP_{333} 浓度处理羊柴叶片的 3 项应激性生理指标进行多重比较(表 7.12)，PP_{333} 处理浓度分别为 50mg/L、100mg/L、150mg/L、200mg/L 时，除 50mg/L 处理的 REC 外，3 项应激性生理指标均较 CK 差异显著(P<0.05)。

表 7.11　不同 PP_{333} 浓度处理间羊柴应激性生理指标的方差分析

变异源	自由度(df)	偏差平方和(SS)	均方(MS)	*F* 值	*P* 值
Pro	4	7 556.78	1 889.19	13.92	＜0.000 1
MDA	4	185 363.57	46 340.89	72.06	＜0.000 1
REC	4	0.19	0.047 254	10.73	＜0.000 1

表 7.12　不同 PP_{333} 浓度处理间羊柴应激性生理指标的多重比较

处理	Pro	MDA	REC
CK	c	d	c
P_{50}	b	c	bc
P_{100}	b	c	b
P_{150}	a	b	b
P_{200}	a	a	a

Pro 在 100mg/L 与 150mg/L 处理之间差异显著($P<0.05$)，在 50mg/L 与 100mg/L 处理之间，以及 150mg/L 与 200mg/L 处理之间差异不显著($P>0.05$)；MDA 在 100mg/L、150mg/L、200mg/L 处理之间差异显著($P<0.05$)，在 50mg/L 与 100mg/L 处理之间差异不显著($P>0.05$)；REC 在 150mg/L 与 200mg/L 处理之间差异显著($P<0.05$)，在 50mg/L、100mg/L、150mg/L 处理之间差异不显著($P>0.05$)。

7.2.2.3　对植物叶绿素含量指标的影响

如图 7.5 和表 7.13 所示，随着 PP_{333} 处理浓度的升高，羊柴叶片 Chl a、Chl b 及 Chl t 均呈先逐渐升高而后又逐渐降低的趋势，其最大值均出现在 PP_{333} 浓度为 100mg/L 的处理。这 3 个指标随 PP_{333} 处理浓度变化的模拟趋势线分别为 $y_{\text{Chl a}}=2.03\mathrm{e}^{-(x-108.16)^2/15\,781.54}$、$y_{\text{Chl b}}=0.83\mathrm{e}^{-(x-92.07)^2/10\,028.11}$、$y_{\text{Chl t}}=2.84\mathrm{e}^{-(x-102.77)^2/13\,911.12}$，对其系数进行检验，均达到显著($P<0.05$)甚至极显著水平($P<0.01$)，$R^2$ 均大于等于 0.89。

随着 PP_{333} 处理浓度的升高，羊柴叶片 Chl a/Chl b 表现为先降低后升高的总体趋势，在 PP_{333} 浓度为 100mg/L 处理时最小，这说明 PP_{333} 处理浓度在 100mg/L 以下时，叶绿素 a 的相对合成速率小于叶绿素 b，当处理浓度超过 100mg/L 时叶绿素 a 的相对分解速率小于叶绿素 b。Chl a/Chl b 随 PP_{333} 浓度变化的模拟趋势线为 $y_{\text{Chl a/Chl b}}=9.49\times10^{-5}x^2-0.01x+2.70$，对其系数进行检验，系数 b 未达到显著水平($P>0.05$)，R^2=0.97。

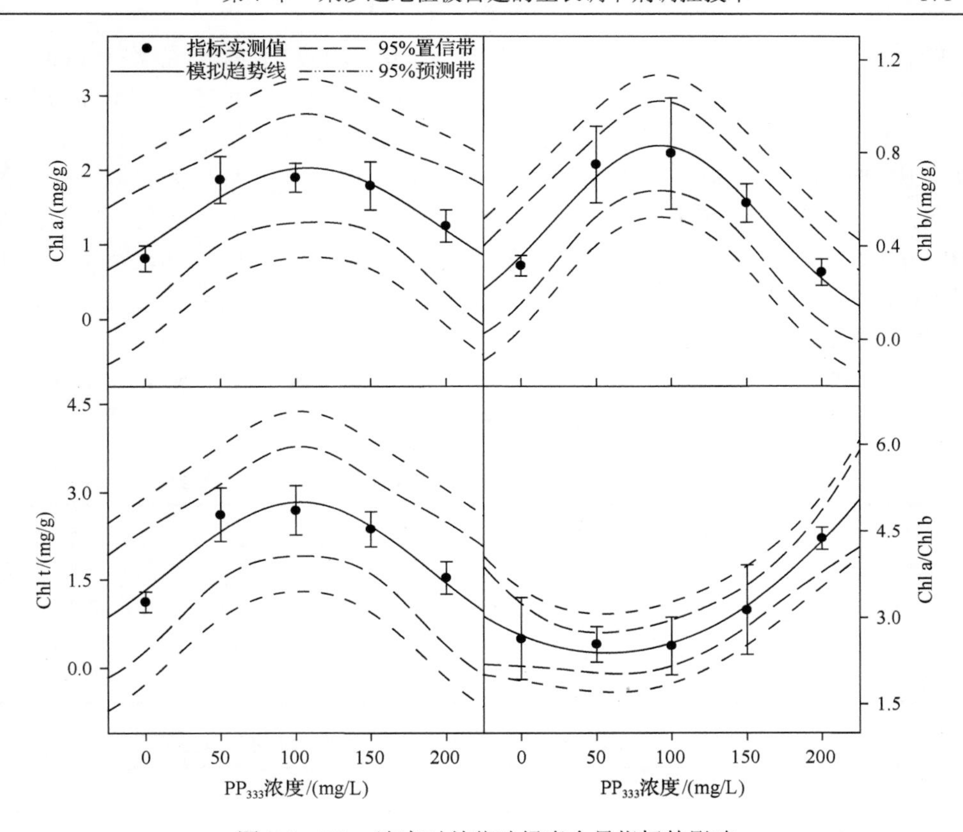

图 7.5　PP_{333} 浓度对羊柴叶绿素含量指标的影响

表 7.13　羊柴叶绿素含量指标随 PP_{333} 浓度变化的趋势线模型

模拟趋势线		叶绿素含量指标			
		Chl a	Chl b	Chl t	Chl a/Chl b
形式		$y=a\cdot\exp\{-0.5[(x-x_0)/b]^2\}$	$y=a\cdot\exp\{-0.5[(x-x_0)/b]^2\}$	$y=a\cdot\exp\{-0.5[(x-x_0)/b]^2\}$	$y=ax^2+bx+x_0$
系数	a	2.03	0.83	2.84	9.49×10^{-5}
	P	0.0069	0.0029	0.0059	0.0222
	b	88.83	70.81	83.40	−0.01
	P	0.0196	0.0052	0.0144	0.0685
	x_0	108.16	92.07	102.77	2.70
	P	0.0069	0.0023	0.0055	0.0022
R^2		0.89	0.97	0.92	0.97
标准估计误差		0.22	0.06	0.28	0.14

如表 7.14 所示，不同 PP_{333} 浓度处理羊柴叶片的 4 项叶绿素含量指标差异极显著($P<0.01$)。对不同 PP_{333} 浓度处理羊柴叶片的 4 项叶绿素含量指标进行多重

比较(表 7.15)，可以看出：所有处理羊柴叶片 Chl a 均较 CK 差异显著($P<0.05$)，P_{50} 与 P_{100} 处理之间，以及 P_{150} 与 P_{200} 处理之间差异显著($P<0.05$)，但 P_{100} 与 P_{150} 处理之间，以及 P_{50} 与 P_{200} 处理之间差异不显著($P>0.05$)；P_{50}、P_{100}、P_{150} 处理羊柴叶片 Chl b 均较 CK 差异显著($P<0.05$)，P_{100}、P_{150}、P_{200} 处理之间差异也达到显著水平($P<0.05$)，但 P_{50} 与 P_{100} 处理之间，以及 P_{50} 与 P_{150} 处理之间差异不显著($P>0.05$)，P_{200} 处理较 CK 差异也不显著($P>0.05$)；P_{50}、P_{100}、P_{150} 处理羊柴叶片 Chl t 均较 CK 差异显著($P<0.05$)，但 3 个浓度处理之间差异不显著($P>0.05$)，P_{200} 处理较 P_{50}、P_{100}、P_{150} 处理差异显著($P<0.05$)，但较 CK 差异不显著($P>0.05$)；P_{200} 处理羊柴叶片 Chl a/Chl b 较 CK、P_{50}、P_{100}、P_{150} 处理差异显著($P<0.05$)，但 CK、P_{50}、P_{100}、P_{150} 处理之间差异不显著($P>0.05$)。

表 7.14 不同 PP_{333} 浓度处理间羊柴叶绿素含量指标的方差分析

变异源	自由度(df)	偏差平方和(SS)	均方(MS)	F 值	P 值
Chl a	4	4.55	1.14	17.78	<0.000 1
Chl b	4	1.14	0.284 946	14.54	<0.000 1
Chl t	4	9.78	2.44	20.32	<0.000 1
Chl a/Chl b	4	12.39	3.10	10.39	0.000 1

表 7.15 不同 PP_{333} 浓度处理间羊柴叶绿素含量指标的多重比较

处理	Chl a	Chl b	Chl t	Chl a/Chl b
CK	c	c	b	b
P_{50}	b	ab	a	b
P_{100}	a	a	a	b
P_{150}	a	b	a	b
P_{200}	b	c	b	a

7.2.3 对植物光合及抗逆生理影响的综合评价

7.2.3.1 不同 PP_{333} 浓度处理下植物光合及抗逆生理指标的典型相关分析

表 7.16 和表 7.17 分别列出了不同 PP_{333} 浓度处理下羊柴光合与抗逆生理特性指标的典型相关变量特征值及其典型相关系数假设检验特征值。由表 7.16 和表 7.17 可知，第 1 对典型相关变量累积贡献率提供了 61.25%的相关信息，其他 9 对典型相关变量只提供了 38.75%的相关信息。第一个典型相关系数 P 值为 0.0465，说明典型相关系数在 α=0.05、α=0.01 水平下均具有统计学意义，而其余 9 个典型相关系数没有统计学意义。因此，本研究选取第 1 对典型相关变量进行下一步分析。

表 7.16　不同 PP_{333} 浓度处理下的典型相关变量特征值

典型相关变量对	特征值	特征值差值	贡献率	累积贡献率
1	27.6885	21.0304	0.6125	0.6125
2	6.6581	1.4188	0.1473	0.7598
3	5.2393	1.6230	0.1159	0.8757
4	3.6162	2.5488	0.0800	0.9557
5	1.0674	0.3829	0.0236	0.9793
6	0.6845	0.5150	0.0151	0.9944
7	0.1695	0.1028	0.0038	0.9982
8	0.0667	0.0549	0.0015	0.9997
9	0.0118	0.0118	0.0003	1.0000
10	0.0000	0.0000	0.0000	1.0000

表 7.17　不同 PP_{333} 浓度处理下的典型相关系数假设检验

典型相关变量对	似然比统计量	渐进 F 统计量	Num DF	Den DF	P 值
1	0.0000	1.5100	100	47.6560	0.0465
2	0.0010	1.1200	81	47.7440	0.3411
3	0.0079	0.9600	64	46.8660	0.5607
4	0.0493	0.7400	49	45.0370	0.8443
5	0.2275	0.4700	36	42.2830	0.9886
6	0.4703	0.3500	25	38.6500	0.9965
7	0.7922	0.1700	16	34.2430	0.9998
8	0.9265	0.1000	9	29.3550	0.9994
9	0.9883	0.0400	4	26.0000	0.9970
10	1.0000	0.0000	1	14.0000	0.9980

表 7.18 为植物光合及抗逆生理特性指标组典型变量多重回归分析结果。由表 7.18 可知：光合生理指标组与抗逆生理指标组第 1 对典型变量 W_1 之间多重相关系数的平方依次为 0.6599、0.4373、0.8169、0.7614、0.3316、0.7262、0.6227、0.7793、0.8034、0.4812，说明抗逆生理指标组第 1 对典型变量 W_1 对 P_n、G_s、C_i、qN、qP、ETR、ΦPSⅡ有相当好的预测能力。抗逆生理指标组与光合生理指标组第 1 对典型变量 V_1 之间多重相关系数的平方依次为 0.6864、0.3804、0.6261、0.0231、0.0421、0.3627、0.5419、0.7052、0.6488、0.1964，说明光合生理指标组第 1 对典型变量 V_1 对 POD、CAT、Chl a、Chl b、Chl t 有相当好的预测能力。

表 7.18　不同 PP_{333} 浓度处理下原始变量与对方组的前 *m* 个典型变量多重回归分析

典型变量	1	2	3	4	5
P_n	0.6599	0.8066	0.8154	0.8167	0.8245
T_r	0.4373	0.5669	0.6021	0.6079	0.6264
G_s	0.8169	0.8840	0.8896	0.9189	0.9193
C_i	0.7614	0.8117	0.8695	0.8806	0.8812
WUE	0.3316	0.4434	0.4488	0.4722	0.5699
qN	0.7262	0.7846	0.8583	0.8719	0.8748
qP	0.6227	0.7938	0.8196	0.9014	0.9019
ETR	0.7793	0.8355	0.8375	0.8665	0.8926
ΦPS Ⅱ	0.8034	0.8111	0.8143	0.8236	0.8260
F_v/F_m	0.4812	0.4864	0.4879	0.5237	0.6004
POD	0.6864	0.7569	0.7643	0.8129	0.8438
SOD	0.3804	0.7782	0.7944	0.8263	0.8263
CAT	0.6261	0.7305	0.7379	0.7439	0.7464
Pro	0.0231	0.1659	0.4494	0.5061	0.5095
MDA	0.0421	0.0724	0.5900	0.6760	0.7032
REC	0.3627	0.4243	0.7295	0.7633	0.7796
Chl a	0.5419	0.5819	0.6322	0.6940	0.7023
Chl b	0.7052	0.7060	0.7069	0.8077	0.8551
Chl t	0.6488	0.6707	0.6982	0.7789	0.7990
Chl a/Chl b	0.1964	0.2015	0.2937	0.4202	0.5123

综上所述，在光合生理指标中，P_n、G_s、C_i、qN、qP、ETR、ΦPS Ⅱ 对于第 1 对典型变量的作用较大，在抗逆生理指标中，POD、CAT、Chl a、Chl b、Chl t 对于第 1 对典型变量的影响较大。

7.2.3.2　对植物光合及抗逆生理影响的 TOPSIS 法综合评价

由不同 PP_{333} 浓度处理对植物光合及抗逆生理影响的 TOPSIS 综合评价结果(表 7.19)可知：各指标值与最优值的相对接近程度顺序为 $P_{100}>P_{50}>P_{150}>$ CK $>P_{200}$，100mg/L 处理最大(0.713)，200mg/L 处理最小(0.255)，最大值较最小值增加了 179.61%，100mg/L 处理、50mg/L 处理综合评价结果相差不大，即在 PP_{333} 浓度为 100mg/L、50mg/L 处理时植物光合及抗逆生理综合评价指标最佳。

表 7.19　不同 PP_{333} 浓度处理对羊柴光合及生理指标影响的 TOPSIS 法综合评价

评价对象	评价对象到最优点距离	评价对象到最差点距离	评价参考值 C_i	排序结果
CK	1.1950	0.4921	0.292	4
P_{50}	0.5147	1.0531	0.672	2
P_{100}	0.4901	1.2162	0.713	1
P_{150}	0.7307	0.6806	0.482	3
P_{200}	1.0939	0.3737	0.255	5

7.2.3.3　对植物光合及抗逆生理影响的主成分分析综合评价

表 7.20 列出了不同处理下植物光合及抗逆生理指标的特征值和贡献率。由表 7.20 可知，前两个主成分累积贡献率提供了 94.32%的相关信息，超过了 80%，其他 18 个主成分只提供了 5.68%的相关信息。因此，对前两个主成分进行下一步分析。

表 7.20　不同 PP_{333} 浓度处理下的特征值和贡献率

主成分	特征值 (λ_i)	贡献率/%	累积贡献率/%
1	15.31	76.54	76.54
2	3.56	17.78	94.32
3	0.69	3.45	97.77
4	0.45	2.23	100.00
5	0.00	0.00	100.00
6	0.00	0.00	100.00
7	0.00	0.00	100.00
8	0.00	0.00	100.00
9	0.00	0.00	100.00
10	0.00	0.00	100.00
11	0.00	0.00	100.00
12	0.00	0.00	100.00
13	0.00	0.00	100.00
14	0.00	0.00	100.00
15	0.00	0.00	100.00
16	0.00	0.00	100.00
17	0.00	0.00	100.00
18	0.00	0.00	100.00
19	0.00	0.00	100.00
20	0.00	0.00	100.00

由表 7.21 分别得出如下结论。

表 7.21　不同 PP_{333} 浓度处理下的主成分载荷

指标	主成分 1	主成分 2
X_1	0.2477	−0.0011
X_2	0.2131	−0.0239
X_3	0.2532	−0.0523
X_4	0.2407	−0.1347
X_5	0.2062	0.1067
X_6	−0.2393	−0.1719
X_7	0.2531	0.0546
X_8	0.2466	−0.0463
X_9	0.2533	−0.0034
X_{10}	0.2477	−0.0386
X_{11}	0.2544	0.0088
X_{12}	0.2477	−0.0839
X_{13}	0.2533	−0.0096
X_{14}	−0.0097	0.5225
X_{15}	−0.0480	0.5113
X_{16}	−0.1685	−0.3982
X_{17}	0.2382	0.1564
X_{18}	0.2520	−0.0734
X_{19}	0.2484	0.0804
X_{20}	−0.1344	0.4410

第一主成分

$$F_1=0.2477X_1+0.2131X_2+0.2532X_3+0.2407X_4+0.2062X_5-0.2393X_6+0.2531X_7+0.2466X_8+0.2533X_9+0.2477X_{10}+0.2544X_{11}+0.2477X_{12}+0.2533X_{13}-0.0097X_{14}-0.0480X_{15}-0.1685X_{16}+0.2382X_{17}+0.2520X_{18}+0.2484X_{19}-0.1344X_{20} \tag{7.1}$$

第二主成分

$$F_2=-0.0011X_1-0.0239X_2-0.0523X_3-0.1347X_4+0.1067X_5-0.1719X_6+0.0546X_7-0.0463X_8-0.0034X_9-0.0386X_{10}+0.0088X_{11}-0.0839X_{12}-0.0096X_{13}+0.5225X_{14}+0.5113X_{15}-0.3982X_{16}+0.1564X_{17}-0.0734X_{18}+0.0804X_{19}+0.4410X_{20} \tag{7.2}$$

得到 F 的综合模型：

$$F=-0.2012X_1-0.1774X_2-0.2153X_3-0.2207X_4+0.1874X_5+0.2266X_6+0.2157X_7-0.2088X_8-0.2062X_9-0.2083X_{10}+0.2081X_{11}-0.2168X_{12}-0.2074X_{13}-0.1064X_{14}-0.1353X_{15}+0.2118X_{16}+0.2228X_{17}-0.2183X_{18}+0.2167X_{19}-0.1922X_{20} \tag{7.3}$$

然后根据建立的 F_1、F_2 与综合模型计算第一、第二主成分及综合主成分值（表 7.22），而后进行排序。

表 7.22　不同 PP_{333} 浓度处理下的综合主成分值

处理	第一主成分	排序	第二主成分	排序	综合主成分	排序
CK	549.99	5	−50.32	3	436.82	5
P_{50}	1119.93	2	−79.80	5	893.77	2
P_{100}	1187.23	1	−84.98	4	947.40	1
P_{150}	914.52	3	2.11	2	742.52	3
P_{200}	557.68	4	125.75	1	476.26	4

由不同浓度 PP_{333} 处理对羊柴光合及抗逆生理影响的主成分综合评价结果（表 7.22）可知：各处理的综合主成分顺序为 P_{100}＞P_{50}＞P_{150}＞P_{200}＞CK，PP_{333} 处理浓度为 100mg/L 时最大，CK 最小，P_{100}、P_{50} 综合主成分值相差不大，即在 PP_{333} 浓度为 100mg/L、50mg/L 时植物光合及抗逆生理综合评价指标最佳，所以最有利于植物生长发育的条件是 PP_{333} 处理浓度为 50～100mg/L。

综上所述，TOPSIS 法、主成分分析法综合评价均表明，PP_{333} 浓度为 100mg/L 处理综合评价结果最优，所以最有利于植物生长发育的是 PP_{333} 浓度为 100mg/L 的处理。

参 考 文 献

白小明, 相斐, 罗仁峰, 孙吉雄. 多效唑对高羊茅扩展性和根系特性的调控效应. 草业科学, 26(10): 171-176.

陈善坤. 1995. PP333 和 S-3307 的作用机理及其对水稻秧苗控长促蘖培育壮秧的效应和提高产量的效果. 江西农业科技, (2): 7-11.

程暄生. 1990. 国外植物生长调节剂的进展. 江苏化工, (4): 3-10, 13.

楚爱香, 孔祥生, 张要战. 2004. 植物生长调节剂在观赏植物上的应用. 园艺学报, 31(3): 408-412.

戴红燕, 王安虎, 华劲松, 杨坪. 2006. 植物生长调节剂浸种对苦荞麦幼苗的影响. 种子, 25(9): 24-26.

党金鼎. 2005. 植物激素及生长调节剂在蔬菜上的应用技术. 吉林蔬菜, (4): 42.

邓忠, 白丹, 翟国亮, 赵红书, 冯俊杰, 韩启彪, 张文正. 2011. 不同植物生长调节剂对新疆棉花干物质积累、产量和品质的影响. 干旱地区农业研究, 29(3): 122-127.

房增国, 赵秀芬, 高祖明. 2005. 多效唑提高植物抗逆性的研究进展. 中国农业科技导报, 7(4): 9-12.

傅华龙, 何天久. 2008. 植物生长调节剂的研究与应用. 生物加工过程, 6(4): 7-12.

龚玉莲, 陈坚毅, 曾碧健. 2005. 多效唑在植物组织培养中应用前景的探讨. 广东教育学院学报, 20(3): 103-106.
关爱农, 刘晔, 王志忠, 沈红香. 2009. 不同浓度多效唑处理对水仙生长开花的影响. 中国农学通报, 25(13): 146-149.
何武江, 王艳霞. 2007. 植物生长延缓剂在花卉生产中的应用研究进展. 内蒙古民族大学学报, (5): 40-41.
黄慧燕, 钟凤林, 张凤云, 曹明浩, 杨碧云, 林义章. 2011. 多效唑在园艺植物上的应用. 亚热带农业研究, 7(1): 37-41.
姜英, 彭彦, 李志辉, 吴志华, 任世奇. 2010. 多效唑、烯效唑和矮壮素对金钱树的矮化效应. 园艺学报, 37(5): 823-828.
李明军. 1997. PP333 对玉米试管苗生长的调控(简报). 植物生理学通讯, 33(4): 269-271.
刘春燕, 胡国强, 宋红梅, 王长娜, 张亚莉, 周桂荣, 刘建凤. 2009. 多效唑、矮壮素对绿篱植物大叶黄杨的矮化效果研究. 林业实用技术, (7): 47-48.
刘丹. 2004. 植物生长调节剂对几种灌木树种抗旱性的影响. 哈尔滨: 东北林业大学硕士学位论文.
刘会宁, 朱建强. 2001. 多效唑作用机理及在落叶果树上的应用. 湖北农学院学报, 21(1): 80-84.
吕双庆, 李生秀. 2005. 多效唑对旱地小麦一些生理、生育特性及产量的影响. 植物营养与肥料学报, 11(1): 92-98.
潘朝阳. 1997. 植物生长调节剂的发展前景. 安徽科技, (4): 24-26.
齐颖慧, 王永章, 刘更森. 2009. 多效唑对曙光油桃生长发育和叶片光合速率的影响. 山东林业科技, 39(3): 44-46.
宋红梅, 刘建凤, 孙旭霞, 曹秀丽. 2010. 多效唑对大叶黄杨、金叶女贞、紫叶小檗的抗旱性影响研究. 北方园艺, (19): 75-78.
隋艳晖, 张剑. 2006. 多效唑及其在花卉上的应用. 北京农业职业学院学报, 20(2): 22-26.
陶龙兴, 王熹, 黄效林, 俞美玉. 2001. 植物生长调节剂在农业中的应用及发展趋势. 浙江农业学报, 13(5): 322-326.
田文勋, 赵景阳, 白宝璋, 刘国荣, 李明义, 齐国卿. 1993. 多效唑浸种对直播甜菜生长的调控及其增产作用. 吉林农业大学学报, 15(4): 16-19, 104.
万燕, 杨文钰. 2009. 不同生长调节剂叶面喷施对套作大豆形态及产量的影响. 大豆科学, 28(1): 63-66.
汪良驹, 孙文全, 李友生. 1990. PP333 对水仙花的矮化效应及其生理机制初探. 园艺学报, 17(4): 313-315.
韦明兵, 韦瑞霞. 2009. 多效唑在果树上的应用. 北京农业, (9): 51-54.
肖琳, 蔡荣先, 龚定云. 1992. 多效唑对夏大豆的生物学效应及增产作用. 河南农业科学, (12): 38-40.

徐秋曼, 陈宏. 2002. 多效唑提高水稻幼苗抗低温能力的机理初探. 西北植物学报, 22(5): 1236-1241.

杨丹. 2008. 多效唑对苹果梨生长发育的影响. 延吉: 延边大学硕士学位论文.

尤爱琴, 张昌杰, 葛天安, 叶梅蓉. 2006. 果树生产上如何使用多效唑. 果农之友, (3): 34-35.

张远海, 汤日圣, 高宁, 张金渝, 吴光南. 1988. 多效唑调节水稻植株生长的作用机理. 植物生理学, 14(4): 338-343.

赵超鹏, 周琴, 曹春信, 韩亮亮, 江巧君, 江海东. 2010. 多效唑对多花黑麦草物质积累和种子产量的影响. 草业科学, 27(3): 72-75.

Blanco A, Monge E, Val J. 2002. Effects of paclobutrazol and crop-load on mineral element concentration in different organs of "catherine" peach trees. Journal of Plant Nutrition, 25(8): 1667-1683.

Davis P. J. 1987. Plant Hormones and Their Role in Growth and Development. Leiden: Martinus Nijihoff Publishers: 473-479.

Ghosh A, Chikara J, Chaudhary D R, Prakash A R, Boricha G, Zala A. 2010. Paclobutrazol arrests vegetative growth and unveils unexpressed yield potential of jatropha curcas. Journal of Plant Growth Regulation, 29(3): 307-315.

Kamoutsis A P, Chronopoulou-Sereli A G, Paspatis E A. 1999. Paclobutrazol affects growth and flower bud production in gardenia under different light regimes. Hortscience, 34(4): 674-675.

Kawabata O, DeFrank J. 1993. Purple nutsedge suppression with soil-applied paclobutrazol. HortScience(USA), 28(1): 59..

Lenton J R, Appleford N E J, Temple-Smith K E. 1994. Growth retardant activity of paclobutrazol enantiomers in wheat seedlings. Plant Growth Regulation, 15(3): 281-291.

Monge E, Aguirre R, Blanco A. 1994. Application of paclobutrazol and GA_3 to adult peach trees: effects on nutritional status and photosynthetic pigments. Journal of Plant Growth Regulation, 13(1): 15-19.

Tari I, Mihalik E. 1998. Comparison of the effects of white light and the growth retardant paclobutrazol on the ethylene production in bean hypocotyls. Plant Growth Regulation, 24(1): 67-72.

Williams M W, Curry E A, Greene G M. 1986. Chemical control of vegetative growth of pome and stone fruit trees with GA biosynthesis inhibitors. Acta Horticulturae, 179: 453-458.

Zeffari G R, Peres L E P, Kerbauy G B. 1998. Endogenous levels of cytokinins, indoleacetic acid, abscisic acid, and pigments in variegated somaclones of micropropagated banana leaves. Plant Growth Regulation, 17(2): 59-61.

第 8 章　复配土与模拟降水二因素调控技术

8.1　复配土与降水互作对植物光合生理的影响

8.1.1　对植物光合指标的影响

如表 8.1 所示，复配土与模拟降水组合处理对羊柴光合指标影响的二因素交互方差分析结果表明：各光合指标模型均达到了极显著水平；复配土与降水对羊柴 5 项光合指标的影响均有极显著的交互作用；在复配土与降水交互作用下，不同配土比例、不同降水水平处理 5 项光合指标差异均达到了极显著水平；不同配土比例处理 P_n、T_r、G_s、C_i 的均方均大于不同降水水平处理各指标的均方，不同配土比例处理 WUE 的均方小于不同降水水平处理的均方，说明在复配土与模拟降水交互作用下，复配土对 P_n、T_r、G_s、C_i 产生的影响较大，降水对 WUE 产生的影响较大。

表 8.1　复配土与降水对羊柴光合指标影响的二因素交互方差分析

参数	变异源	自由度	偏差平方和	均方	F 值	P 值
P_n	模型	15	12 769.32	851.288	25.8	＜0.000 1
	配土	3	7 295.276	2 431.759	73.7	＜0.000 1
	降水	3	1 355.834	451.944 5	13.7	＜0.000 1
	降水×配土	9	4 118.21	457.578 9	13.87	＜0.000 1
T_r	模型	15	4 687.682	312.512 1	21.68	＜0.000 1
	配土	3	2 748.406	916.135 5	63.55	＜0.000 1
	降水	3	1 016.666	338.888 6	23.51	＜0.000 1
	降水×配土	9	922.609 6	102.512 2	7.11	＜0.000 1
G_s	模型	15	2.687 745	0.179 183	61.01	＜0.000 1
	配土	3	1.538 666	0.512 889	174.64	＜0.000 1
	降水	3	0.382 838	0.127 613	43.45	＜0.000 1
	降水×配土	9	0.766 241	0.085 138	28.99	＜0.000 1
C_i	模型	15	1 605 434	107 029	46.05	＜0.000 1
	配土	3	673 279.4	224 426.5	96.57	＜0.000 1
	降水	3	526 589.6	175 529.9	75.53	＜0.000 1
	降水×配土	9	405 565.4	45 062.83	19.39	＜0.000 1
WUE	模型	15	12.775 59	0.851 706	16.76	＜0.000 1
	配土	3	3.885 78	1.295 26	25.49	＜0.000 1
	降水	3	6.778 103	2.259 368	44.47	＜0.000 1
	降水×配土	9	2.111 71	0.234 634	4.62	0.000 1

注：显著性水平，P＞0.05 为不显著，P＜0.05 为显著，P＜0.01 为极显著

图 8.1 为复配土与降水交互作用下，羊柴光合指标二因素交互简单效应分析。

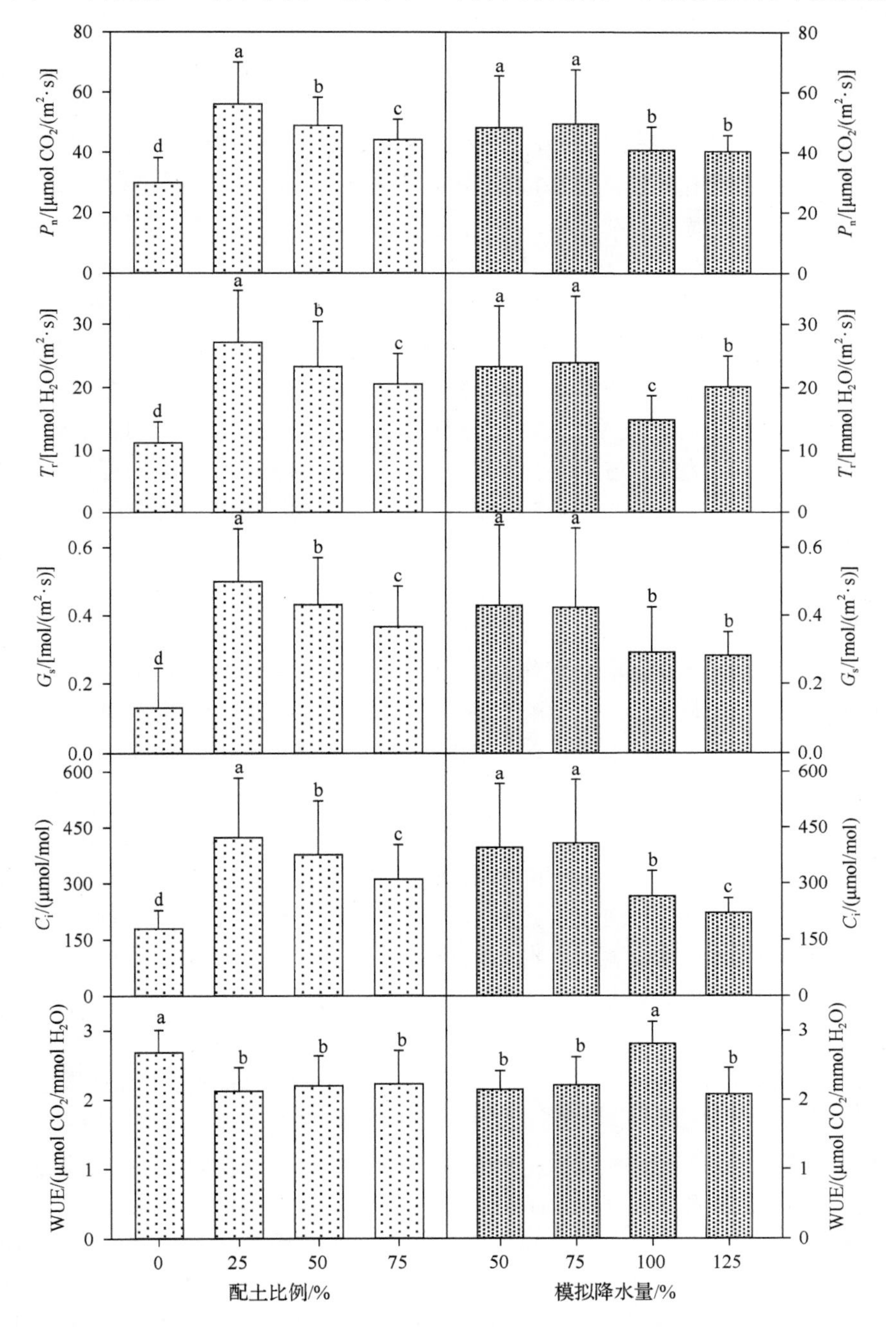

图 8.1　复配土与降水对羊柴光合指标影响的二因素交互分析

同一指标下不同小写字母表示在 0.05 显著性水平下差异显著

不同复配土处理 P_n、T_r、G_s、C_i 大小顺序均为 $T_{25}>T_{50}>T_{75}>T_0$，且各配土比例处理差异均达到显著水平；WUE 大小顺序为 $T_0>T_{75}>T_{50}>T_{25}$，T_0 显著高于 T_{25}、T_{50}、T_{75}，T_{25}、T_{50}、T_{75} 之间差异不显著。这说明，风沙土与黄土以不同比例复配可显著提高羊柴 P_n、T_r、G_s、C_i，且以黄土比例 T_{25} 处理的作用效果最好，黄土超过这一配比后，随黄土比例递增，其对羊柴 P_n、T_r、G_s、C_i 提高的作用效果逐渐减弱；配土处理后降低了羊柴 WUE，且以黄土比例 T_{25} 处理降低最显著，黄土超过这一配比后，随黄土比例递增，WUE 变化不明显。

不同降水水平处理下，P_n、C_i 大小顺序均为 $S_{75}>S_{50}>S_{100}>S_{125}$，$T_r$ 大小顺序为 $S_{75}>S_{50}>S_{125}>S_{100}$，$G_s$ 大小顺序为 $S_{50}>S_{75}>S_{100}>S_{125}$，WUE 大小顺序为 $S_{100}>S_{75}>S_{50}>S_{125}$。总体看来，降水水平 S_{50}、S_{75} 处理的羊柴 P_n、T_r、G_s、C_i 均显著高于 S_{100}、S_{125} 处理，且多以降水水平 S_{75} 处理效果最为显著，S_{50} 与 S_{75} 处理差异不明显；而 S_{50}、S_{75} 处理的羊柴 WUE 均显著低于 S_{100} 处理，S_{50} 与 S_{75} 处理差异不明显。

综上所述，在复配土与降水交互作用下，当配土比例为 T_{25} 处理时，对羊柴 P_n、T_r、G_s、C_i、WUE 产生的影响最为显著，当黄土超过这一比例时，随黄土比例的递增，对 P_n、T_r、G_s、C_i 产生的作用显著减弱，而对 WUE 产生的作用变化不明显。降水水平 S_{50}、S_{75} 处理下 P_n、T_r、G_s、C_i 均保持较高的水平，WUE 保持较低的水平，且两个处理差异不明显。

表 8.2 为复配土与降水交互作用下，不同处理间羊柴光合指标的二因素交互多重比较结果。总体来看，在无配土条件下，较高的降水水平能使 P_n、T_r、G_s、C_i 保持较高的水平，而在配土比例较大时，较低的降水水平能使 P_n、T_r、G_s、C_i 保持较高的水平。这说明，无配土条件下的风沙土持水性能最差，只有通过较高的降水水平才能使 P_n、T_r、G_s、C_i 维持较高的水平，随着配土比例的提高，复配土持水性逐渐增强，使得较低的降水水平发挥了更大作用，提高了土壤水分的有效性。配土处理后，在不同配土比例下，降水水平分别为 S_{50}、S_{75} 时，P_n、T_r、G_s、C_i 均能保持最大或较大值。在不同降水水平下，配土比例 T_{25} 处理 P_n、T_r、G_s、C_i 均出现最大或较大值。这说明：降水水平分别为 S_{50}、S_{75} 时，配土比例 T_{25} 处理最有利于 P_n、T_r、G_s、C_i 保持较高的水平，而过高或过低的配土比例，以及降水水平过高都会使 P_n、T_r、G_s、C_i 降低。这主要是因为随着配土比例发生变化，复配土的通透性、持水性也在发生变化，在配土比例和降水水平都较低时，土壤水分是光合作用的主要限制因子，土壤水分的持续降低，引起植物体内水分下降，气孔关闭，从而使 P_n、T_r、G_s、C_i 降低，光合作用受到抑制；当配土比例和降水水平都较高时，土壤水分不再是光合作用的主要限制因子，但较差的土壤通透性使得根系呼吸、对水分和营养的吸收效率明显下降，光合作用也受到抑制。通过以上分析可以得出：在充分考虑当地年际降水变率的情况下，有利于促进羊柴 P_n、T_r、G_s、C_i 的配土比例应为 T_{25} 处理；而在能够人为控制灌溉的条件下，最佳的灌

溉水平应为 S_{50}、S_{75} 处理。

表 8.2　复配土与降水对羊柴光合指标影响的二因素交互多重比较

参数	降水水平	配土比例				配土比例	降水水平			
		T_0	T_{25}	T_{50}	T_{75}		S_{50}	S_{75}	S_{100}	S_{125}
P_n	S_{50}	c	b	a	a	T_0	c	c	b	a
	S_{75}	bc	a	a	ab	T_{25}	a	a	a	a
	S_{100}	b	c	b	ab	T_{50}	a	b	a	a
	S_{125}	a	c	b	b	T_{75}	b	b	a	a
T_r	S_{50}	b	a	a	a	T_0	c	c	b	b
	S_{75}	b	a	a	a	T_{25}	a	a	a	a
	S_{100}	b	b	b	b	T_{50}	ab	a	a	ab
	S_{125}	a	b	b	a	T_{75}	b	b	ab	a
G_s	S_{50}	b	a	a	a	T_0	c	c	b	ab
	S_{75}	b	a	a	a	T_{25}	a	a	a	a
	S_{100}	b	b	b	b	T_{50}	a	b	a	bc
	S_{125}	a	b	c	c	T_{75}	b	b	a	c
C_i	S_{50}	c	a	a	a	T_0	c	d	b	a
	S_{75}	bc	a	a	a	T_{25}	a	a	a	a
	S_{100}	ab	b	b	b	T_{50}	a	b	a	a
	S_{125}	a	b	c	c	T_{75}	b	c	a	a
WUE	S_{50}	b	bc	b	bc	T_0	a	a	a	a
	S_{75}	a	b	c	b	T_{25}	b	b	a	c
	S_{100}	a	a	a	a	T_{50}	ab	c	a	b
	S_{125}	ab	c	b	c	T_{75}	b	b	a	c

注：同一参数下不同小写字母表示在 0.05 显著性水平下差异显著

降水水平为 S_{100} 时，WUE 在不同配土比例处理下均有最大或较大值，而较高或较低的降水水平均可使 WUE 降低。这是因为适宜的土壤含水量使 P_n、T_r 均有所提高，但对 P_n 的促进作用更为显著，从而使 WUE(P_n/T_r)提高；而较低的土壤含水量使水分成为光合作用的限制因子，P_n 下降的幅度大于 T_r 下降的幅度，使 WUE 降低；较高的土壤含水量，使较大比例的水分被分配用于蒸腾，WUE 也降低。配土比例为 T_0 时，WUE 在不同降水水平处理下均有最大或较大值。这是因为风沙土持水性极差，降水多以无效水形式下渗，只有极少部分可被植物吸收利用，所以无论降水水平高低，都使植物长期处于相对缺水状态，在缺水状态下，光合作用较弱，较高比例的水分用于合成物质，而用于蒸腾作用的水分比例较小，因此 WUE 较大。

8.1.2　对植物叶绿素荧光参数的影响

如表 8.3 所示，复配土与模拟降水组合处理对羊柴叶绿素荧光参数影响的二因素交互方差分析结果表明：叶绿素荧光参数模型均达到了显著或极显著水平；复配土与降水对羊柴 qN、qP、ETR、ΦPSⅡ的影响均有极显著的交互作用，而对 F_v/F_m 影响的交互作用不显著。在复配土与降水交互作用下，不同配土比例、不同降水水平处理羊柴 5 项叶绿素荧光参数差异均达到了显著或极显著水平；不同配土比例处理羊柴 5 项叶绿素荧光参数的均方均大于不同降水水平处理各指标均方，说明在复配土与模拟降水交互作用下，复配土对羊柴 5 项叶绿素荧光参数产生的影响较大。

表 8.3　复配土与降水对羊柴叶绿素荧光参数影响的二因素交互方差分析

参数	变异源	自由度	偏差平方和	均方	F 值	P 值
qN	模型	15	1.434 87	0.095 658	14.48	＜0.000 1
	配土	3	0.915 014	0.305 005	46.16	＜0.000 1
	降水	3	0.076 836	0.025 612	3.88	0.013 1
	降水×配土	9	0.443 019	0.049 224	7.45	＜0.000 1
qP	模型	15	3.738 761	0.249 251	19.67	＜0.000 1
	配土	3	2.293 79	0.764 597	60.34	＜0.000 1
	降水	3	0.493 442	0.164 481	12.98	＜0.000 1
	降水×配土	9	0.951 529	0.105 725	8.34	＜0.000 1
ETR	模型	15	42 621.35	2 841.423	31.48	＜0.000 1
	配土	3	22 980.1	7 660.034	84.87	＜0.000 1
	降水	3	10 354.66	3 451.554	38.24	＜0.000 1
	降水×配土	9	9 286.586	1 031.843	11.43	＜0.000 1
ΦPSⅡ	模型	15	2.485 519	0.165 701	29.55	＜0.000 1
	配土	3	1.294 084	0.431 361	76.92	＜0.000 1
	降水	3	0.651 284	0.217 095	38.71	＜0.000 1
	降水×配土	9	0.540 151	0.060 017	10.7	＜0.000 1
F_v/F_m	模型	15	0.366 246	0.024 416	1.96	0.032 7
	配土	3	0.165 824	0.055 275	4.44	0.006 7
	降水	3	0.116 36	0.038 787	3.12	0.032 2
	降水×配土	9	0.084 062	0.009 34	0.75	0.661 6

注：显著性水平，P＞0.05 为不显著，P＜0.05 为显著，P＜0.01 为极显著

图 8.2 为复配土与降水交互作用下，羊柴叶绿素荧光参数二因素交互简单效应分析。不同配土比例处理羊柴 qN 大小顺序为 T_0＞T_{75}＞T_{50}＞T_{25}，qP、ETR、ΦPSⅡ、F_v/F_m 大小顺序均为 T_{25}＞T_{50}＞T_{75}＞T_0。总体来看，各配土处理 qN 均显著低于未作配土处理，qP、ETR、ΦPSⅡ、F_v/F_m 均显著高于未作配土处理，各配土处理之间的差异不尽相同，但 qN 以配土 T_{25} 处理最小，qP、ETR、ΦPSⅡ、F_v/F_m 均以配土 T_{25} 处理最大，当黄土超过这一配比后，随黄土比例递增，配土处理对各指

标的作用效果均逐渐减弱。

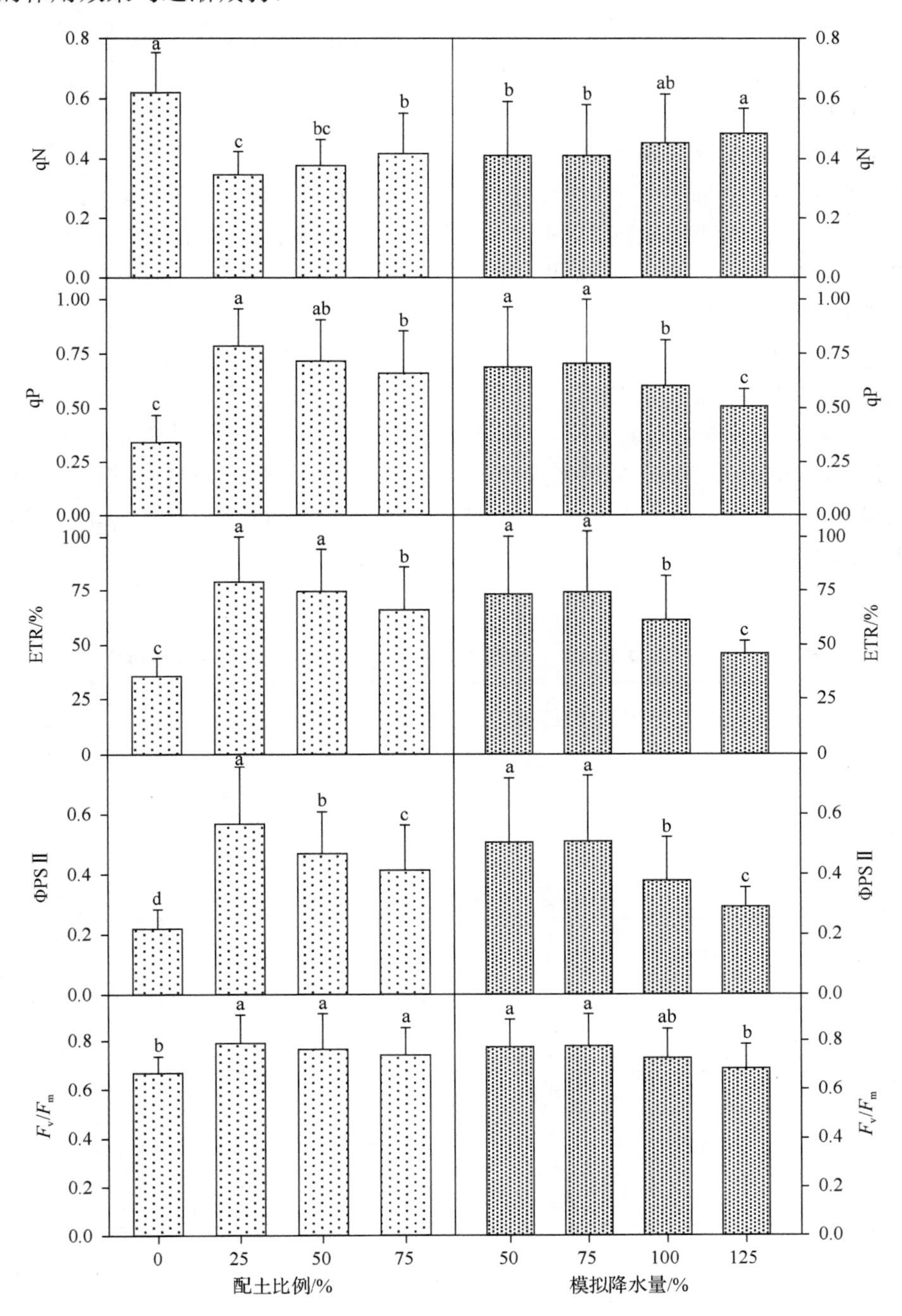

图 8.2　复配土与降水对羊柴叶绿素荧光参数影响的二因素交互分析

同一参数下不同小写字母表示在 0.05 显著性水平下差异显著

不同降水水平处理 qN 大小顺序为 $S_{125}>S_{100}>S_{75}=S_{50}$，qP、ETR、ΦPSⅡ、$F_v/F_m$ 大小顺序均为 $S_{75}>S_{50}>S_{100}>S_{125}$。总体来看，降水水平 S_{50}、S_{75} 处理的羊柴 qN 低于 S_{100}、S_{125} 处理，qP、ETR、ΦPSⅡ、F_v/F_m 高于 S_{100}、S_{125} 处理，S_{50} 与 S_{75} 处理各项指标差异均不明显。

综上，在复配土与降水交互作用下，当配土比例为 T_{25} 处理时，对羊柴 5 项叶绿素荧光参数指标产生的影响最为显著，当黄土超过这一比例时，随黄土比例的递增，对各指标产生的作用有不同程度减弱。降水水平 S_{50}、S_{75} 处理下 qP、ETR、ΦPSⅡ、F_v/F_m 均保持较高的水平，qN 保持较低的水平，并且 S_{50} 与 S_{75} 处理没有明显差异。

表 8.4 为复配土与降水交互作用下，不同处理间羊柴叶绿素荧光参数的二因素交互多重比较结果。总体来看，在无配土条件下，较高的降水水平能使 qP、ETR、ΦPSⅡ、F_v/F_m 保持较高的水平，随着配土比例的增大，较低的降水水平也能使 qP、ETR、ΦPSⅡ、F_v/F_m 保持较高的水平。这说明，无配土条件下的风沙土持水性能最差，只有通过较高的降水水平才能使 qP、ETR、ΦPSⅡ、F_v/F_m 维持较高的水平，随着配土比例的提高，复配土持水性逐渐增强，使得较低的降水水平发挥了更大的作用，提高了土壤水分的有效性。

表 8.4　复配土与降水对羊柴叶绿素荧光参数影响的二因素交互多重比较

参数	降水水平	配土比例				配土比例	降水水平			
		T_0	T_{25}	T_{50}	T_{75}		S_{50}	S_{75}	S_{100}	S_{125}
qN	S_{50}	a	b	b	b	T_0	a	a	a	b
	S_{75}	a	b	b	b	T_{25}	b	b	b	b
	S_{100}	a	ab	b	b	T_{50}	b	b	b	ab
	S_{125}	b	a	a	a	T_{75}	b	b	b	a
qP	S_{50}	b	a	a	a	T_0	b	b	b	ab
	S_{75}	b	a	a	a	T_{25}	a	a	a	a
	S_{100}	b	b	a	a	T_{50}	a	a	a	ab
	S_{125}	a	c	b	b	T_{75}	a	a	a	b
ETR	S_{50}	b	ab	a	a	T_0	b	b	c	a
	S_{75}	b	a	a	a	T_{25}	a	a	a	a
	S_{100}	b	b	a	b	T_{50}	a	a	a	a
	S_{125}	a	c	b	b	T_{75}	a	a	b	a
ΦPSⅡ	S_{50}	b	a	a	a	T_0	c	c	c	a
	S_{75}	b	a	a	a	T_{25}	a	a	a	a
	S_{100}	b	b	b	b	T_{50}	b	b	a	a
	S_{125}	a	c	c	b	T_{75}	b	b	b	a

续表

参数	降水水平	配土比例				配土比例	降水水平			
		T_0	T_{25}	T_{50}	T_{75}		S_{50}	S_{75}	S_{100}	S_{125}
F_v/F_m	S_{50}	a	ab	a	a	T_0	b	b	a	a
	S_{75}	a	a	a	a	T_{25}	a	ab	a	a
	S_{100}	a	ab	a	a	T_{50}	a	ab	a	a
	S_{125}	a	b	a	a	T_{75}	a	a	a	a

注：同一参数下不同小写字母表示在 0.05 显著性水平下差异显著

有关研究表明，当植物叶片 F_v/F_m 为 0.75～0.85 时，植物处于非光逆境条件下，而低于该范围时则说明发生了光抑制。如图 8.2 所示，在无配土处理及降水 S_{125} 处理下，羊柴均发生了光抑制现象。结合 qN 分析，无配土处理下，降水 S_{50}、S_{75}、S_{100} 处理均有较大的 qN，说明风沙土极弱的持水能力导致持续干旱并发生光抑制，光合色素捕获的光能以热能的形式大量耗散以保护光合机构不受破坏，从而导致光能利用率的下降；$T_{50}S_{125}$、$T_{75}S_{125}$ 处理也有较大的 qN，说明过高的配土比例使得土壤通透性变差，植物吸水困难发生生理干旱，耗散的无效光能增多。配土处理后，不同配土比例下，降水水平分别为 S_{50}、S_{75} 时，qP、ETR、ΦPSⅡ均能保持最大或较大值。不同降水水平下，配土比例为 T_{25}、T_{50} 时，qP、ETR 均能保持最大或较大值；配土比例为 T_{25} 时，ΦPSⅡ均能保持最大或较大值。这说明：降水水平分别为 S_{50}、S_{75} 时，配土比例 T_{25}、T_{50} 处理均有利于 qP、ETR 保持较高的水平，配土比例 T_{25} 处理最有利于 ΦPSⅡ保持较高的水平。综上：在配土比例分别为 T_{25}、T_{50}，降水水平分别为 S_{50}、S_{75} 时，最有利于羊柴光合色素把所捕获的光能以更高的效率和速度转化为化学能，从而为碳同化提供充足的能量，有利于光合速率的提高和干物质积累。

8.2　对植物抗逆生理的影响

8.2.1　对植物抗氧化酶活性指标的影响

如表 8.5 所示，复配土与模拟降水组合处理对羊柴抗氧化酶活性指标影响的二因素交互方差分析结果表明：抗氧化酶活性指标模型均达到了极显著水平；复配土与降水对羊柴 3 项抗氧化酶活性指标的影响均有极显著的交互作用；在复配土与降水交互作用下，不同配土比例、不同降水水平处理羊柴 3 项抗氧化酶活性指标差异均达到了极显著水平；不同配土比例处理各指标的均方均大于不同降水水平处理各指标的均方，说明在复配土与模拟降水交互作用下，复配土对羊柴 3 项抗氧化酶活性指标产生的影响较大。

表 8.5　复配土与降水对羊柴抗氧化酶活性指标影响的二因素交互方差分析

参数	变异源	自由度	偏差平方和	均方	F 值	P 值
POD	模型	15	51 073 284	3 404 886	38.4	<0.000 1
	配土	3	25 997 431	8 665 810	97.73	<0.000 1
	降水	3	12 627 042	4 209 014	47.47	<0.000 1
	降水×配土	9	12 448 811	1 383 201	15.6	<0.000 1
SOD	模型	15	20 905 839	1 393 723	39.42	<0.000 1
	配土	3	10 422 123	3 474 041	98.26	<0.000 1
	降水	3	5 676 284	1 892 095	53.52	<0.000 1
	降水×配土	9	4 807 432	534 159.1	15.11	<0.000 1
CAT	模型	15	16 729 220	1 115 281	69.17	<0.000 1
	配土	3	7 422 437	2 474 146	153.46	<0.000 1
	降水	3	5 662 546	1 887 515	117.07	<0.000 1
	降水×配土	9	3 644 237	404 915.2	25.11	<0.000 1

注：显著性水平，$P>0.05$ 为不显著，$P<0.05$ 为显著，$P<0.01$ 为极显著

图 8.3 为复配土与降水交互作用下，羊柴抗氧化酶活性指标二因素交互简单效应分析。不同配土比例处理 POD、SOD、CAT 大小顺序均为 $T_{25}>T_{50}>T_{75}>T_0$，且差异均达到显著水平。不同降水水平处理下 POD、SOD、CAT 大小顺序均为 $S_{75}>S_{50}>S_{100}>S_{125}$，$S_{50}$ 与 S_{75} 间 3 项指标差异均不显著，但均显著高于 S_{100}、S_{125}，S_{100} 与 S_{125} 间 3 项指标差异也达到显著水平。这说明，在复配土与降水的交互作用下，不同比例的复配土处理均能显著提高羊柴 POD、SOD、CAT 活性，当配土比例为 T_{25} 时，其作用最为显著，当黄土超过这一配比后，随黄土比例的继续增大，其作用逐渐减弱。在复配土处理下，较低的降水水平能使羊柴 POD、SOD、CAT 活性保持较高的水平，复配土在一定程度上提高了水分的有效性，降水 S_{50} 与 S_{75} 处理差异不明显，但降水水平较高时，POD、SOD、CAT 活性显著下降。

表 8.6 为复配土与降水交互作用下，不同处理间羊柴抗氧化酶活性指标的二因素交互多重比较结果。总体来看，在无配土处理下(T_0)，降水 S_{125} 处理 3 种酶活性最大，并且较 S_{50}、S_{75}、S_{100} 处理差异显著；配土处理后，3 种酶活性最大值或较大值均出现在降水 S_{50}、S_{75} 处理，并且较 S_{100}、S_{125} 处理差异显著。在不同降水水平处理下，配土比例 T_{25} 处理 3 种酶活性均有最大值或较大值，随着配土比例的持续提高，3 种酶活性均呈总体下降趋势。这说明：配土后土壤性状的改善提高了 3 种酶活性，使较低的降水水平发挥了更大作用，提高了土壤水分的有效性，并且在配土 T_{25} 处理，降水 S_{50}、S_{75} 处理时，3 种酶活性均最大，而在过大的配土比例和过高的降水水平共同作用下，3 种酶活性均降低。

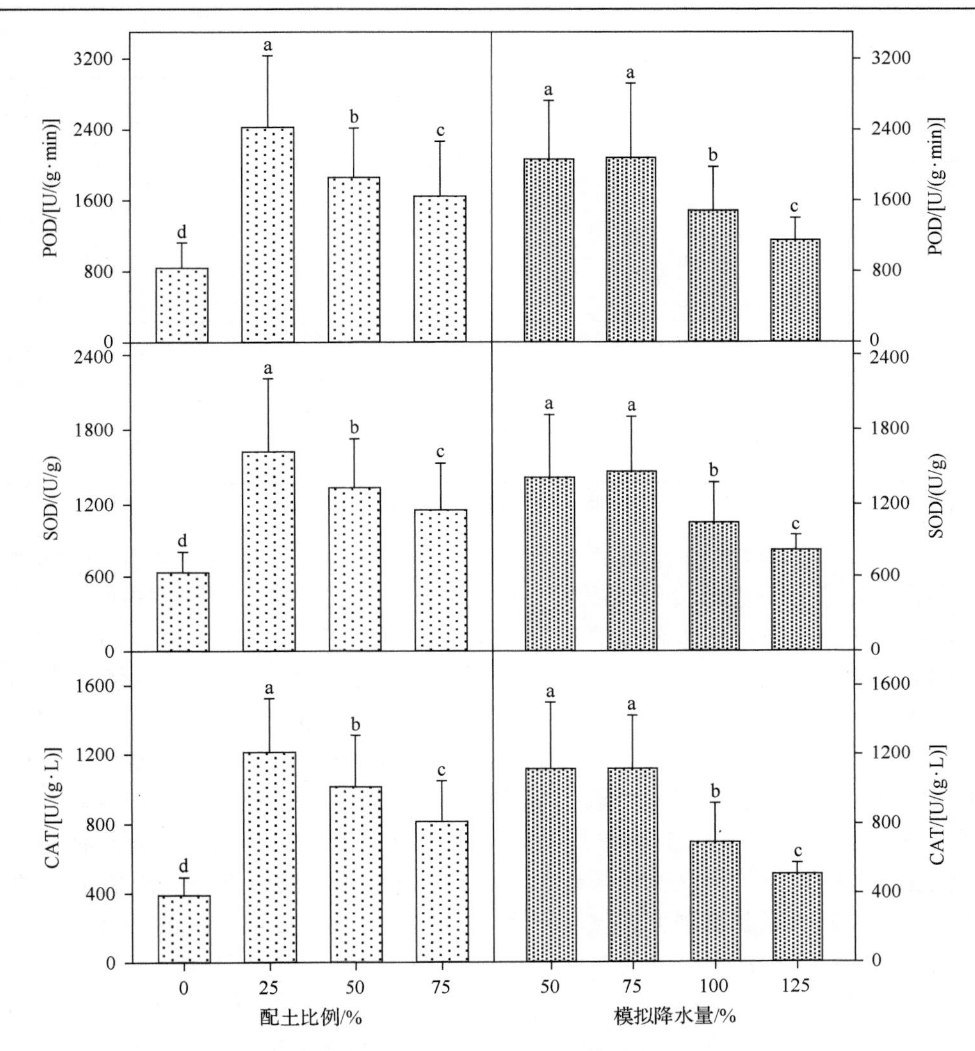

图 8.3　复配土与降水对羊柴抗氧化酶活性指标影响的二因素交互分析

同一指标下不同小写字母表示在 0.05 显著性水平下差异显著

表 8.6　复配土与降水对羊柴抗氧化酶活性指标影响的二因素交互多重比较

参数	降水水平	配土比例				配土比例	降水水平			
		T_0	T_{25}	T_{50}	T_{75}		S_{50}	S_{75}	S_{100}	S_{125}
POD	S_{50}	b	a	a	a	T_0	c	c	c	a
	S_{75}	b	a	a	a	T_{25}	a	a	a	a
	S_{100}	b	b	b	b	T_{50}	b	b	a	ab
	S_{125}	a	c	c	c	T_{75}	b	b	b	b

续表

参数	降水水平	配土比例				配土比例	降水水平			
		T_0	T_{25}	T_{50}	T_{75}		S_{50}	S_{75}	S_{100}	S_{125}
SOD	S_{50}	c	a	a	a	T_0	c	c	c	ab
	S_{75}	bc	a	a	a	T_{25}	a	a	a	a
	S_{100}	b	b	b	b	T_{50}	ab	b	a	ab
	S_{125}	a	c	c	c	T_{75}	b	b	b	b
CAT	S_{50}	c	a	a	a	T_0	c	c	d	a
	S_{75}	bc	a	a	a	T_{25}	a	a	a	a
	S_{100}	b	b	b	b	T_{50}	a	b	b	ab
	S_{125}	a	c	c	b	T_{75}	b	b	c	b

注：同一参数下不同小写字母表示在 0.05 显著性水平下差异显著

目前，有关植物抗氧化酶活性研究的报道较多，但不同研究者对不同植物和不同胁迫条件下的研究结果不尽一致。尹永强等(2007)对以往许多研究进行总结：水分胁迫下，玉米各个生育期 SOD 活性均降低；随干旱时间延长，菜薹 SOD 活性持续降低，耐旱性越强，SOD 活性降低得越慢；随干旱胁迫强度增大，渝薯 SOD 活性变化曲线呈波浪形，而农大红甘薯 SOD 活性持续下降；在轻度水分胁迫时，李、柽柳和苹果 SOD 活性上升，随胁迫加重，SOD 活性下降，但不同品种对胁迫的敏感程度不同。周国顺等(2003)的研究表明，经 PEG 根际胁迫后，小麦幼苗 SOD 活性较对照提高；张峰等(2004)研究发现两个小麦品种 SOD 活性在水分胁迫下均升高；而马尧和于漱琦(1998)研究发现小麦幼苗 SOD 活性随干旱时间延长或胁迫强度加重而下降。不同水稻品种 CAT、POD 对水分胁迫的反应不同；干旱条件下，菜薹耐旱品种 POD 活性先上升后下降，不耐旱品种呈持续下降趋势，而 CAT 活性均在轻度胁迫时上升，重度胁迫时下降，但不同品种变化幅度不同；随干旱胁迫程度增加，甘薯 POD 活性呈下降趋势，CAT 活性呈上升趋势。张智猛等(2013)进行的研究表明，花生在水分胁迫初期，抗氧化酶活性升高，但随胁迫时间延长其活性明显降低。耿东梅等(2014)研究发现，在土壤水分胁迫下，红砂幼苗抗氧化酶活性未发生显著变化，但随胁迫强度增大，SOD 活性呈先降后升趋势，POD、CAT 活性均呈持续升高趋势。裴斌等(2013)研究发现，轻度胁迫初期，胁迫诱导激发了沙棘抗氧化酶活性并使之提高，随胁迫时间延长和胁迫强度加重，抗氧化酶系统发生损伤，细胞膜遭到破坏，抗氧化酶活性下降。

本研究表明，在复配土 T_{25} 处理，降水 S_{50}、S_{75} 处理时，3 种酶活性均最大，而在无配土低降水水平和高配土比例高降水水平处理下，3 种酶活性均降低。主要是因为在适宜的配土与降水水平处理下，活性氧产生和清除系统保持动态平衡，较高的酶活性能保证及时清除有害的活性氧，从而促进羊柴的正常生长；无配土处理下，风沙土极差的持水性使羊柴处于长期干旱胁迫状态下，活性氧产生和清除系统的平衡被破坏，活性氧自由基大量产生并且得不到及时清除，损坏生物膜系统，对植物细胞产生很强的毒害作用，抗氧化酶也会随之失活，这与许多高强度胁迫下抗氧化酶活性降低的研究结果类似；当配土比例高于 T_{25} 处理后，随黄土比例持续增加，物理性状逐渐致密的土壤使羊柴的吸水难度逐渐增大，并且在高降水水平下，水分长期占据土壤通气孔隙，使羊柴在一定程度上发生水分生理胁迫和根系呼吸胁迫，配土比例越大，降水水平越高，胁迫越强，因此抗氧化酶活性逐渐下降，这与许多随胁迫强度加重后抗氧化酶活性持续下降的研究结果类似。包括本研究在内，导致不同研究者得出不同研究结果的原因还有很多方面。例如，第一，不同植物种类或品种对胁迫的敏感程度不同；第二，有些植物通过酶促系统清除活性氧，而也有植物的非酶促系统对活性氧的清除起着很大作用；第三，不同研究者设计的胁迫条件不同，本研究做配土处理后，通过改变复配土的物理性状而改变了土壤持水性能，同时使土壤水势发生变化，所以胁迫并非全部来自水分本身，而与根系渗透势和土壤水势的相对差存在一定关系。另外，随着复配土持水性能的变化，其对灌溉水中所含盐分离子的吸持性也有所不同，高配土比例高降水水平处理下，长期的盐分积累也会导致土壤水势发生变化，并因此加重胁迫。

8.2.2　对植物应激性生理指标的影响

如表 8.7 所示，复配土与模拟降水组合处理对羊柴应激性生理指标影响的二因素交互方差分析结果表明：应激性生理指标模型均达到了极显著水平；复配土与降水对 3 项应激性生理指标的影响均有极显著的交互作用；在二者交互作用下，不同配土比例、不同降水水平处理的羊柴 3 项应激性生理指标差异均达到了极显著水平；不同配土比例处理 3 项应激性生理指标的均方均小于不同降水水平处理各指标的均方，说明在复配土与模拟降水交互作用下，降水对羊柴 3 项应激性生理指标产生的影响较大。

表 8.7　复配土与降水对羊柴应激性生理指标影响的二因素交互方差分析

参数	变异源	自由度	偏差平方和	均方	*F* 值	*P* 值
Pro	模型	15	98 935.42	6 595.694	26.52	<0.000 1
	配土	3	10 565.63	3 521.88	14.16	<0.000 1
	降水	3	59 345.52	19 781.84	79.54	<0.000 1
	降水×配土	9	29 024.26	3 224.918	12.97	<0.000 1

续表

参数	变异源	自由度	偏差平方和	均方	*F* 值	*P* 值
MDA	模型	15	305 991.9	20 399.46	32.73	<0.000 1
	配土	3	35 287.18	11 762.39	18.87	<0.000 1
	降水	3	178 499.9	59 499.97	95.46	<0.000 1
	降水×配土	9	92 204.78	10 244.98	16.44	<0.000 1
REC	模型	15	10 510.85	700.72	34.35	<0.000 1
	配土	3	1 081.36	360.45	17.67	<0.000 1
	降水	3	6 765.74	2 255.23	110.56	<0.000 1
	降水×配土	9	2 663.74	295.97	14.51	<0.000 1

注：显著性水平，$P>0.05$ 为不显著，$P<0.05$ 为显著，$P<0.01$ 为极显著

图 8.4 为复配土与降水交互作用下，羊柴应激性生理指标二因素交互简单效应分析。不同配土比例处理羊柴 Pro、MDA、REC 顺序均为 $T_{75}>T_0>T_{50}>T_{25}$，T_{25}、T_{50}、T_{75} 间 3 项指标差异均达到显著水平，T_{25}、T_0 间 3 项指标差异也均达到显著水平。不同降水水平处理 Pro、MDA、REC 顺序均为 $S_{125}>S_{100}>S_{50}>S_{75}$，$S_{75}$、$S_{100}$、$S_{125}$ 间 3 项指标差异均达到显著水平，S_{50}、S_{75} 间 Pro、MDA 差异不显著，REC 差异显著。这说明，在复配土与降水交互作用下，适宜的配土比例可显著降低羊柴 Pro、MDA、REC，且以配土 T_{25} 处理作用最为显著，当黄土超过这一配比后，随黄土比例递增，羊柴 Pro、MDA、REC 显著升高。在复配土处理下，降水 S_{75} 处理可使 3 项指标维持最低水平，但其 Pro、MDA 与 S_{50} 处理差异不明显，降水超过这一水平后，随降水水平递增，羊柴 Pro、MDA、REC 显著提高。

表 8.8 为复配土与降水交互作用下，不同处理间羊柴应激性生理指标的二因素交互多重比较结果。在无配土处理下（T_0），降水 S_{100} 处理 Pro、MDA、REC 均为最小值，且较其他降水处理差异显著；复配土处理后，3 项指标最小值或较小值均出现在降水 S_{50}、S_{75} 处理，且 S_{50}、S_{75} 处理差异不显著，降水水平超过 S_{75} 后，随降水水平提高，各复配土处理 3 项指标值显著升高。在不同降水水平处理下，除 T_0S_{100} 处理 3 项指标均为最小值外，配土 T_{25} 处理 Pro、MDA、REC 均为最小值或较小值，配土超过 T_{25} 后，随黄土配比持续提高，各降水水平 3 项指标值呈总体升高趋势。这说明：若想使羊柴 Pro、MDA、REC 维持在最低或较低水平，在充分考虑当地降水变率的情况下，最佳的配土比例应为 T_{25} 处理；而在能够人为控制灌溉的条件下，最佳的灌溉水平应为 S_{50}、S_{75} 处理。

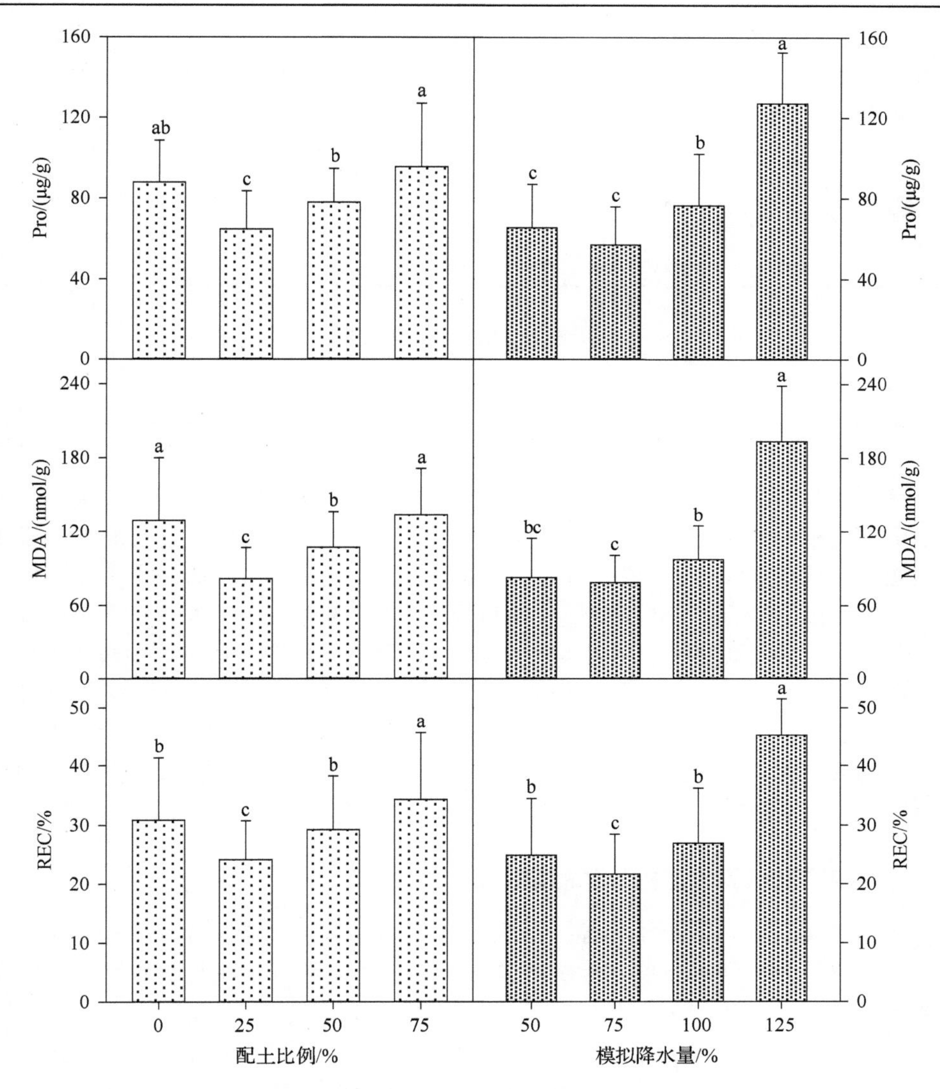

图 8.4　复配土与降水对羊柴应激性生理指标影响的二因素交互分析

同一指标下不同小写字母表示在 0.05 显著性水平下差异显著

表 8.8　复配土与降水对羊柴应激性生理指标影响的二因素交互多重比较

参数	降水水平	配土比例				配土比例	降水水平			
		T_0	T_{25}	T_{50}	T_{75}		S_{50}	S_{75}	S_{100}	S_{125}
Pro	S_{50}	a	c	c	c	T_0	a	a	c	ab
	S_{75}	b	c	c	c	T_{25}	c	c	b	b
	S_{100}	c	b	b	b	T_{50}	c	b	ab	ab
	S_{125}	a	a	a	a	T_{75}	b	b	a	a

续表

参数	降水水平	配土比例				配土比例	降水水平			
		T_0	T_{25}	T_{50}	T_{75}		S_{50}	S_{75}	S_{100}	S_{125}
MDA	S_{50}	a	c	c	c	T_0	a	a	d	b
	S_{75}	a	c	c	c	T_{25}	b	c	c	b
	S_{100}	b	b	b	b	T_{50}	b	bc	b	ab
	S_{125}	a	a	a	a	T_{75}	b	b	a	a
REC	S_{50}	a	c	c	c	T_0	a	a	c	ab
	S_{75}	b	c	c	c	T_{25}	c	b	b	b
	S_{100}	c	b	b	b	T_{50}	c	a	b	ab
	S_{125}	a	a	a	a	T_{75}	b	a	a	a

注：同一参数下不同小写字母表示在 0.05 显著性水平下差异显著

目前，有关植物在不同环境胁迫下 Pro、MDA、REC 研究的报道较多，但多是用于评价植物的抗逆性和生态适应性，并且一般认为在逆境胁迫下 Pro 含量越高、MDA 含量越低、REC 越小植物的抗逆性越强，而 Pro、MDA 含量越高，REC 越大，说明植物受到的胁迫越严重。据此，本研究认为，Pro、MDA 含量越低，REC 越小，植物受到的胁迫越轻，与此相对应的环境条件应是适宜该种植物生长发育的环境条件。在配土 T_{25}，降水分别为 S_{50}、S_{75} 处理下，3 项指标值均较小，所以，仅从这 3 项指标来看，在一定程度上说明该配土与降水组合处理是适宜羊柴生长发育的环境条件的。而在无配土或配土比例过大，以及降水水平过高处理下，3 项指标值均不同程度升高，说明羊柴受到不同程度的胁迫，均不利于其生长发育。

8.2.3　对植物叶绿素含量指标的影响

如表 8.9 所示，复配土与模拟降水组合处理对羊柴叶绿素含量指标影响的二因素交互方差分析结果表明：叶绿素含量指标模型均达到了极显著水平；复配土与降水对羊柴 4 项叶绿素含量指标的影响均有极显著的交互作用；在复配土与降水交互作用下，不同配土比例、不同降水水平处理的羊柴 4 项叶绿素含量指标差异均达到了极显著水平；不同配土比例处理 4 项叶绿素含量指标的均方均大于不同降水水平处理各指标的均方，说明在复配土与模拟降水交互作用下，复配土对 4 项叶绿素含量指标产生的影响较大。

表 8.9　复配土与降水对羊柴叶绿素含量指标影响的二因素交互方差分析

参数	变异源	自由度	偏差平方和	均方	*F* 值	*P* 值
Chl a	模型	15	58.61	3.91	40.83	<0.0001
	配土	3	31.54	10.51	109.87	<0.0001
	降水	3	14.93	4.98	51.99	<0.0001
	降水×配土	9	12.13	1.35	14.09	<0.0001

续表

参数	变异源	自由度	偏差平方和	均方	F 值	P 值
Chl b	模型	15	28.55	1.90	45.16	<0.0001
	配土	3	13.57	4.52	107.36	<0.0001
	降水	3	9.05	3.02	71.58	<0.0001
	降水×配土	9	5.92	0.66	15.62	<0.0001
Chl t	模型	15	168.12	11.21	45.00	<0.0001
	配土	3	86.44	28.81	115.68	<0.0001
	降水	3	46.93	15.64	62.80	<0.0001
	降水×配土	9	34.75	3.86	15.50	<0.0001
Chl a/Chl b	模型	15	13.53	0.90	22.69	<0.0001
	配土	3	5.89	1.96	411.36	<0.0001
	降水	3	3.13	1.04	26.22	<0.0001
	降水×配土	9	4.52	0.50	12.63	<0.0001

注：显著性水平，$P>0.05$ 为不显著，$P<0.05$ 为显著，$P<0.01$ 为极显著

图 8.5 为复配土与降水交互作用下，羊柴叶绿素含量指标交互简单效应分析。不同配土比例处理 Chl a、Chl b、Chl t 大小顺序均为 $T_{25}>T_{50}>T_{75}>T_0$，T_{50}、T_{75} 间 Chl a、Chl b、Chl t 差异均不显著，但均较 T_0、T_{25} 差异显著；Chl a/Chl b 大小顺序为 $T_0>T_{75}>T_{50}>T_{25}$，T_{50}、T_{75} 间差异不显著，但均较 T_0、T_{25} 差异显著。这说明，在复配土与降水交互作用下，复配土可使羊柴 Chl a、Chl b、Chl t 含量显著提高，使 Chl a/Chl b 显著降低，且在配土处理为 T_{25} 时作用最为显著，当黄土配比超过这一水平后，随黄土比例递增，虽然较无配土处理仍能提高羊柴 Chl a、Chl b、Chl t 含量、降低 Chl a/Chl b，但作用效果减弱，并且不同处理作用效果差异不明显。

不同降水水平处理 Chl a、Chl t 大小顺序均为 $S_{75}>S_{50}>S_{100}>S_{125}$，Chl b 大小顺序为 $S_{50}>S_{75}>S_{100}>S_{125}$，$S_{50}$、$S_{75}$ 间 Chl a、Chl b、Chl t 差异均不显著，但均较 S_{100}、S_{125} 差异显著，S_{100}、S_{125} 间差异也达到显著水平；Chl a/Chl b 大小顺序为 $S_{125}>S_{100}>S_{75}>S_{50}$，$S_{50}$、$S_{75}$ 间差异不显著，但较 S_{100}、S_{125} 差异显著，S_{100}、S_{125} 间差异也达到显著水平。在复配土与降水的共同作用下，降水 S_{50}、S_{75} 处理对提高 Chl a、Chl b、Chl t 含量，降低 Chl a/Chl b 的作用最为显著，且两个处理差异不明显，而降水水平高于 S_{75} 后，随降水水平递增，Chl a、Chl b、Chl t 含量显著降低，Chl a/Chl b 显著升高。

总体来看，在复配土与降水交互作用下，配土 T_{25} 处理作用效果最为显著，降水 S_{50}、S_{75} 处理作用效果最为显著，配土后提高了降水的有效性，较低的降水

水平能使羊柴 Chl a、Chl b、Chl t 含量保持较高的水平，同时使 Chl a/Chl b 维持较低的水平。

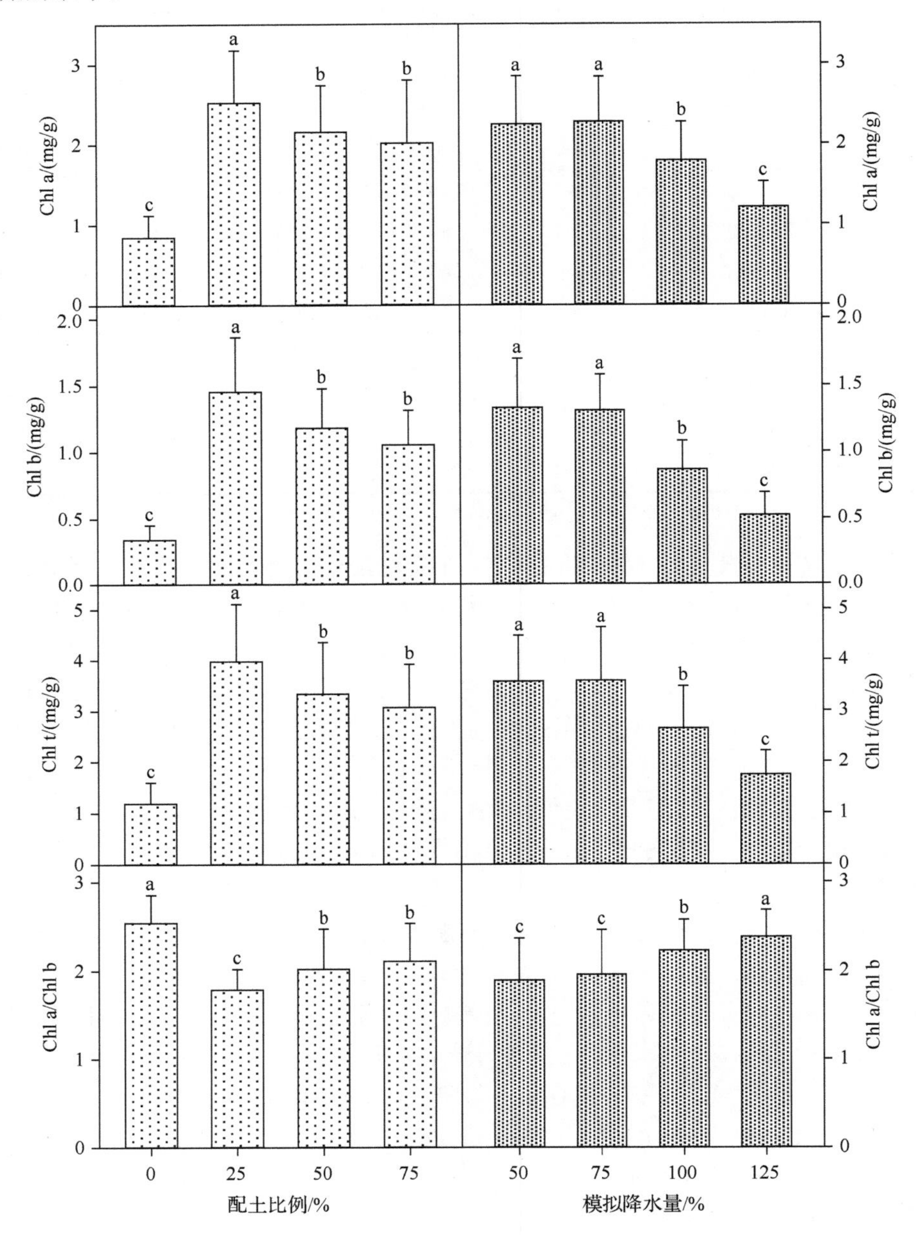

图 8.5　复配土与降水对羊柴叶绿素含量指标影响的二因素交互分析

同一指标下不同小写字母表示在 0.05 显著性水平下差异显著

表 8.10 为复配土与降水交互作用下，不同处理间羊柴叶绿素含量指标的二因素交互多重比较结果。总体来看，随配土比例逐渐增大，Chl a、Chl b、Chl t 含量最大值，以及 Chl a/Chl b 最小值逐次出现在较低的降水处理上；随降水水平逐渐升高，Chl a、Chl b、Chl t 含量最大值，以及 Chl a/Chl b 最小值逐次出现在较低的配土比例处理上。这说明，无配土条件下的风沙土持水性能最差，只有通过较高的降水水平才能使 Chl a、Chl b、Chl t 含量维持较高的水平，同时使 Chl a/Chl b 维持较低的水平，随着配土比例的提高，复配土持水性逐渐增强，使得较低的降水水平发挥了更大作用，提高了土壤水分的有效性。同时说明，只有适宜的配土比例和降水水平才能使 Chl a、Chl b、Chl t 含量维持较高的水平，同时使 Chl a/Chl b 维持较低的水平，而过高的配土比例和降水水平则导致 Chl a、Chl b、Chl t 含量降低，Chl a/Chl b 升高。

表 8.10　复配土与降水对羊柴叶绿素含量指标影响的二因素交互多重比较

参数	降水水平	配土比例				配土比例	降水水平			
		T_0	T_{25}	T_{50}	T_{75}		S_{50}	S_{75}	S_{100}	S_{125}
Chl a	S_{50}	b	a	a	a	T_0	b	b	c	b
	S_{75}	b	a	a	a	T_{25}	a	a	a	a
	S_{100}	b	a	b	b	T_{50}	a	a	b	b
	S_{125}	a	b	b	c	T_{75}	a	a	b	b
Chl b	S_{50}	b	a	a	a	T_0	b	b	c	b
	S_{75}	b	a	a	a	T_{25}	a	a	a	a
	S_{100}	b	a	b	b	T_{50}	a	a	b	c
	S_{125}	a	b	c	c	T_{75}	a	a	b	c
Chl t	S_{50}	b	a	a	a	T_0	b	b	c	b
	S_{75}	b	a	a	a	T_{25}	a	a	a	a
	S_{100}	b	a	b	b	T_{50}	a	a	b	bc
	S_{125}	a	b	c	c	T_{75}	a	a	b	c
Chl a/Chl b	S_{50}	a	b	c	c	T_0	a	a	a	b
	S_{75}	a	b	c	c	T_{25}	b	b	c	b
	S_{100}	ab	b	b	b	T_{50}	b	b	b	a
	S_{125}	b	a	a	a	T_{75}	b	b	b	a

注：同一参数下不同小写字母表示在 0.05 显著性水平下差异显著

复配土处理后，降水 S_{50}、S_{75} 处理 Chl a、Chl b、Chl t 含量均有最大值或较大值，Chl a/Chl b 均有最小值或较小值，且 S_{50}、S_{75} 处理没有显著差异，虽然 $T_{25}S_{100}$ 处理 Chl a、Chl b、Chl t 含量也有最大值或较大值，Chl a/Chl b 也有最小值或较小值，但与 S_{50}、S_{75} 处理没有显著差异。不同降水水平处理下，配土 T_{25} 处理 Chl a、Chl b、Chl t 含量均为最大值或较大值，Chl a/Chl b 均为最小值或较小值，虽然在配土 T_{50}、T_{75}，降水 S_{50}、S_{75} 处理 Chl a、Chl b、Chl t 含量也为最大值或较大值，Chl a/Chl b 也有最小值或较小值，但与 T_{25} 处理没有显著差异。这说明：若想使羊柴 Chl a、Chl b、Chl t 含量维持在最高或较高水平，在充分考虑当地降水变率的情况下，最佳的配土比例应为 T_{25} 处理，而在能够人为控制灌溉的条件下，最佳的灌溉水平应为 S_{50}、S_{75} 处理。

综合分析目前关于水分胁迫下植物叶绿素含量的研究报道，随胁迫时间的延长和胁迫强度的加大，Chl a、Chl b、Chl t 含量的变化趋势基本有两个：一是随胁迫时间的延长和胁迫强度的加大，Chl a、Chl b、Chl t 含量呈先升后降变化；二是随胁迫时间的延长和胁迫强度的加大，Chl a、Chl b、Chl t 含量呈持续下降变化，不同植物 Chl a、Chl b、Chl t 含量变化对胁迫的响应程度不同。本研究表明，在配土 T_{25}、降水 S_{50} 或 S_{75} 处理下，羊柴 Chl a、Chl b、Chl t 含量最大，在无配土低降水水平处理和高配土高降水水平处理下，羊柴均受到不同程度的胁迫，Chl a、Chl b、Chl t 含量均有所降低，且总体表现为配土高于 T_{25}、降水高于 S_{75} 处理后，Chl a、Chl b、Chl t 含量持续下降。其可能的原因是：随胁迫强度加大，植物体内产生的活性氧逐渐积累，导致叶绿素合成能力降低，同时促进已合成的叶绿素分解。在配土 T_{25}、降水 S_{50} 或 S_{75} 处理下，羊柴 Chl a、Chl b、Chl t 含量最大，同时捕光复合物Ⅱ的含量也最高(Chl a/Chl b 最小)，所以最有利于羊柴对光能的捕获，提高光合效率。而随着胁迫强度加大，在 Chl a、Chl b、Chl t 含量持续下降的同时，捕光复合物Ⅱ的含量也在下降(Chl a/Chl b 逐渐升高)，因此可减少羊柴对光能的捕获，有效降低了光合机构遭受光氧化破坏的风险，这可能是羊柴抵抗逆境的一种光保护调节机制。

8.3 配土与降水互作对植物光合及抗逆生理影响的综合评价

8.3.1 植物光合及抗逆生理指标的典型相关分析

表 8.11 和表 8.12 分别列出了不同处理下植物光合与抗逆生理指标的典型相关变量特征值及其典型相关系数假设检验特征值。由表 8.11 和表 8.12 可知，第 1 对典型相关变量累积贡献率提供了 90.62%的相关信息，其他 9 对典型相关变量只提供了 9.38%的相关信息。前两个典型相关系数 P 值分别为<0.0001、0.0003，说明典型相关系数在 α=0.05、α=0.01 水平下均具有统计学意义，而其余 8 个典型相关系数没有统计学意义。因此，本研究取第 1 对典型相关变量进行下一步分析。

表 8.11　复配土与降水互作处理下典型相关变量特征值

典型相关变量对	特征值	特征值差值	贡献率/%	累积贡献率/%
1	24.9839	23.7026	90.62	90.62
2	1.2813	0.7515	4.65	95.27
3	0.5298	0.1214	1.92	97.19
4	0.4084	0.2296	1.48	98.67
5	0.1788	0.0706	0.65	99.32
6	0.1082	0.0591	0.39	99.71
7	0.0491	0.0200	0.18	99.89
8	0.0292	0.0273	0.11	100.00
9	0.0019	0.0015	0.00	100.00
10	0.0003	0.0000	0.00	100.00

表 8.12　复配土与降水互作处理下典型相关系数假设检验

典型相关变量对	似然比统计量	渐进 F 统计量	Num DF	Den DF	P 值
1	0.0055	4.7100	100	441.4400	<0.0001
2	0.1439	1.7400	81	403.1800	0.0003
3	0.3283	1.2100	64	364.1000	0.1427
4	0.5022	0.9600	49	324.2600	0.5504
5	0.7073	0.6500	36	283.8000	0.9427
6	0.8338	0.4900	25	242.9700	0.9826
7	0.9241	0.3300	16	202.2700	0.9933
8	0.9695	0.2300	9	163.2100	0.9894
9	0.9978	0.0400	4	136.0000	0.9972
10	0.9997	0.0200	1	69.0000	0.8773

表 8.13 为植物光合及抗逆生理指标组典型变量多重回归分析结果。由表 8.13 可知：光合生理指标组与抗逆生理指标组第 1 典型变量 W_1 之间多重相关系数的平方依次为 0.7899、0.6750、0.8768、0.8234、0.1687、0.6611、0.7912、0.8248、0.8333、0.3000，说明抗逆生理指标组第 1 典型变量 W_1 对 P_n、G_s、C_i、qP、ETR、ΦPSⅡ有相当好的预测能力。抗逆生理指标组与光合生理指标组第 1 典型变量 V_1 之间多重相关系数的平方依次为 0.8532、0.8653、0.8887、0.3222、0.3682、0.2769、0.8601、0.8645、0.8706、0.7345，说明光合生理指标组第 1 典型变量 V_1 对 POD、SOD、CAT、Chl a、Chl b、Chl t 有相当好的预测能力。

表 8.13 复配土与降水互作处理下原始变量及对方组的前 *m* 个典型变量多重回归分析

典型变量	1	2	3	4	5
P_n	0.7899	0.7931	0.8100	0.8133	0.8155
T_r	0.6750	0.6906	0.7544	0.7598	0.7603
G_s	0.8768	0.8806	0.8807	0.8808	0.8860
C_i	0.8234	0.8674	0.8704	0.8765	0.8767
WUE	0.1687	0.2557	0.3060	0.4013	0.4022
qN	0.6611	0.7067	0.7318	0.7320	0.7325
qP	0.7912	0.7971	0.7972	0.7977	0.7999
ETR	0.8248	0.8256	0.8261	0.8265	0.8270
ΦPS II	0.8333	0.8415	0.8423	0.8426	0.8453
F_v/F_m	0.3000	0.3021	0.3027	0.3568	0.3737
POD	0.8532	0.8601	0.8601	0.8619	0.8627
SOD	0.8653	0.8794	0.8795	0.8798	0.8879
CAT	0.8887	0.9134	0.9135	0.9168	0.9169
Pro	0.3222	0.5513	0.5522	0.5651	0.5664
MDA	0.3682	0.5654	0.5712	0.5771	0.5808
REC	0.2769	0.5459	0.5466	0.5727	0.5844
Chl a	0.8601	0.8652	0.8683	0.8760	0.8784
Chl b	0.8645	0.8646	0.8722	0.8727	0.8779
Chl t	0.8706	0.8727	0.8774	0.8812	0.8846
Chl a/Chl b	0.7345	0.7355	0.7426	0.7457	0.7547

综上所述，在光合生理指标中，P_n、G_s、C_i、qP、ETR、ΦPS II 对于第 1 典型相关变量的作用较大，在抗逆生理指标中，POD、SOD、CAT、Chl a、Chl b、Chl t 对于第 1 典型相关变量的影响较大。

8.3.2 植物光合及抗逆生理的 TOPSIS 法综合评价

由不同处理对植物光合及抗逆生理影响的 TOPSIS 综合评价结果(表 8.14)可知：各指标值与最优值的相对接近程度顺序为处理 6>处理 5>处理 9>处理 10>处理 13>处理 14>处理 7>处理 11>处理 15>处理 8>处理 4>处理 12>处理 16>处理 1>处理 2>处理 3，处理 6 最大(0.766)，处理 3 最小(0.229)，最大值较最小值增加了 234.50%，处理 6、处理 5 综合评价结果相差不大，即在处理 6、处理 5 时羊柴光合及抗逆生理综合评价指标最佳，所以最有利于羊柴生长发育的条件为复配土 T_{25}、降水 S_{75} 或 S_{50} 的组合。若考虑年际降水变率，则最优组合处理为处理 7，即 $T_{25}S_{100}$。

表 8.14　复配土与降水互作对羊柴生理指标影响的 TOPSIS 法综合评价结果

评价对象	评价对象到最优点距离	评价对象到最差点距离	评价参考值 C_i	排序结果
处理 1	1.0603	0.3236	0.234	14
处理 2	1.0186	0.3046	0.230	15
处理 3	0.9877	0.2937	0.229	16
处理 4	0.8053	0.3302	0.291	11
处理 5	0.3388	0.9617	0.739	2
处理 6	0.3236	1.0603	0.766	1
处理 7	0.5349	0.6536	0.550	7
处理 8	0.7479	0.3829	0.339	10
处理 9	0.372	0.8695	0.700	3
处理 10	0.409	0.8132	0.665	4
处理 11	0.6273	0.5168	0.452	8
处理 12	0.8588	0.2939	0.255	12
处理 13	0.4544	0.7419	0.620	5
处理 14	0.4934	0.6976	0.586	6
处理 15	0.7148	0.4174	0.369	9
处理 16	0.9001	0.279	0.237	13

8.3.3　植物光合及抗逆生理的主成分分析综合评价

表 8.15 列出了不同处理下植物光合及抗逆生理指标的特征值和贡献率。由该表可知，前两个主成分累积贡献率提供了 93.38%的相关信息，超过了 80%，其他 18 个成分只提供了 6.63%的相关信息。因此，对前两个主成分进行下一步分析。

表 8.15　复配土与降水互作处理下的特征值和贡献率

主成分	特征值 (λ_i)	贡献率/%	累积贡献率/%
1	16.58	82.89	82.89
2	2.10	10.48	93.37
3	0.72	3.62	96.99
4	0.35	1.73	98.72
5	0.12	0.59	99.31
6	0.05	0.25	99.56
7	0.03	0.17	99.73
8	0.02	0.10	99.83
9	0.01	0.07	99.90
10	0.01	0.04	99.94

续表

主成分	特征值(λ_i)	贡献率/%	累积贡献率/%
11	0.01	0.03	99.97
12	0.00	0.02	99.99
13	0.00	0.01	100.00
14	0.00	0.00	100.00
15	0.00	0.00	100.00
16	0.00	0.00	100.00
17	0.00	0.00	100.00
18	0.00	0.00	100.00
19	0.00	0.00	100.00
20	0.00	0.00	100.00

由表 8.16 分别得出如下结论。

表 8.16　复配土与降水互作处理下的主成分载荷

指标	主成分 1	主成分 2
X_1	0.2306	0.1178
X_2	0.2119	0.2573
X_3	0.2367	0.1393
X_4	0.2404	0.0024
X_5	−0.0998	−0.4725
X_6	−0.2239	−0.1664
X_7	0.2377	0.0985
X_8	0.2392	0.0261
X_9	0.2435	0.0175
X_{10}	0.2421	−0.0227
X_{11}	0.2408	0.0128
X_{12}	0.2435	0.0041
X_{13}	0.2428	−0.0091
X_{14}	−0.1755	0.4562
X_{15}	−0.1829	0.4390
X_{16}	−0.1646	0.4863
X_{17}	0.2399	0.0188
X_{18}	0.2417	−0.0023
X_{19}	0.2413	0.0095
X_{20}	−0.2336	−0.0181

第一主成分 $F_1=0.2306X_1+0.2119X_2+0.2367X_3+0.2404X_4-0.0998X_5-0.2239X_6$
$+0.2377X_7+0.2392X_8+0.2435X_9+0.2421X_{10}+0.2408X_{11}+0.2435X_{12}$
$+0.2428X_{13}-0.1755X_{14}-0.1829X_{15}-0.1646X_{16}+0.2399X_{17}$
$+0.2417X_{18}+0.2413X_{19}-0.2336X_{20}$　　(8.1)

第二主成分 $F_2=0.1178X_1+0.2573X_2+0.1393X_3+0.0024X_4-0.4725X_5-0.1664X_6$
$+0.0985X_7+0.0261X_8+0.0175X_9-0.0227X_{10}+0.0128X_{11}+0.0041X_{12}$
$-0.0091X_{13}+0.4562X_{14}+0.4390X_{15}+0.4863X_{16}+0.0188X_{17}$
$-0.0023X_{18}+0.0095X_{19}-0.0181X_{20}$　　(8.2)

得到 F 的综合模型：

$$F=0.2180X_1+0.2170X_2+0.2257X_3+0.2137X_4-0.1416X_5-0.2175X_6+0.2220X_7 +0.2153X_8+0.2181X_9+0.2124X_{10}+0.2152X_{11}+0.2166X_{12}+0.2145X_{13}-0.1045X_{14} -0.1131X_{15}-0.0916X_{16}+0.2151X_{17}+0.2143X_{18}+0.2153X_{19}-0.2094X_{20} \quad (8.3)$$

然后，根据建立的 F_1、F_2 与综合模型计算第一、第二主成分及综合主成分值，而后进行排序(表 8.17)。

表 8.17　复配土与降水互作处理下的综合主成分值

处理	第一主成分	排序	第二主成分	排序	综合主成分	排序
处理 1	−5.80	16	−0.37	12	−5.19	16
处理 2	−5.11	15	−1.69	15	−4.72	15
处理 3	−4.07	14	−3.57	16	−4.01	14
处理 4	−2.68	11	0.75	4	−2.29	11
处理 5	5.67	2	−0.14	8	5.02	2
处理 6	6.70	1	−0.19	9	5.93	1
处理 7	1.81	7	−0.63	14	1.54	7
处理 8	−1.57	9	1.84	2	−1.19	9
处理 9	4.52	3	−0.27	10	3.99	3
处理 10	4.00	4	0.40	5	3.59	4
处理 11	0.14	8	−0.45	13	0.07	8
处理 12	−3.36	12	1.70	3	−2.80	12
处理 13	3.02	5	0.16	6	2.70	5
处理 14	2.48	6	−0.36	11	2.16	6
处理 15	−1.73	10	0.01	7	−1.53	10
处理 16	−4.04	13	2.80	1	−3.27	13

由不同处理对植物光合及抗逆生理影响的主成分综合评价结果(表 8.17)可知：各处理的综合主成分顺序为处理 6＞处理 5＞处理 9＞处理 10＞处理 13＞处理 14＞处理 7＞处理 11＞处理 8＞处理 15＞处理 4＞处理 12＞处理 16＞处理 3＞处理 2＞处理 1，处理 6 最大，处理 1 最小，处理 6、处理 5 综合主成分值相差不大，即配土 T_{25}、降水 S_{75} 或 S_{50} 处理时羊柴光合及抗逆生理特性综合评价指标最佳。所以最有利于羊柴生长发育的条件为配土 T_{25}、降水 S_{75} 或 S_{50} 的组合。若考虑年际降水变率，则最优组合处理为处理 7，即 $T_{25}S_{100}$。

综上所述，复配土与降水互作对羊柴光合及抗逆生理各指标影响的两种综合评价结果均说明，处理 6、处理 5 综合评价结果最优，所以最有利于羊柴生长发育的条件为复配土中黄土配比 T_{25}、降水 S_{75} 或 S_{50} 的组合。若考虑年际降水变率，则最优组合处理为 $T_{25}S_{100}$。

8.4　配土与降水互作对植物生长指标的影响

8.4.1　对羊柴株高的影响

图 8.6 为复配土与降水互作对羊柴株高的影响。各配土比例下，羊柴株高均随降水水平的提高呈先升后降变化，且均在 75%降水水平下出现最大值，在 125%降水水平下出现最小值。当黄土配比为 0%时(图 8.6a)，株高最大值、最小值分别为 25.00cm、18.00cm，最大值是最小值的 1.39 倍。当黄土配比为 25%时(图 8.6b)，株高最大值、最小值分别为 32.60cm、29.30cm，最大值是最小值的 1.11 倍。当黄土配比为 50%时(图 8.6c)，株高最大值、最小值分别为 31.20cm、25.80cm，最大值是最小值的 1.21 倍。当黄土配比为 75%时(图 8.6d)，株高最大值、最小值分别为 27.50cm、24.50cm，最大值是最小值的 1.12 倍。从不同降水水平来看，以降水水平 75%处理对羊柴的高生长促进作用最佳；从不同黄土配比来看，以黄土配比为 25%时对羊柴高生长的促进作用最佳，这与上述对羊柴光合及抗逆生理的综合评价结果一致。

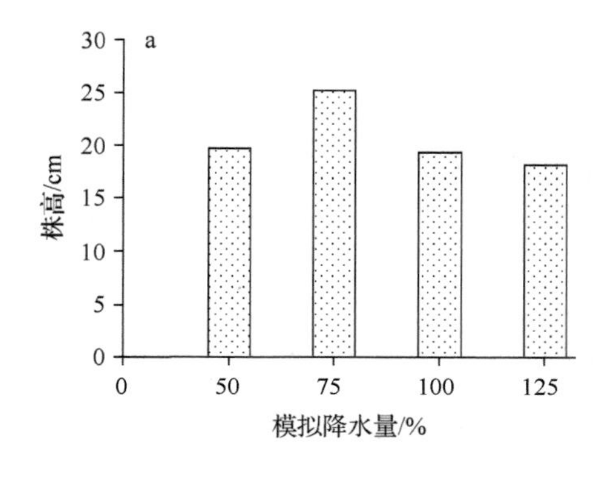

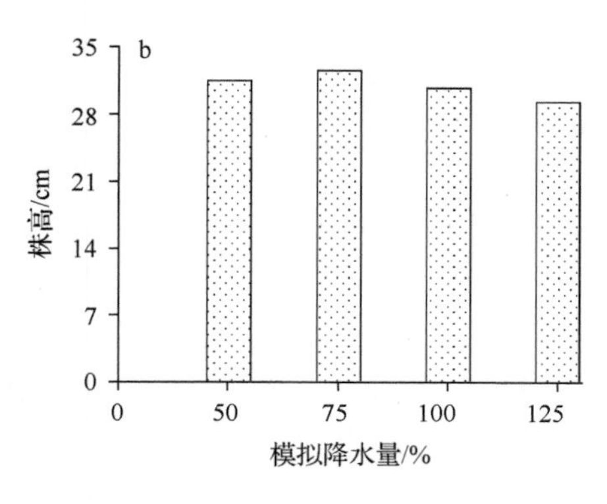

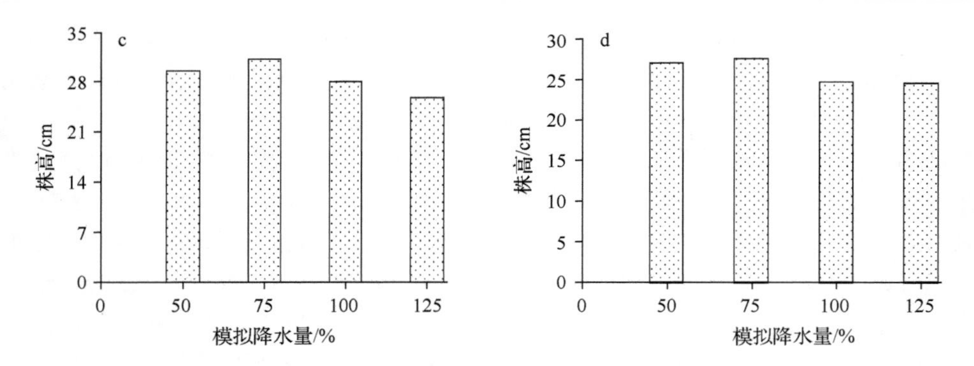

图 8.6　复配土与降水互作对羊柴株高的影响

a、b、c、d 分别表示黄土配比 0%、25%、50%、75%时，模拟降水量对羊柴株高的影响

8.4.2　对羊柴冠幅的影响

图 8.7 所示为复配土与降水互作对羊柴冠幅的影响。各配土比例下，羊柴冠

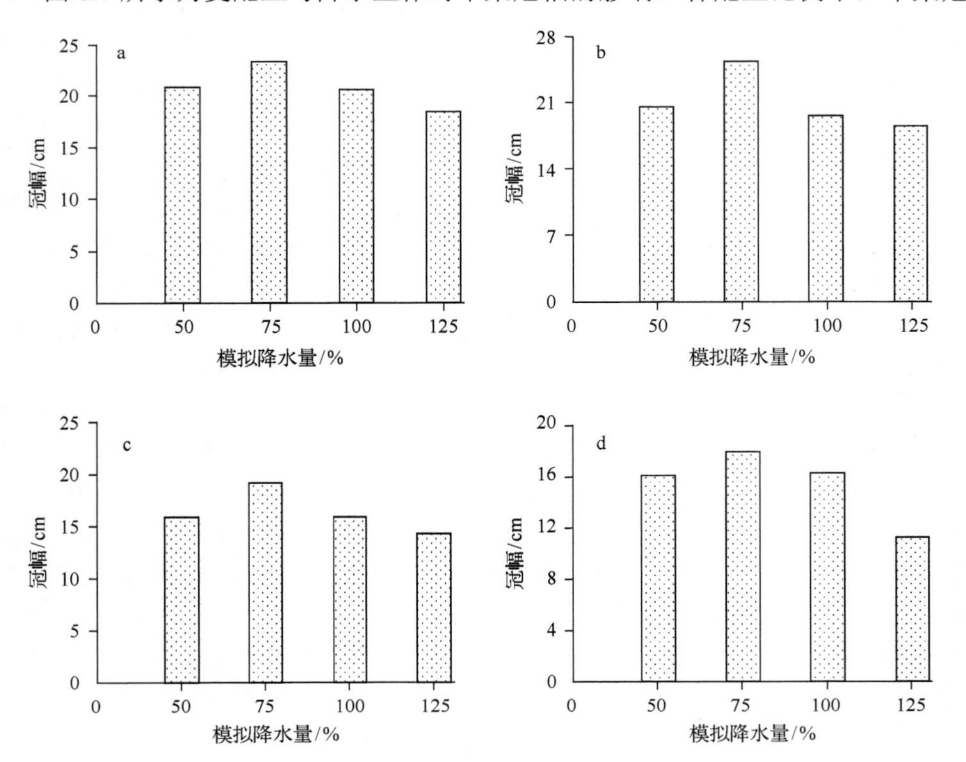

图 8.7　复配土与降水互作对羊柴冠幅的影响

a、b、c、d 分别表示黄土配比 0%、25%、50%、75%时，模拟降水量对羊柴冠幅的影响

幅均随降水水平的提高呈先升后降变化，且均在 75%降水水平下出现最大值，在 125%降水水平下出现最小值，与株高随降水水平变化趋势基本一致。当黄土配比为 0%时(图 8.7a)，冠幅最大值、最小值分别为 23.30cm、18.40cm，最大值是最小值的 1.27 倍。当黄土配比为 25%时(图 8.7b)，冠幅最大值、最小值分别为 25.40cm、18.55cm，最大值是最小值的 1.37 倍。当黄土配比为 50%时(图 8.7c)，冠幅最大值、最小值分别为 19.05cm、14.15cm，最大值是最小值的 1.35 倍。当黄土配比为 75%时(图 8.7d)，冠幅最大值、最小值分别为 17.90cm、11.25cm，最大值是最小值的 1.59 倍。从不同降水水平来看，以降水水平 75%处理对羊柴的冠幅生长促进作用最佳；从不同黄土配比来看，以黄土配比为 25%时对羊柴冠幅生长的促进作用最佳，这也与上述对羊柴光合及抗逆生理的综合评价结果一致。

8.5 小　结

不同配比复配土与水分调控交互作用下，复配土对羊柴叶片净光合速率(P_n)、蒸腾速率(T_r)、气孔导度(G_s)、胞间 CO_2 浓度(C_i)、非光化学猝灭系数(qN)、光化学猝灭系数(qP)、光合电子传递速率(ETR)、实际光化学量子效率(ΦPSⅡ)、PSⅡ最大光化学效率(F_v/F_m)、过氧化物酶(POD)活性、超氧化物歧化酶(SOD)活性、过氧化氢酶(CAT)活性、叶绿素 a(Chl a)含量、叶绿素 b(Chl b)含量、总叶绿素(Chl t)含量、叶绿素 a 含量/叶绿素 b 含量(Chl a/Chl b)产生的作用大于控水，而对羊柴叶片水分利用效率(WUE)、游离脯氨酸(Pro)含量、丙二醛(MDA)含量、相对电导率(REC)产生的作用小于控水。

在复配土与控水交互作用下，随复配土中黄土配比提高，P_n、T_r、G_s、C_i、qP、ETR、F_v/F_m、ΦPSⅡ、POD 活性、SOD 活性、CAT 活性、Chl a 含量、Chl b 含量、Chl t 含量呈先升后降变化，均在黄土比例为 25%时有最大值；WUE、qN、Pro 含量、MDA 含量、REC、Chl a/Chl b 呈先降后升变化，均在复配土中黄土配比为 25%时有最小值。随灌水水平递增，P_n、T_r、C_i、WUE、qP、ETR、F_v/F_m、ΦPSⅡ、POD 活性、SOD 活性、CAT 活性、Chl a 含量、Chl t 含量呈先升后降变化，P_n、T_r、C_i、qP、ETR、F_v/F_m、ΦPSⅡ、POD 活性、SOD 活性、CAT 活性、Chl a 含量、Chl t 含量在控水水平为近 30 年 4～9 月平均降水量的 75%时有最大值，WUE 在控水水平为近 30 年 4～9 月平均降水量时有最大值；Pro 含量、MDA 含量、REC 呈先降后升变化，均在控水水平为近 30 年 4～9 月平均降水量的 75%时有最小值；qN、Chl a/Chl b 呈持续升高变化，Chl b 呈持续下降变化。

不同处理下，羊柴光合及抗逆生理的综合评价结果和株高、冠幅的生长表现均表明：适宜的复配土配比可提高土壤水分的有效性；适宜的配土和适量灌水可显著促进羊柴的光合作用，并提高其抗逆性；对羊柴生长发育最有利的配土与降水水平组合为复配土中黄土配比 25%、近 30 年 4～9 月平均降水量的 50%～75%(153.7～230.6mm)。若考虑年际降水变率，则最优组合处理为黄土配比 25%、近 30 年 4～9 月平均降水量。

参考文献

陈士超, 王猛, 高永, 汪季, 张晓伟, 张文, 刘宗奇. 2016. 风沙土与黄绵土复配对榆叶梅幼苗光合特性及长势的影响. 干旱区资源与环境, 30(4): 96-101.

陈雅君, 祖元刚, 刘慧民, 何阳波, 高阳. 2008. 干旱对草地早熟禾膜质过氧化酶和保护酶活性的影响. 中国草地学报, 30(5): 32-36.

陈贻竹, 李晓萍, 夏丽, 郭俊彦. 1995. 叶绿素荧光技术在植物环境胁迫研究中的应用. 热带亚热带植物学报, 3(4): 79-86.

邓恒芳, 王克勤. 2005. 土壤水分对石榴光合速率的影响. 浙江林学院学报, 22(3): 277-281.

耿东梅, 单立山, 李毅, Жигунов Анатолий Васильевич. 2014. 土壤水分胁迫对红砂幼苗叶绿素荧光和抗氧化酶活性的影响. 植物学报, 49(3): 282-291.

郭春芳, 孙云, 张木清. 2008. 不同土壤水分对茶树光合作用与水分利用效率的影响. 福建林学院学报, 28(4): 333-337.

郭天财, 方保停, 王晨阳, 李鸿斐. 2005. 水分调控对小麦旗叶叶绿素荧光动力学参数及其产量的影响. 干旱地区农业研究, 23(2): 6-10.

华春, 周泉澄, 张边江, 周峰, 王仁雷. 2009. 毕氏海蓬子和盐角草幼苗对 PEG 6000 模拟干旱的生理响应. 干旱区研究, 26(5): 702-707.

惠竹梅, 孙万金, 张振文. 2007. 外源 Ca^{2+}对水分胁迫下酿酒葡萄黑比诺主要抗旱生理指标的影响. 西北农林科技大学学报(自然科学版), 35(9): 137-140.

金永焕, 李敦求, 姜好相. 2007. 不同土壤水分对赤松光合作用与水分利用效率的影响研究. 中国生态农业学报, 15(1): 71-74.

李淑英, 王北洪, 马智宏, 黄文江, 周连第. 2007. 土壤水分含量对欧李叶绿素荧光及光合特性的影响. 安徽农学通报, 13(14): 25-27.

廖行, 王百田, 武晶, 郭红艳. 2007. 不同水分条件下核桃蒸腾速率与光合速率的研究. 水土保持研究, 14(4): 30-34.

马尧, 于漱琦. 1998. 水分胁迫下小麦幼苗 SOD 活性的变化及脂质过氧化作用. 农业与技术, (3): 18-19, 24.

裴斌, 张光灿, 张淑勇, 吴芹, 徐志强, 徐萍. 2013. 土壤干旱胁迫对沙棘叶片光合作用和抗氧化酶活性的影响. 生态学报, 33(5): 1386-1396.

吴顺, 张雪芹, 蔡燕. 2014. 干旱胁迫对黄瓜幼苗叶绿素含量和光合特性的影响. 中国农学通报, 30(1): 133-137.

杨宁, 王程亮, 李宜珅, 王新霞, 陈霞, 牛涛. 2015. 高山离子芥试管苗在PEG-6000模拟干旱条件下的生理响应. 广西植物, 35(1): 77-83.

尹永强, 胡建斌, 邓明军. 2007. 植物叶片抗氧化系统及其对逆境胁迫的响应研究进展. 中国农学通报, 23(1): 105-110.

张峰, 杨颖丽, 何文亮, 孙峰, 张立新. 2004. 水分胁迫及复水过程中小麦抗氧化酶的变化. 西北植物学报, 24(2): 205-209.

张智猛, 宋文武, 丁红, 慈敦伟, 康涛, 宁堂原, 戴良香. 2013. 不同生育期花生渗透调节物质含量和抗氧化酶活性对土壤水分的响应. 生态学报, 33(14): 4257-4265.

赵瑾, 白金, 潘青华, 金洪. 2007. 干旱胁迫下圆柏不同品种(系)叶绿素含量变化规律. 中国农学通报, 23(3): 236-239.

周国顺, 刘自华, 李建东, 王邦锡, 黄久常. 2003. 水分胁迫对小麦叶绿体膜脂过氧化的影响. 北京农学院学报, 18(2): 86-88.

邹春静, 韩士杰, 徐文铎, 李道棠. 2003. 沙地云杉生态型对干旱胁迫的生理生态响应. 应用生态学报, 14(9): 1446-1450.

第 9 章　复配土与增施氮肥二因素调控技术

9.1　复配土与氮肥互作对植物光合生理的影响

9.1.1　对植物光合指标的影响

如表 9.1 所示，复配土与施加氮肥组合处理对羊柴光合指标影响的二因素交互方差分析结果表明：光合指标模型均达到了极显著水平；复配土与施肥组合处理对羊柴 5 项光合指标的影响均有极显著的交互作用；在复配土与施肥交互作用下，不同配土比例、不同施肥水平处理的羊柴 5 项光合指标差异均达到显著或极显著水平；不同配土比例处理羊柴 P_n、T_r、G_s、C_i 的均方均小于不同施肥水平处

表 9.1　复配土与氮肥对羊柴光合指标影响的二因素交互方差分析

参数	变异源	自由度	偏差平方和	均方	F 值	P 值
P_n	模型	15	20 473.03	1 364.869	36.88	<0.000 1
	复配土	3	4 656.704	1 552.235	41.94	<0.000 1
	施肥	3	12 291.11	4 097.038	110.7	<0.000 1
	施肥×复配土	9	3 525.212	391.690 2	10.58	<0.000 1
T_r	模型	15	3 960.67	264.044 7	27.52	<0.000 1
	复配土	3	1 082.084	360.694 7	37.6	<0.000 1
	施肥	3	2 198.816	732.938 6	76.4	<0.000 1
	施肥×复配土	9	679.770 1	75.530 02	7.87	<0.000 1
G_s	模型	15	3.617 217	0.241 148	90.14	<0.000 1
	复配土	3	0.710 287	0.236 762	88.5	<0.000 1
	施肥	3	2.210 089	0.736 696	275.37	<0.000 1
	施肥×复配土	9	0.696 841	0.077 427	28.94	<0.000 1
C_i	模型	15	1 077 471	71 831.4	25.21	<0.000 1
	复配土	3	352 071.9	117 357.3	41.18	<0.000 1
	施肥	3	513 894	171 298	60.11	<0.000 1
	施肥×复配土	9	211 505	23 500.56	8.25	<0.000 1
WUE	模型	15	9.685 328	0.645 689	8.57	<0.000 1
	复配土	3	4.287 175	1.429 058	18.98	<0.000 1
	施肥	3	0.828 052	0.276 017	3.67	0.016 7
	施肥×复配土	9	4.570 101	0.507 789	6.74	<0.000 1

注：显著性水平，P>0.05 为不显著，P<0.05 为显著，P<0.01 为极显著

理各指标的均方，不同配土比例处理羊柴 WUE 的均方大于不同施肥水平处理的均方，说明在复配土与施加氮肥交互作用下，施肥对 P_n、T_r、G_s、C_i 产生的影响较大，复配土对 WUE 产生的影响较大。

图 9.1 为复配土与施加氮肥交互作用下，羊柴光合指标二因素交互简单效应

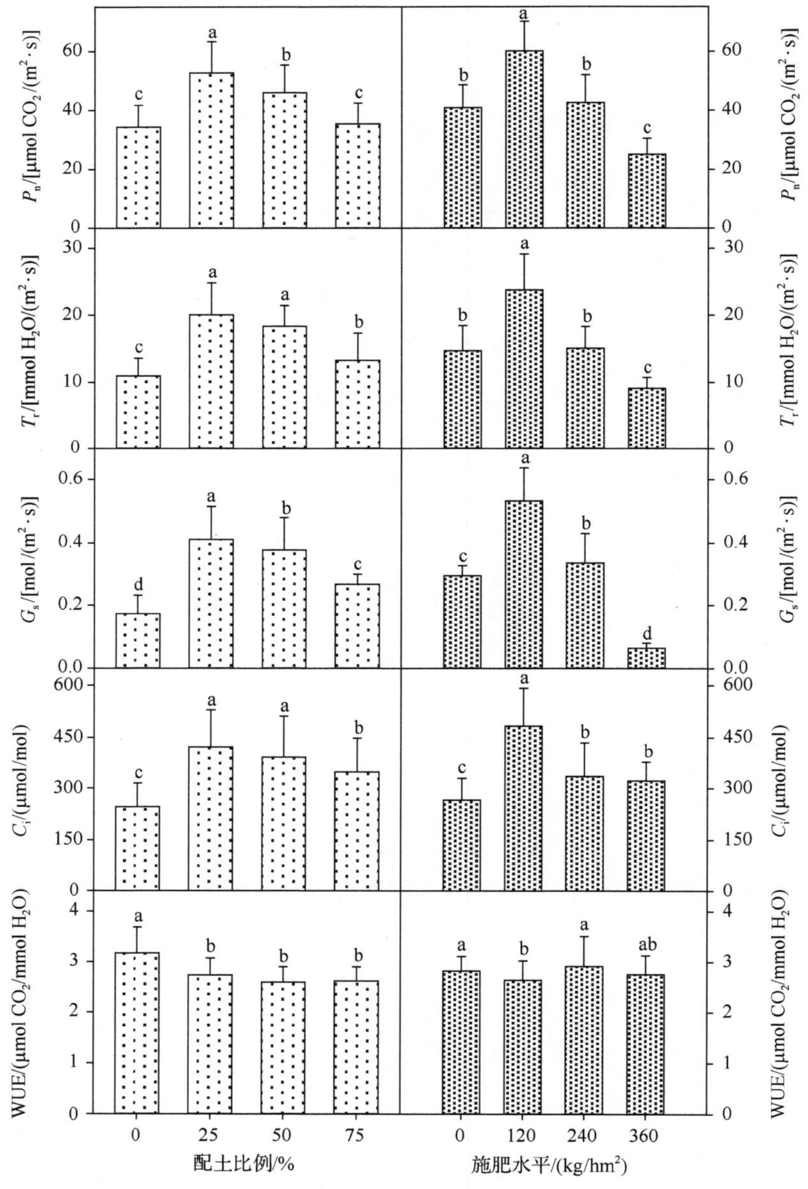

图 9.1　复配土与氮肥对羊柴光合指标影响的二因素交互分析

同一指标下不同小写字母表示在 0.05 显著性水平下差异显著

分析。复配土与施加氮肥交互作用下，不同配土比例处理 P_n、T_r、G_s、C_i 大小顺序均为 $T_{25}>T_{50}>T_{75}>T_0$，T_{25} 与 T_{50} 间 T_r、C_i 差异不显著，其余处理间各指标差异均达到显著水平。WUE 大小顺序为 $T_0>T_{25}>T_{75}>T_{50}$，T_{25}、T_{50}、T_{75} 间无显著差异。这说明，在复配土与施加氮肥交互作用下，不同配土比例对羊柴 P_n、T_r、G_s、C_i 均有不同程度的提高作用，且以复配土 T_{25} 处理提高作用最为显著，当配土高于这一比例后，随配土比例递增，提高幅度逐渐下降。随配土比例递增，其对羊柴 WUE 有不同程度的降低作用，且以复配土 T_{50} 处理降低作用最为显著，但复配土 T_{25}、T_{50}、T_{75} 处理之间差异不明显。

复配土与施加氮肥交互作用下，不同施肥水平处理 P_n、T_r、G_s 大小顺序均为 $N_{120}>N_{240}>N_0>N_{360}$，$C_i$ 大小顺序为 $N_{120}>N_{240}>N_{360}>N_0$，$N_{120}$ 处理均较其他处理差异显著，氮肥水平高于 N_{120} 处理后，各指标值呈不同程度下降变化。WUE 大小顺序为 $N_{240}>N_0>N_{360}>N_{120}$，$N_0$、$N_{240}$、$N_{360}$ 间及 N_{120}、N_{360} 间差异不显著。这说明，在复配土与施加氮肥交互作用下，氮肥水平 N_{120} 处理对促进羊柴 P_n、T_r、G_s、C_i 效果最为显著，当氮肥水平高于 N_{120} 后，随施加氮肥量继续提高，其对羊柴 P_n、T_r、G_s、C_i 产生的促进作用有所减弱，过高的施肥量甚至会导致羊柴光合作用低于不施肥处理。不同施肥水平对羊柴 WUE 产生的影响不尽相同，但以 N_{120} 二因素处理降低幅度最为显著。

表 9.2 为复配土与施加氮肥交互作用下，不同处理间羊柴光合指标的二因素交互多重比较结果。羊柴 P_n、T_r、G_s、C_i 的总体变化趋势：复配土 T_{25} 处理时，各施肥水平 P_n、T_r、G_s、C_i 均有最大值或较大值；施肥 N_{120} 处理时，各复配土处理 P_n、T_r、G_s、C_i 均有最大值或较大值。当复配土超过 T_{25}、施肥超过 N_{120} 以后，随配土比例和施肥水平递增，羊柴 P_n、T_r、G_s、C_i 值呈总体下降变化。无配土处理下，羊柴 P_n、G_s 最大值或较大值出现在氮肥 N_{120}、N_{240} 处理，两个处理差异不明显；C_i 最大值出现在氮肥 N_{360} 处理，且与其他处理差异显著；而复配土处理后，羊柴 P_n、T_r、G_s、C_i 最大值一致性出现在氮肥 N_{120} 处理。无施肥处理下，羊柴 P_n、G_s、C_i 最大值或较大值出现在复配土 T_{25}、T_{50}、T_{75} 处理，各处理差异不明显；而施肥处理后，各项指标最大值或较大值基本出现在复配土 T_{25}、T_{50} 处理。这说明：施肥和复配土均会对羊柴 P_n、T_r、G_s、C_i 产生影响，但只有适宜的配土比例和施肥水平才能对羊柴 P_n、T_r、G_s、C_i 产生最大的作用效果；复配土处理后使土壤性状有所改善并提高了其保肥性能，但只有适宜的配土比例才能使肥料的有效性得到更好的发挥；而过高的配土比例和施肥水平，以及过高水平的二者组合处理效果均会下降，甚至产生不良作用。这与目前大量研究报道相符，适量施加氮肥可显著提高植物光合作用，氮肥过量使光合作用降低，但不同植物在不同的生长发育时期对氮肥的敏感程度不同。

表 9.2　复配土与氮肥对羊柴光合指标影响的交互多重比较

参数	施肥水平	配土比例				配土比例	施肥水平			
		T_0	T_{25}	T_{50}	T_{75}		N_0	N_{120}	N_{240}	N_{360}
P_n	N_0	B	c	c	b	T_0	b	c	b	ab
	N_{120}	A	a	a	a	T_{25}	a	a	a	a
	N_{240}	A	b	b	c	T_{50}	a	b	a	bc
	N_{360}	B	d	d	c	T_{75}	a	b	c	c
T_r	N_0	B	b	b	ab	T_0	c	c	a	b
	N_{120}	A	a	a	a	T_{25}	a	a	a	a
	N_{240}	C	b	b	ab	T_{50}	ab	a	a	a
	N_{360}	C	c	c	b	T_{75}	b	b	a	b
G_s	N_0	b	c	c	b	T_0	b	b	b	a
	N_{120}	a	a	a	a	T_{25}	a	a	a	a
	N_{240}	a	b	b	c	T_{50}	a	a	a	a
	N_{360}	b	d	d	c	T_{75}	a	a	c	b
C_i	N_0	c	c	c	b	T_0	b	b	c	a
	N_{120}	b	a	a	a	T_{25}	a	a	a	a
	N_{240}	bc	b	b	b	T_{50}	a	a	a	a
	N_{360}	a	bc	c	b	T_{75}	a	a	b	a
WUE	N_0	b	bc	a	a	T_0	a	a	a	b
	N_{120}	b	c	b	ab	T_{25}	b	c	b	a
	N_{240}	a	b	a	bc	T_{50}	ab	c	b	b
	N_{360}	b	a	a	c	T_{75}	a	b	b	c

注：同一参数下不同小写字母表示在 0.05 显著性水平下差异显著

复配土与施加氮肥交互作用下，复配土 T_{25}、氮肥 N_{120} 处理对羊柴 P_n、T_r、G_s、C_i 产生较好促进作用的同时，WUE 却显著下降，这是因为适宜的复配土和施加氮肥显著提高了羊柴的光合作用，而较大比例的水分被分配用于蒸腾作用。

9.1.2　对植物叶绿素荧光参数的影响

如表 9.3 所示，复配土与施加氮肥组合处理对羊柴叶绿素荧光参数影响的二因素交互方差分析结果表明：叶绿素荧光参数模型均达到了显著或极显著水平；复配土与施肥组合处理对 qN、qP、ETR、ΦPSⅡ的影响均有极显著的交互作用，而对 F_v/F_m 影响的交互作用不显著；在复配土与施肥交互作用下，不同配土比例、不同施肥水平处理 5 项叶绿素荧光参数的差异也达到显著或极显著水平；不同配土比例处理 5 项叶绿素荧光参数的均方均小于不同施肥水平处理各指标的均方，说明在复配土与施加氮肥交互作用下，施肥对 5 项叶绿素荧光参数产生的影响较大。

表 9.3　复配土与氮肥对羊柴叶绿素荧光参数影响的二因素交互方差分析

参数	变异源	自由度	偏差平方和	均方	*F* 值	*P* 值
qN	模型	15	2.813 184	0.187 546	18.94	<0.000 1
	复配土	3	0.535 797	0.178 599	18.04	<0.000 1
	施肥	3	1.736 972	0.578 991	58.48	<0.000 1
	施肥×复配土	9	0.540 416	0.060 046	6.06	<0.000 1
qP	模型	15	5.305 166	0.353 678	24.07	<0.000 1
	复配土	3	1.313 588	0.437 863	29.8	<0.000 1
	施肥	3	2.948 856	0.982 952	66.9	<0.000 1
	施肥×复配土	9	1.042 722	0.115 858	7.89	<0.000 1
ETR	模型	15	55 996.25	3 733.083	40.51	<0.000 1
	复配土	3	17 424.35	5 808.117	63.03	<0.000 1
	施肥	3	27 562.63	9 187.543	99.71	<0.000 1
	施肥×复配土	9	11 009.27	1 223.252	13.28	<0.000 1
ΦPSⅡ	模型	15	1.544 254	0.102 95	14.07	<0.000 1
	复配土	3	0.512 825	0.170 942	23.37	<0.000 1
	施肥	3	0.783 342	0.261 114	35.69	<0.000 1
	施肥×复配土	9	0.248 087	0.027 565	3.77	0.000 7
F_v/F_m	模型	15	0.527 415	0.035 161	2.09	0.022
	复配土	3	0.145 88	0.048 627	2.89	0.042 4
	施肥	3	0.283 049	0.094 35	5.6	0.001 8
	施肥×复配土	9	0.098 486	0.010 943	0.65	0.750 7

注：显著性水平，$P>0.05$ 为不显著，$P<0.05$ 为显著，$P<0.01$ 为极显著

图 9.2 为复配土与施加氮肥交互作用下，羊柴叶绿素荧光参数二因素交互简单效应分析。复配土与施加氮肥交互作用下，不同配土比例处理 qN 大小顺序为 $T_0>T_{75}>T_{50}>T_{25}$，qP、ETR、ΦPSⅡ、F_v/F_m 大小顺序均为 $T_{25}>T_{50}>T_{75}>T_0$。复配土处理后，不同配比复配土均对羊柴 qP、ETR、ΦPSⅡ、F_v/F_m 有提高作用，对 qN 有降低作用，但以复配土 T_{25} 处理最为显著，T_{25} 与 T_{50} 间各指标差异均不显著。不同施肥水平处理 qN 大小顺序为 $N_{360}>N_{240}>N_0>N_{120}$，qP、$F_v/F_m$ 大小顺序均为 $N_{120}>N_{240}=N_0>N_{360}$，ETR 大小顺序为 $N_{120}>N_0>N_{240}>N_{360}$，ΦPSⅡ大小顺序为 $N_{120}>N_{240}>N_{360}>N_0$。施肥水平 N_{120} 处理对 qP、ETR、ΦPSⅡ、F_v/F_m 的提高作用最为显著，对 qN 的降低作用最为显著。总体来看，在复配土与施加氮肥交互作用下，复配土 T_{25} 处理对羊柴 5 项叶绿素荧光参数产生的作用最大，但与 T_{50} 处理差异不明显，施肥 N_{120} 处理对羊柴 5 项叶绿素荧光参数产生的作用最大。

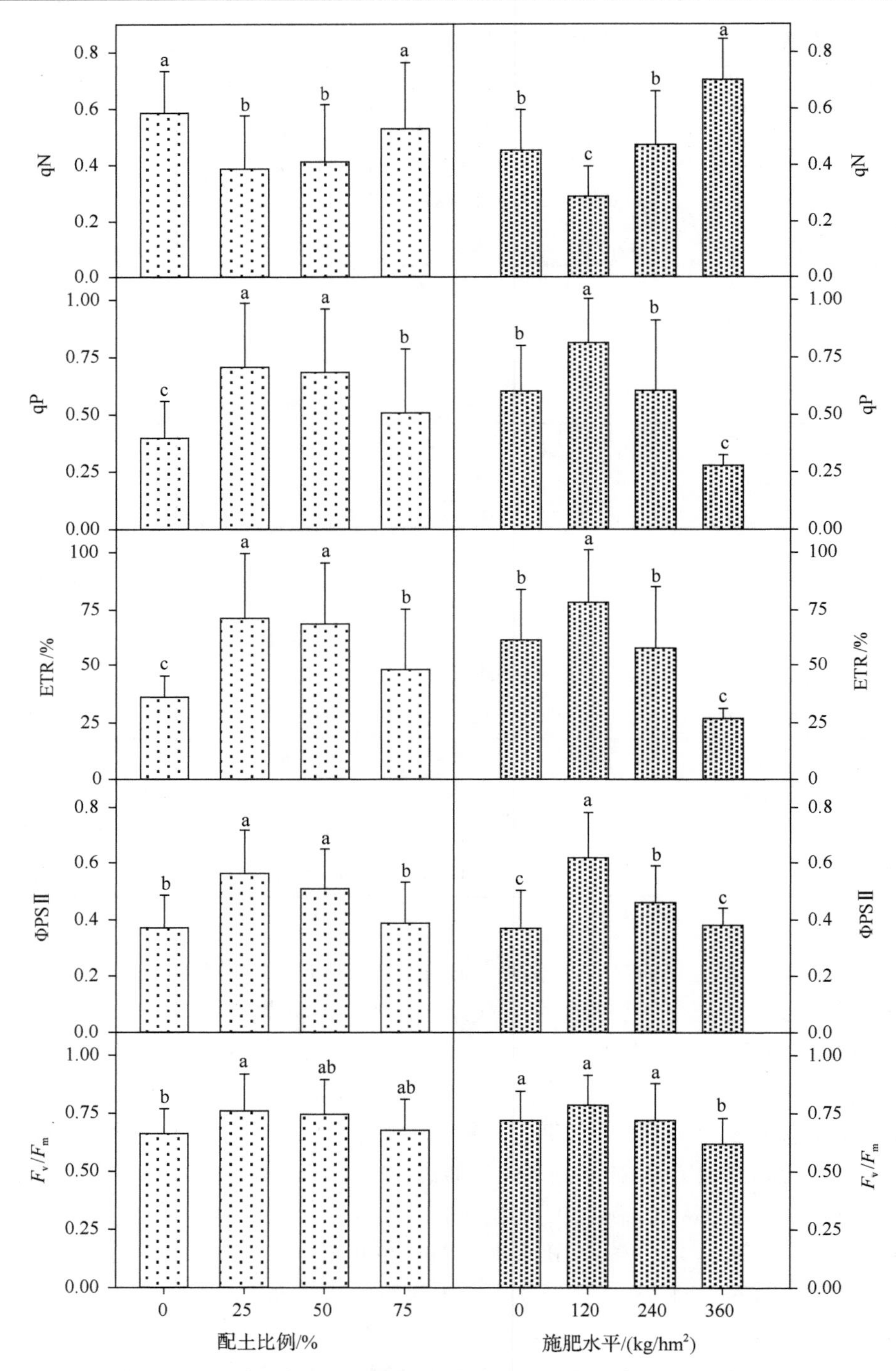

图 9.2　复配土与氮肥对羊柴叶绿素荧光参数影响的二因素交互分析

同一参数下不同小写字母表示在 0.05 显著性水平下差异显著

表 9.4 为复配土与施加氮肥交互作用下，不同处理间羊柴叶绿素荧光参数的二因素交互多重比较结果。羊柴 qP、ETR、ΦPSⅡ、F_v/F_m 的总体变化趋势是：复配土 T_{25} 处理时，各施肥水平 qP、ETR、ΦPSⅡ、F_v/F_m 均有最大或较大值；施肥 N_{120} 处理时，各复配土处理 qP、ETR、ΦPSⅡ、F_v/F_m 均有最大或较大值。当复配土超过 T_{25}、施肥超过 N_{120} 以后，随配土比例和施肥水平递增，羊柴 qP、ETR、ΦPSⅡ、F_v/F_m 值呈总体下降变化，qN 总体变化趋势与此相反。施肥处理后，不同施肥水平下，复配土 T_{25}、T_{50} 间 qN、qP、ETR、F_v/F_m 均没有显著差异。这分别说明：施肥和复配土对羊柴 qN、qP、ETR、ΦPSⅡ、F_v/F_m 均会产生影响，在复配土 T_{25} 处理、施肥 N_{120} 处理时，羊柴吸收的光能中有较大比例用于光合合成物质，光合效率最高，潜在的光化学能力也最大，而以热形式耗散的能量最少；结合二因素简单效应分析中的 F_v/F_m 值可以看出，当复配土为 T_{25}、T_{50} 及施肥为 N_{120} 处理时，羊柴处于非光逆境条件下，而过高的配土比例和施肥水平及过高水平的二者组合处理则会导致羊柴发生不同程度的光抑制，使羊柴光合作用及生长受阻。

表 9.4　复配土与氮肥对羊柴叶绿素荧光参数影响的二因素交互多重比较

参数	施肥水平	配土比例				配土比例	施肥水平			
		T_0	T_{25}	T_{50}	T_{75}		N_0	N_{120}	N_{240}	N_{360}
qN	N_0	a	b	b	b	T_0	a	a	b	a
	N_{120}	b	c	c	c	T_{25}	b	b	c	a
	N_{240}	ab	bc	bc	a	T_{50}	b	b	c	a
	N_{360}	a	a	a	a	T_{75}	b	b	a	a
qP	N_0	b	b	b	b	T_0	b	b	b	a
	N_{120}	a	a	a	a	T_{25}	a	a	a	a
	N_{240}	ab	ab	ab	c	T_{50}	a	a	a	a
	N_{360}	b	c	c	c	T_{75}	a	a	b	a
ETR	N_0	bc	a	a	b	T_0	c	b	b	a
	N_{120}	a	a	a	a	T_{25}	a	a	a	a
	N_{240}	b	a	a	c	T_{50}	a	a	a	a
	N_{360}	c	b	b	c	T_{75}	b	a	c	a
ΦPSⅡ	N_0	b	b	bc	b	T_0	d	b	bc	a
	N_{120}	a	a	a	a	T_{25}	a	a	a	a
	N_{240}	a	b	b	b	T_{50}	b	a	ab	a
	N_{360}	a	b	c	b	T_{75}	c	ab	c	b
F_v/F_m	N_0	a	a	a	ab	T_0	a	a	a	a
	N_{120}	a	a	a	a	T_{25}	a	a	a	a
	N_{240}	a	a	a	b	T_{50}	a	a	a	a
	N_{360}	a	a	a	b	T_{75}	a	a	a	a

注：同一参数下不同小写字母表示在 0.05 显著性水平下差异显著

9.2　复配土与氮肥互作对植物抗逆生理的影响

9.2.1　对植物抗氧化酶活性指标的影响

表 9.5 为复配土与施加氮肥组合处理对羊柴抗氧化酶活性指标影响的二因素交互方差分析，结果表明：抗氧化酶活性指标模型均达到了极显著水平；复配土与施肥对 3 项抗氧化酶活性指标的影响均有极显著的交互作用；在复配土与施肥交互作用下，不同配土比例、不同施肥水平处理 3 项抗氧化酶活性指标的差异均达到极显著水平；不同配土比例处理 3 项抗氧化酶活性指标的均方均小于不同施肥水平处理各指标的均方，说明在复配土与施加氮肥交互作用下，施肥对 3 项抗氧化酶活性指标产生的影响较大。

表 9.5　复配土与氮肥对羊柴抗氧化酶活性指标影响的二因素交互方差分析

参数	变异源	自由度	偏差平方和	均方	*F* 值	*P* 值
POD	模型	15	60 643 361	4 042 891	64.48	<0.000 1
	复配土	3	13 482 150	4 494 050	71.68	<0.000 1
	施肥	3	37 270 294	12 423 431	198.15	<0.000 1
	施肥×复配土	9	9 890 916	1 098 991	17.53	<0.000 1
SOD	模型	15	24 102 137	1 606 809	56.51	<0.000 1
	复配土	3	5 665 107	1 888 369	66.41	<0.000 1
	施肥	3	14 365 501	4 788 500	168.4	<0.000 1
	施肥×复配土	9	4 071 528	452 392	15.91	<0.000 1
CAT	模型	15	18 639 987	1 242 666	75.01	<0.000 1
	复配土	3	4 594 002	1 531 334	92.43	<0.000 1
	施肥	3	10 424 690	3 474 897	209.74	<0.000 1
	施肥×复配土	9	3 621 295	402 366.1	24.29	<0.000 1

注：显著性水平，$P>0.05$ 为不显著，$P<0.05$ 为显著，$P<0.01$ 为极显著

图 9.3 为复配土与施加氮肥交互作用下，羊柴抗氧化酶活性指标二因素交互简单效应分析。复配土与施加氮肥交互作用下，不同配土比例处理 POD、SOD、CAT 大小顺序均为 $T_{25}>T_{50}>T_{75}>T_0$，且处理间差异均达到显著水平。说明复配土处理可显著提高羊柴 POD、SOD、CAT 活性，且在配土比例为 T_{25} 时，其作用最为显著。不同施肥水平处理 POD、SOD、CAT 大小顺序均为 $N_{120}>N_{240}>N_0>N_{360}$，仅 N_0、N_{240} 间 POD 和 SOD 差异不显著，其他处理间 3 项指标差异均达到显著水平。说明适量施加氮肥可显著提高羊柴 POD、SOD、CAT 活性，但施肥量过大则使 POD、SOD、CAT 活性降低。

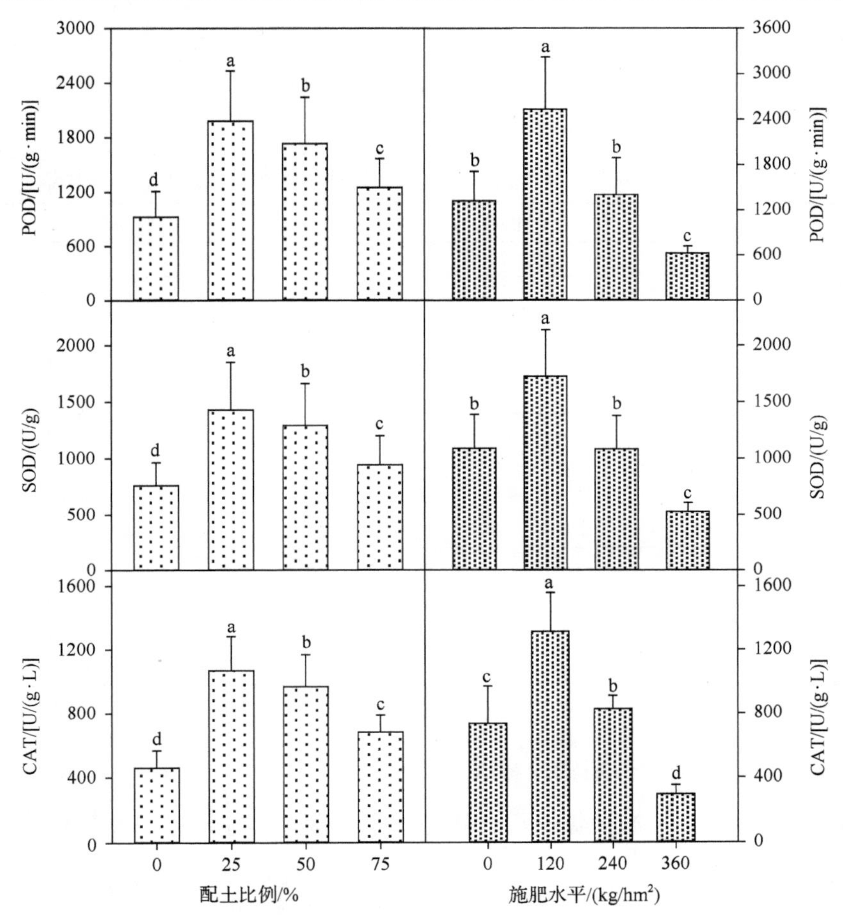

图 9.3　复配土与氮肥对羊柴抗氧化酶活性指标影响的二因素交互分析

同一指标下不同小写字母表示在 0.05 显著性水平下差异显著

表 9.6 为复配土与施加氮肥交互作用下，不同处理间羊柴抗氧化酶活性指标的二因素交互多重比较结果。随施加氮肥水平的逐渐提高，POD、SOD、CAT 活性在不同复配土处理下均呈先升后降变化；随配土比例的递增，POD、SOD、CAT 活性在不同施肥水平处理下也呈先升后降变化。无配土条件下，POD、SOD、CAT 活性最大值出现在 N_{240} 处理，复配土处理后，各复配土处理 POD、SOD、CAT 活性最大值均出现在 N_{120} 处理；无施肥处理下，T_{25}、T_{50}、T_{75} 间 POD、SOD、CAT 活性均没有显著差异，但均显著高于 T_0 处理，施肥后，各施肥水平处理 POD、SOD、CAT 活性最大值均出现在 T_{25} 处理。这说明施肥和复配土均能提高 POD、SOD、CAT 活性，复配土 T_{25} 处理最有利于氮肥有效性发挥，施肥 N_{120} 处理是该复配土条件下最佳的施肥水平。所以，总体来看，在复配土 T_{25}、氮肥 N_{120} 处理时，比较有利于提高羊柴 POD、SOD、CAT 活性，较高的酶活性有利于及时清除

羊柴体内产生的活性氧，从而使羊柴免受膜质过氧化带来的危害。而过高的配土比例虽然有更高的保肥性能，但相对致密的土壤质地不利于通气透水，一旦施肥过量就会使植物长时间遭受过量施肥的胁迫，不利于植物生长发育。

表 9.6 复配土与氮肥对羊柴抗氧化酶活性指标影响的二因素交互多重比较

参数	施肥水平	配土比例				配土比例	施肥水平			
		T_0	T_{25}	T_{50}	T_{75}		N_0	N_{120}	N_{240}	N_{360}
POD	N_0	c	c	b	b	T_0	b	c	b	a
	N_{120}	b	a	a	a	T_{25}	a	a	a	a
	N_{240}	a	b	b	c	T_{50}	a	a	a	ab
	N_{360}	c	d	c	c	T_{75}	ab	b	c	b
SOD	N_0	bc	c	c	b	T_0	b	c	b	ab
	N_{120}	b	a	a	a	T_{25}	a	a	a	a
	N_{240}	a	b	b	c	T_{50}	a	ab	a	bc
	N_{360}	c	d	d	c	T_{75}	ab	b	c	c
CAT	N_0	c	c	c	b	T_0	b	b	b	ab
	N_{120}	b	a	a	a	T_{25}	a	a	a	a
	N_{240}	a	b	b	c	T_{50}	a	a	a	bc
	N_{360}	c	d	d	c	T_{75}	ab	a	c	c

注：同一参数下不同小写字母表示在 0.05 显著性水平下差异显著

9.2.2 对植物应激性生理指标的影响

表 9.7 为复配土与施加氮肥组合处理羊柴应激性生理指标二因素交互方差分

表 9.7 复配土与氮肥对羊柴应激性生理指标影响的二因素交互方差分析

参数	变异源	自由度	偏差平方和	均方	*F* 值	*P* 值
Pro	模型	15	145 195.86	9 679.72	34.49	<0.000 1
	复配土	3	25 819.03	8 606.34	30.67	<0.000 1
	施肥	3	82 462.29	27 487.43	97.95	<0.000 1
	施肥×复配土	9	36 914.51	4 101.61	14.62	<0.000 1
MDA	模型	15	683 886.47	45 592.42	67.5	<0.000 1
	复配土	3	119 643.83	39 881.25	59.05	<0.000 1
	施肥	3	412 646.22	137 548.74	203.64	<0.000 1
	施肥×复配土	9	151 596.41	16 844.04	24.94	<0.000 1
REC	模型	15	9 586.38	639.09	32.6	<0.000 1
	复配土	3	1 294.69	431.56	22.01	<0.000 1
	施肥	3	5 433.46	1 811.15	92.38	<0.000 1
	施肥×复配土	9	2 858.22	317.58	16.23	<0.000 1

注：显著性水平，$P>0.05$ 为不显著，$P<0.05$ 为显著，$P<0.01$ 为极显著

析，结果表明：应激性生理指标模型均达到了极显著水平；复配土与施肥对羊柴 3 项应激性生理指标的影响均有极显著的交互作用；在复配土与施肥交互作用下，不同配土比例、不同施肥水平处理羊柴 3 项应激性生理指标差异也达到极显著水平；不同配土比例处理 3 项应激性生理指标的均方均小于不同施肥水平处理各指标的均方，说明在复配土与施加氮肥交互作用下，施肥对 3 项应激性生理指标产生的影响较大。

如图 9.4 所示，在复配土与施加氮肥交互作用下，不同配土比例处理羊柴 3 项应激性生理指标大小顺序均为 $T_{75}>T_0>T_{50}>T_{25}$，T_0 与 T_{50} 间 Pro、REC 差异均

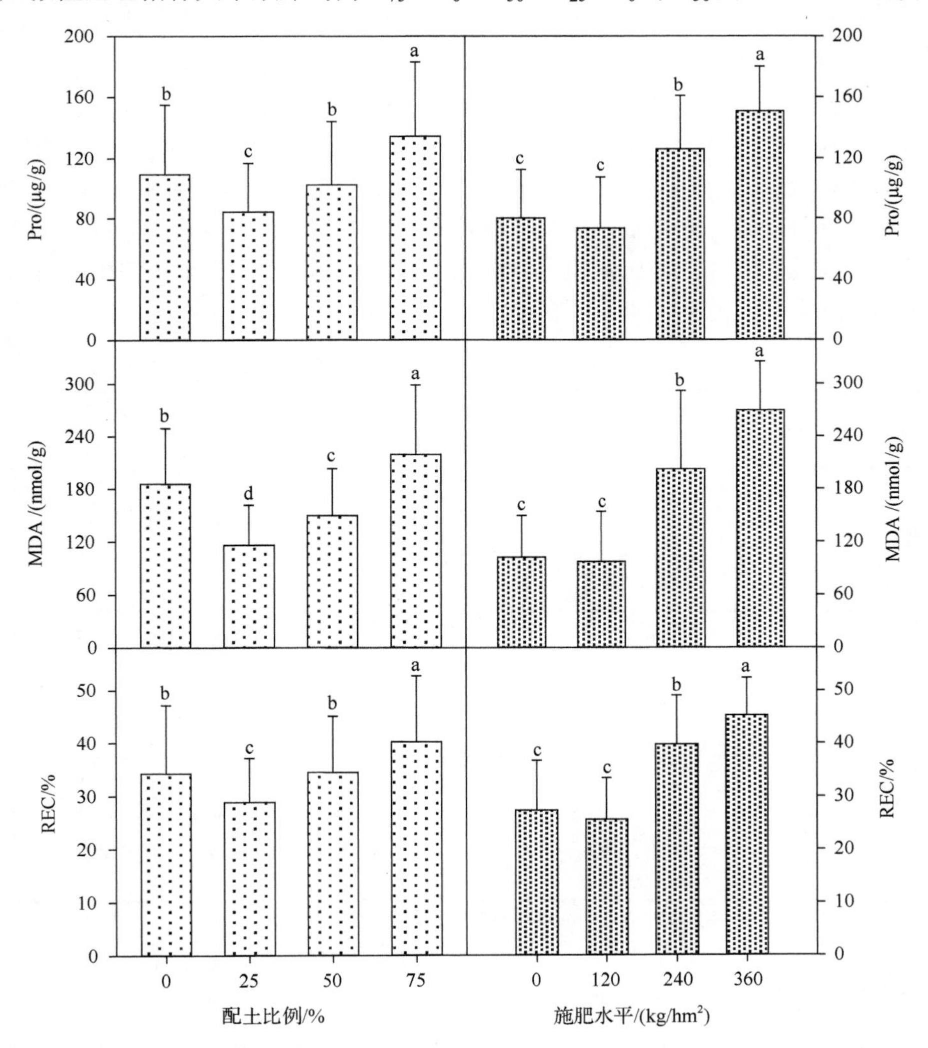

图 9.4　复配土与氮肥对羊柴应激性生理指标影响的二因素交互分析

同一指标下不同小写字母表示在 0.05 显著性水平下差异显著

不显著，其余复配土处理间 3 项指标差异均达到显著水平。不同施肥水平处理羊柴 3 项应激性生理指标大小顺序均为 $N_{360}>N_{240}>N_0>N_{120}$，$N_{120}$ 与 N_0 间 3 项指标差异均不显著，其余施肥处理间 3 项指标差异均达到显著水平。这说明，在不同施肥水平下，当复配土为 T_{25} 时羊柴受到的胁迫程度最低；在不同复配土处理下，当氮肥为 N_{120} 时羊柴受到的胁迫程度最低，但与不施肥处理没有显著差异。当配土超过 T_{25}，施肥水平超过 N_{120} 后，随配土比例和施肥水平的递增，羊柴受到的胁迫程度均显著提高。

表 9.8 为复配土与施加氮肥交互作用下，不同处理间羊柴应激性生理指标的二因素交互多重比较结果。随施肥水平递增，不同复配土处理的羊柴 Pro、MDA、REC 均呈先降后升变化，且均在氮肥 N_{120} 处理时有最小值或较小值。氮肥水平为 N_0、N_{120} 时，随配土比例递增，Pro、MDA、REC 均呈先降后升变化，且最小值或较小值均出现在复配土 T_{25} 处理；氮肥水平为 N_{240}、N_{360} 时，随配土比例递增，Pro、MDA、REC 总体呈持续升高变化。这说明，在复配土 T_{25}、氮肥 N_{120} 处理时，羊柴没有受到胁迫，而在更高的配土比例和更高的施肥水平组合处理时，相对致密的土壤质地和过高的施肥量使羊柴受到胁迫，并且随配土比例和施肥水平提高，胁迫程度逐渐加重。

表 9.8 复配土与氮肥对羊柴应激性生理指标影响的二因素交互多重比较

参数	氮肥水平	配土比例				配土比例	氮肥水平			
		T_0	T_{25}	T_{50}	T_{75}		N_0	N_{120}	N_{240}	N_{360}
Pro	N_0	b	c	b	b	T_0	a	a	c	c
	N_{120}	c	d	c	c	T_{25}	c	c	b	b
	N_{240}	c	b	b	a	T_{50}	b	c	b	ab
	N_{360}	a	a	a	a	T_{75}	a	b	a	a
MDA	N_0	b	b	b	b	T_0	a	a	b	bc
	N_{120}	b	c	c	c	T_{25}	b	c	b	c
	N_{240}	a	b	b	a	T_{50}	b	bc	b	b
	N_{360}	a	a	a	a	T_{75}	a	b	a	a
REC	N_0	b	b	b	b	T_0	a	a	c	c
	N_{120}	c	c	c	c	T_{25}	b	c	b	b
	N_{240}	a	b	b	a	T_{50}	a	bc	a	a
	N_{360}	a	a	a	a	T_{75}	a	b	a	a

注：同一参数下不同小写字母表示在 0.05 显著性水平下差异显著

9.2.3 对植物叶绿素含量指标的影响

表 9.9 为复配土与施加氮肥组合处理羊柴叶绿素含量指标二因素交互方差分析，结果表明：叶绿素含量指标模型均达到了极显著水平；复配土与施肥对 Chl a、

Chl b、Chl t 的影响均有极显著的交互作用，而对 Chl a/Chl b 影响的交互作用不显著；在复配土与施肥交互作用下，不同复配土比例、不同施肥水平处理 4 项叶绿素含量指标的差异均达到了极显著水平；不同配土比例处理 4 项叶绿素含量指标的均方均小于不同施肥水平处理各指标的均方，说明在复配土与施加氮肥交互作用下，施肥对 4 项叶绿素含量指标产生的影响较大。

表 9.9　复配土与氮肥对羊柴叶绿素含量指标影响的二因素交互方差分析

参数	变异源	自由度	偏差平方和	均方	*F* 值	*P* 值
Chl a	模型	15	54.68	3.64	44.53	<0.0001
	复配土	3	14.65	4.88	59.68	<0.0001
	施肥	3	28.95	9.65	117.88	<0.0001
	施肥×复配土	9	11.07	1.23	15.03	<0.0001
Chl b	模型	15	23.71	1.58	54.8	<0.0001
	复配土	3	7.35	2.45	84.94	<0.0001
	施肥	3	11.44	3.81	132.24	<0.0001
	施肥×复配土	9	4.91	0.54	18.94	<0.0001
Chl t	模型	15	149.88	9.99	74.73	<0.0001
	复配土	3	42.68	14.22	106.41	<0.0001
	施肥	3	76.78	25.59	191.40	<0.0001
	施肥×复配土	9	30.43	3.38	25.29	<0.0001
Chl a/Chl b	模型	15	15.68	1.04	3.45	0.0003
	复配土	3	5.69	1.89	6.25	0.0009
	施肥	3	7.33	2.44	8.06	0.0001
	施肥×复配土	9	2.66	0.29	0.98	0.4680

注：显著性水平，$P>0.05$ 为不显著，$P<0.05$ 为显著，$P<0.01$ 为极显著

图 9.5 为复配土与施加氮肥交互作用下，羊柴叶绿素含量指标二因素交互简单效应分析。复配土与施加氮肥交互作用下，不同配土比例处理 Chl a、Chl b、Chl t 含量大小顺序均为 $T_{25}>T_{50}>T_{75}>T_0$，T_{25}、T_{50} 间 Chl a 差异不显著，其余复配土处理间 3 项指标差异均达到显著水平。Chl a/Chl b 大小顺序为 $T_0>T_{75}>T_{50}>T_{25}$，T_0 与 T_{75} 间、T_{50} 与 T_{75} 间、T_{25} 与 T_{50} 间差异均不显著。说明在复配土与施加氮肥交互作用下，不同复配土处理均能显著提高羊柴 Chl a、Chl b、Chl t 含量，同时能不同程度地提高捕光复合物Ⅱ含量，并且以复配土 T_{25} 处理作用效果最为显著。不同施肥水平处理 Chl a、Chl b、Chl t 大小顺序均为 $N_{120}>N_{240}>N_0>N_{360}$，$N_0$ 与 N_{240} 间 3 项指标差异均不显著，其余施肥处理间 3 项指标差异均达到显著水平。Chl a/Chl b 大小顺序为 $N_{360}>N_{240}>N_0>N_{120}$，$N_0$、$N_{120}$、$N_{240}$ 间差异不显著。说明适宜的氮肥施入量可显著提高羊柴 Chl a、Chl b、Chl t 和捕光复合物Ⅱ的含量

水平，并且以氮肥 N_{120} 处理作用效果最为显著。但过高的氮肥施入量会使 Chl a、Chl b、Chl t 和捕光复合物II的含量下降，甚至低于无施肥处理。

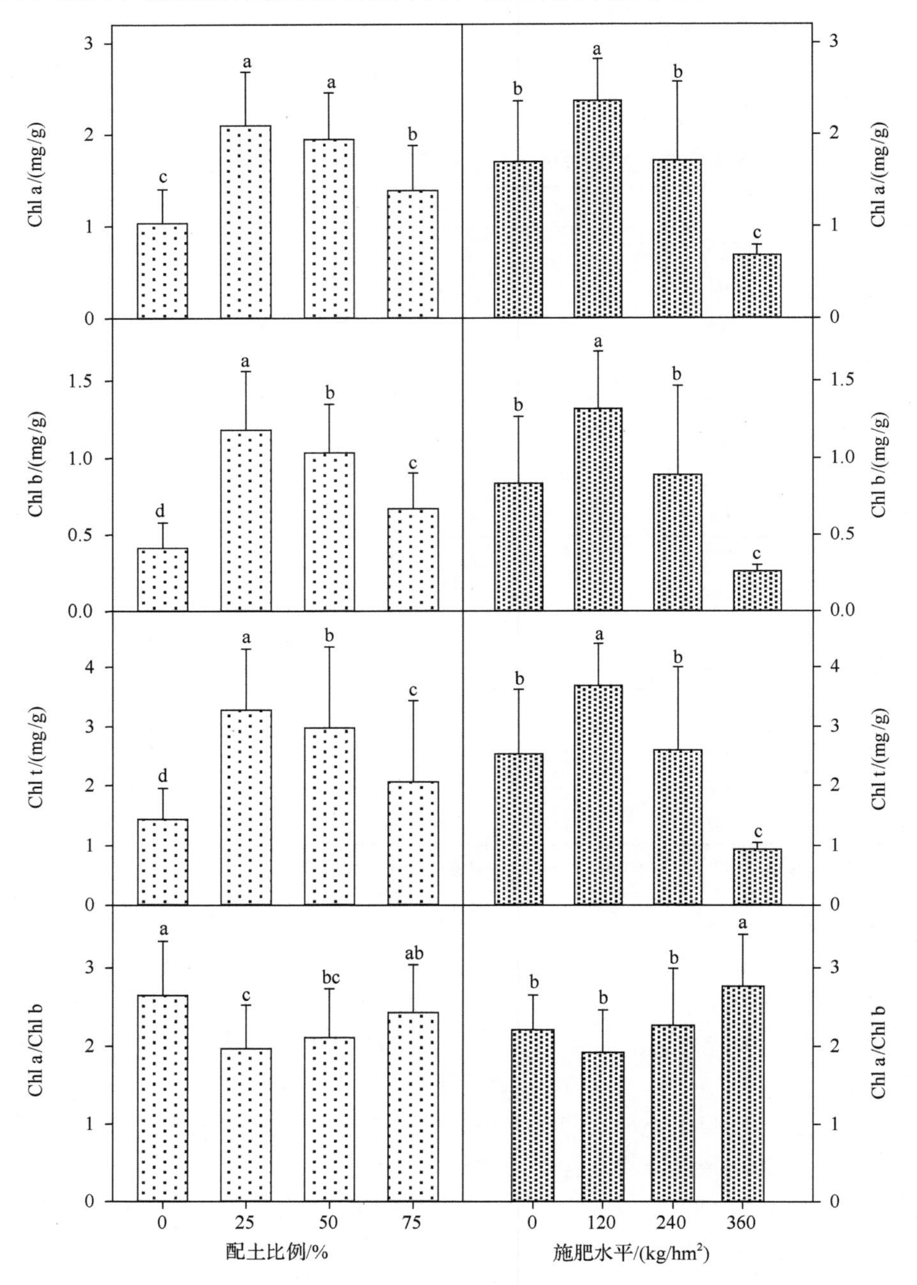

图 9.5　复配土与氮肥对羊柴叶绿素含量指标影响的二因素交互分析

同一指标下不同小写字母表示在 0.05 显著性水平下差异显著

表 9.10 为复配土与施加氮肥交互作用下，不同处理间羊柴叶绿素含量指标的二因素交互多重比较结果。无配土处理下，氮肥 N_{240} 处理有最大 Chl a、Chl b、Chl t 和捕光复合物Ⅱ含量。复配土处理后，Chl a、Chl b、Chl t 和捕光复合物Ⅱ含量在 N_{120} 处理均出现最大值或较大值，这是因为复配土处理提高了保肥性能，并且不同程度地提高了氮肥的有效性。无施肥处理下，复配土 T_{25} 处理有最大 Chl a、Chl b、Chl t 和捕光复合物Ⅱ含量，这说明，对于羊柴来讲，黄土比例 T_{25} 的复配土性状最佳。氮肥 N_{120}、N_{240} 处理与复配土 T_{25}、T_{50} 交互处理下，Chl a、Chl b、Chl t 和捕光复合物Ⅱ含量均有最大值或较大值，且没有显著差异，这说明在氮肥 N_{120}、N_{240} 处理与复配土 T_{25}、T_{50} 交互处理下，均最有利于羊柴叶绿素和捕光复合物Ⅱ含量的增加。复配土 T_{75}、氮肥 N_{120} 组合也有较好的处理效果。当施肥水平为 N_{360} 时，除了 Chl b 其余 3 项指标在各复配土处理间均没有明显差异，这说明施加的氮肥已过量。所以，总体来看，复配土 T_{25}、T_{50} 和氮肥 N_{120}、N_{240} 组合处理，以及复配土 T_{75}、氮肥 N_{120} 组合处理有利于提高羊柴叶绿素和捕光复合物Ⅱ含量。

表 9.10　复配土与氮肥对羊柴叶绿素含量指标影响的二因素交互多重比较

参数	施肥水平	配土比例				配土比例	施肥水平			
		T_0	T_{25}	T_{50}	T_{75}		N_0	N_{120}	N_{240}	N_{360}
Chl a	N_0	c	a	b	b	T_0	c	b	b	a
	N_{120}	b	a	a	a	T_{25}	a	a	a	a
	N_{240}	a	a	a	a	T_{50}	b	a	a	a
	N_{360}	c	b	c	c	T_{75}	b	a	c	a
Chl b	N_0	c	a	b	b	T_0	c	b	b	ab
	N_{120}	b	a	a	a	T_{25}	a	a	a	a
	N_{240}	a	a	a	c	T_{50}	b	a	a	ab
	N_{360}	c	b	c	c	T_{75}	b	a	c	b
Chl t	N_0	c	a	b	b	T_0	c	b	b	a
	N_{120}	b	a	a	a	T_{25}	a	a	a	a
	N_{240}	a	a	a	c	T_{50}	b	a	a	a
	N_{360}	c	b	c	c	T_{75}	b	a	c	a
Chl a/Chl b	N_0	a	b	ab	a	T_0	a	a	a	a
	N_{120}	a	b	b	b	T_{25}	c	b	b	a
	N_{240}	b	b	b	a	T_{50}	bc	b	b	a
	N_{360}	a	a	a	a	T_{75}	ab	b	a	a

注：同一参数下不同小写字母表示在 0.05 显著性水平下差异显著

9.3 配土与氮肥互作对植物光合及抗逆生理影响的综合评价

9.3.1 植物光合及抗逆生理指标的典型相关分析

表9.11和表9.12分别列出了不同处理下植物光合与抗逆生理指标的典型相关变量特征值及其典型相关系数假设检验特征值。由表9.11和表9.12可知，第1对典型相关变量累积贡献率提供了92.34%的相关信息，其他9对典型相对变量只提供了7.66%的相关信息。前两个典型相关系数 P 值分别为<0.000 1、0.000 2，说明典型相关系数在 α=0.05、α=0.01 水平下均具有统计学意义，而其余8个典型相关系数没有统计学意义。因此，本研究选取第1对典型相关变量进行下一步分析。

表 9.11　复配土与氮肥互作处理下典型相关变量特征值

典型相关变量对	特征值	特征值差值	贡献率/%	累积贡献率/%
1	31.2320	29.9095	92.34	92.34
2	1.3225	0.8513	3.91	96.25
3	0.4712	0.1725	1.39	97.64
4	0.2987	0.0346	0.89	98.53
5	0.2641	0.1462	0.78	99.31
6	0.1179	0.0395	0.35	99.66
7	0.0784	0.0544	0.23	99.89
8	0.0241	0.0120	0.07	99.96
9	0.0121	0.0117	0.04	100.00
10	0.0004	0.0000	0.00	100.00

表 9.12　复配土与氮肥互作处理下典型相关系数假设检验

典型相关变量对	似然比统计量	渐进 F 统计量	Num DF	Den DF	P 值
1	0.0044	5.0000	100	441.4400	<0.0001
2	0.1426	1.7500	81	403.1800	0.0002
3	0.3313	1.2000	64	364.1000	0.1539
4	0.4873	1.0100	49	324.2600	0.4668
5	0.6329	0.8700	36	283.8000	0.6916
6	0.8000	0.6000	25	242.9700	0.9347
7	0.8943	0.4700	16	202.2700	0.9587
8	0.9645	0.2700	9	163.2100	0.9814
9	0.9877	0.2100	4	136.0000	0.9316
10	0.9996	0.0300	1	69.0000	0.8690

表 9.13 为植物光合及抗逆生理指标组典型变量多重回归分析结果。由表 9.13 可知：光合生理指标组与抗逆生理指标组第 1 典型变量 W_1 之间多重相关系数的平方依次为 0.8329、0.7989、0.9265、0.5879、0.0888、0.7471、0.7689、0.7776、0.6288、0.2918，说明抗逆生理指标组第 1 典型变量 W_1 对 P_n、T_r、G_s、qN、qP、ETR 有相当好的预测能力。抗逆生理指标组与光合生理指标组第 1 典型变量 V_1 之间多重相关系数的平方依次为 0.9122、0.8778、0.9217、0.3953、0.4681、0.3570、0.8500、0.8535、0.8799、0.3749，说明光合生理指标组第 1 典型变量 V_1 对 POD、SOD、CAT、Chl a、Chl b、Chl t 有相当好的预测能力。

表 9.13　复配土与氮肥互作处理下原始变量及对方组的前 m 个典型变量多重回归分析

典型变量	1	2	3	4	5
P_n	0.8329	0.8370	0.8579	0.8641	0.8680
T_r	0.7989	0.7991	0.8266	0.8332	0.8347
G_s	0.9265	0.9298	0.9300	0.9302	0.9307
C_i	0.5879	0.6404	0.6449	0.6581	0.6752
WUE	0.0888	0.1092	0.1092	0.1109	0.1120
qN	0.7471	0.7658	0.7658	0.7665	0.7676
qP	0.7689	0.8292	0.8294	0.8362	0.8363
ETR	0.7776	0.8470	0.8490	0.8490	0.8539
ΦPS II	0.6288	0.6469	0.6644	0.6712	0.6786
F_v/F_m	0.2918	0.3315	0.3384	0.3512	0.3753
POD	0.9122	0.9169	0.9191	0.9236	0.9239
SOD	0.8778	0.8816	0.8860	0.8881	0.8885
CAT	0.9217	0.9234	0.9251	0.9274	0.9286
Pro	0.3953	0.4455	0.4849	0.5200	0.5359
MDA	0.4681	0.5991	0.6427	0.6544	0.6629
REC	0.3570	0.4111	0.4880	0.4998	0.5000
Chl a	0.8500	0.8702	0.8875	0.8882	0.8882
Chl b	0.8535	0.8805	0.8856	0.8858	0.8889
Chl t	0.8799	0.9036	0.9155	0.9156	0.9161
Chl a/Chl b	0.3749	0.4607	0.4637	0.4637	0.4666

综上所述，在光合生理指标中，P_n、T_r、G_s、qN、qP、ETR 对于第 1 典型变量的作用较大，在抗逆生理指标中，POD、SOD、CAT、Chl a、Chl b、Chl t 对于第 1 典型变量的影响较大。

9.3.2　植物光合及抗逆生理的 TOPSIS 法综合评价

由不同处理对植物光合及抗逆生理影响的 TOPSIS 法综合评价结果(表 9.14)可知：各指标值与最优值的相对接近程度顺序为处理 6＞处理 10＞处理 14＞处理 7＞处理 11＞处理 5＞处理 9＞处理 13＞处理 2＞处理 3＞处理 16＞处理 15＞处理 12＞处理 4＞处理 8＞处理 1，处理 6 最大(0.741)，处理 1 最小(0.234)，最大值较最小值增加了 216.67%，处理 6、处理 10 综合评价结果相差不大，即在处理 6、处理 10 时植物光合及抗逆生理综合评价指标最佳，所以最有利于植物生长发育的是施加氮肥水平为 N_{120}、配土比例为 25%～50%的组合。

表 9.14　复配土与氮肥互作对羊柴生理指标影响的 TOPSIS 法综合评价

评价对象	评价对象到最优点距离	评价对象到最差点距离	评价参考值 C_i	排序结果
处理 1	1.0176	0.3112	0.234	16
处理 2	0.7926	0.3902	0.330	9
处理 3	0.8802	0.3381	0.278	10
处理 4	1.0547	0.3455	0.247	14
处理 5	0.6118	0.6635	0.520	6
处理 6	0.3866	1.1062	0.741	1
处理 7	0.4900	0.8187	0.626	4
处理 8	1.0362	0.3235	0.238	15
处理 9	0.6939	0.5239	0.430	7
处理 10	0.4055	0.9852	0.708	2
处理 11	0.5261	0.7655	0.593	5
处理 12	1.0748	0.3565	0.249	13
处理 13	0.7230	0.4664	0.392	8
处理 14	0.4636	0.8775	0.654	3
处理 15	1.0865	0.3695	0.254	12
处理 16	1.1062	0.3866	0.259	11

9.3.3　植物光合及抗逆生理的主成分分析综合评价

表 9.15 分别列出了不同处理下植物光合及抗逆生理指标的特征值和贡献率。由表 9.15 可知，前两个主成分累积贡献率提供了 91.54%的相关信息，超过了 80%，其他 18 个主成分只提供了 8.46%的相关信息。因此，对前两个主成分进行下一步分析。

表 9.15　复配土与氮肥互作处理下的特征值和贡献率

主成分	特征值(λ_i)	贡献率/%	累积贡献率/%
1	16.74	83.72	83.72
2	1.56	7.82	91.54
3	0.87	4.36	95.90
4	0.50	2.52	98.42
5	0.16	0.79	99.21
6	0.08	0.41	99.62
7	0.03	0.13	99.75
8	0.02	0.09	99.84
9	0.01	0.07	99.91
10	0.01	0.05	99.96
11	0.00	0.02	99.98
12	0.00	0.01	99.99
13	0.00	0.01	100.00
14	0.00	0.00	100.00
15	0.00	0.00	100.00
16	0.00	0.00	100.00
17	0.00	0.00	100.00
18	0.00	0.00	100.00
19	0.00	0.00	100.00
20	0.00	0.00	100.00

由表 9.16 分别得出如下结论。

表 9.16　复配土与氮肥互作处理下的主成分载荷

指标	主成分 1	主成分 2
X_1	0.2386	−0.0277
X_2	0.2377	0.0768
X_3	0.2388	0.0533
X_4	0.1935	0.3194
X_5	−0.0889	−0.4511
X_6	−0.2367	0.0083
X_7	0.2390	0.0243
X_8	0.2381	0.0150
X_9	0.2139	0.2465
X_{10}	0.2413	−0.0251

续表

指标	主成分 1	主成分 2
X_{11}	0.2378	0.0695
X_{12}	0.2419	0.0281
X_{13}	0.2420	0.0565
X_{14}	−0.1898	0.4433
X_{15}	−0.2009	0.4182
X_{16}	−0.1793	0.4828
X_{17}	0.2390	0.0442
X_{18}	0.2398	0.0667
X_{19}	0.2398	0.0543
X_{20}	−0.2369	0.0089

第一主成分 F_1=0.2386X_1+0.2377X_2+0.2388X_3+0.1935X_4−0.0889X_5−0.2367X_6+0.2390X_7+0.2381X_8+0.2139X_9+0.2413X_{10}+0.2378X_{11}+0.2419X_{12}+0.2420X_{13}−0.1898X_{14}−0.2009X_{15}−0.1793X_{16}+0.2390X_{17}+0.2398X_{18}+0.2398X_{19}−0.2369X_{20}　(9.1)

第二主成分 F_2=−0.0277X_1+0.0768X_2+0.0533X_3+0.3194X_4−0.4511X_5+0.0083X_6+0.0243X_7+0.0150X_8+0.2465X_9−0.0251X_{10}+0.0695X_{11}+0.0281X_{12}+0.0565X_{13}+0.4433X_{14}+0.4182X_{15}+0.4828X_{16}+0.0442X_{17}+0.0667X_{18}+0.0543X_{19}+0.0089X_{20}　(9.2)

得到 F 的综合模型：

$$F=0.2159X_1+0.2239X_2+0.223X_3+0.2042X_4-0.1198X_5-0.2158X_6+0.2207X_7+0.2191X_8+0.2167X_9+0.2185X_{10}+0.2234X_{11}+0.2237X_{12}+0.2262X_{13}-0.1357X_{14}-0.1481X_{15}-0.1228X_{16}+0.2224X_{17}+0.225X_{18}+0.2239X_{19}-0.2159X_{20} \quad (9.3)$$

然后根据建立的 F_1、F_2 与综合模型计算第一、第二主成分及综合主成分值（表 9.17），而后进行排序。

由不同处理对植物光合及抗逆生理影响的主成分综合评价结果（表 9.17）可知：各处理的综合主成分顺序为处理 6＞处理 10＞处理 14＞处理 7＞处理 11＞处理 5＞处理 9＞处理 13＞处理 2＞处理 3＞处理 1＞处理 8＞处理 4＞处理 12＞处理 15＞处理 16，处理 6 最大，处理 16 最小，处理 6、处理 10 综合主成分值相差不大，即在处理 6、处理 10 时植物光合及抗逆生理综合评价指标最佳，所以最有利于植物生长发育的是施加氮肥水平为 N_{120}、配土比例为 25%～50%的组合。

表 9.17　复配土与氮肥互作处理下的综合主成分值

处理	第一主成分	排序	第二主成分	排序	综合主成分	排序
处理 1	−2.68	10	−3.77	16	−2.77	11
处理 2	−1.09	9	−0.42	11	−1.03	9
处理 3	−2.77	11	−0.61	15	−2.58	10
处理 4	−3.87	13	0.35	7	−3.51	13
处理 5	2.59	6	−0.42	12	2.33	6
处理 6	7.02	1	0.42	6	6.46	1
处理 7	3.82	4	0.18	8	3.51	4
处理 8	−3.47	12	−0.36	10	−3.20	12
处理 9	1.08	7	−0.53	14	0.94	7
处理 10	5.98	2	0.72	4	5.53	2
处理 11	3.17	5	0.56	5	2.95	5
处理 12	−4.40	14	1.02	3	−3.94	14
处理 13	−0.34	8	−0.53	13	−0.35	8
处理 14	4.77	3	0.09	9	4.37	3
处理 15	−4.69	15	1.34	2	−4.18	15
处理 16	−5.13	16	1.96	1	−4.52	16

综上所述，通过两种方法对复配土与施加氮肥互作对植物光合及抗逆生理各指标产生的综合影响进行评价，均得出处理 6、处理 10 综合评价结果最优，所以最有利于植物生长发育的是施加氮肥水平为 N_{120}、配土比例为 25%～50%的组合。

9.4　配土与氮肥互作对植物生长指标的影响

9.4.1　对羊柴株高的影响

图 9.6 为复配土与增施氮肥互作对羊柴株高的影响。各配土比例下，羊柴株高均随施肥水平的提高呈先升后降的总体变化趋势，且均在施肥量为 120kg/hm^2 水平下出现最大值，其值分别为 20.5cm、35.0cm、30.5cm、28.6cm。无配土条件下，羊柴株高随施肥量变化的大小顺序为 120kg/hm^2 处理＞240kg/hm^2 处理＞360kg/hm^2 处理＞0kg/hm^2 处理；黄土配比为 25%时，羊柴株高随施肥量变化的大小顺序为 120kg/hm^2 处理＞240kg/hm^2 处理＞0kg/hm^2 处理＞360kg/hm^2 处理；黄土配比为 50%时，羊柴株高随施肥量变化的大小顺序为 120kg/hm^2 处理＞240kg/hm^2 处理＞0kg/hm^2 处理＞360kg/hm^2 处理；黄土配比为 75%时，羊柴株高随施肥量变化的大小顺序为 120kg/hm^2 处理＞0kg/hm^2 处理＞360kg/hm^2 处理＞240kg/hm^2 处理。无施肥条件下，羊柴株高随配土比例变化的大小顺序为 25%处理＞50%处理＞75%处

理＞0%处理；施肥水平为 120kg/hm^2 时，羊柴株高随配土比例变化的大小顺序为25%处理＞50%处理＞75%处理＞0%处理；施肥水平为 240kg/hm^2 时，羊柴株高随配土比例变化的大小顺序为 25%处理＞50%处理＞0%处理＞75%处理；施肥水平为360kg/hm^2 时，羊柴株高随配土比例变化的大小顺序为 75%处理＞50%处理＞0%处理＞25%处理。

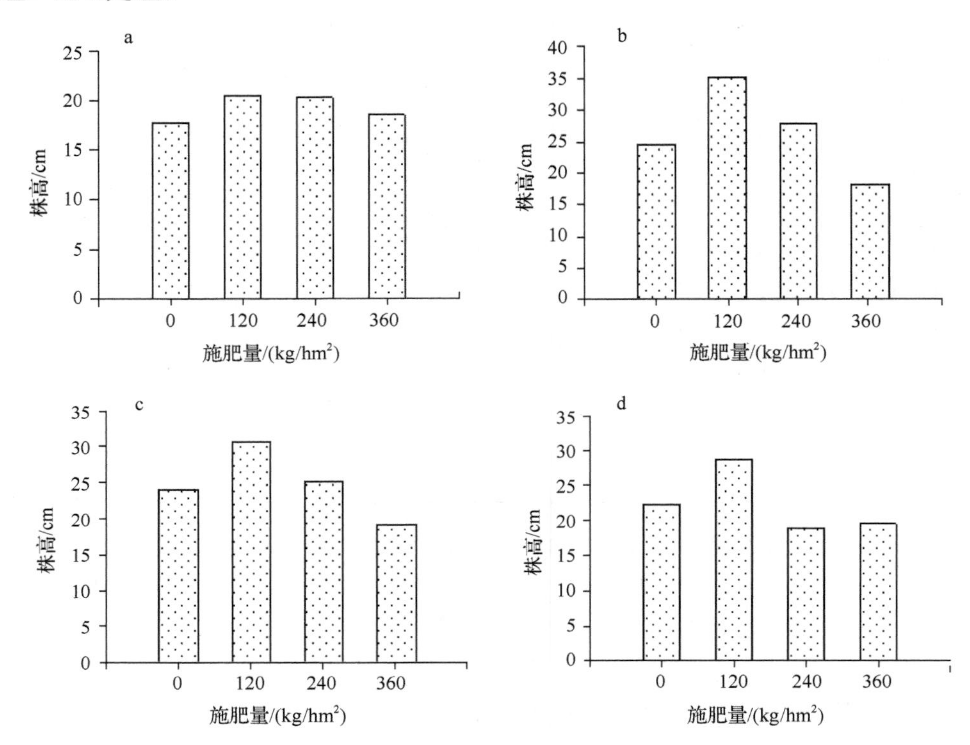

图 9.6 复配土与增施氮肥互作对羊柴株高的影响

a、b、c、d 分别表示黄土配比 0%、25%、50%、75%时，施肥水平对羊柴株高的影响

以上分析说明：黄土比例为 25%、施肥水平为 120kg/hm^2 时，对羊柴高生长的促进作用最佳。较低的黄土配比对风沙土土体松散、机械组成粗等不良性状的改善作用较弱，土壤持水保肥能力得不到的改善，肥效不能充分发挥，羊柴生长状况不良。相反，高配比黄土形成的复配土持水保肥能力虽然得到很大程度的改善，但结构致密，通透性差，土壤性状也不佳，导致肥效不能充分发挥或因大量肥料长时间集聚于根系土壤层，使植物遭受肥料过量的危害，羊柴生长状况也不良。所以，适宜的复配土配比可以改善土壤的物理性状，形成良好的土体结构，良好的通透性和毛管结构既有利于土壤保肥、持续供肥，同时有利于植物根系呼吸和对肥料的吸收，提高肥效。

9.4.2　对羊柴冠幅的影响

图 9.7 为复配土与增施氮肥互作对羊柴冠幅的影响。无配土条件下，羊柴冠幅随施肥量变化的大小顺序为 120kg/hm^2 处理＞240kg/hm^2 处理＞0kg/hm^2 处理＞360kg/hm^2 处理；配土比例为 25%时，羊柴冠幅随施肥量变化的大小顺序为 0kg/hm^2 处理＞360kg/hm^2 处理＞240kg/hm^2 处理＞120kg/hm^2 处理；配土比例为 50%时，羊柴冠幅随施肥量变化的大小顺序为 240kg/hm^2 处理＞120kg/hm^2 处理＞360kg/hm^2 处理＞0kg/hm^2 处理；配土比例为 75%时，羊柴冠幅随施肥量变化的大小顺序为 360kg/hm^2 处理＞240kg/hm^2 处理＞120kg/hm^2 处理＞0kg/hm^2 处理。无施肥条件下，羊柴冠幅随配土比例变化的大小顺序为 25%处理＞0%处理＞75%处理＞50%处理；施肥水平为 120kg/hm^2 时，羊柴冠幅随配土比例变化的大小顺序为 0%处理＞75%处理＞50%处理＞25%处理；施肥水平为 240kg/hm^2 时，羊柴冠幅随配土比例变化的大小顺序为 0%处理＞75%处理＞50%处理＞25%处理；施肥水平为 360kg/hm^2 时，羊柴冠幅随配土比例变化的大小顺序为 75%处理＞25%处理＞50%处理＞0%处理。

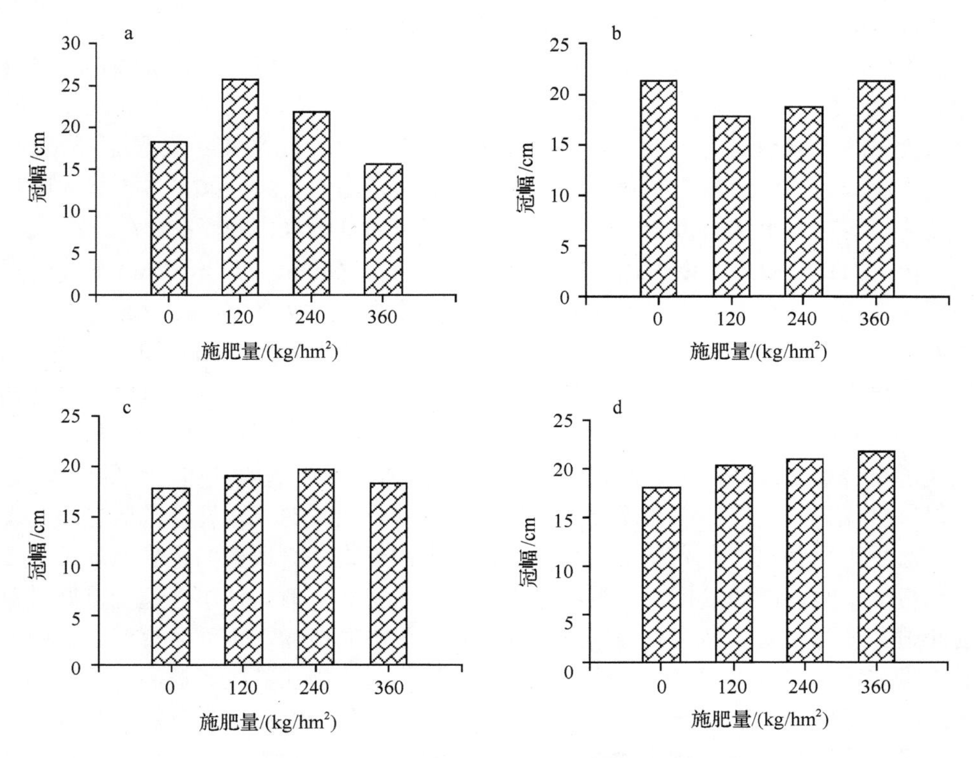

图 9.7　复配土与增施氮肥互作对羊柴冠幅的影响

a、b、c、d 分别表示黄土配比 0%、25%、50%、75%时，施肥水平对羊柴冠幅的影响

不同处理下，羊柴冠幅并未像株高一样表现出明显的规律性变化。无配土条件下，施肥 120kg/hm^2 处理冠幅最大，但施肥量为 120kg/hm^2 时，各复配土处理的羊柴冠幅并不是最大，甚至在配土比例为 25%时羊柴冠幅最小。

综上所述，适宜的复配土配比和适宜的施肥量，对羊柴高生长的促进作用更为明显，而对冠幅生长却没有发挥明显的促进作用。

9.5 小　结

不同配比复配土与施加氮肥交互作用下，氮肥对羊柴叶片净光合速率(P_n)、蒸腾速率(T_r)、气孔导度(G_s)、胞间 CO_2浓度(C_i)、非光化学猝灭系数(qN)、光化学猝灭系数(qP)、光合电子传递速率(ETR)、实际光化学量子效率(ΦPSⅡ)、PSⅡ最大光化学效率(F_v/F_m)、过氧化物酶(POD)活性、超氧化物歧化酶(SOD)活性、过氧化氢酶(CAT)活性、游离脯氨酸(Pro)含量、丙二醛(MDA)含量、相对电导率(REC)、叶绿素 a(Chl a)含量、叶绿素 b(Chl b)含量、总叶绿素(Chl t)含量、叶绿素 a 含量/叶绿素 b 含量(Chl a/Chl b)产生的作用大于复配土，而对羊柴叶片水分利用效率(WUE)产生的作用小于复配土。

不同配比复配土与施加氮肥交互作用下，随复配土中黄土配比提高，羊柴叶片 P_n、T_r、G_s、C_i、qP、ETR、F_v/F_m、ΦPSⅡ、POD、SOD、CAT、Chl a、Chl b、Chl t 呈先升后降变化，均在黄土比例为 25%时有最大值；WUE 呈先降后升变化，在黄土比例为 50%时有最小值；qN、Pro、MDA、REC、Chl a/Chl b 也呈先降后升变化，均在黄土比例为 25%时有最小值。随施加氮肥水平的提高，P_n、T_r、G_s、C_i、qP、ETR、F_v/F_m、ΦPSⅡ、POD、SOD、CAT、Chl a、Chl b、Chl t 呈先升后降变化，均在施加氮肥水平为 120kg/hm^2 时有最大值；WUE、qN、Pro、MDA、REC、Chl a/Chl b 呈先降后升变化，均在施加氮肥水平为 120kg/hm^2 时有最小值。其主要原因是适宜配比的复配土具有良好的物理性状并因此促进了氮肥有效性的发挥，从而提高了羊柴机体各项功能：提高了对光能的利用率，降低了热耗散，提高了光合水平；使抗氧化酶保持较高的活性水平，及时清除体内产生的活性氧，以保持机体正常功能。而在无配土条件下，风沙土极差的保水性使羊柴在一定程度上遭受干旱胁迫，在高配土、高氮肥水平下，一是相对致密的土壤质地不利于羊柴机体正常功能的发挥，二是不利于氮肥的运移和扩散，使羊柴遭受氮肥过量的胁迫。这与目前大多数研究报道基本一致，但不同植物、不同生育期对氮肥的需求量和敏感程度不同。张旺锋等(2002)报道了适量施加氮肥可提高棉花群体光合速率，氮肥过量则使群体光合速率下降；张旺锋等(2003)、勾玲等(2004)报道了适量追施氮肥可提高 PSⅡ的活性和光化学最大效率及 PSⅡ反应中心开放程度，使表观光合作用电子传递速率和 PSⅡ总的光化学量子产量提高，降低了非辐射能量耗散，使叶片所吸收的光能较充分地用于光合作用。王贺正等(2013)报道了适量施氮可显著提高小麦旗叶POD、SOD、CAT活性，降低MDA含量，过量施氮各指标则有相反的变化趋势；王春枝等(2011)报道了南果梨树叶片的叶绿素含量与过氧化物酶活性呈极显著正相关关系，与丙二醛含量呈显著负相关关系，适宜施氮有助于提高南果梨树叶片叶绿素含量、抗氧化酶系统的抗氧化能力、抗逆境能力；王红娟等(2012)报道了随着氮肥用量的增加，春茶鲜叶叶绿素a、叶绿素b和类胡萝卜素含量均出现先增加后下降的变化趋势。

适宜的复配土可提高氮肥的有效性；适宜的复配土配比和适量施加氮肥可显著促进羊柴的光合作用，并提高其抗逆性；对羊柴光合及抗逆生理综合作用最有利的复配土与施加氮肥水平组合是复配土中黄土比例为25%～50%、施加氮肥水平为120kg/hm^2，但这一处理对促进羊柴高生长的作用更为明显，而对冠幅生长却没有发挥明显的促进作用。

参考文献

勾玲，闫洁，韩春丽，赵瑞海，张旺锋，杨新军．2004．氮肥对新疆棉花产量形成期叶片光合特性的调节效应．植物营养与肥料学报，10(5)：488-493．

王春枝，陶姝宇，齐宝利，方传龙，滕丽萍．2011．施肥对南果梨树叶片叶绿素含量、抗氧化酶活性及膜脂过氧化程度的影响．土壤通报，42(6)：1399-1403．

王贺正，张均，吴金芝，徐国伟，陈明灿，付国占，李友军．2013．不同氮素水平对小麦旗叶生理特性和产量的影响．草业学报，22(4)：69-75．

王红娟，龚自明，陈勋，王雪萍，高士伟．2012．不同氮肥水平对春茶鲜叶叶绿素组分含量的影响．湖北农业科学，51(24)：5677-5679．

张旺锋，勾玲，王振林，李少昆，余松烈，曹连莆．2003．氮肥对新疆高产棉花叶片叶绿素荧光动力学参数的影响．中国农业科学，36(8)：893-898．

张旺锋，王振林，余松烈，李少昆，曹连莆，王登伟．2002．氮肥对新疆高产棉花群体光合性能和产量形成的影响．作物学报，28(6)：789-796．

第 10 章　复配土与施用 PP_{333} 二因素调控技术

10.1　复配土与 PP_{333} 互作对植物光合生理的影响

10.1.1　对植物光合指标的影响

如表 10.1 所示，复配土与 PP_{333} 组合处理羊柴光合指标的二因素交互方差分析结果表明：各光合指标模型均达到了极显著水平；复配土与 PP_{333} 对 5 项光合指标的影响均有极显著的交互作用；在复配土与 PP_{333} 交互作用下，不同配土比例处理 5 项光合指标差异也达到极显著水平；不同 PP_{333} 浓度水平处理 P_n、T_r、G_s、C_i 差异均达到了极显著水平，但 WUE 差异未达到显著水平；不同配土比例处理各指标的均方均大于不同 PP_{333} 浓度处理各指标的均方，说明在复配土与 PP_{333} 交互作用下，复配土对光合指标产生的影响较大。

表 10.1　复配土与 PP_{333} 对羊柴光合指标影响的二因素交互方差分析

参数	变异源	自由度	偏差平方和	均方	F 值	P 值
P_n	模型	15	9 466.699 49	631.113 30	14.02	<0.000 1
	复配土	3	5 370.11	1 790.04	39.78	<0.000 1
	PP_{333}	3	3 140.23	1 046.74	23.26	<0.000 1
	PP_{333}×复配土	9	956.36	106.26	2.36	0.002 6
T_r	模型	15	2 701.334	180.088 9	14.65	<0.000 1
	复配土	3	1 752.995	584.331 6	47.54	<0.000 1
	PP_{333}	3	625.652	208.550 7	16.97	<0.000 1
	PP_{333}×复配土	9	322.687 3	35.854 14	2.92	0.005 9
G_s	模型	15	1.309 546	0.087 303	25.81	<0.000 1
	复配土	3	0.754 941	0.251 647	74.4	<0.000 1
	PP_{333}	3	0.446 225	0.148 742	43.98	<0.000 1
	PP_{333}×复配土	9	0.108 38	0.012 042	3.56	0.001 2
C_i	模型	15	1 160 144	77 342.96	24.9	<0.000 1
	复配土	3	627 272.8	209 090.9	67.32	<0.000 1
	PP_{333}	3	394 366	131 455.3	42.33	<0.000 1
	PP_{333}×复配土	9	138 505.5	15 389.5	4.96	<0.000 1
WUE	模型	15	8.671 426	0.578 095	8.79	<0.000 1
	复配土	3	6.524 835	2.174 945	33.08	<0.000 1
	PP_{333}	3	0.432 069	0.144 023	2.19	0.097 7
	PP_{333}×复配土	9	1.714 522	0.190 502	2.9	0.006 2

注：显著性水平，$P>0.05$ 为不显著，$P<0.05$ 为显著，$P<0.01$ 为极显著

图 10.1 为复配土与 PP_{333} 交互作用下，羊柴光合指标二因素交互简单效应分析。不同配土比例处理羊柴 P_n、T_r、G_s、C_i 大小顺序均为 $T_{25}>T_{50}>T_{75}>T_0$，WUE

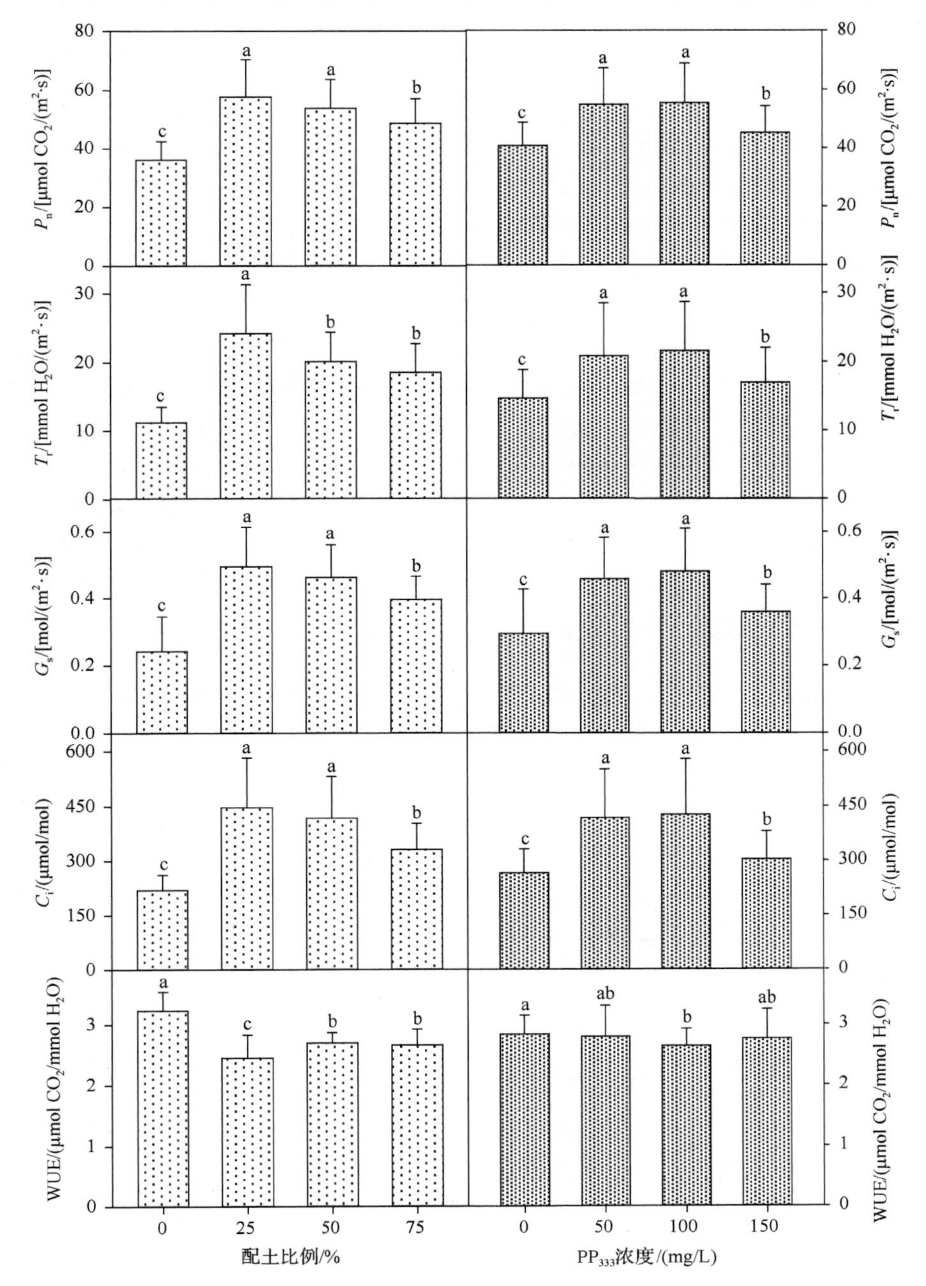

图 10.1　复配土与 PP_{333} 对羊柴光合指标影响的二因素交互分析

同一指标下不同小写字母表示在 0.05 显著性水平下差异显著

大小顺序为 $T_0>T_{50}>T_{75}>T_{25}$，配土处理后的 5 项指标均较 T_0 差异显著。T_{25} 与 T_{50} 间 P_n、G_s、C_i 差异不显著，但均较 T_{75} 差异显著。T_{50} 与 T_{75} 间 T_r、WUE 差异不显著，但均较 T_{25} 差异显著。这说明，黄土与风沙土以不同比例复配处理，对羊柴 P_n、T_r、G_s、C_i 有不同程度的提高作用，对 WUE 有不同程度的降低作用，且以复配土 T_{25} 处理作用效果最为显著，当黄土超过这一配比后，作用效果逐渐下降。不同 PP_{333} 浓度处理羊柴 P_n、T_r、G_s、C_i 大小顺序均为 $P_{100}>P_{50}>P_{150}>P_0$，各施药处理的 4 项指标均较 P_0 差异显著，P_{50} 与 P_{100} 间差异不显著，但均较 P_{150} 差异显著。WUE 大小顺序为 $P_0>P_{50}>P_{150}>P_{100}$，仅 P_0 与 P_{100} 间差异显著。这说明，不同浓度 PP_{333} 处理对羊柴 P_n、T_r、G_s、C_i 有不同程度的提高作用，对 WUE 有不同程度的降低作用，且以 P_{100} 处理作用效果最为显著，PP_{333} 处理浓度提高或降低，其作用效果均有所减弱，但 P_{50} 与 P_{100} 间差异不明显。

表 10.2 为复配土与 PP_{333} 交互作用下，不同处理间羊柴光合指标的二因素交互多重比较结果。在不同配土比例和不同浓度 PP_{333} 交互处理下，P_n、T_r、G_s、C_i 具有最大或较大值的因素水平组合分别为 $T_{25}P_{50}$、$T_{25}P_{100}$、$T_{50}P_{50}$、$T_{75}P_{50}$，$T_{25}P_{50}$、$T_{25}P_{100}$、$T_{50}P_{150}$，$T_{25}P_{50}$、$T_{25}P_{100}$、$T_{50}P_{100}$，$T_{25}P_{50}$、$T_{25}P_{100}$、$T_{50}P_{100}$，WUE 具有最小或较小值的因素水平组合分别为 $T_{25}P_{50}$、$T_{25}P_{100}$、$T_{50}P_{150}$、$T_{75}P_{100}$、$T_{75}P_{150}$。由此可以看出，对羊柴 5 项光合指标具有普遍最大或较大作用效果的复配土和 PP_{333} 浓度水平分别为复配土 T_{25}，PP_{333} 浓度 P_{50}、P_{100}。

表 10.2　复配土与 PP_{333} 对羊柴光合指标影响的二因素交互多重比较

参数	PP_{333} 浓度	配土比例				配土比例	PP_{333} 浓度			
		T_0	T_{25}	T_{50}	T_{75}		P_0	P_{50}	P_{100}	P_{150}
P_n	P_0	b	b	b	b	T_0	b	b	d	b
	P_{50}	ab	a	a	a	T_{25}	a	a	a	a
	P_{100}	a	a	a	ab	T_{50}	a	a	b	a
	P_{150}	ab	b	ab	b	T_{75}	a	a	c	a
T_r	P_0	b	b	b	b	T_0	b	c	c	b
	P_{50}	ab	a	a	a	T_{25}	a	a	a	a
	P_{100}	a	a	a	a	T_{50}	a	b	b	a
	P_{150}	ab	b	a	ab	T_{75}	a	b	b	a
G_s	P_0	c	b	c	b	T_0	b	c	b	b
	P_{50}	ab	a	ab	a	T_{25}	a	a	a	a
	P_{100}	a	a	a	ab	T_{50}	a	ab	a	a
	P_{150}	b	b	bc	ab	T_{75}	a	b	b	a
C_i	P_0	b	b	b	c	T_0	b	c	c	c
	P_{50}	ab	a	a	a	T_{25}	a	a	a	ab
	P_{100}	a	a	a	ab	T_{50}	a	a	a	a
	P_{150}	ab	b	b	bc	T_{75}	a	b	b	b

续表

参数	PP_{333} 浓度	配土比例				配土比例	PP_{333} 浓度			
		T_0	T_{25}	T_{50}	T_{75}		P_0	P_{50}	P_{100}	P_{150}
WUE	P_0	bc	a	a	a	T_0	a	a	a	a
	P_{50}	a	a	ab	ab	T_{25}	b	c	c	b
	P_{100}	c	a	ab	b	T_{50}	ab	b	b	b
	P_{150}	ab	a	b	b	T_{75}	ab	b	c	b

注：同一参数下不同小写字母表示在 0.05 显著性水平下差异显著

10.1.2　对植物叶绿素荧光参数的影响

如表 10.3 所示，复配土与 PP_{333} 组合处理羊柴叶绿素荧光参数的二因素交互方差分析结果表明：叶绿素荧光参数模型均达到了极显著水平；复配土与 PP_{333} 对 qN、qP、ETR、ΦPSⅡ的影响均有显著或极显著的交互作用，但对 F_v/F_m 影响的交互作用不显著；在复配土与 PP_{333} 交互作用下，不同配土比例、不同 PP_{333} 浓

表 10.3　复配土与 PP_{333} 对羊柴叶绿素荧光参数影响的二因素交互方差分析

参数	变异源	自由度	偏差平方和	均方	F 值	P 值
qN	模型	15	0.697 052	0.046 47	17.15	<0.000 1
	复配土	3	0.453 531	0.151 177	55.81	<0.000 1
	PP_{333}	3	0.172 432	0.057 477	21.22	<0.000 1
	PP_{333}×复配土	9	0.071 089	0.007 899	2.92	0.005 9
qP	模型	15	1.713 52	0.114 235	33.1	<0.000 1
	复配土	3	0.589 855	0.288 202	56.97	<0.000 1
	PP_{333}	3	0.864 606	0.196 618	83.51	<0.000 1
	PP_{333}×复配土	9	0.259 059	0.028 784	8.34	<0.000 1
ETR	模型	15	21 205.03	1 413.668	36.41	<0.000 1
	复配土	3	13 469.73	4 489.911	115.63	<0.000 1
	PP_{333}	3	6 237.592	2 079.197	53.55	<0.000 1
	PP_{333}×复配土	9	1 497.703	166.411 4	4.29	0.000 2
ΦPSⅡ	模型	15	1.243 481	0.082 899	26.29	<0.000 1
	复配土	3	0.778 681	0.259 56	82.3	<0.000 1
	PP_{333}	3	0.401 972	0.133 991	42.49	<0.000 1
	PP_{333}×复配土	9	0.062 828	0.006 981	2.21	0.032 3
F_v/F_m	模型	15	0.179 328	0.011 955	4.1	<0.000 1
	复配土	3	0.107 399	0.035 8	12.29	<0.000 1
	PP_{333}	3	0.059 332	0.019 777	6.79	0.000 5
	PP_{333}×复配土	9	0.012 597	0.001 4	0.48	0.882 6

注：显著性水平，$P>0.05$ 为不显著，$P<0.05$ 为显著，$P<0.01$ 为极显著

度水平处理羊柴 5 项叶绿素荧光参数差异均达到了极显著水平；不同配土比例处理各指标的均方均大于不同 PP_{333} 浓度水平处理各指标的均方，说明在复配土与 PP_{333} 交互作用下，复配土对羊柴叶绿素荧光参数产生的影响较大。

图 10.2 为复配土与 PP_{333} 交互作用下，羊柴叶绿素荧光参数二因素交互简单

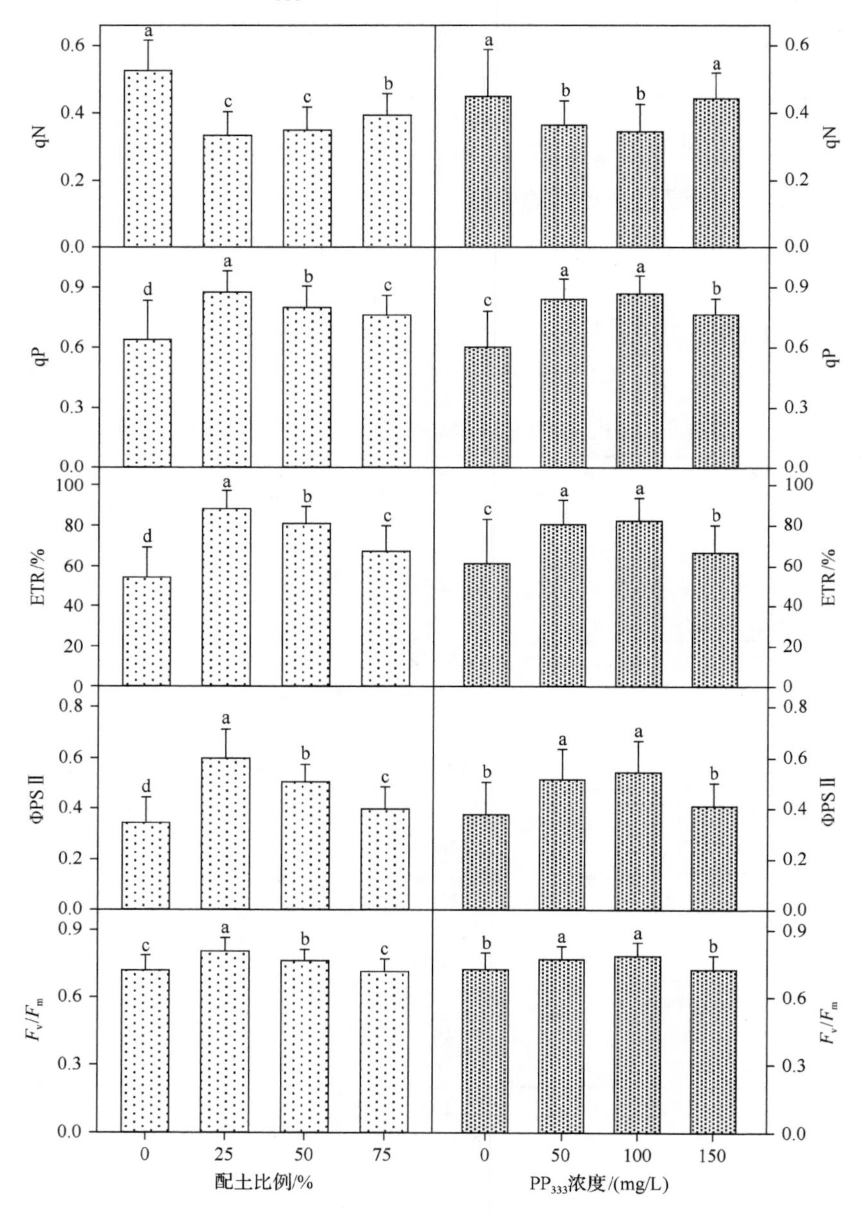

图 10.2 复配土与 PP_{333} 对羊柴叶绿素荧光参数影响的二因素交互分析

同一参数下不同小写字母表示在 0.05 显著性水平下差异显著

效应分析。不同配土比例处理 qN 大小顺序为 $T_0>T_{75}>T_{50}>T_{25}$，除 T_{25} 与 T_{50} 间差异不显著外，其余处理间差异均达到显著水平。qP、ETR、ΦPSⅡ、F_v/F_m 大小顺序均为 $T_{25}>T_{50}>T_{75}>T_0$，除 T_0、T_{75} 间 F_v/F_m 差异不显著外，各指标在不同处理间差异均达到显著水平。这说明，黄土与风沙土以不同比例复配，对羊柴 qP、ETR、ΦPSⅡ、F_v/F_m 均有不同程度的提高作用，而对 qN 有不同程度的降低作用，且以复配土 T_{25} 处理效果最为显著，当黄土超过这一配比后，随黄土比例递增，其作用效果持续下降。不同 PP_{333} 浓度水平处理羊柴 qN 大小顺序为 $P_0>P_{150}>P_{50}>P_{100}$，qP、ETR、ΦPSⅡ、$F_v/F_m$ 大小顺序均为 $P_{100}>P_{50}>P_{150}>P_0$。$P_{50}$ 与 P_{100} 间各指标差异均不显著，但均较 P_0、P_{150} 差异显著；P_0、P_{150} 间 qN、ΦPSⅡ、F_v/F_m 差异不显著，qP、ETR 差异达显著水平。这说明，不同浓度 PP_{333} 处理对羊柴的 qP、ETR、ΦPSⅡ、F_v/F_m 均有不同程度的提高作用，而对 qN 有不同程度的降低作用，且以 P_{100} 处理效果最为显著，当 PP_{333} 浓度高于或低于这一水平时，其作用效果均有所下降，但 P_{50} 与 P_{100} 处理没有明显差异。

表 10.4 为复配土与 PP_{333} 交互作用下，不同处理间羊柴叶绿素荧光参数的二因素交互多重比较结果。在不同配土比例和不同浓度 PP_{333} 交互处理下，qN 具有最小或较小值的因素水平组合分别为 $T_{25}P_0$、$T_{25}P_{50}$、$T_{25}P_{100}$，$T_{50}P_0$、$T_{50}P_{50}$、$T_{50}P_{100}$，$T_{75}P_0$。qP、ETR、ΦPSⅡ、F_v/F_m 具有最大或较大值的因素水平组合分别为 $T_{25}P_{50}$、$T_{25}P_{100}$、$T_{75}P_{150}$，$T_{25}P_{50}$、$T_{25}P_{100}$、$T_{50}P_0$、$T_{50}P_{150}$，$T_{25}P_{50}$、$T_{25}P_{100}$，T_0P_{150}、$T_{25}P_0$、$T_{25}P_{50}$、$T_{25}P_{100}$、$T_{25}P_{150}$、$T_{50}P_0$、$T_{50}P_{50}$、$T_{50}P_{100}$、$T_{75}P_0$、$T_{75}P_{100}$。由此可以看出，对羊柴 5 项叶绿素荧光参数具有普遍最大或较大作用效果的配土比例和 PP_{333} 浓度水平分别为复配土 T_{25}，PP_{333} 浓度 P_{50}、P_{100}。

表 10.4　复配土与 PP_{333} 对羊柴叶绿素荧光参数影响的二因素交互多重比较

参数	PP_{333} 浓度	配土比例				配土比例	PP_{333} 浓度			
		T_0	T_{25}	T_{50}	T_{75}		P_0	P_{50}	P_{100}	P_{150}
qN	P_0	a	ab	ab	ab	T_0	a	a	a	a
	P_{50}	c	b	b	ab	T_{25}	b	c	c	b
	P_{100}	c	b	b	b	T_{50}	b	c	bc	b
	P_{150}	b	a	a	a	T_{75}	b	b	b	b
qP	P_0	c	c	b	b	T_0	c	c	c	a
	P_{50}	b	a	a	a	T_{25}	a	a	a	a
	P_{100}	a	a	a	a	T_{50}	ab	b	b	a
	P_{150}	b	b	b	a	T_{75}	b	b	bc	a
ETR	P_0	c	b	a	b	T_0	c	d	d	c
	P_{50}	a	a	a	a	T_{25}	a	a	a	a
	P_{100}	a	a	a	a	T_{50}	a	b	b	a
	P_{150}	b	b	a	b	T_{75}	b	c	c	b

续表

参数	PP$_{333}$浓度	配土比例				配土比例	PP$_{333}$浓度			
		T_0	T_{25}	T_{50}	T_{75}		P_0	P_{50}	P_{100}	P_{150}
ΦPS II	P_0	c	b	b	b	T_0	d	c	c	c
	P_{50}	a	a	a	ab	T_{25}	a	a	a	a
	P_{100}	a	a	a	a	T_{50}	b	b	b	ab
	P_{150}	b	b	b	ab	T_{75}	c	c	c	bc
F_v/F_m	P_0	b	a	ab	a	T_0	b	b	b	a
	P_{50}	ab	a	ab	a	T_{25}	a	a	a	a
	P_{100}	a	a	a	a	T_{50}	a	ab	ab	a
	P_{150}	ab	a	b	a	T_{75}	ab	b	b	a

注：同一参数下不同小写字母表示在 0.05 显著性水平下差异显著

10.2 配土与 PP$_{333}$互作对植物抗逆生理的影响

10.2.1 对植物抗氧化酶活性指标的影响

如表 10.5 所示，复配土与 PP$_{333}$组合处理羊柴抗氧化酶活性指标二因素交互方差分析结果表明：抗氧化酶活性指标模型均达到了极显著水平，复配土与 PP$_{333}$对羊柴 3 项抗氧化酶活性指标的影响均有极显著的交互作用；在复配土与 PP$_{333}$交互作用下，不同配土比例、不同 PP$_{333}$浓度水平处理羊柴 3 项抗氧化酶活性指标的差异均达到极显著水平。不同配土比例处理各指标的均方均大于不同 PP$_{333}$浓度水平处理各指标的均方，说明在复配土与 PP$_{333}$交互作用下，复配土对羊柴抗氧化酶活性指标产生的影响较大。

表 10.5 复配土与 PP$_{333}$对羊柴抗氧化酶活性指标影响的二因素交互方差分析

参数	变异源	自由度	偏差平方和	均方	F值	P值
POD	模型	15	25 979 895	1 731 993	20.59	<0.000 1
	复配土	3	14 701 170	4 900 390	58.27	<0.000 1
	PP$_{333}$	3	8 580 339	2 860 113	34.01	<0.000 1
	PP$_{333}$×复配土	9	2 698 386	299 820.6	3.57	0.001 2
SOD	模型	15	13 001 557	866 770.5	23.85	<0.000 1
	复配土	3	7 828 637	2 609 546	71.82	<0.000 1
	PP$_{333}$	3	4 178 748	1 392 916	38.33	<0.000 1
	PP$_{333}$×复配土	9	994 171.5	110 463.5	3.04	0.004 3
CAT	模型	15	7 663 942	510 929.5	26	<0.000 1
	复配土	3	4 884 289	1 628 096	82.84	<0.000 1
	PP$_{333}$	3	2 239 089	746 363.1	37.98	<0.000 1
	PP$_{333}$×复配土	9	540 563.4	60 062.6	3.06	0.004 2

注：显著性水平，P>0.05 为不显著，P<0.05 为显著，P<0.01 为极显著

图 10.3 为复配土与 PP_{333} 交互作用下，羊柴抗氧化酶活性指标二因素交互简单效应分析。不同复配土比例处理的羊柴 POD、SOD、CAT 活性顺序均为 $T_{25}>T_{50}>T_{75}>T_0$，各复配土处理间 3 项指标差异均达到显著水平。这说明，黄土与风沙土以不同比例复配，对羊柴 POD、SOD、CAT 活性均有不同程度的提高作用，且以 T_{25} 处理效果最为显著，当黄土超过这一配比后，其作用效果显著下降。不同 PP_{333} 浓度水平处理的羊柴 POD、SOD、CAT 活性顺序均为 $P_{100}>P_{50}>P_{150}>P_0$，$P_{50}$、$P_{100}$ 间 3 项指标差异均不显著，但均较 P_0、P_{150} 处理差异显著，P_0、P_{150} 间差

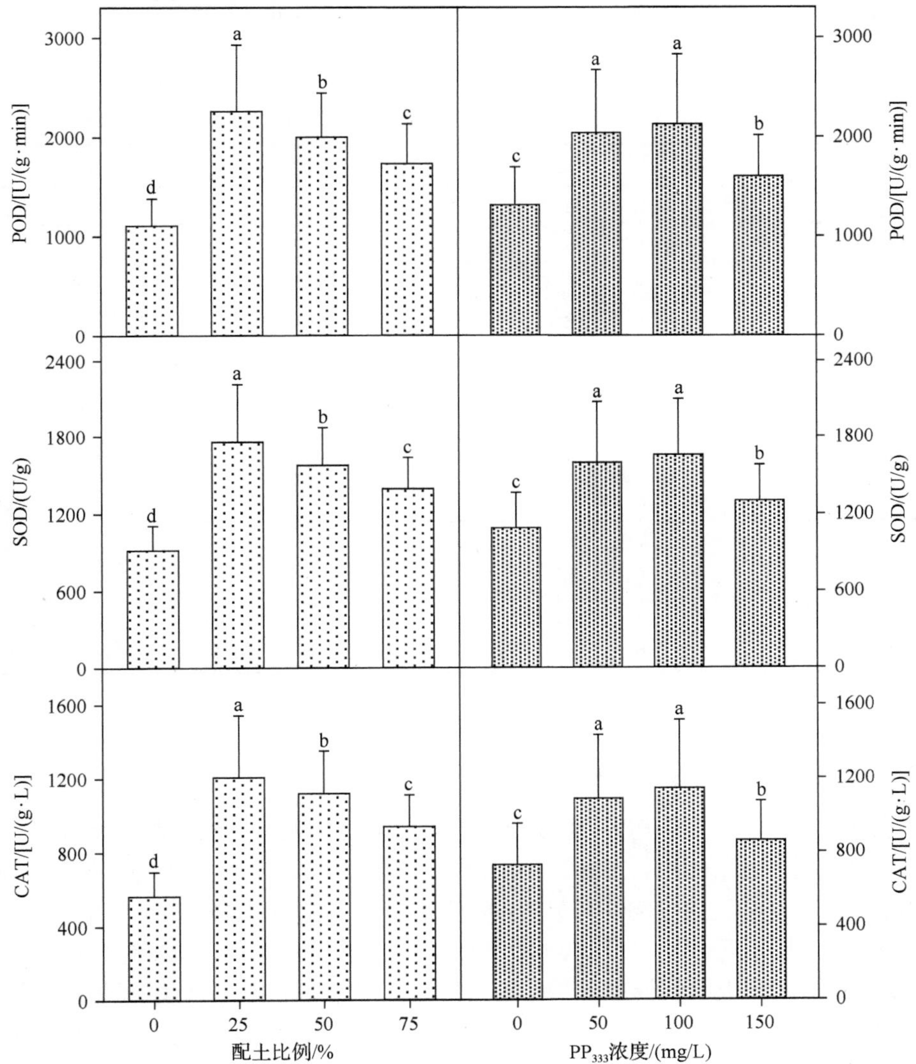

图 10.3　复配土与 PP_{333} 对羊柴抗氧化酶活性指标影响的二因素交互分析

同一指标下不同小写字母表示在 0.05 显著性水平下差异显著

异性也达显著水平。说明不同浓度 PP_{333} 处理对羊柴的 POD、SOD、CAT 活性均有不同程度的提高作用，且以 P_{100} 处理效果最为显著，PP_{333} 浓度高于或低于这一水平，其作用效果均有所下降，但 P_{50} 与 P_{100} 处理的效果没有明显差异。

表 10.6 为复配土与 PP_{333} 交互作用下，不同处理间羊柴抗氧化酶活性指标的二因素交互多重比较。在不同配土比例和不同浓度 PP_{333} 交互处理下，POD、SOD、CAT 活性具有最大或较大值的因素水平组合分别为 $T_{25}P_{50}$、$T_{25}P_{100}$、$T_{50}P_{150}$，$T_{25}P_{50}$、$T_{25}P_{100}$、$T_{50}P_{50}$、$T_{50}P_{150}$，$T_{25}P_{50}$、$T_{25}P_{100}$、$T_{50}P_{50}$、$T_{50}P_{100}$。由此可以看出，对羊柴 POD、SOD、CAT 活性具有普遍最大或较大作用效果的配土比例和 PP_{333} 浓度水平分别为复配土 T_{25}，PP_{333} 浓度 P_{50}、P_{100}。

表 10.6　复配土与 PP_{333} 对羊柴抗氧化酶活性指标影响的二因素交互多重比较

参数	PP_{333} 浓度	配土比例				配土比例	PP_{333} 浓度			
		T_0	T_{25}	T_{50}	T_{75}		P_0	P_{50}	P_{100}	P_{150}
POD	P_0	b	b	b	b	T_0	b	c	c	c
	P_{50}	a	a	a	a	T_{25}	a	a	a	ab
	P_{100}	a	a	a	ab	T_{50}	a	b	b	a
	P_{150}	a	b	a	b	T_{75}	a	b	b	b
SOD	P_0	c	b	b	b	T_0	b	b	d	c
	P_{50}	b	a	a	a	T_{25}	a	a	a	a
	P_{100}	a	a	a	a	T_{50}	a	ab	b	a
	P_{150}	b	b	a	b	T_{75}	a	b	c	b
CAT	P_0	c	b	c	c	T_0	c	c	c	c
	P_{50}	b	a	a	a	T_{25}	a	a	a	a
	P_{100}	a	a	ab	ab	T_{50}	ab	ab	a	ab
	P_{150}	b	b	b	bc	T_{75}	b	b	b	b

注：同一参数下不同小写字母表示在 0.05 显著性水平下差异显著

10.2.2　对植物应激性生理指标的影响

表 10.7 为复配土与 PP_{333} 组合处理羊柴应激性生理指标的二因素交互方差分析，结果表明：应激性生理指标模型均达到了极显著水平；复配土与 PP_{333} 对羊柴 3 项应激性生理指标的影响均有显著的交互作用；在复配土与 PP_{333} 交互作用下，不同配土比例、不同 PP_{333} 浓度水平处理的羊柴 3 项应激性生理指标差异均达到极显著水平；不同配土比例处理各指标的均方均大于不同 PP_{333} 浓度水平处理各指标的均方，说明在复配土与 PP_{333} 交互作用下，复配土对羊柴应激性生理指标产生的影响较大。

表 10.7　复配土与 PP_{333} 对羊柴应激性生理指标影响的二因素交互方差分析

参数	变异源	自由度	偏差平方和	均方	*F* 值	*P* 值
Pro	模型	15	94 495.81	6 299.72	22.2	＜0.000 1
	复配土	3	69 923.14	23 307.71	82.13	＜0.000 1
	PP_{333}	3	22 842.01	7 614.004	26.83	＜0.000 1
	PP_{333}×复配土	9	1 730.655	192.295	1.98	0.049 6
MDA	模型	15	340 150.1	22 676.67	40.21	＜0.000 1
	复配土	3	207 358.3	69 119.44	122.57	＜0.000 1
	PP_{333}	3	126 127.2	42 042.39	74.56	＜0.000 1
	PP_{333}×复配土	9	6 664.616	740.512 9	2.22	0.021 8
REC	模型	15	6 591.438	439.429 2	16.52	＜0.000 1
	复配土	3	3 365.476	1 121.825	42.18	＜0.000 1
	PP_{333}	3	2 949.203	983.067 6	36.96	＜0.000 1
	PP_{333}×复配土	9	276.759	30.751	2.52	0.010 8

注：显著性水平，$P>0.05$ 为不显著，$P<0.05$ 为显著，$P<0.01$ 为极显著

图 10.4 为复配土与 PP_{333} 交互作用下，羊柴应激性生理指标二因素交互简单效应分析。随黄土配比和 PP_{333} 浓度递增，羊柴 Pro、MDA 含量和 REC 均呈持续升高变化。除 T_{25}、T_{50} 间 MDA 含量和 T_{50}、T_{75} 间 REC 差异不显著外，各指标在其余各复配土处理间差异均达到显著水平，各 PP_{333} 浓度处理间 3 项指标差异均达到显著水平。

表 10.8 为复配土与 PP_{333} 交互作用下，不同处理间羊柴应激性生理指标的二因素交互多重比较。在同一配土比例下，随 PP_{333} 处理浓度提高，羊柴 Pro、MDA、REC 均呈总体升高趋势，但因配土比例不同，Pro、MDA、REC 在相邻 PP_{333} 浓度处理间的变化幅度存在差异。在同一 PP_{333} 处理浓度水平下，随配土比例提高，羊柴 Pro、MDA、REC 也均呈总体升高趋势，因 PP_{333} 处理浓度不同，相邻复配土处理间的变化幅度也存在差异。总体来看，配土处理后，P_{100} 与 P_{150} 处理间羊柴 Pro 在各复配土处理下差异均不显著；P_{50} 与 P_{100} 处理间 MDA 在各复配土处理下差异均不显著；P_0 与 P_{50} 间，以及 P_{100} 与 P_{150} 间 REC 在各复配土处理下差异均不显著。PP_{333} 处理后，复配土 T_{25} 与 T_{50} 处理间 Pro、MDA 在各 PP_{333} 浓度水平下差异均不显著，T_{50} 与 T_{75} 处理间 REC 在各 PP_{333} 浓度水平下差异均不显著。

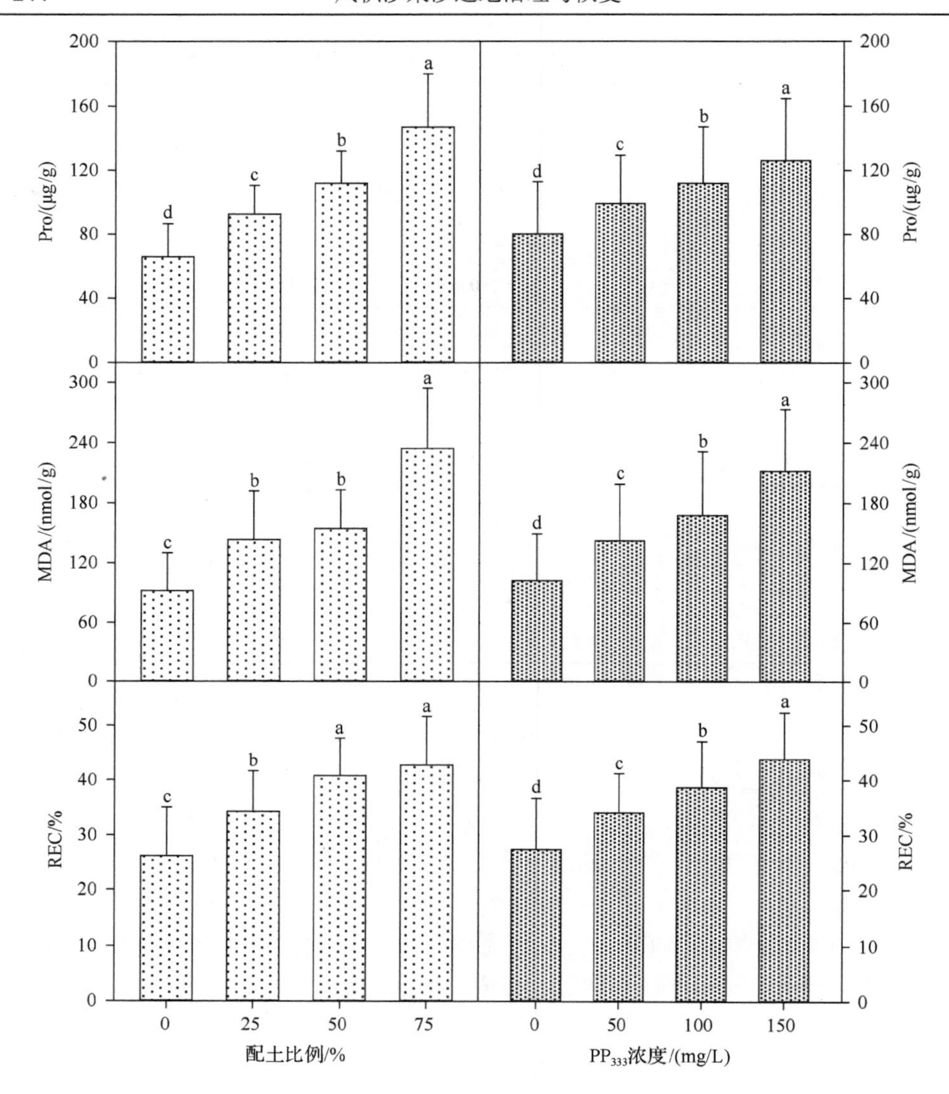

图 10.4　复配土与 PP_{333} 对羊柴应激性生理指标影响的二因素交互分析

同一指标下不同小写字母表示在 0.05 显著性水平下差异显著

表 10.8　复配土与 PP_{333} 对羊柴应激性生理指标影响的二因素交互多重比较

参数	PP_{333} 浓度	配土比例				配土比例	PP_{333} 浓度			
		T_0	T_{25}	T_{50}	T_{75}		P_0	P_{50}	P_{100}	P_{150}
Pro	P_0	c	c	b	c	T_0	d	c	c	c
	P_{50}	b	b	ab	bc	T_{25}	c	b	b	bc
	P_{100}	b	ab	a	ab	T_{50}	b	b	b	b
	P_{150}	a	a	a	a	T_{75}	a	a	a	a

续表

参数	PP_{333} 浓度	配土比例				配土比例	PP_{333} 浓度			
		T_0	T_{25}	T_{50}	T_{75}		P_0	P_{50}	P_{100}	P_{150}
MDA	P_0	c	c	c	c	T_0	d	c	c	c
	P_{50}	b	b	bc	b	T_{25}	c	b	b	b
	P_{100}	b	b	b	ab	T_{50}	b	b	b	b
	P_{150}	a	a	a	a	T_{75}	a	a	a	a
REC	P_0	c	b	b	b	T_0	b	b	c	b
	P_{50}	b	b	b	ab	T_{25}	a	b	b	ab
	P_{100}	b	ab	a	a	T_{50}	a	a	a	a
	P_{150}	a	a	a	a	T_{75}	a	a	a	a

注：同一参数下不同小写字母表示在 0.05 显著性水平下差异显著

10.2.3　对植物叶绿素含量指标的影响

如表 10.9 所示，复配土与 PP_{333} 组合处理羊柴叶绿素含量指标二因素交互方差分析结果表明：叶绿素含量指标模型均达到了极显著水平；复配土与 PP_{333} 组合处理对羊柴 Chl a、Chl b、Chl t 含量的影响均呈现显著或极显著的交互作用，而对 Chl a/Chl b 影响的交互作用不显著；在复配土与 PP_{333} 交互作用下，不同配土比例、不同 PP_{333} 浓度处理羊柴的 Chl a、Chl b、Chl t 含量，以及不同配土比例处理 Chl a/Chl b 差异均达到了极显著水平，而不同 PP_{333} 浓度水平处理羊柴 Chl a/Chl b 差异不显著；不同配土比例处理各指标的均方均大于不同 PP_{333} 浓度处理各指标的均方，说明在复配土与 PP_{333} 交互作用下，复配土对羊柴叶绿素含量指标产生的影响较大。

表 10.9　复配土与 PP_{333} 对羊柴叶绿素含量指标影响的二因素交互方差分析

参数	变异源	自由度	偏差平方和	均方	*F* 值	*P* 值
Chl a	模型	15	19.24	1.28	13.11	<0.0001
	复配土	3	15.53	5.18	52.92	<0.0001
	PP_{333}	3	2.41	0.80	8.21	0.0001
	PP_{333}×复配土	9	1.30	0.14	2.08	0.0358
Chl b	模型	15	11.36	0.76	22.89	<0.0001
	复配土	3	10.14	3.38	102.1	<0.0001
	PP_{333}	3	1.01	0.34	10.23	<0.0001
	PP_{333}×复配土	9	0.21	0.02	1.98	0.0475
Chl t	模型	15	59.21	3.95	31.06	<0.0001
	复配土	3	50.59	16.86	132.67	<0.0001
	PP_{333}	3	6.38	2.13	16.75	<0.0001
	PP_{333}×复配土	9	2.23	0.25	8.95	<0.0001

续表

参数	变异源	自由度	偏差平方和	均方	F 值	P 值
Chl a/Chl b	模型	15	9.49	0.63	2.76	0.0025
	复配土	3	8.59	2.86	12.48	<0.0001
	PP_{333}	3	0.70	0.23	1.02	0.3881
	PP_{333}×复配土	9	0.21	0.23	0.97	0.2963

注：显著性水平，$P>0.05$ 为不显著，$P<0.05$ 为显著，$P<0.01$ 为极显著

图 10.5 为复配土与 PP_{333} 交互作用下，羊柴叶绿素含量指标二因素交互简单效应分析。不同配土比例处理羊柴 Chl a、Chl b、Chl t 含量大小顺序均为 $T_{25}>T_{50}>T_{75}>T_0$，Chl a/Chl b 大小顺序为 $T_0>T_{75}>T_{50}>T_{25}$，除 T_{25}、T_{50} 之间及 T_0、T_{75} 之间 Chl a/Chl b 差异不显著外，各复配土处理间 4 项指标差异均达到显著水平。不同 PP_{333} 浓度处理羊柴 Chl a、Chl b、Chl t 含量大小顺序均为 $P_{100}>P_{50}>P_{150}>P_0$，$P_{50}$、$P_{100}$ 处理的 Chl a 含量均较 P_0 差异显著，但 P_{50} 与 P_{100} 间、P_0 与 P_{150} 间、P_{50} 与 P_{150} 间差异不显著；P_{50}、P_{100} 处理的 Chl b、Chl t 含量均较 P_0、P_{150} 差异显著，但 P_{50} 与 P_{100} 间及 P_0 与 P_{150} 间差异不显著。不同 PP_{333} 浓度处理羊柴 Chl a/Chl b 大小顺序为 $P_{150}>P_0>P_{50}>P_{100}$，但各处理间差异均不显著。这说明，在不同配比复配土与不同浓度 PP_{333} 交互作用下，不同配土比例及不同 PP_{333} 浓度处理均能不同程度提高羊柴 Chl a、Chl b、Chl t 含量，除 P_{150} 处理以外均能降低 Chl a/Chl b（提高捕光复合物 II 含量），且分别以复配土 T_{25}、PP_{333} 浓度 P_{100} 处理效果最为显著，但 P_{50} 与 P_{100} 之间处理效果没有明显差异。

表 10.10 为复配土与 PP_{333} 交互作用下，不同处理间羊柴叶绿素含量指标的二因素交互多重比较。在不同配土比例和不同浓度 PP_{333} 交互处理下，羊柴 Chl a、Chl b、Chl t 含量具有最大或较大值的因素水平组合分别为 $T_{25}P_0$、$T_{25}P_{50}$、$T_{25}P_{100}$、$T_{25}P_{150}$、$T_{50}P_{100}$，$T_{25}P_0$、$T_{25}P_{50}$、$T_{25}P_{100}$、$T_{25}P_{150}$，$T_{25}P_0$、$T_{25}P_{50}$、$T_{25}P_{100}$、$T_{25}P_{150}$。由此可以看出，对羊柴 Chl a、Chl b、Chl t 含量具有普遍最大或较大作用效果的配土比例和 PP_{333} 浓度水平分别为复配土 T_{25}，PP_{333} 浓度 P_0、P_{50}、P_{100}、P_{150}。各 PP_{333} 浓度与复配土 T_{25} 交互处理都是提高 Chl a、Chl b、Chl t 含量的优组合，说明 PP_{333} 浓度变化并没有使羊柴 Chl a、Chl b、Chl t 含量发生显著变化，而 Chl a、Chl b、Chl t 含量变化基本完全由复配土引起。同一复配土不同 PP_{333} 浓度处理下，羊柴 Chl a/Chl b 均没有显著差异，且在复配土 T_{25} 处理时，各 PP_{333} 浓度处理羊柴 Chl a/Chl b 均出现最小值，这也说明 Chl a/Chl b 变化基本完全由复配土引起，并且以复配土 T_{25} 处理对提高羊柴捕光复合物 II 含量的作用效果最为显著。

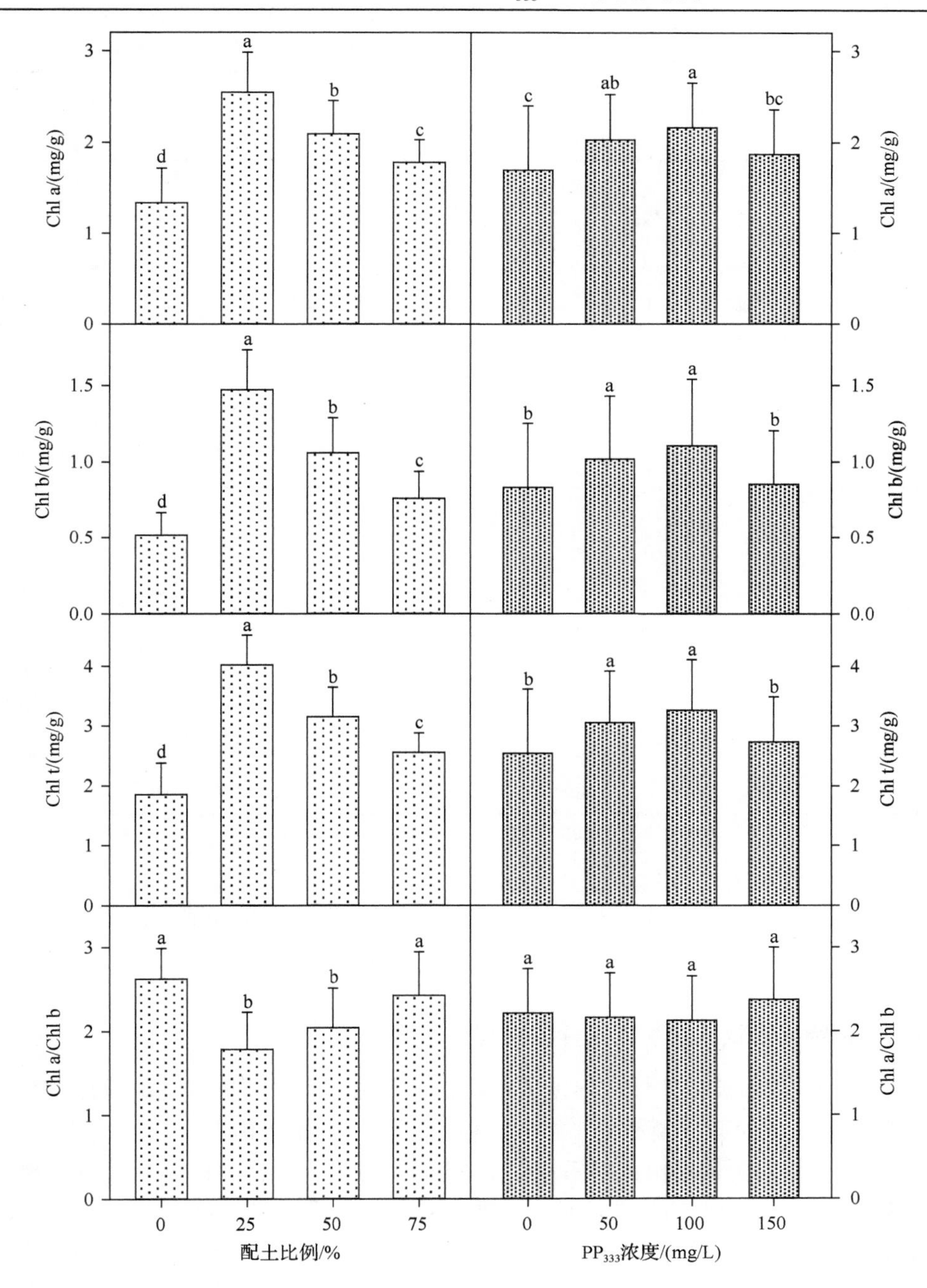

图 10.5　复配土与 PP_{333} 对羊柴叶绿素含量指标影响的二因素交互分析

同一指标下不同小写字母表示在 0.05 显著性水平下差异显著

表 10.10　复配土与 PP_{333} 对羊柴叶绿素含量指标影响的二因素交互多重比较

参数	PP_{333} 浓度	配土比例				配土比例	PP_{333} 浓度			
		T_0	T_{25}	T_{50}	T_{75}		P_0	P_{50}	P_{100}	P_{150}
Chl a	P_0	c	a	b	a	T_0	c	c	b	c
	P_{50}	a	a	ab	a	T_{25}	a	a	a	a
	P_{100}	a	a	a	a	T_{50}	b	b	a	b
	P_{150}	b	a	b	a	T_{75}	b	bc	b	b
Chl b	P_0	c	a	b	a	T_0	d	c	c	c
	P_{50}	a	a	ab	a	T_{25}	a	a	a	a
	P_{100}	a	a	a	a	T_{50}	b	b	b	b
	P_{150}	b	a	ab	a	T_{75}	c	c	c	c
Chl t	P_0	c	a	a	a	T_0	c	c	d	d
	P_{50}	a	a	ab	a	T_{25}	a	a	a	a
	P_{100}	a	a	a	a	T_{50}	b	b	b	b
	P_{150}	b	a	b	a	T_{75}	b	c	c	c
Chl a/Chl b	P_0	a	a	a	a	T_0	a	a	a	a
	P_{50}	a	a	a	a	T_{25}	b	c	b	b
	P_{100}	a	a	a	a	T_{50}	ab	bc	ab	ab
	P_{150}	a	a	a	a	T_{75}	ab	ab	ab	ab

注：同一参数下不同小写字母表示在 0.05 显著性水平下差异显著

10.3　配土与 PP_{333} 互作对植物光合及抗逆生理影响的综合评价

10.3.1　植物光合及抗逆生理指标的典型相关分析

表 10.11 和表 10.12 分别列出了不同处理下植物光合与抗逆生理指标的典型相关变量特征值及其典型相关系数假设检验特征值。由表 10.11 和表 10.12 可知，第 1 对典型相关变量累积贡献率提供了 83.52%的相关信息，其他 9 对典型相关变量只提供了 16.48%的相关信息。前两个典型相关系数 P 值分别为＜0.0001、0.0005，说明典型相关系数在 α=0.05、α=0.01 水平下均具有统计学意义，而其余 8 个典型相关系数没有统计学意义。因此，本研究选取第 1 对典型相关变量进行下一步分析。

表 10.11　复配土与 PP_{333} 互作处理下典型相关变量特征值

典型相关变量对	特征值	特征值差值	贡献率/%	累积贡献率/%
1	12.3835	11.3231	83.52	83.52
2	1.0604	0.4402	7.15	90.67
3	0.6202	0.3021	4.18	94.85
4	0.3181	0.0991	2.15	97.00
5	0.2189	0.0782	1.48	98.48
6	0.1407	0.0920	0.95	99.43
7	0.0487	0.0197	0.33	99.76
8	0.0290	0.0219	0.19	99.95
9	0.0071	0.0071	0.05	100.00
10	0.0000	—	0.00	100.00

表 10.12　复配土与 PP_{333} 互作处理下典型相关系数假设检验

典型相关变量对	似然比统计量	渐进 *F* 统计量	Num DF	Den DF	*P* 值
1	0.0112	3.8500	100	441.4400	<0.0001
2	0.1504	1.7000	81	403.1800	0.0005
3	0.3099	1.2800	64	364.1000	0.0848
4	0.5021	0.9600	49	324.2600	0.5494
5	0.6617	0.7800	36	283.8000	0.8181
6	0.8066	0.5800	25	242.9700	0.9479
7	0.9201	0.3500	16	202.2700	0.9910
8	0.9650	0.2700	9	163.2100	0.9824
9	0.9930	0.1200	4	136.0000	0.9751
10	1.0000	0.0000	1	69.0000	0.9846

表 10.13 为植物光合及抗逆生理指标组典型变量多重回归分析结果。由表 10.13 可知：光合生理指标组与抗逆生理指标组第 1 典型变量 W_1 之间多重相关系数的平方依次为 0.6999、0.7167、0.7612、0.7634、0.4164、0.6031、0.5969、0.7305、0.7536、0.3661，说明抗逆生理指标组第 1 典型变量 W_1 对 P_n、T_r、G_s、C_i、ETR、ΦPS II 有相当好的预测能力。抗逆生理指标组与光合生理指标组第 1 典型变量 V_1 之间多重相关系数的平方依次为 0.7720、0.8061、0.8020、0.0779、0.0507、0.1099、0.6148、0.6547、0.7129、0.2467，说明光合生理指标组第 1 典型变量 V_1 对 POD、SOD、CAT、Chl a、Chl b、Chl t 有相当好的预测能力。

表 10.13 复配土与 PP_{333} 互作处理下原始变量及对方组的前 *m* 个典型变量多重回归分析

典型变量	1	2	3	4	5
P_n	0.6999	0.7236	0.7380	0.7422	0.7503
T_r	0.7167	0.7262	0.7282	0.7521	0.7610
G_s	0.7612	0.7729	0.7732	0.7777	0.7835
C_i	0.7634	0.7650	0.7703	0.7707	0.7744
WUE	0.4164	0.4222	0.4687	0.5282	0.5403
qN	0.6031	0.6052	0.6367	0.6426	0.6440
qP	0.5969	0.6149	0.6478	0.6608	0.6649
ETR	0.7305	0.7317	0.7360	0.7672	0.7738
ΦPSⅡ	0.7536	0.7899	0.7922	0.7996	0.8030
F_v/F_m	0.3661	0.4290	0.4295	0.4380	0.4382
POD	0.7720	0.7783	0.7803	0.7804	0.7884
SOD	0.8061	0.8201	0.8238	0.8241	0.8251
CAT	0.8020	0.8187	0.8247	0.8257	0.8265
Pro	0.0779	0.3199	0.4062	0.4106	0.4146
MDA	0.0507	0.2523	0.4003	0.4065	0.4148
REC	0.1099	0.3641	0.4280	0.4506	0.4506
Chl a	0.6148	0.6517	0.6742	0.7005	0.7012
Chl b	0.6547	0.6768	0.7010	0.7064	0.7074
Chl t	0.7129	0.7473	0.7740	0.7914	0.7914
Chl a/Chl b	0.2467	0.2469	0.2554	0.2554	0.2799

综上所述，在光合生理指标中，P_n、T_r、G_s、C_i、ETR、ΦPSⅡ对于第 1 典型相关变量的作用较大，在抗逆生理指标中，POD、SOD、CAT、Chl a、Chl b、Chl t 对于第 1 典型相关变量的影响较大。

10.3.2 植物光合及抗逆生理的 TOPSIS 法综合评价

由不同处理对植物光合及抗逆生理影响的 TOPSIS 综合评价结果（表 10.14）可知：各指标值与最优值的相对接近程度顺序为处理 7＞处理 6＞处理 11＞处理 10＞处理 8＞处理 14＞处理 12＝处理 5＞处理 15＞处理 9＞处理 16＞处理 13＞处理 3＞处理 1＞处理 2＞处理 4，处理 7 最大（0.715），处理 4 最小（0.249），最大值较最小值增加了 187.15%，处理 7、处理 6 综合评价结果相差不大，即在处理 7、处理 6 时植物光合及抗逆生理综合评价指标最佳，所以最有利于植物生长发育的条件是配土 25%，PP_{333} 浓度分别为 100mg/L、50mg/L。

表 10.14　复配土与 PP_{333} 互作对羊柴生理指标影响的 TOPSIS 法综合评价

评价对象	评价对象到最优点距离	评价对象到最差点距离	评价参考值 C_i	排序结果
处理 1	0.8997	0.3586	0.285	14
处理 2	0.7293	0.2754	0.274	15
处理 3	0.6812	0.3162	0.317	13
处理 4	0.7627	0.2523	0.249	16
处理 5	0.5222	0.5448	0.511	8
处理 6	0.3601	0.8258	0.696	2
处理 7	0.3586	0.8995	0.715	1
处理 8	0.5012	0.5532	0.525	5
处理 9	0.5976	0.4110	0.407	10
处理 10	0.4187	0.6337	0.602	4
处理 11	0.3912	0.6968	0.640	3
处理 12	0.4888	0.5105	0.511	7
处理 13	0.6259	0.3601	0.365	12
处理 14	0.4878	0.5222	0.517	6
处理 15	0.5165	0.4834	0.483	9
处理 16	0.5978	0.3851	0.392	11

10.3.3　植物光合及抗逆生理的主成分分析综合评价

表 10.15 分别列出了不同处理下植物光合及抗逆生理指标的特征值和贡献率。由表 10.15 可知，前两个主成分累积贡献率提供了 90.36%的相关信息，超过了 80%，其他 18 个成分只提供了 9.64%的相关信息。因此，对前两个主成分进行下一步分析。

表 10.15　复配土与 PP_{333} 互作处理下的特征值和贡献率

主成分	特征值(λ_i)	贡献率/%	累积贡献率/%
1	15.13	75.65	75.65
2	2.94	14.71	90.36
3	0.76	3.79	94.15
4	0.65	3.25	97.40
5	0.19	0.93	98.33
6	0.15	0.73	99.06
7	0.07	0.36	99.42
8	0.04	0.19	99.61

续表

主成分	特征值(λ_i)	贡献率/%	累积贡献率/%
9	0.03	0.13	99.74
10	0.02	0.12	99.86
11	0.01	0.06	99.92
12	0.01	0.05	99.97
13	0.00	0.02	99.99
14	0.00	0.01	100.00
15	0.00	0.00	100.00
16	0.00	0.00	100.00
17	0.00	0.00	100.00
18	0.00	0.00	100.00
19	0.00	0.00	100.00
20	0.00	0.00	100.00

由表 10.16 分别得出如下结论。

表 10.16 复配土与 PP_{333} 互作处理下的主成分载荷

指标	主成分 1	主成分 2
X_1	0.2465	0.0166
X_2	0.2448	0.0182
X_3	0.2506	0.0400
X_4	0.2418	−0.0277
X_5	−0.2023	−0.1170
X_6	−0.2402	−0.0233
X_7	0.2276	0.0654
X_8	0.2445	−0.0583
X_9	0.2458	−0.1301
X_{10}	0.2234	−0.2410
X_{11}	0.2489	0.0122
X_{12}	0.2508	0.0276
X_{13}	0.2512	0.0250
X_{14}	0.0935	0.5373
X_{15}	0.0798	0.5419
X_{16}	0.1199	0.4818
X_{17}	0.2413	−0.0643
X_{18}	0.2374	−0.1552
X_{19}	0.2416	−0.1036
X_{20}	−0.2169	0.2124

第一主成分 $F_1=0.2465X_1+0.2448X_2+0.2506X_3+0.2418X_4-0.2023X_5-0.2402X_6+0.2276X_7+0.2445X_8+0.2458X_9+0.2234X_{10}+0.2489X_{11}+0.2508X_{12}+0.2512X_{13}+0.0935X_{14}+0.0798X_{15}+0.1199X_{16}+0.2413X_{17}+0.2374X_{18}+0.2416X_{19}-0.2169X_{20}$　(10.1)

第二主成分 $F_2=0.0166X_1+0.0182X_2+0.0400X_3-0.0277X_4-0.1170X_5-0.0233X_6+0.0654X_7-0.0583X_8-0.1301X_9-0.2410X_{10}+0.0122X_{11}+0.0276X_{12}+0.0250X_{13}+0.5373X_{14}+0.5419X_{15}+0.4818X_{16}-0.0643X_{17}-0.1552X_{18}-0.1036X_{19}+0.2124X_{20}$　(10.2)

得到 F 的综合模型：

$$F=0.2091X_1+0.2079X_2+0.2163X_3+0.1979X_4-0.1884X_5-0.2049X_6+0.2012X_7+0.1952X_8+0.1846X_9+0.1478X_{10}+0.2104X_{11}+0.2145X_{12}+0.2144X_{13}+0.1657X_{14}+0.1550X_{15}+0.1788X_{16}+0.1916X_{17}+0.1735X_{18}+0.1854X_{19}-0.1470X_{20} \quad (10.3)$$

然后，根据建立的 F_1、F_2 与综合模型计算第一、第二主成分及综合主成分值(表 10.17)，而后进行排序。

表 10.17　复配土与 PP_{333} 互作处理下的综合主成分值

处理	第一主成分	排序	第二主成分	排序	综合主成分	排序
处理 1	−8.27	16	−1.97	15	−7.24	16
处理 2	−3.74	14	−1.44	13	−3.36	14
处理 3	−2.60	13	−1.05	11	−2.34	13
处理 4	−4.77	15	0.37	6	−3.93	15
处理 5	0.96	6	−2.19	16	0.44	9
处理 6	5.77	2	−1.68	14	4.56	2
处理 7	6.86	1	−1.40	12	5.51	1
处理 8	1.42	5	0.26	8	1.23	5
处理 9	−0.77	10	−0.81	10	−0.78	11
处理 10	2.73	4	−0.51	9	2.21	4
处理 11	3.75	3	0.30	7	3.19	3
处理 12	0.71	9	1.44	4	0.83	8
处理 13	−2.53	12	0.72	5	−2.00	12
处理 14	0.74	8	1.74	3	0.90	7
处理 15	0.92	7	2.31	2	1.15	6
处理 16	−1.19	11	3.91	1	−0.36	10

由不同处理对植物光合及抗逆生理影响的主成分综合评价结果(表 10.17)可

知：各处理的综合主成分顺序为处理 7＞处理 6＞处理 11＞处理 10＞处理 8＞处理 15＞处理 14＞处理 12＞处理 5＞处理 16＞处理 9＞处理 13＞处理 3＞处理 2＞处理 4＞处理 1，处理 7 最大，处理 1 最小，处理 7、处理 6 综合主成分值相差不大，即配土比例为 25%，PP_{333} 浓度分别为 100mg/L、50mg/L 时植物光合及抗逆生理综合评价指标最佳，所以最有利于植物生长发育的条件是配土比例 25%，PP_{333} 浓度分别为 100mg/L、50mg/L。

综上所述，复配土与植物生长调节剂 PP_{333} 互作对植物光合及抗逆生理各指标影响的两种综合评价结果均说明，处理 7、处理 6 综合评价结果最优，所以最有利于植物生长发育的条件是配土 25%，PP_{333} 浓度分别为 100mg/L、50mg/L。

10.4　配土与 PP_{333} 互作对植物生长指标的影响

10.4.1　对羊柴株高的影响

图 10.6 为复配土与 PP_{333} 互作对羊柴株高的影响。各配土比例下，羊柴株高均随 PP_{333} 浓度的提高呈逐渐降低的变化趋势，但因配土比例和 PP_{333} 浓度不同，羊柴株高存在一定差异。无配土条件下，羊柴株高最大值、最小值分别为 28.62cm、

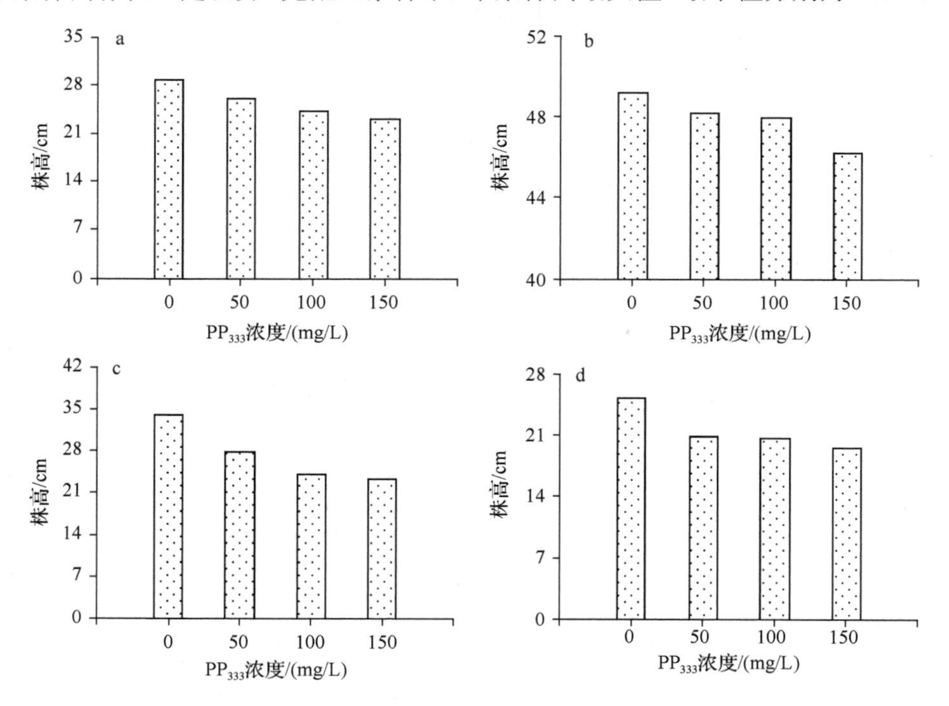

图 10.6　复配土与 PP_{333} 互作对羊柴株高的影响

a、b、c、d 分别表示黄土配比 0%、25%、50%、75%时，PP_{333} 浓度对羊柴株高的影响

22.93cm，最大值是最小值的 1.25 倍；黄土比例为 25%时，羊柴株高最大值、最小值分别为 49.17cm、46.19cm，最大值是最小值的 1.06 倍；黄土比例为 50%时，羊柴株高最大值、最小值分别为 33.79cm、23.37cm，最大值是最小值的 1.45 倍；黄土比例为 75%时，羊柴株高最大值、最小值分别为 25.20cm、19.60cm，最大值是最小值的 1.29 倍。可见，用不同浓度 PP_{333} 溶液蘸根，在不同程度上抑制了羊柴高生长。在复配土与 PP_{333} 溶液蘸根交互作用下，当黄土配比为 50%时，随 PP_{333} 浓度递增，其对抑制羊柴高生长的作用最强。

10.4.2　对羊柴冠幅的影响

图 10.7 为复配土与 PP_{333} 互作对羊柴冠幅的影响。各配土比例下，羊柴冠幅均随 PP_{333} 浓度的提高呈先升后降变化，且均在 PP_{333} 浓度为 100mg/L 时冠幅最大，分别为 24.38cm、34.59cm、27.13cm、21.55cm。无配土条件下，PP_{333} 浓度为 0mg/L 时冠幅最小，为 20.84cm，PP_{333} 浓度为 100mg/L 时的冠幅是 PP_{333} 浓度为 0mg/L 时的 1.17 倍；黄土比例为 25%时，PP_{333} 浓度为 150mg/L 时冠幅最小，为 31.38cm，PP_{333} 浓度为 100mg/L 时的冠幅是 PP_{333} 浓度为 150mg/L 时的 1.10 倍；黄土比例为 50%时，PP_{333} 浓度为 0mg/L 时冠幅最小，为 19.45cm，PP_{333} 浓度为 100mg/L 时的

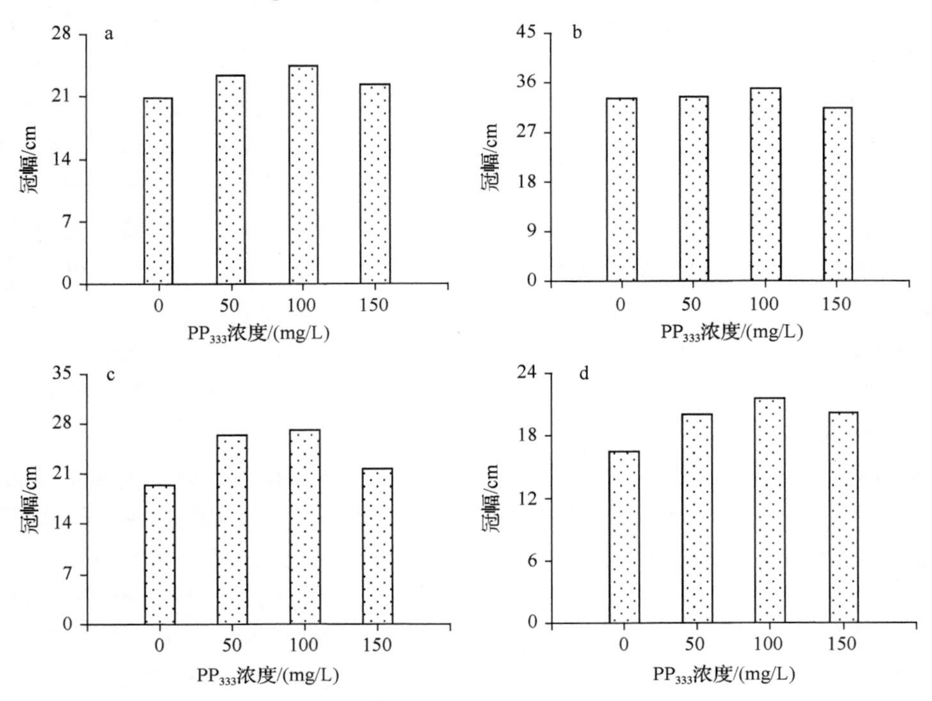

图 10.7　复配土与 PP_{333} 互作对羊柴冠幅的影响

a、b、c、d 分别表示黄土配比 0%、25%、50%、75%时，PP_{333} 浓度对羊柴冠幅的影响

冠幅是 PP_{333} 浓度为 0mg/L 时的 1.39 倍；黄土比例为 75%时，PP_{333} 浓度为 0mg/L 时冠幅最小，为 16.40cm，PP_{333} 浓度为 100mg/L 时的冠幅是 PP_{333} 浓度为 0mg/L 时的 1.31 倍。可见，在适当的配土比例下，用 PP_{333} 溶液对羊柴进行灌根处理可在不同程度上促进其冠幅增大，且以黄土配比 25%、PP_{333} 浓度 100mg/L 处理对促进羊柴冠幅生长最为有利。

10.5　小　结

不同配比复配土与 PP_{333} 交互作用下，复配土对羊柴光合及抗逆生理各项指标产生的作用均大于 PP_{333} 产生的作用。

不同配比复配土与 PP_{333} 交互作用下，随复配土中黄土配比提高，羊柴叶片 P_n、T_r、G_s、C_i、qP、ETR、F_v/F_m、ΦPSⅡ、POD、SOD、CAT、Chl a、Chl b、Chl t 呈先升后降变化，均在黄土比例为 25%时有最大值；WUE、qN、Chl a/Chl b 呈先降后升变化，均在黄土比例为 25%时有最小值；Pro、MDA、REC 呈持续升高变化。随 PP_{333} 处理浓度提高，羊柴叶片 P_n、T_r、G_s、C_i、qP、ETR、F_v/F_m、ΦPSⅡ、POD、SOD、CAT、Chl a、Chl b、Chl t 呈先升后降变化，均在 PP_{333} 处理浓度为 100mg/L 时有最大值；WUE、qN、Chl a/Chl b 呈先降后升变化，均在 PP_{333} 处理浓度为 100mg/L 时有最小值；Pro、MDA、REC 呈持续升高变化。目前关于 PP_{333} 对植物生理影响的研究报道较多，但多集中于不同浓度叶面喷施和灌根处理。Jaleel 等(2007)研究发现，低浓度 PP_{333} 处理可以显著提高长春花净光合速率和胞间 CO_2 浓度。李芸等(2015)在盆栽控水条件下，采用 PP_{333} 溶液对二年生沙地柏灌根，结果表明：适宜的处理浓度能显著提高 Chl t 含量，降低 Chl a/Chl b，提高光合产物积累；而浓度过高或过低均使其作用下降。冯立娟等(2014)用不同浓度 PP_{333} 对大丽花进行灌根处理，结果表明：大丽花叶片叶绿素含量和 P_n 均呈先升后降变化，处理浓度为 75mg/L 时效果最佳。董倩等(2012)用不同浓度 PP_{333} 对黄连木幼苗进行叶面喷施，结果表明：随处理浓度提高，黄连木叶片光合色素含量、PSⅡ原初光能转化效率、PSⅡ潜在活性、单位叶面积吸收和捕获的太阳能，以及电子传递效率均呈先升后降趋势，并且显著提高了黄连木叶片的净光合速率，同时降低了热耗散。时朝等(2010)研究发现，对 3 种桂花外施不同浓度 PP_{333}，叶片中 SOD、POD 均表现为在低浓度时受到诱导作用，在高浓度时受到抑制。邹湘香等(2015)报道，用适宜浓度 PP_{333} 对烟苗进行喷施，叶绿素含量极显著增加，SOD 和 POD 活性也明显提高。这些研究结果均与本研究结果类似。而时朝等(2010)对 3 种桂花外施不同浓度 PP_{333} 得出的 CAT 活性呈持续下降趋势，邹湘香等(2015)用不同浓度 PP_{333} 对烟苗进行喷施得出的 MDA 含量降低，熊作明等(2006)用 PP_{333} 对多年生黑麦草喷施得出的 MDA 含量降低，均与本研究结果不同，其可能原因是在高配土比例、高 PP_{333} 浓度处理下，羊柴受到药害和胁迫。也有研究表明：用 PP_{333} 处理过的丁香、乌苏里绣线菊和沙棘叶片脯氨酸含量有所提高，叶面喷施 PP_{333} 可以增加大叶黄杨、金叶女贞、紫叶小檗叶片中束缚水含量和 Pro 含量，这也与本研究结果类似，研究者将其解释为 PP_{333} 可以提高这些植物的抗逆性，但从本研究持续升高的 MDA 含量和 REC 来看，本研究更倾向于 Pro 含量的升高与羊柴受到药物毒害或胁迫有关。

适宜的复配土可提高 PP_{333} 的有效性；适宜的复配土和适当的 PP_{333} 处理浓度可显著促进羊柴的光合作用，并提高其抗逆性；对羊柴光合及抗逆生理综合作用最有利的复配土与 PP_{333} 浓度水平组合是复配土中黄土比例为 25%、PP_{333} 溶液蘸根处理浓度为 50～100mg/L。用 PP_{333} 溶液进行蘸根处理，抑制了羊柴高生长，但可使羊柴冠幅增大，以黄土配比 25%、PP_{333} 浓度 100mg/L 处理对促进羊柴冠幅生长最为有利，这将更有利于提高采沙迹地地表植被覆盖度，减少风蚀，增强植被对地表的防护能力。

参 考 文 献

董倩，王洁，庞曼，冯献宾，白志英，路丙社. 2012. 生长调节剂对黄连木光合生理指标和荧光参数的影响. 西北植物学报, 32(3)：484-490.

冯立娟，苑兆和，尹燕雷，招雪晴. 2014. 多效唑对大丽花叶片光合特性和超微结构的影响. 草业学报, 23(4)：114-121.

李芸，虞毅，汤锋，原伟杰，肖芳，王猛. 2015. 多效唑对 2 年生沙地柏生长和生理特征的影响研究. 干旱区资源与环境，29(6)：110-116.

刘丹. 2004. 植物生长调节剂对几种灌木树种抗旱性的影响. 哈尔滨：东北林业大学硕士学位论文.

时朝，郑彩霞，徐莎. 2010. PP_{333} 对桂花幼树生长及叶片抗氧化酶活性的影响. 北方园艺,（12）：152-155.

宋红梅，刘建凤，孙旭霞，曹秀丽. 2010. 多效唑对大叶黄杨、金叶女贞、紫叶小檗的抗旱性影响研究. 北方园艺,（19）：75-78.

熊作明，蔡汉，冯文祥，孙贵平. 2006. 多效唑对缓解多年生黑麦草高温胁迫的效应. 江苏农业科学,（5）：80-83.

邹湘香，屠乃美，张青壮，张炜，易江，樊芬. 2015. 不同浓度多效唑对烟苗生长发育的影响. 中国农学通报, 31(13)：43-48.

Jaleel C A, Manivannan P, Sankarr B. 2007. Paclobutrazol enhances photosynthesis and ajmalicine production in *Catharauthus roseus*. Process Biochemistry, 42(11): 1566-1570.

第 11 章　四因素综合调控技术

11.1　四因素互作对植物光合生理的影响

11.1.1　对植物光合指标的影响

11.1.1.1　对植物光合指标的效应

图 11.1 为复配土、PP_{333}、氮肥、降水四因素互作对羊柴光合指标的效应曲线。在四因素交互作用下，随复配土比例递增，羊柴 P_n、WUE 呈先升后降变化，分别在 T_{25}、T_{50} 处理时有最大值；G_s、C_i 随复配土比例递增呈先降后升变化，均在 T_{50} 处理时有最大值；T_r 未表现出明显变化规律，但在 T_{25}、T_{50} 处理时分别有最大值、最小值，降幅十分明显。随 PP_{333} 浓度递增，P_n、T_r、G_s 呈先升后降变化，P_n、T_r 在 P_{100} 处理时有最大值，G_s 在 P_{50} 处理时有最大值；C_i、WUE 未表现出明显的变化规律，但 C_i 在 P_{50}、P_{100} 处理时分别有最大值、最小值，WUE 变化与 C_i 相反。随施加氮肥水平递增，P_n 呈先升后降变化，在 N_{120} 处理时有最大值；T_r、G_s 呈持续下降变化，但在 N_{120}、N_{240} 之间降幅最小；C_i、WUE 未表现出明显变化规律，但二者变化趋势相反，并且均在 N_{120}、N_{240} 处理时出现明显的升降拐点。随降水水平递增，P_n、G_s 总体呈先降后升变化，分别在 S_{75}、S_{100} 处理时有最小值；T_r 呈持续下降变化；C_i、WUE 未表现出明显的变化规律，但 C_i 在 S_{75}、S_{100} 处理时分别有最大值、最小值，WUE 变化与 C_i 相反。

不同因素、水平对羊柴各光合指标产生的效应有所不同，但总体来看，复配土对 P_n、WUE 产生的效应类似，对 G_s、C_i 产生的效应类似；PP_{333} 对 P_n、T_r、G_s 产生的效应类似；氮肥对 T_r、G_s 产生的效应类似；降水对 P_n、G_s 产生的效应类似。P_n 对复配土、PP_{333}、氮肥的响应类似；T_r 对氮肥和降水的响应类似；G_s 对复配土和降水的响应类似；C_i 对 PP_{333} 和降水的响应类似；WUE 也对 PP_{333} 和降水的响应类似。C_i 对各因素的响应与 WUE 对各因素的响应恰好相反。

11.1.1.2　对植物光合指标影响的极差分析

表 11.1 为四因素互作对羊柴光合指标影响的极差分析。表 11.1 中 K 值体现了各因素不同水平对指标产生影响的大小，极差 R 则体现了因素对指标产生影响的大小。由表 11.1 可知，4 个因素对 P_n 的独立效应表现为 A＞C＞B＞D，即复配土＞氮肥＞PP_{333}＞降水，对 P_n 产生最佳效应的组合为 $A_2B_3C_2D_1$，即 $T_{25}P_{100}N_{120}S_{50}$ 处

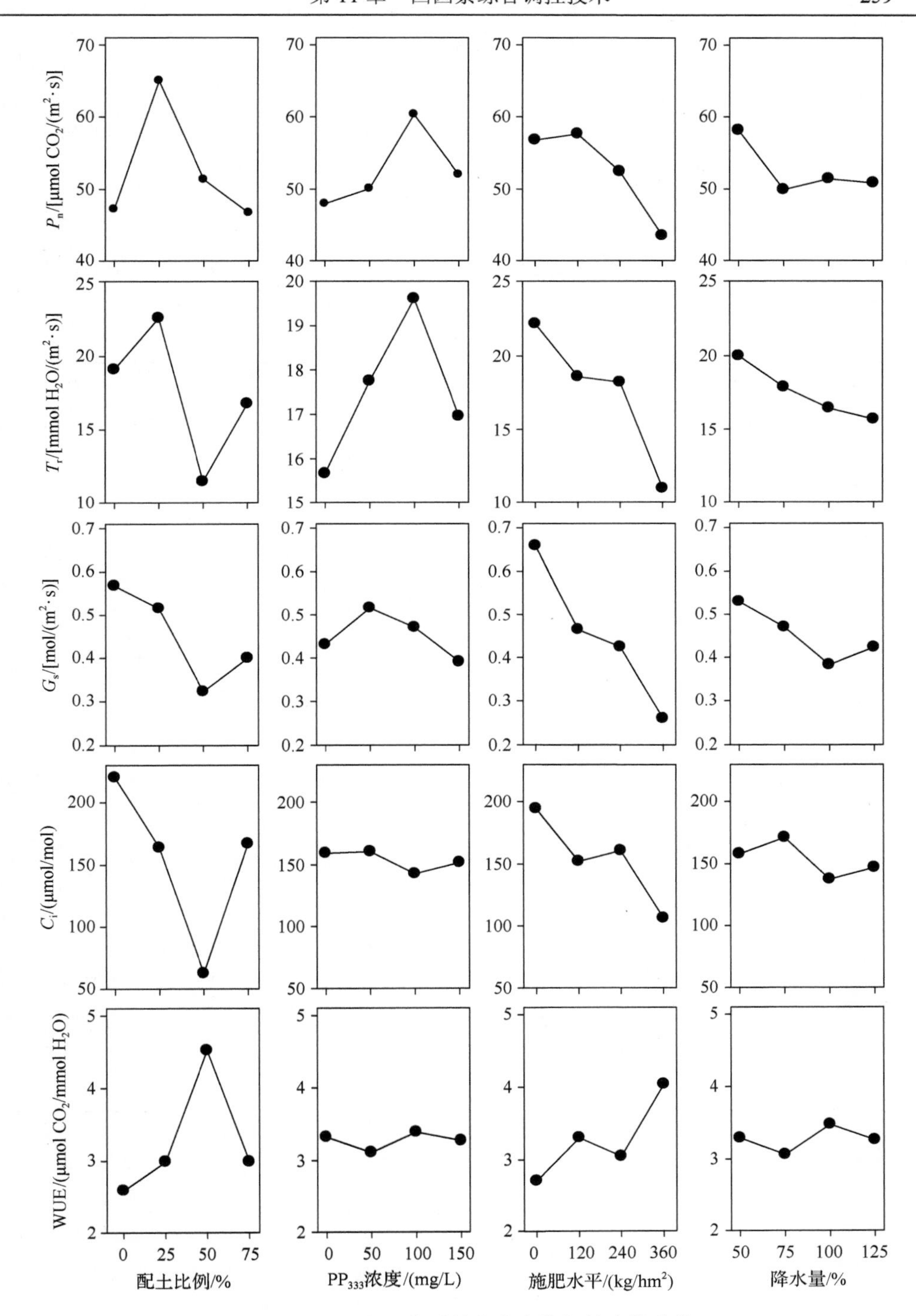

图 11.1　四因素互作对羊柴光合指标效应的曲线

表 11.1　四因素互作对羊柴光合指标影响的极差分析

指标	K 值	A(复配土)	B(PP_{333})	C(氮肥)	D(降水)
P_n	K_1	188.95	191.86	227.13	232.54
	K_2	260.11	200.29	230.51	199.67
	K_3	205.41	241.25	209.70	205.74
	K_4	186.89	207.97	174.02	203.41
	极差 R	73.22	49.39	56.49	32.87
	因素主次顺序	A>C>B>D			
	优组合	$A_2B_3C_2D_1$			
T_r	K_1	76.38	62.66	88.85	79.97
	K_2	90.48	70.97	74.30	71.43
	K_3	45.98	78.44	72.79	65.76
	K_4	67.05	67.81	43.94	62.72
	极差 R	44.51	15.77	44.91	17.25
	因素主次顺序	C>A>D>B			
	优组合	$A_2B_3C_1D_1$			
G_s	K_1	2.27	1.72	2.63	2.12
	K_2	2.06	2.06	1.86	1.88
	K_3	1.29	1.88	1.70	1.53
	K_4	1.60	1.56	1.04	1.69
	极差 R	0.98	0.50	1.60	0.59
	因素主次顺序	C>A>D>B			
	优组合	$A_1B_2C_1D_1$			
C_i	K_1	880.78	636.06	776.80	632.00
	K_2	654.93	641.08	608.49	684.00
	K_3	250.23	569.82	642.85	549.38
	K_4	666.91	605.89	424.70	587.48
	极差 R	630.56	71.26	352.10	134.61
	因素主次顺序	A>C>D>B			
	优组合	$A_1B_2C_1D_2$			
WUE	K_1	10.36	13.28	10.83	13.15
	K_2	11.96	12.43	13.19	12.24
	K_3	18.07	13.55	12.17	13.90
	K_4	11.95	13.07	16.15	13.04
	极差 R	7.72	1.12	5.31	1.66
	因素主次顺序	A>C>D>B			
	优组合	$A_3B_3C_4D_3$			

理。对 T_r、G_s 的独立效应表现均为 C＞A＞D＞B，即氮肥＞复配土＞降水＞PP_{333}，对 T_r、G_s 产生最佳效应的组合分别为 $A_2B_3C_1D_1$、$A_1B_2C_1D_1$，即 $T_{25}P_{100}N_0S_{50}$ 和 $T_0P_{50}N_0S_{50}$ 处理。对 C_i、WUE 的独立效应表现均为 A＞C＞D＞B，即复配土＞氮肥＞降水＞PP_{333}，对 C_i、WUE 产生最佳效应的组合分别为 $A_1B_2C_1D_2$、$A_3B_3C_4D_3$，即 $T_0P_{50}N_0S_{75}$ 和 $T_{50}P_{100}N_{360}S_{100}$ 处理。

11.1.1.3　对植物光合指标影响的方差分析

表 11.2 为四因素互作对羊柴光合指标影响的方差分析。结果表明：四因素交互作用下，不同配土比例间、氮肥水平间、降水水平间羊柴 5 项光合指标差异均达到极显著水平，不同 PP_{333} 浓度水平间 P_n、T_r、G_s 差异也达到极显著水平，WUE 差异达到显著水平，C_i 差异不显著。由各因素不同水平间指标均方可知：在四因素交互作用下，各因素对 P_n 影响的顺序为复配土＞氮肥＞PP_{333}＞降水，对 T_r、G_s 影响的顺序为氮肥＞复配土＞降水＞PP_{333}，对 C_i、WUE 影响的顺序为复配土＞氮肥＞降水＞PP_{333}。这与极差分析结果一致。

表 11.2　四因素互作对羊柴光合指标影响的方差分析

指标	变异源	自由度	偏差平方和	均方	F 值	P 值
P_n	模型	12	9 495.77	791.31	11.88	＜0.000 1
	配土比例	3	4 385.79	1 461.93	21.96	＜0.000 1
	PP_{333} 浓度	3	1 755.15	585.05	8.79	＜0.000 1
	氮肥水平	3	2 509.73	836.58	12.56	＜0.000 1
	降水水平	3	845.11	281.70	4.23	0.008 5
T_r	模型	12	3 012.30	251.02	24.67	＜0.000 1
	配土比例	3	1 307.40	435.80	42.82	＜0.000 1
	PP_{333} 浓度	3	163.38	54.46	5.35	0.002 3
	氮肥水平	3	1 325.84	441.95	43.43	＜0.000 1
	降水水平	3	215.67	71.89	7.06	0.000 3
G_s	模型	12	2.77	0.23	38.63	＜0.000 1
	配土比例	3	0.74	0.25	41.43	＜0.000 1
	PP_{333} 浓度	3	0.18	0.06	9.85	＜0.000 1
	氮肥水平	3	1.62	0.54	90.12	＜0.000 1
	降水水平	3	0.24	0.08	13.13	＜0.000 1
C_i	模型	12	355 634.02	29 636.17	40.95	＜0.000 1
	配土比例	3	259 967.06	86 655.69	119.72	＜0.000 1
	PP_{333} 浓度	3	4 043.19	1 347.73	1.86	0.144 4
	氮肥水平	3	78 999.38	26 333.13	36.38	＜0.000 1
	降水水平	3	12 624.39	4208.13	5.81	0.001 4

续表

指标	变异源	自由度	偏差平方和	均方	F 值	P 值
WUE	模型	12	65.22	5.43	67.74	<0.000 1
	配土比例	3	43.58	14.53	181.07	<0.000 1
	PP_{333}浓度	3	0.85	0.28	3.54	0.019 1
	氮肥水平	3	19.08	6.36	79.25	<0.000 1
	降水水平	3	1.71	0.57	7.09	0.000 3

注：显著性水平，$P>0.05$ 为不显著，$P<0.05$ 为显著，$P<0.01$ 为极显著

表 11.3 为四因素互作对羊柴光合指标影响的多重比较。在四因素不同水平交互处理下，羊柴 P_n、T_r、G_s、C_i、WUE 具有最大或较大值的因素水平组合分别为 $T_{25}P_{100}N_0S_{50}$、$T_{25}P_{100}N_{120}S_{50}$、$T_{25}P_{100}N_{240}S_{50}$（$N_0$、$N_{120}$、$N_{240}$ 处理没有显著差异），$T_{25}P_{100}N_0S_{50}$，$T_0P_{50}N_0S_{50}$，$T_0P_0N_0S_{75}$、$T_0P_{50}N_0S_{75}$、$T_0P_{100}N_0S_{75}$、$T_0P_{150}N_0S_{75}$（P_0、P_{50}、P_{100}、P_{150} 处理没有显著差异），$T_{50}P_0N_{360}S_{100}$、$T_{50}P_{100}N_{360}S_{100}$（$P_0$、$P_{100}$ 处理没有显著差异），这一结果进一步印证了极差分析筛选出最优组合的结果。

表 11.3　四因素互作对羊柴光合指标影响的多重比较

指标	因素水平	复配土	PP_{333}	氮肥	降水
P_n	水平 1	b	b	a	a
	水平 2	a	b	a	b
	水平 3	b	a	a	b
	水平 4	b	b	b	b
T_r	水平 1	b	b	a	a
	水平 2	a	ab	b	b
	水平 3	c	a	b	bc
	水平 4	d	b	c	c
G_s	水平 1	a	bc	a	a
	水平 2	b	a	b	b
	水平 3	c	ab	b	bc
	水平 4	d	c	c	c
C_i	水平 1	a	a	a	ab
	水平 2	b	a	b	a
	水平 3	b	a	b	c
	水平 4	c	a	c	bc
WUE	水平 1	c	a	d	b
	水平 2	b	b	b	c
	水平 3	a	a	c	a
	水平 4	b	ab	a	b

注：同一指标下同列不同小写字母表示在 0.05 显著性水平下差异显著

11.1.2　对植物叶绿素荧光参数的影响

11.1.2.1　对植物叶绿素荧光参数的效应

图 11.2 为复配土、PP_{333}、氮肥、降水四因素互作对羊柴叶绿素荧光参数效应的曲线。在四因素交互作用下，随配土比例递增，羊柴 qN、qP、ETR、F_v/F_m 均呈先升后降变化，qN、qP 在 T_{50} 处理时有最大值，ETR、F_v/F_m 在 T_{25} 处理时有最

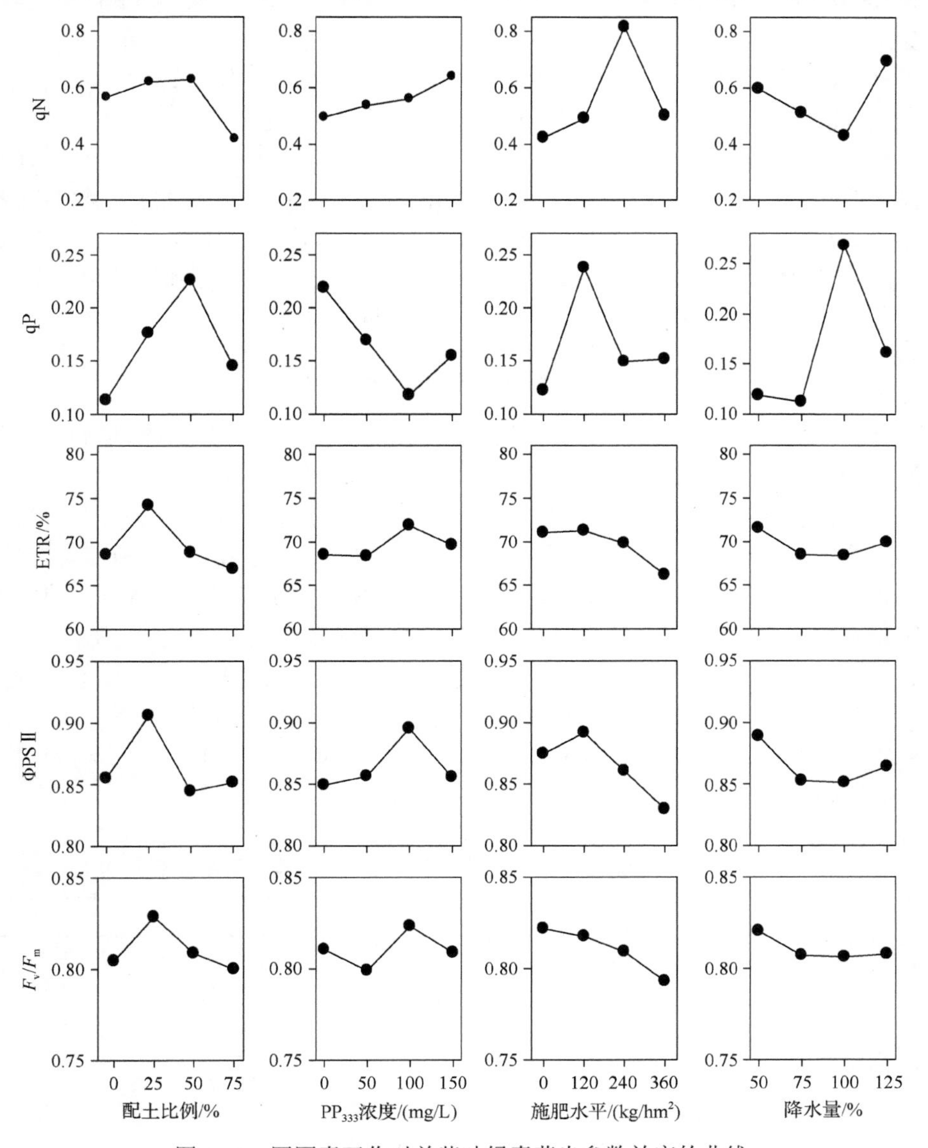

图 11.2　四因素互作对羊柴叶绿素荧光参数效应的曲线

大值；ΦPSⅡ未表现出明显变化规律，但在 T_{25}、T_{50} 处理时分别有最大值、最小值，降幅十分明显。随 PP_{333} 浓度递增，qN 呈持续升高变化；qP 呈先降后升变化，在 P_{100} 处理时有最小值；ΦPSⅡ呈先升后降变化，在 P_{100} 处理时有最大值；ETR、F_v/F_m 未表现出明显变化规律，但均在 P_{50}、P_{100} 处理时分别有最小值、最大值。随施加氮肥水平递增，qN、ΦPSⅡ均呈先升后降变化，分别在 N_{240}、N_{120} 处理时有最大值；qP 未表现出明显变化规律，但在 N_{120} 处理时有明显拐点，并且值最大；ETR、F_v/F_m 总体呈持续降低变化。随降水水平递增，qN、ETR、ΦPSⅡ呈先降后升变化，均在 S_{100} 时有最小值，但 ETR、ΦPSⅡ在 S_{75} 与 S_{100} 间变幅很小；qP 未表现出明显的变化规律，但在 S_{75}、S_{100} 处理时分别有最小值、最大值；F_v/F_m 在 S_{50}、S_{75} 间表现为小幅下降，而后随降水水平继续递增没有明显变化。

通过以上分析可以得出：不同因素、水平对羊柴各叶绿素荧光参数产生的效应有所不同，但总体来看，复配土对 qN、qP、ETR、F_v/F_m 产生的效应类似；PP_{333} 对 ETR、F_v/F_m 产生的效应类似；氮肥对 qN、ΦPSⅡ产生的效应类似，对 ETR、F_v/F_m 产生的效应类似；降水对 qN、ETR、ΦPSⅡ产生的效应类似。qN 对复配土和氮肥的响应类似；ΦPSⅡ对 PP_{333} 和氮肥的响应类似。

11.1.2.2　对植物叶绿素荧光参数影响的极差分析

表 11.4 为四因素互作对羊柴叶绿素荧光参数影响的极差分析。由表 11.4 可知，4 个因素对 qN 的独立效应表现为 C＞D＞A＞B，即氮肥＞降水＞复配土＞PP_{333}，对 qN 产生最佳效应的组合为 $A_4B_1C_1D_3$，即 $T_{75}P_0N_0S_{100}$ 处理。对 qP 的独立效应表现为 D＞C＞A＞B，即降水＞氮肥＞复配土＞PP_{333}，对 qP 产生最佳效应的组合为 $A_3B_1C_2D_3$，即 $T_{50}P_0N_{120}S_{100}$ 处理。对 ETR 的独立效应表现为 A＞C＞B＞D，即复配土＞氮肥＞PP_{333}＞降水，对 ETR 产生最佳效应的组合为 $A_2B_3C_2D_1$，即 $T_{25}P_{100}N_{120}S_{50}$ 处理。对 ΦPSⅡ的独立效应表现为 A=C＞B＞D，即复配土=氮肥＞PP_{333}＞降水，对 ΦPSⅡ产生最佳效应的组合为 $A_2B_3C_2D_1$，即 $T_{25}P_{100}N_{120}S_{50}$ 处理。对 F_v/F_m 的独立效应表现为 C＞A＞B＞D，即氮肥＞复配土＞PP_{333}＞降水，对 F_v/F_m 产生最佳效应的组合为 $A_2B_3C_1D_1$，即 $T_{25}P_{100}N_0S_{50}$ 处理。

表 11.4　四因素互作对羊柴叶绿素荧光参数影响的极差分析

指标	*K* 值	A（复配土）	B（PP_{333}）	C（氮肥）	D（降水）
qN	K_1	2.27	1.99	1.69	2.39
	K_2	2.48	2.15	1.97	2.05
	K_3	2.51	2.24	3.26	1.73
	K_4	1.68	2.56	2.01	2.78
	极差 *R*	0.84	0.57	1.57	1.05
	因素主次顺序	C＞D＞A＞B			
	优组合	$A_4B_1C_1D_3$			

续表

指标	K 值	A(复配土)	B(PP_{333})	C(氮肥)	D(降水)
qP	K_1	0.45	0.87	0.49	0.47
	K_2	0.71	0.68	0.95	0.45
	K_3	0.90	0.47	0.60	1.07
	K_4	0.58	0.62	0.61	0.64
	极差 R	0.45	0.40	0.46	0.63
	因素主次顺序	D>C>A>B			
	优组合	$A_3B_1C_2D_3$			
ETR	K_1	274.16	274.03	284.31	286.32
	K_2	296.77	273.38	285.23	273.93
	K_3	275.11	287.61	279.40	273.57
	K_4	267.47	278.49	264.57	279.69
	极差 R	29.31	14.23	20.67	12.75
	因素主次顺序	A>C>B>D			
	优组合	$A_2B_3C_2D_1$			
ΦPS II	K_1	3.42	3.40	3.50	3.56
	K_2	3.62	3.43	3.57	3.41
	K_3	3.38	3.58	3.44	3.40
	K_4	3.41	3.42	3.32	3.46
	极差 R	0.25	0.18	0.25	0.15
	因素主次顺序	A=C>B>D			
	优组合	$A_2B_3C_2D_1$			
F_v/F_m	K_1	3.22	3.24	3.29	3.28
	K_2	3.31	3.20	3.27	3.23
	K_3	3.23	3.29	3.24	3.22
	K_4	3.20	3.23	3.17	3.23
	极差 R	0.11	0.10	0.12	0.06
	因素主次顺序	C>A>B>D			
	优组合	$A_2B_3C_1D_1$			

11.1.2.3 对植物叶绿素荧光参数影响的方差分析

表 11.5 为四因素互作对羊柴叶绿素荧光参数影响的方差分析。结果表明：四因素交互作用下，4 个因素不同水平间羊柴 qN、qP 差异均达到极显著水平，不同配土比例间、PP_{333} 浓度水平间、氮肥水平间 F_v/F_m 差异也均达到极显著水平。不同配土比例间 ETR 差异达到显著水平。4 个因素不同水平间 ΦPS II 差异均不显著，不同 PP_{333} 浓度水平间、氮肥水平间、降水水平间 ETR 及不同降水水平间 F_v/F_m 差异均不显著。由各因素不同水平间指标均方可知：在四因素交互作用下，各因素对 qN 影响的顺序为氮肥＞降水＞复配土＞PP_{333}，对 qP 影响的顺序为降水＞氮肥=复配土＞PP_{333}，对 ETR、ΦPS II 影响的顺序均为复配土＞氮肥＞PP_{333}＞降水，

对 F_v/F_m 影响的顺序为复配土=氮肥＞PP_{333}＞降水。这与极差分析结果基本一致。

表 11.5　四因素互作对羊柴叶绿素荧光参数影响的方差分析

指标	变异源	自由度	偏差平方和	均方	F 值	P 值
	模型	12	3.37	0.28	24.86	＜0.0001
	配土比例	3	0.56	0.19	16.47	＜0.0001
qN	PP_{333} 浓度	3	0.21	0.07	6.34	0.0008
	氮肥水平	3	1.84	0.61	54.21	＜0.0001
	降水水平	3	0.76	0.25	22.43	＜0.0001
	模型	12	0.71	0.06	15.00	＜0.0001
	配土比例	3	0.14	0.05	12.02	＜0.0001
qP	PP_{333} 浓度	3	0.10	0.03	8.61	＜0.0001
	氮肥水平	3	0.15	0.05	12.90	＜0.0001
	降水水平	3	0.31	0.10	26.45	＜0.0001
	模型	12	1245.81	103.82	1.40	0.1858
	配土比例	3	607.32	202.44	2.74	0.0491
ETR	PP_{333} 浓度	3	161.39	53.80	0.73	0.5389
	氮肥水平	3	342.41	114.14	1.54	0.2111
	降水水平	3	134.69	44.90	0.61	0.6124
	模型	12	0.136	0.011	0.46	0.9303
	配土比例	3	0.048	0.016	0.66	0.5807
ΦPS Ⅱ	PP_{333} 浓度	3	0.026	0.009	0.35	0.7862
	氮肥水平	3	0.044	0.015	0.59	0.6221
	降水水平	3	0.018	0.006	0.24	0.8690
	模型	12	0.028	0.002	5.97	＜0.0001
	配土比例	3	0.009	0.003	8.09	0.0001
F_v/F_m	PP_{333} 浓度	3	0.006	0.002	5.42	0.0021
	氮肥水平	3	0.009	0.003	8.01	0.0001
	降水水平	3	0.003	0.001	2.38	0.0776

注：显著性水平，P＞0.05 为不显著，P＜0.05 为显著，P＜0.01 为极显著

表 11.6 为四因素互作对羊柴叶绿素荧光参数影响的多重比较。在四因素不同水平交互处理下，羊柴 qP、ETR、ΦPS Ⅱ、F_v/F_m 具有最大或较大值的因素水平组合分别为 $T_{50}P_0N_{120}S_{100}$，T_{25}(P_0、P_{50}、P_{100}、P_{150})(N_0、N_{120}、N_{240}、N_{360})(S_{50}、S_{75}、S_{100}、S_{125})，(T_0、T_{25}、T_{50}、T_{75})(P_0、P_{50}、P_{100}、P_{150})(N_0、N_{120}、N_{240}、N_{360})(S_{50}、S_{75}、S_{100}、S_{125})，$T_{25}P_{100}$(N_0、N_{120}、N_{240})S_{50}；qN 具有最小或较小值的因素水平组合为 T_{75}(P_0、P_{50}、P_{100})N_0S_{100}。这一结果一方面进一步印证了极差分析筛选出

最优组合的结果；另一方面说明在四因素交互作用下，羊柴 ETR 的变化基本完全由复配土决定，4 个因素对 ΦPSⅡ变化的贡献差异不大，氮肥对 F_v/F_m 变化的贡献主要在 N_{360} 处理，PP_{333} 对 qN 变化的贡献主要在 P_{150} 处理。

表 11.6　四因素互作对羊柴叶绿素荧光参数影响的多重比较

指标	因素水平	复配土	PP_{333}	氮肥	降水
qN	水平 1	a	b	c	b
	水平 2	a	b	b	c
	水平 3	a	b	a	d
	水平 4	b	a	b	a
qP	水平 1	c	a	b	c
	水平 2	b	b	a	c
	水平 3	a	c	b	a
	水平 4	bc	bc	b	b
ETR	水平 1	ab	a	a	a
	水平 2	a	a	a	a
	水平 3	b	a	a	a
	水平 4	ab	a	a	a
ΦPSⅡ	水平 1	a	a	a	a
	水平 2	a	a	a	a
	水平 3	a	a	a	a
	水平 4	a	a	a	a
F_v/F_m	水平 1	b	b	a	a
	水平 2	a	b	a	b
	水平 3	b	a	a	b
	水平 4	b	b	b	b

注：同一指标下同列不同小写字母表示在 0.05 显著性水平下差异显著

11.2　四因素互作对植物抗逆生理的影响

11.2.1　对植物抗氧化酶活性指标的影响

11.2.1.1　对植物抗氧化酶活性指标的效应

图 11.3 为复配土、PP_{333}、氮肥、降水四因素互作对羊柴抗氧化酶活性指标的效应曲线。在四因素交互作用下，随复配土中黄土比例增加，羊柴 POD 活性未表现出明显的变化规律，但在 T_0 和 T_{25} 时分别有最小值和最大值；SOD、CAT 均呈

先升后降变化，均在 T_0 和 T_{25} 时分别有最小值和最大值。随 PP_{333} 浓度递增，POD 呈先升后降变化，P_{100} 时值最大，P_0 时值最小；SOD、CAT 变化规律不明显，但均分别在 P_{100} 时值最大，P_{50} 时值最小。随氮肥水平递增，3 项抗氧化酶活性指标均呈持续下降变化。随降水水平递增，3 项指标变化规律均不明显，但均在 S_{50} 时有最大值，在 S_{100} 与 S_{75} 处理下有明显升降拐点。总体来看，同一因素对 3 项抗氧化酶活性指标产生的效应类似，但同一指标对不同因素的响应差别很大。

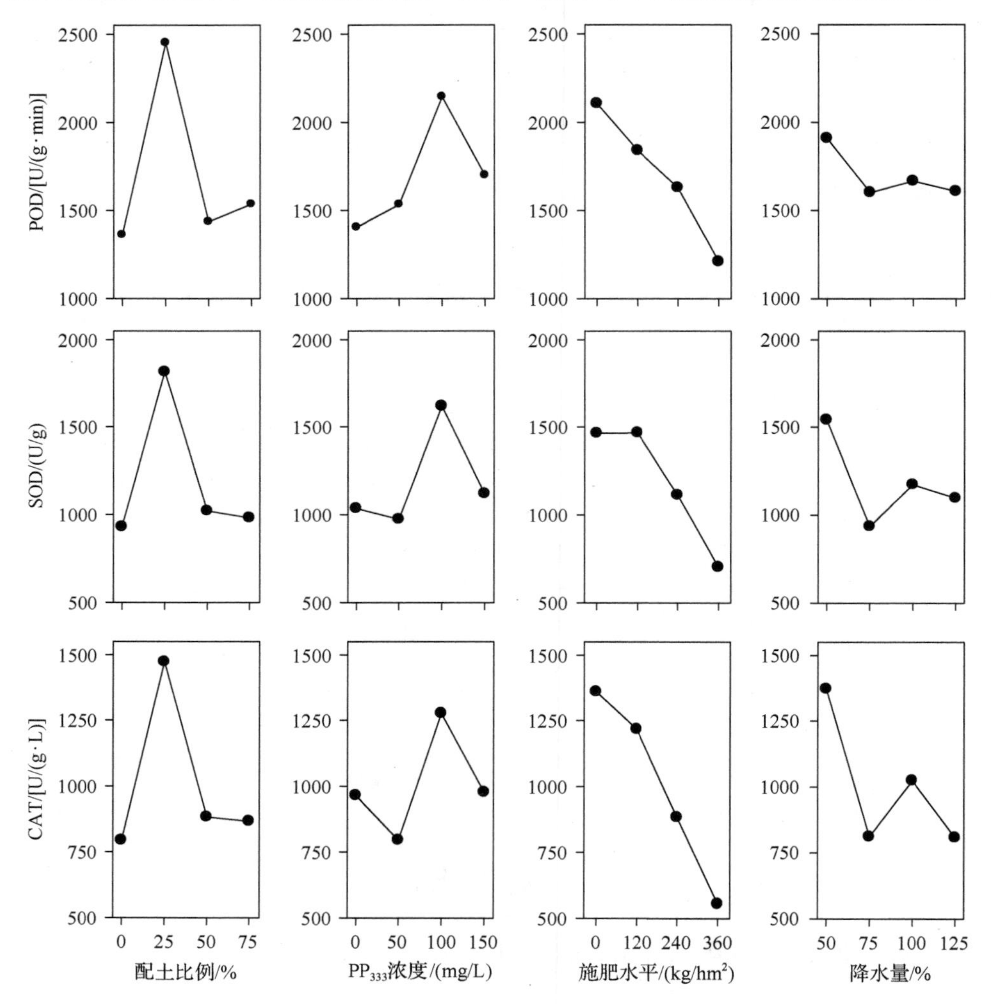

图 11.3　四因素互作对羊柴抗氧化酶活性指标效应的曲线

11.2.1.2　对植物抗氧化酶活性指标影响的极差分析

表 11.7 为四因素互作对羊柴抗氧化酶活性指标影响的极差分析。4 个因素对

POD、SOD 的独立效应均表现为 A＞C＞B＞D，即复配土＞氮肥＞PP_{333}＞降水，对 POD、SOD 产生最佳效应的组合分别为 $A_2B_3C_1D_1$、$A_2B_3C_2D_1$，即 $T_{25}P_{100}N_0S_{50}$ 和 $T_{25}P_{100}N_{120}S_{50}$ 处理。对 CAT 的独立效应表现为 C＞A＞D＞B，即氮肥＞复配土＞降水＞PP_{333}，对 CAT 产生最佳效应的组合为 $A_2B_3C_1D_1$，即 $T_{25}P_{100}N_0S_{50}$ 处理。

表 11.7　四因素互作对羊柴抗氧化酶活性指标影响的极差分析

指标	*K* 值	A（复配土）	B（PP_{333}）	C（氮肥）	D（降水）
POD	K_1	5444.60	5617.68	8426.55	7634.43
	K_2	9804.29	6136.87	7361.54	6406.35
	K_3	5747.44	8582.90	6516.18	6665.99
	K_4	6143.53	6802.40	4835.59	6433.08
	极差 *R*	4359.69	2965.22	3590.96	1228.09
	因素主次顺序	A＞C＞B＞D			
	优组合	$A_2B_3C_1D_1$			
SOD	K_1	3719.07	4142.41	5858.43	6164.20
	K_2	7270.33	3894.00	5869.69	3739.17
	K_3	4083.86	6477.38	4458.97	4702.32
	K_4	3925.47	4484.95	2811.63	4393.04
	极差 *R*	3551.26	2583.38	3058.06	2425.03
	因素主次顺序	A＞C＞B＞D			
	优组合	$A_2B_3C_2D_1$			
CAT	K_1	3173.61	3862.16	5441.18	5491.42
	K_2	5894.95	3181.46	4868.11	3241.79
	K_3	3528.92	5106.03	3531.61	4097.27
	K_4	3463.74	3911.57	2220.32	3230.74
	极差 *R*	2721.35	1924.57	3220.85	2260.68
	因素主次顺序	C＞A＞D＞B			
	优组合	$A_2B_3C_1D_1$			

11.2.1.3　对植物抗氧化酶活性指标影响的方差分析

表 11.8 为四因素互作对植物抗氧化酶活性指标影响的方差分析。结果表明：四因素交互作用下，各因素不同水平间羊柴 SOD、CAT 差异均达到极显著水平，不同配土比例间、PP_{333} 浓度水平间、氮肥水平间 POD 差异也极显著，不同降水水平间 POD 差异达到显著水平。由各因素不同水平间指标均方可知：在四因素交互作用下，各因素对 POD、SOD 影响的主次顺序均为复配土＞氮肥＞PP_{333}＞降水，对 CAT 影响的主次顺序为氮肥＞复配土＞降水＞PP_{333}，这与极差分析结果一致。

表 11.8 四因素互作对羊柴抗氧化酶活性指标影响的方差分析

指标	变异源	自由度	偏差平方和	均方	F值	P值
POD	模型	12	31 648 396.60	2 637 366.38	18.13	<0.000 1
	配土比例	3	15 500 972.71	5 166 990.90	35.52	<0.000 1
	PP_{333}浓度	3	6 269 325.57	2 089 775.19	14.37	<0.000 1
	氮肥水平	3	8 624 452.19	2 874 817.40	19.76	<0.000 1
	降水水平	3	1 253 646.13	417 882.04	2.87	0.042 7
SOD	模型	12	27 712 795.67	2 309 399.64	20.78	<0.000 1
	配土比例	3	10 673 106.46	3 557 702.15	32.01	<0.000 1
	PP_{333}浓度	3	5 194 969.70	1 731 656.57	15.58	<0.000 1
	氮肥水平	3	7 905 401.72	2 635 133.91	23.71	<0.000 1
	降水水平	3	3 939 317.78	1 313 105.93	11.81	<0.000 1
CAT	模型	12	20 396 699.15	1 699 724.93	21.30	<0.000 1
	配土比例	3	5 977 910.18	1 992 636.73	24.97	<0.000 1
	PP_{333}浓度	3	2 398 982.77	799 660.92	10.02	<0.000 1
	氮肥水平	3	7 770 404.25	2 590 134.75	32.46	<0.000 1
	降水水平	3	4 249 401.95	1 416 467.32	17.75	<0.000 1

注：显著性水平，$P>0.05$ 为不显著，$P<0.05$ 为显著，$P<0.01$ 为极显著

表 11.9 为四因素互作对羊柴抗氧化酶活性指标影响的多重比较。在四因素不同水平交互处理下，羊柴 POD、SOD、CAT 具有最大或较大值的因素水平组合分别为 $T_{25}P_{100}N_0S_{50}$，$T_{25}P_{100}(N_0、N_{120})S_{50}$，$T_{25}P_{100}(N_0、N_{120})S_{50}$，这一结果进一步印证了极差分析筛选出最优组合的结果。

表 11.9 四因素互作对羊柴抗氧化酶活性指标影响的多重比较

指标	因素水平	复配土	PP_{333}	氮肥	降水
POD	水平 1	b	c	a	a
	水平 2	a	bc	b	b
	水平 3	b	a	b	b
	水平 4	b	b	c	b
SOD	水平 1	b	b	a	a
	水平 2	a	b	a	c
	水平 3	b	a	b	b
	水平 4	b	b	c	bc
CAT	水平 1	b	b	a	a
	水平 2	a	b	a	c
	水平 3	b	a	b	b
	水平 4	b	b	c	c

注：同一指标下同列不同小写字母表示在 0.05 显著性水平下差异显著

11.2.2　对植物应激性生理指标的影响

11.2.2.1　对植物应激性生理指标的效应

图 11.4 为复配土、PP_{333}、氮肥、降水四因素互作对植物应激性生理指标的效应曲线。在四因素交互作用下，Pro、MDA 随复配土中黄土比例逐渐增大呈先降后升变化，均在 T_{25} 时值最小，T_{75} 时值最大；REC 随复配土中黄土比例逐渐增大变化规律不明显，但在 T_{50} 时值最大，T_{75} 时值最小。3 个指标随 PP_{333} 浓度水平递增变化趋势基本一致，均在 P_{50} 时值最大，P_{100} 时值最小，P_{50} 与 P_{100} 间变幅最大。随施加氮肥水平逐渐升高，3 项指标均呈持续上升变化。随降水水平递增，3 项指

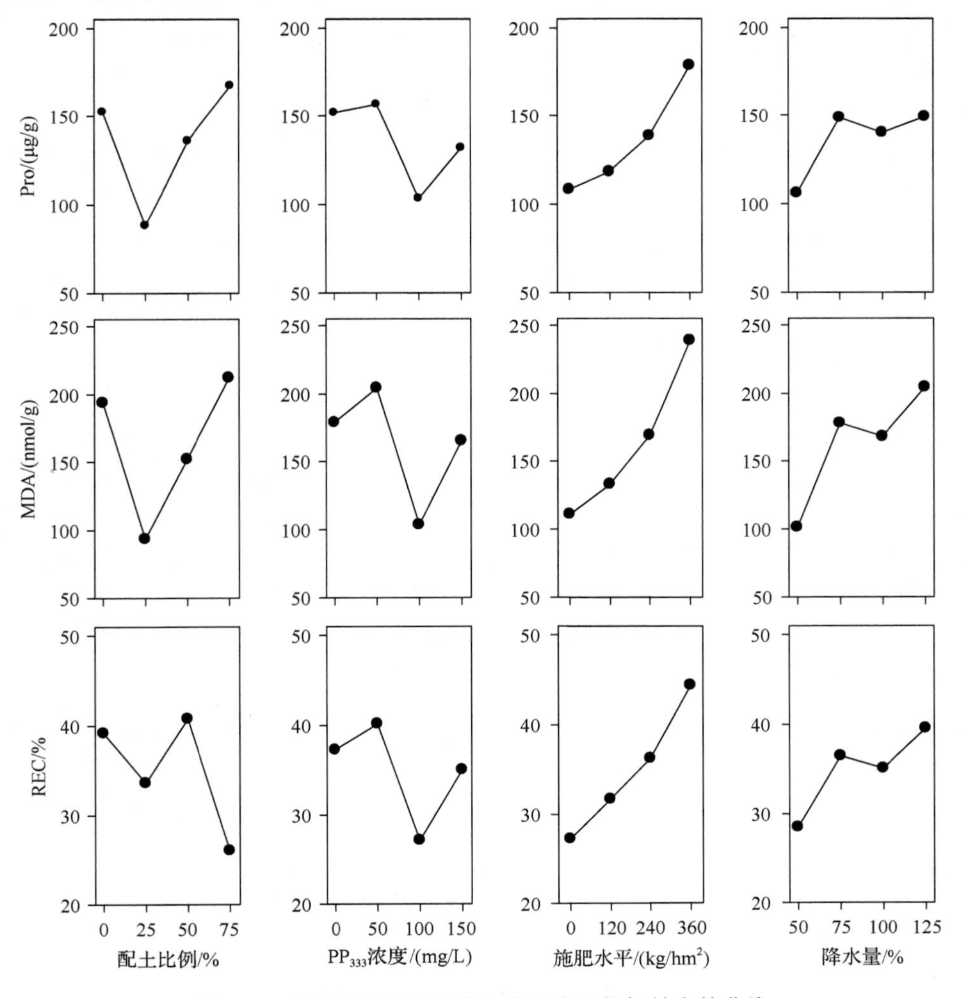

图 11.4　四因素互作对羊柴应激性生理指标效应的曲线

标总体变化趋势也基本一致，均在 S_{50} 时值最小，S_{125} 时值最大，在 S_{50} 与 S_{75} 间升幅最大，在 S_{75} 与 S_{100} 间有小幅下降。从整体上来看，同一因素对 3 项指标产生的效应类似，但同一指标对不同因素的响应差别很大。

11.2.2.2 对植物应激性生理指标影响的极差分析

表 11.10 为四因素互作对羊柴应激性生理指标影响的极差分析。由表 11.10 中极差 *R* 的大小可知，4 个因素对 Pro 的独立效应表现为 A＞C＞B＞D，即复配土＞氮肥＞PP_{333}＞降水，对 Pro 产生最佳效应的组合为 $A_2B_3C_1D_1$，即 $T_{25}P_{100}N_0S_{50}$ 处理。对 MDA 的独立效应表现为 C＞A＞D＞B，即氮肥＞复配土＞降水＞PP_{333}，对 MDA 产生最佳效应的组合为 $A_2B_3C_1D_1$，即 $T_{25}P_{100}N_0S_{50}$ 处理。对 REC 的独立效应表现为 C＞A＞B＞D，即氮肥＞复配土＞PP_{333}＞降水，对 REC 产生最佳效应的组合为 $A_2B_3C_1D_1$，即 $T_{25}P_{100}N_0S_{50}$ 处理。

表 11.10 四因素互作对羊柴应激性生理指标影响的极差分析

指标	*K* 值	A（复配土）	B（PP_{333}）	C（氮肥）	D（降水）
Pro	K_1	609.15	607.05	433.76	425.05
	K_2	351.93	626.65	472.61	593.88
	K_3	542.43	413.98	552.77	559.41
	K_4	670.60	526.41	714.96	595.76
	极差 *R*	318.68	212.67	281.19	170.71
	因素主次顺序	A＞C＞B＞D			
	优组合	$A_2B_3C_1D_1$			
MDA	K_1	775.55	714.42	444.32	405.60
	K_2	374.06	817.05	531.73	710.93
	K_3	607.43	414.42	674.93	671.00
	K_4	848.46	659.61	954.52	817.97
	极差 *R*	474.40	402.63	510.20	412.37
	因素主次顺序	C＞A＞D＞B			
	优组合	$A_2B_3C_1D_1$			
REC	K_1	156.74	149.07	109.00	113.97
	K_2	104.13	160.68	126.84	145.85
	K_3	134.45	108.54	144.94	140.33
	K_4	163.07	140.11	177.62	158.25
	极差 *R*	58.94	52.14	68.62	44.27
	因素主次顺序	C＞A＞B＞D			
	优组合	$A_2B_3C_1D_1$			

11.2.2.3　对植物应激性生理指标影响的方差分析

表 11.11 为四因素互作对植物 3 项应激性生理指标影响的方差分析。结果表明：四因素交互作用下，各因素不同水平间 3 项应激性生理指标差异均达到极显著水平。各因素不同水平间指标的均方表明：在四因素交互作用下，各因素对 Pro 影响的主次顺序为复配土＞氮肥＞PP_{333}＞降水，对 MDA 影响的主次顺序为氮肥＞复配土＞降水＞PP_{333}，对 REC 影响的主次顺序为氮肥＞复配土＞PP_{333}＞降水。这与极差分析结果一致。

表 11.11　四因素互作对羊柴应激性生理指标影响的方差分析

指标	变异源	自由度	偏差平方和	均方	*F* 值	*P* 值
Pro	模型	12	189 104.52	15 758.71	26.39	＜0.000 1
	配土比例	3	71 456.28	23 818.76	39.89	＜0.000 1
	PP_{333}浓度	3	35 023.87	11 674.62	19.55	＜0.000 1
	氮肥水平	3	58 186.02	19 395.34	32.48	＜0.000 1
	降水水平	3	24 438.35	8 146.12	13.64	＜0.000 1
MDA	模型	12	578 084.02	48 173.67	47.96	＜0.000 1
	配土比例	3	166 376.60	55 458.87	55.21	＜0.000 1
	PP_{333}浓度	3	109 548.95	36 516.32	36.35	＜0.000 1
	氮肥水平	3	187 045.32	62 348.44	62.07	＜0.000 1
	降水水平	3	115 113.14	38 371.05	38.20	＜0.000 1
REC	模型	12	9 056.60	754.72	20.40	＜0.000 1
	配土比例	3	2 661.31	887.10	23.98	＜0.000 1
	PP_{333}浓度	3	1 873.97	624.66	16.89	＜0.000 1
	氮肥水平	3	3 216.18	1 072.06	28.98	＜0.000 1
	降水水平	3	1 305.15	435.05	11.76	＜0.000 1

注：显著性水平，$P>0.05$ 为不显著，$P<0.05$ 为显著，$P<0.01$ 为极显著

表 11.12 为四因素互作对羊柴应激性生理指标影响的多重比较。在四因素不同水平交互处理下，羊柴 Pro、MDA、REC 具有最小或较小值的因素水平组合分别为 $T_{25}P_{100}(N_0、N_{120})S_{50}$，$T_{25}P_{100}N_0S_{50}$，$T_{25}P_{100}N_0S_{50}$，这一结果进一步印证了极差分析筛选出最优组合的结果，同时结合极差分析得出的各因素对 Pro 变化贡献的大小说明：氮肥虽然对 Pro 变化的贡献较大，但 N_0、N_{120} 处理并没有显著差异，而在更高的施肥水平上其贡献才体现出来。

表 11.12　四因素互作对羊柴应激性生理指标影响的多重比较

指标	因素水平	复配土	PP_{333}	氮肥	降水
Pro	水平 1	a	a	c	b
	水平 2	c	a	c	a
	水平 3	a	c	b	a
	水平 4	b	b	a	a
MDA	水平 1	a	b	d	c
	水平 2	c	a	c	b
	水平 3	a	c	b	b
	水平 4	b	b	a	a
REC	水平 1	a	ab	d	c
	水平 2	c	a	c	ab
	水平 3	a	c	b	b
	水平 4	b	b	a	a

注：同一指标下同列不同小写字母表示在 0.05 显著性水平下差异显著

11.2.3　对植物叶绿素含量指标的影响

11.2.3.1　对植物叶绿素含量指标的效应

图 11.5 为复配土、PP_{333}、氮肥、降水四因素互作对植物叶绿素含量指标的效应曲线。在四因素交互作用下，随复配土中黄土比例递增，Chl a 含量变化规律不明显，但在 T_0 时有最大值，在 T_{25} 时有最小值；Chl b 和 Chl t 的含量均呈先升后降变化，均在 T_{25} 时值最大，T_{75} 时值最小；Chl a/Chl b 也呈先升后降变化，T_{50} 时值最大，T_0 时值最小。随 PP_{333} 浓度递增，4 项指标在不同浓度水平间的变化程度有所不同，但总体变化趋势一致：均在 P_0 与 P_{50} 间有所下降，而后在 P_{50} 与 P_{100} 间上升，P_{100} 时均达到最大值，而后又有不同程度地下降，P_{50} 时 Chl a、Chl b、Chl t 含量均有最小值，P_{150} 时 Chl a/Chl b 值最小。随着施加氮肥水平递增，Chl a、Chl b、Chl t 含量均呈先升后降变化，且均在 N_{120} 时有最大值，在 N_{360} 时有最小值；Chl a/Chl b 呈先降后升变化，在 N_0 时值最大，N_{120} 时值最小。随着降水水平递增，Chl a 含量和 Chl a/Chl b 均呈先升后降变化，且均在 S_{75} 时值最大，在 S_{125} 时 Chl a 值最小，在 S_{50} 时 Chl a/Chl b 值最小；Chl b 和 Chl t 含量均呈先降后升变化，均在 S_{50} 时值最大，在 S_{75} 时值最小。总体来看，复配土对 Chl b、Chl t、Chl a/Chl b 有类似的效应，PP_{333} 对 4 项指标均有类似的效应，氮肥对 Chl a、Chl b、Chl t 含量有类似的效应，降水对 Chl b 和 Chl t 含量有类似的效应，同一因素对 Chl b 和 Chl t 含量产生的效应基本一致；Chl a 含量对复配土和 PP_{333} 的响应类似，对氮肥和降水的响应类似，Chl b、Chl t、Chl a/Chl b 对不同因素的响应差异很大。

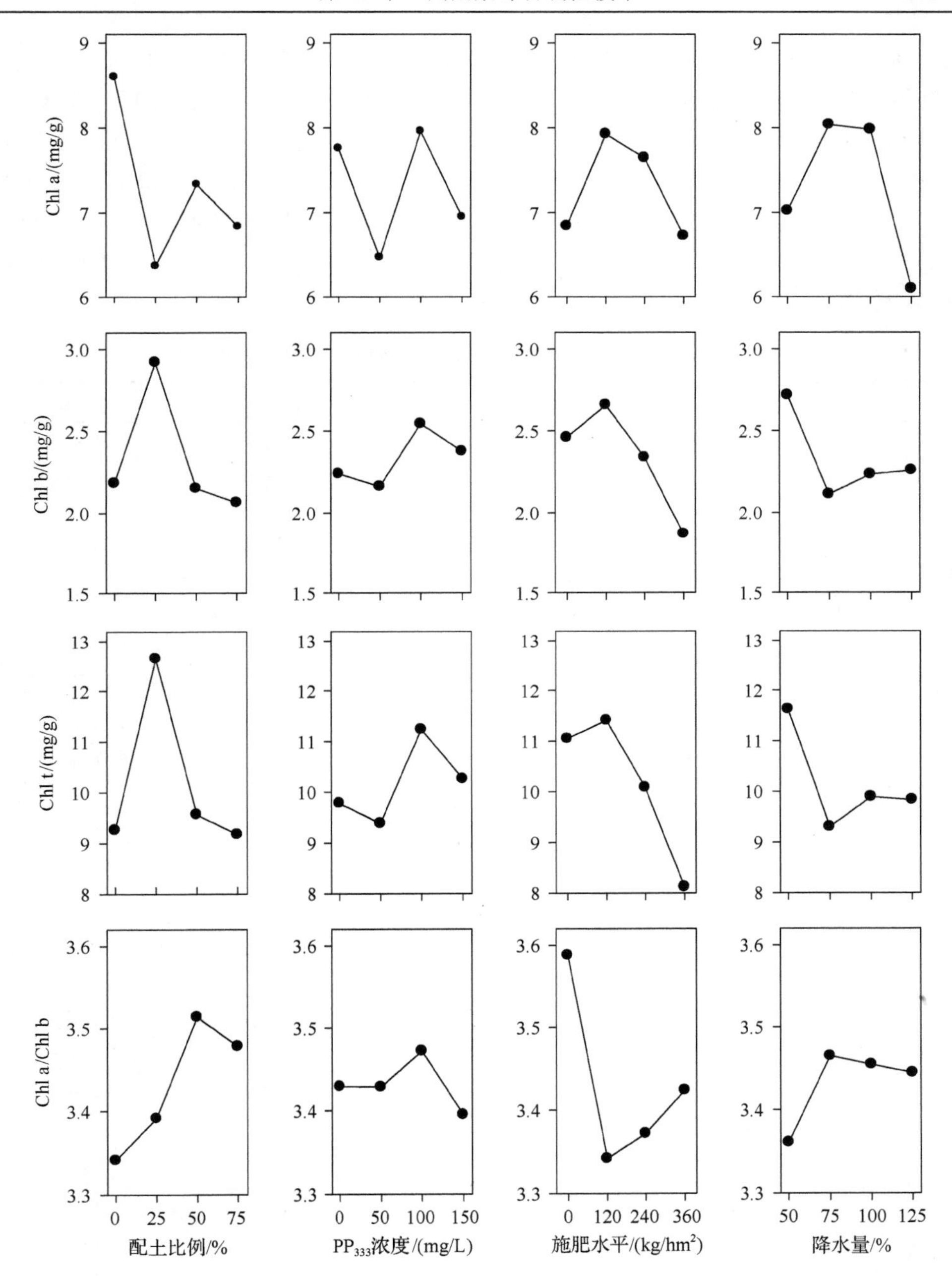

图 11.5　四因素互作对羊柴叶绿素含量指标效应的曲线

11.2.3.2　对植物叶绿素含量指标影响的极差分析

表 11.13 为多因素互作对羊柴叶绿素含量指标影响的极差分析。由表 11.13 中

极差 R 大小次序可知，4 个因素对 Chl a 的独立效应表现为 A＞D＞B＞C，即复配土＞降水＞PP_{333}＞氮肥，依据因素不同水平对指标产生影响的大小（K 值），对 Chl a 产生最佳效应的组合为 $A_1B_3C_2D_2$，即 $T_0P_{100}N_{120}S_{75}$ 处理。对 Chl b、Chl t 的独立效应表现均为 A＞C＞D＞B，即复配土＞氮肥＞降水＞PP_{333}，对 Chl b、Chl t 产生最佳效应的组合均为 $A_2B_3C_2D_1$，即 $T_{25}P_{100}N_{120}S_{50}$ 处理。对 Chl a/Chl b 的独立效应表现为 C＞A＞D＞B，即氮肥＞复配土＞降水＞PP_{333}，对 Chl a/Chl b 产生最佳效应的组合为 $A_1B_4C_2D_1$，即 $T_0P_{150}N_{120}S_{50}$ 处理。

表 11.13　四因素互作对羊柴叶绿素含量指标影响的极差分析

指标	K 值	A（复配土）	B（PP_{333}）	C（氮肥）	D（降水）
Chl a	K_1	34.39	31.04	27.37	28.10
	K_2	25.49	25.88	31.71	32.16
	K_3	29.34	31.85	30.59	31.93
	K_4	27.35	27.81	26.90	24.39
	极差 R	8.91	5.97	4.81	7.77
	因素主次顺序	A＞D＞B＞C			
	优组合	$A_1B_3C_2D_2$			
Chl b	K_1	8.74	8.96	9.84	10.87
	K_2	11.68	8.65	10.64	8.45
	K_3	8.61	10.18	9.35	8.94
	K_4	8.26	9.51	7.47	9.03
	极差 R	3.42	1.53	3.17	2.42
	因素主次顺序	A＞C＞D＞B			
	优组合	$A_2B_3C_2D_1$			
Chl t	K_1	37.06	39.12	44.20	46.52
	K_2	50.59	37.55	45.67	37.23
	K_3	38.27	44.95	40.30	39.56
	K_4	36.71	41.02	32.47	39.33
	极差 R	13.88	7.40	13.20	9.29
	因素主次顺序	A＞C＞D＞B			
	优组合	$A_2B_3C_2D_1$			
Chl a/Chl b	K_1	13.36	13.72	14.35	13.44
	K_2	13.57	13.71	13.36	13.86
	K_3	14.06	13.89	13.49	13.82
	K_4	13.91	13.58	13.70	13.78
	极差 R	0.69	0.31	0.99	0.42
	因素主次顺序	C＞A＞D＞B			
	优组合	$A_1B_4C_2D_1$			

11.2.3.3　对植物叶绿素含量指标影响的方差分析

表 11.14 为多因素互作对植物叶绿素含量指标影响的方差分析。结果表明：四因素交互作用下，各因素不同水平间 Chl a、Chl t 差异均达到极显著水平，不同配土比例间、氮肥水平间、降水水平间 Chl b 差异也均达到极显著水平，不同 PP_{333} 浓度水平间 Chl b 差异达到显著水平，而各因素不同水平间 Chl a/Chl b 差异均不显著。各因素不同水平间指标均方表明：在四因素交互作用下，各因素对 Chl a、Chl b、Chl t 影响的主次顺序均为复配土＞氮肥＞降水＞PP_{333}，对 Chl a/Chl b 影响的主次顺序为氮肥＞复配土＞降水＞PP_{333}。其中对 Chl b、Chl t、Chl a/Chl b 的影响顺序与极差分析结果一致，对 Chl a 的影响顺序与极差分析结果不同，但两种排序结果都说明复配土因素对 Chl a 产生的影响最大。

表 11.14　四因素互作对羊柴叶绿素含量指标影响的方差分析

指标	变异源	自由度	偏差平方和	均方	F 值	P 值
Chl a	模型	12	233.23	19.44	11.81	＜0.0001
	配土比例	3	96.96	32.32	19.64	＜0.0001
	PP_{333} 浓度	3	23.90	7.97	4.84	0.0041
	氮肥水平	3	78.93	26.31	15.99	＜0.0001
	降水水平	3	33.44	11.15	6.77	0.0005
Chl b	模型	12	22.15	1.85	11.60	＜0.0001
	配土比例	3	9.41	3.14	19.71	＜0.0001
	PP_{333} 浓度	3	1.70	0.57	3.57	0.0185
	氮肥水平	3	6.79	2.26	14.22	＜0.0001
	降水水平	3	4.25	1.42	8.90	＜0.0001
Chl t	模型	12	396.90	33.08	15.97	＜0.0001
	配土比例	3	166.25	55.42	26.76	＜0.0001
	PP_{333} 浓度	3	38.28	12.76	6.16	0.0009
	氮肥水平	3	131.01	43.67	21.08	＜0.0001
	降水水平	3	61.36	20.45	9.88	＜0.0001
Chl a/Chl b	模型	12	1.29	0.11	0.21	0.9978
	配土比例	3	0.38	0.13	0.24	0.8679
	PP_{333} 浓度	3	0.06	0.02	0.04	0.9894
	氮肥水平	3	0.72	0.24	0.46	0.7129
	降水水平	3	0.13	0.04	0.09	0.9675

注：显著性水平，P＞0.05 为不显著，P＜0.05 为显著，P＜0.01 为极显著

表 11.15 为四因素互作对羊柴叶绿素含量指标影响的多重比较。在四因素不同水平交互处理下，羊柴 Chl a、Chl b、Chl t 含量具有最大或较大值的因素水平组合分别为 T_0P_{100}(N_0、N_{120})S_{75}，$T_{25}P_{100}N_{120}S_{50}$，$T_{25}P_{100}$($N_0$、$N_{120}$)$S_{50}$，这一结果进一步印证了极差分析筛选出最优组合的结果，而各因素不同水平对 Chl a/Chl b 产生的作用均没有显著差异。

表 11.15　四因素互作对羊柴叶绿素含量指标影响的多重比较

指标	因素水平	复配土	PP_{333}	氮肥	降水
Chl a	水平 1	a	b	a	b
	水平 2	b	b	a	a
	水平 3	b	a	b	b
	水平 4	b	b	c	b
Chl b	水平 1	b	b	ab	ab
	水平 2	a	b	a	b
	水平 3	b	a	b	b
	水平 4	b	ab	c	b
Chl t	水平 1	b	b	a	a
	水平 2	a	b	a	b
	水平 3	b	a	b	b
	水平 4	b	b	c	b
Chl a/Chl b	水平 1	a	a	a	a
	水平 2	a	a	a	a
	水平 3	a	a	a	a
	水平 4	a	a	a	a

注：同一指标下同列不同小写字母表示在 0.05 显著性水平下差异显著

11.3　四因素互作对植物光合及抗逆生理影响的综合评价

11.3.1　植物光合及抗逆生理指标的典型相关分析

表 11.16 和表 11.17 分别列出了四因素交互作用不同处理下植物光合与抗逆生理指标的典型相关变量特征值及其典型相关系数假设检验特征值。由表 11.16 和表 11.17 可知，第 1 对典型相关变量累积贡献率提供了 67.87%的相关信息，其他 9 对典型相关变量只提供了 32.13%的相关信息。前两个典型相关系数 *P* 值分别为＜0.0001、＜0.0001，说明典型相关系数在 α=0.05、α=0.01 水平下均具有

统计学意义，而其余 8 个典型相关系数没有统计学意义。因此，本研究选取第 1 对典型相关变量进行下一步分析。

表 11.16　四因素互作处理下典型相关变量特征值

典型相关变量对	特征值	特征值差值	贡献率/%	累积贡献率/%
1	7.6719	5.4042	67.87	67.87
2	2.2677	1.6625	20.07	87.94
3	0.6052	0.2928	5.35	93.29
4	0.3124	0.1463	2.76	96.05
5	0.1661	0.0109	1.47	97.52
6	0.1552	0.0807	1.37	98.89
7	0.0746	0.0302	0.66	99.55
8	0.0444	0.0392	0.39	99.94
9	0.0052	0.0047	0.06	100.00
10	0.0005	0.0000	0.00	100.00

表 11.17　四因素互作处理下典型相关系数假设检验

典型相关变量对	似然比统计量	渐进 F 统计量	Num DF	Den DF	P 值
1	0.0110	3.8700	100	441.44	<0.0001
2	0.0955	2.1800	81	403.18	<0.0001
3	0.3122	1.2700	64	364.10	0.0909
4	0.5011	0.9600	49	324.26	0.5440
5	0.6576	0.7900	36	283.80	0.8022
6	0.7669	0.7200	25	242.97	0.8352
7	0.8860	0.5100	16	202.27	0.9397
8	0.9520	0.3700	9	163.21	0.9479
9	0.9943	0.1000	4	136.00	0.9830
10	0.9995	0.0400	1	69.00	0.8471

表 11.18 为植物光合及抗逆生理指标组典型变量多重回归分析的结果。由该表可知：光合生理指标组与抗逆生理指标组第 1 典型变量 W_1 之间多重相关系数的平方依次为 0.6902、0.4366、0.2203、0.0210、0.0382、0.1158、0.0170、0.5826、0.3471、0.7640，说明抗逆生理指标组第 1 典型变量 W_1 对 P_n、T_r、ETR、F_v/F_m 有相当好的预测能力。抗逆生理指标组与光合生理指标组第 1 典型变量 V_1 之间多重相关系数的平方依次为 0.6083、0.5433、0.4943、0.5644、0.5473、0.5184、0.8282、0.8170、0.8443、0.0025，说明光合生理指标组第 1 典型变量 V_1 对 POD、Pro、Chl a、Chl b、Chl t 有相当好的预测能力。

表 11.18　四因素互作处理下原始变量与对方组的前 m 个典型变量多重回归分析

典型变量	1	2	3	4	5
P_n	0.6902	0.7303	0.7347	0.7432	0.7500
T_r	0.4366	0.4902	0.4902	0.4992	0.5259
G_s	0.2203	0.2631	0.2631	0.2740	0.2741
C_i	0.0210	0.0325	0.0910	0.0976	0.1117
WUE	0.0382	0.0405	0.0491	0.0760	0.1107
qN	0.1158	0.2105	0.2108	0.2378	0.2380
qP	0.0170	0.0200	0.1411	0.1505	0.1522
ETR	0.5826	0.7365	0.7370	0.7493	0.7525
ΦPS Ⅱ	0.3471	0.5209	0.5414	0.5414	0.5510
F_v/F_m	0.7640	0.7661	0.7708	0.7708	0.7801
POD	0.6083	0.6860	0.6933	0.6990	0.7148
SOD	0.5433	0.6820	0.6840	0.6917	0.6977
CAT	0.4943	0.7331	0.7339	0.7399	0.7424
Pro	0.5644	0.7224	0.7336	0.7458	0.7465
MDA	0.5473	0.7229	0.7513	0.7533	0.7595
REC	0.5184	0.6344	0.6695	0.6705	0.6706
Chl a	0.8282	0.8324	0.8346	0.8351	0.8354
Chl b	0.8170	0.8176	0.8187	0.8192	0.8195
Chl t	0.8443	0.8463	0.8482	0.8484	0.8487
Chl a/Chl b	0.0025	0.0340	0.0361	0.0527	0.0528

综上所述，在光合生理指标中，P_n、T_r、ETR、F_v/F_m 对于第 1 典型变量的作用较大，在抗逆生理指标中，POD、Pro、Chl a、Chl b、Chl t 对于第 1 典型变量的影响较大。

11.3.2　植物光合及抗逆生理的 TOPSIS 法综合评价

由不同处理对植物光合及抗逆生理影响的 TOPSIS 法综合评价结果（表 11.19）可知：各指标值与最优值的相对接近程度顺序为处理 7＞处理 6＞处理 8＞处理 15＞处理 1＞处理 16＞处理 9＞处理 3＞处理 11＞处理 2＞处理 12＞处理 10＞处理 5＞处理 13＞处理 4＞处理 14，处理 7 最大，处理 14 最小，处理 6、处理 7 综合评价结果相差不大，即在处理 6、处理 7 时植物光合及抗逆生理综合评价指标最佳，所以最有利于植物生长发育的条件为处理 6（$T_{25}P_{50}N_0S_{125}$）、处理 7（$T_{25}P_{100}N_{360}S_{50}$）。

表 11.19　四因素互作对羊柴生理指标影响的 TOPSIS 法综合评价

评价对象	评价对象到最优点距离	评价对象到最差点距离	评价参考值 C_i	排序结果
1	0.3837	0.3332	0.4648	5
2	0.5561	0.1857	0.2503	10
3	0.4918	0.2052	0.2944	8
4	0.6022	0.0802	0.1175	15
5	0.5655	0.1196	0.1746	13
6	0.1284	0.5671	0.8154	2
7	0.0505	0.6564	0.9286	1
8	0.2299	0.4786	0.6755	3
9	0.4701	0.2297	0.3282	7
10	0.5517	0.1289	0.1894	12
11	0.5180	0.1738	0.2512	9
12	0.5333	0.1503	0.2199	11
13	0.6200	0.0842	0.1196	14
14	0.6732	0.0000	0.0000	16
15	0.3337	0.4007	0.5456	4
16	0.4450	0.2577	0.3667	6

11.3.3　植物光合及抗逆生理的主成分分析综合评价

表 11.20 列出了不同处理下植物光合及抗逆生理指标的特征值和贡献率。由该表可知，前 3 个主成分累积贡献率提供了 84.93%的相关信息，超过了 80%，其他 17 个成分只提供了 15.07%的相关信息。因此，取前 3 个主成分进行下一步分析。

表 11.20　四因素互作处理下的特征值和贡献率

主成分	特征值 (λ_i)	贡献率/%	累积贡献率/%
1	12.26	61.32	61.32
2	3.09	15.43	76.75
3	1.64	8.18	84.93
4	0.97	4.84	89.77
5	0.71	3.58	93.35
6	0.62	3.12	96.47
7	0.23	1.13	97.60
8	0.20	1.01	98.61
9	0.12	0.58	99.19
10	0.06	0.30	99.49

续表

主成分	特征值(λ_i)	贡献率/%	累积贡献率/%
11	0.05	0.27	99.76
12	0.02	0.12	99.88
13	0.01	0.07	99.95
14	0.01	0.04	99.99
15	0.00	0.01	100.00
16	0.00	0.00	100.00
17	0.00	0.00	100.00
18	0.00	0.00	100.00
19	0.00	0.00	100.00
20	0.00	0.00	100.00

由表 11.21 分别得出如下结论。

表 11.21　四因素互作处理下的主成分载荷

指标	主成分 1	主成分 2	主成分 3
X_1	0.2759	0.0964	−0.0443
X_2	0.2338	−0.3019	−0.0259
X_3	0.1935	−0.3504	−0.0322
X_4	0.0954	−0.5103	0.0195
X_5	−0.1094	0.4971	−0.0642
X_6	0.0267	0.3001	0.5153
X_7	−0.0012	0.2827	−0.1672
X_8	0.2326	0.1245	0.2423
X_9	0.1233	−0.0022	0.4718
X_{10}	0.2612	0.1064	0.0738
X_{11}	0.2726	0.0260	−0.1175
X_{12}	0.2744	0.0455	−0.1286
X_{13}	0.2714	0.0148	−0.2116
X_{14}	−0.2717	−0.1105	0.0423
X_{15}	−0.2640	−0.1110	0.0818
X_{16}	−0.2647	−0.0780	0.1211
X_{17}	0.2804	0.0769	−0.0116
X_{18}	0.2760	0.0481	0.1105
X_{19}	0.2804	0.0705	0.0176
X_{20}	−0.0467	0.1599	−0.5484

第一主成分 $F_1=0.2759X_1+0.2338X_2+0.1935X_3+0.0954X_4-0.1094X_5+0.0267X_6-0.0012X_7+0.2326X_8+0.1233X_9+0.2612X_{10}+0.2726X_{11}+0.2744X_{12}+0.2714X_{13}-0.2717X_{14}-0.2640X_{15}-0.2647X_{16}+0.2804X_{17}+0.2760X_{18}+0.2804X_{19}-0.0467X_{20}$　(11.1)

第二主成分 $F_2=0.0964X_1-0.3019X_2-0.3504X_3-0.5103X_4+0.4971X_5+0.3001X_6+0.2827X_7+0.1245X_8-0.0022X_9+0.1064X_{10}+0.0260X_{11}+0.0455X_{12}+0.0148X_{13}-0.1105X_{14}-0.1110X_{15}-0.0780X_{16}+0.0769X_{17}+0.0481X_{18}+0.0705X_{19}+0.1599X_{20}$　(11.2)

第三主成分 $F_3=-0.0443X_1-0.0259X_2-0.0322X_3+0.0195X_4-0.0642X_5+0.5153X_6-0.1672X_7+0.2423X_8+0.4718X_9+0.0738X_{10}-0.1175X_{11}-0.1286X_{12}-0.2116X_{13}+0.0423X_{14}+0.0818X_{15}+0.1211X_{16}-0.0116X_{17}+0.1105X_{18}+0.0176X_{19}-0.5484X_{20}$　(11.3)

得到 F 的综合模型：

$$F=0.2124X_1+0.1114X_2+0.0729X_3-0.022X_4+0.0052X_5+0.1234X_6+0.0344X_7+0.2139X_8+0.134X_9+0.215X_{10}+0.1902X_{11}+0.194X_{12}+0.1783X_{13}-0.2122X_{14}-0.2029X_{15}-0.1936X_{16}+0.2153X_{17}+0.2187X_{18}+0.217X_{19}-0.0575X_{20} \quad (11.4)$$

然后，根据建立的 F_1、F_2、F_3 与综合模型计算第一、第二、第三主成分及综合主成分值(表 11.22)，而后进行排序。

表 11.22　四因素互作处理下的综合主成分值

处理	第一主成分	排序	第二主成分	排序	第三主成分	排序	综合主成分	排序
处理 1	0.86	6	−3.68	16	0.40	7	−0.01	6
处理 2	−1.86	12	−2.60	15	0.70	6	−1.75	13
处理 3	−1.69	10	−0.52	10	1.26	3	−1.19	11
处理 4	−1.78	11	1.59	3	1.19	4	−0.88	10
处理 5	1.32	5	−0.02	8	1.44	1	1.09	5
处理 6	7.25	1	1.15	5	1.44	2	5.58	1
处理 7	6.21	2	0.55	7	0.33	8	4.61	2
处理 8	3.89	3	−0.71	11	−3.36	16	2.36	3
处理 9	−1.03	8	2.37	2	−1.62	15	−0.47	7
处理 10	−2.01	13	1.55	4	−0.27	11	−1.19	12
处理 11	−1.44	9	3.02	1	−0.23	10	−0.51	8
处理 12	−3.22	15	0.66	6	0.97	5	−2.11	14
处理 13	−5.81	16	−0.72	12	−0.55	13	−4.38	16
处理 14	−2.62	14	−0.99	13	−1.02	14	−2.17	15
处理 15	2.65	4	−1.37	14	−0.55	12	1.61	4
处理 16	−0.74	7	−0.29	9	−0.13	9	−0.60	9

由不同处理对植物光合及抗逆生理影响的主成分综合评价结果(表 11.22)可知：各处理的综合主成分顺序为处理 6＞处理 7＞处理 8＞处理 15＞处理 5＞处理 1＞处理 9＞处理 11＞处理 16＞处理 4＞处理 3=处理 10＞处理 2＞处理 12＞处理 14＞处理 13，处理 6 最大，处理 13 最小，处理 6、处理 7 综合评价结果相差不大，即在处理 6、处理 7 时植物光合及抗逆生理综合评价指标最佳，所以最有利于植物生长发育的条件为处理 6、处理 7。

综上所述，在复配土、PP_{333}、施加氮肥、降水四因素交互作用下，对植物光合及抗逆生理各指标影响的两种综合评价结果均说明，处理 6、处理 7 综合评价结果最优，所以最有利于植物生长发育的条件为处理 6($T_{25}P_{50}N_0S_{125}$)、处理 7($T_{25}P_{100}N_{360}S_{50}$)。

11.4 小　　结

在复配土、施加氮肥、降水、PP_{333} 共同作用下，羊柴光合及抗逆各项生理指标对不同因素的响应变化有较大差异，但以复配土和施加氮肥对各项指标产生的作用更为明显；在四因素交互作用下，对羊柴光合及抗逆生理综合作用最有利的因素水平组合分别为：①复配土 25%、PP_{333} 蘸根浓度 50mg/L、不施氮肥、近 30 年 4～9 月平均降水量的 125%(384.3mm)；②复配土 25%、PP_{333} 蘸根浓度 100mg/L、施加氮肥 360kg/hm^2、近 30 年 4～9 月平均降水量的 50%(153.7mm)。

在适宜的环境条件下，植物内在各项生理机制保持着动态平衡，并能促进植物的良好发育，但植物不同的生理机制对外界环境变化产生的响应不同，当有些条件发生变化时，植物有些内在生理机制发生改变意味着其对新环境的适应性增强，而有时却意味着植物某些生理机能的下降或在逆境下受到了不同程度的伤害。例如，非光化学猝灭系数(qN)是 PSⅡ天线色素吸收的光能不能用于光合电子传递而以热能形式耗散掉的部分，qN 的升高意味着植物对光能利用率的下降，但是如果 PSⅡ反应中心吸收了过量光能而不能及时耗散就会使植物光合机构发生光损伤，所以 qN 的升高又意味着植物自我保护机能的增强。又如，许多研究将植物在逆境胁迫下体内游离脯氨酸(Pro)含量的升高作为衡量植物受到逆境胁迫强度的参考指标，但也有许多研究将其含量的升高作为衡量植物抗逆能力的参考指标。因此，单一指标的升降变化既不能全面衡量植物的抗逆能力强弱，也不能全面衡量植物所在生境的优劣。另外，植物内在生理机制和外在生长发育状况的变化是对环境各要素发生变化的综合反映，质地致密的土壤虽然具有良好的持水保肥性能，但因通透性差不利于植物生长发育；相反，质地过于疏松的土壤虽然具有良好的通透性，但常因持水保肥能力差也不利于植物生长发育；而在一般情况下，这两种土壤的肥力供应能力都不高，不利于施入土壤养分的有效性发挥。所以，仅仅用复配土持水保肥性能的高低，不能衡量复配土性状的优劣。因此，本研究在第一层面上，将植物与土壤研究相结合；在第二层面上，一是在土壤环境变化方面，在设定不同复配土条件下，将复配土与控水、施肥、植物生长调节剂等多个土壤因素变化研究相结合，二是在植物生理变化方面，将植物光合生理与抗逆生理对土壤环境变化的响应相结合。在分析不同配比复配土对各指标产生影响变化的基础上，分别利用TOPSIS法和主成分分析法进行了相互印证性的综合评价，力图从更全面的角度来衡量植物所处土壤环境的优劣。其结果不仅能够说明适宜配比的复配土能够促进植物的生长发育，同时说明其有利于土壤肥力和植物生长调节剂有效性的发挥，并借此提出了促进采沙迹地植被建植的土、水、肥、植物生长调节剂最佳调控组合。

从复配土、控水、施加氮肥、PP_{333}四因素交互作用对羊柴光合及抗逆生理各指标影响的贡献顺序来看，以复配土和施加氮肥对各项指标产生的作用最为明显，这说明影响采沙迹地植被建植成效的主要限制因素是不良的土壤质地性状和贫瘠的养分。从复配土与施加氮肥交互作用对羊柴光合及抗逆生理各指标影响的贡献来看，又以施加氮肥对各项指标产生的作用最为明显。这里值得指出的是，在贫瘠的采沙迹地上进行植被建植，合理补充土壤养分固然重要，但质地性状不良的采沙迹地土壤严重制约着持水保肥能力和水肥的有效性，所以，不对采沙迹地土壤质地性状进行改善也就不能从根本上解决养分贫瘠对采沙迹地植被建植的制约问题。

不同植物对土壤环境变化的响应程度不同，本研究选择了典型沙生植物——羊柴为试验材料，研究者深知其说服力尚不够全面。在本研究依托的项目研究中栽(种)了多种树(草)，包括苹果、梨、杏、李、枣等经济果树，榆叶梅、白蜡等观赏树种，欧李、柠条锦鸡儿等灌木树种，斜茎黄耆、紫花苜蓿等多年生牧草，其中部分品种为异地引进种，从植物的各种生长表现来看，复配土的效果都是显著的。

本研究复配土配比水平的选择是基于综合考虑风沙土和黄土(或砒砂岩)两种不同极端类型土壤的性状来进行的，追求的目标是筛选最有利于羊柴生长发育的复配土比例。研究结果显示：在黄土配比为第一水平(25%)处理时最佳，这说明尚有待于在复配土比例为25%以下继续深入研究。这里值得指出的问题是，用土壤复配的方式对风沙土进行改良生态建设往往需要付出巨大的工程量，即使是很小的复配土比例，由于需要治理的土地面广量大，其人力、机械等经济成本也是十分可观的。本研究主要针对风积沙产业化利用采沙后形成的采沙迹地进行治理研究，结合采沙工艺特点，借助采沙后部分下覆黄土出露于地表，以及采沙过程中的大型机械就近取土等有利条件进行采土、整地、改良，可以使成本大大降低。众所周知，在干旱多风、蒸发强烈的沙区进行沙漠治理生态建设时，造林成活率低、保存率低往往是影响生态建设成效最重要的限制因素，甚至很多时候付出巨大努力却没有任何成效。所以本研究建议可以继续探索有利于植物成活、保存的最低复配土比例，如若以较小的工程量能换来较高的成活率和保存率，虽然植物生长状况不是最佳，但在保证成活率、保存率的基础上，有利于沙地植被自觉恢复，其成效也是十分可观的，用复配土改良风沙土的方式促进生态建设也是值得的、可以推广的。

另外，本研究主要针对采沙迹地风沙土不良的质地性状开展了利用采沙迹地下覆黄土改善风沙土的质地性状的研究，研究结果也适用于利用风沙土改良结构致密的黄土。

参考文献

冯慧芳, 薛立, 任向荣, 傅静丹, 郑卫国, 史小玲. 2011. 4 种阔叶幼苗对 PEG 模拟干旱的生理响应. 生态学报, 31(2)：371-382.

高天鹏, 郭睿, 王东, 高海宁, 常国华, 张鸣, 孙海丽. 2013. 保水剂与钾肥对旱地马铃薯产量和叶绿素荧光动力学参数的影响. 生态学杂志, 32(5)：1221-1226.

井大炜, 邢尚军, 杜振宇, 刘方春. 2013. 干旱胁迫对杨树幼苗生长、光合特性及活性氧代谢的影响. 应用生态学报, 24(7)：1809-1816.

许莉, 刘世琦, 齐连东, 梁庆玲, 于文艳. 2007. 不同光质对叶用莴苣光合作用及叶绿素荧光的影响. 中国农学通报, 23(1)：96-100.